Studienbücher Wirtschaftsmathematik

Herausgegeben von
Prof. Dr. Bernd Luderer, Technische Universität Chemnitz

Die Studienbücher Wirtschaftsmathematik behandeln anschaulich, systematisch und fachlich fundiert Themen aus der Wirtschafts-, Finanz- und Versicherungsmathematik entsprechend dem aktuellen Stand der Wissenschaft.
Die Bände der Reihe wenden sich sowohl an Studierende der Wirtschaftsmathematik, der Wirtschaftswissenschaften, der Wirtschaftsinformatik und des Wirtschaftsingenieurwesens an Universitäten, Fachhochschulen und Berufsakademien als auch an Lehrende und Praktiker in den Bereichen Wirtschaft, Finanz- und Versicherungswesen.

Bernd Luderer

Klausurtraining Mathematik und Statistik für Wirtschaftswissenschaftler

Aufgaben - Hinweise - Testklausuren - Lösungen - Häufige Fehler

4., erweiterte Auflage

Unter Mitarbeit von Karl-Heinz Eger und Dana Uhlig

 Springer Gabler

Prof. Dr. Bernd Luderer
Fakultät für Mathematik
Technische Universität Chemnitz
Chemnitz, Deutschland

ISBN 978-3-658-05545-5   ISBN 978-3-658-05546-2 (eBook)
DOI 10.1007/978-3-658-05546-2

Die Deutsche Nationalbibliothek verzeichnet diese Publikation in der Deutschen Nationalbibliografie; detaillierte bibliografische Daten sind im Internet über http://dnb.d-nb.de abrufbar.

Springer Gabler
© Springer Fachmedien Wiesbaden 1997, 2003, 2008, 2014

Springer Gabler ist eine Marke von Springer DE. Springer DE ist Teil der Fachverlagsgruppe Springer Science+Business Media
www.springer-gabler.de

Vorwort zur 4. Auflage

Die mathematischen Grundlagen spielen in einem wirtschaftswissenschaftlichen Studium eine nicht unbedeutende Rolle, wird doch in einer Reihe volks- und betriebswirtschaftlicher Fächer von ihnen Gebrauch gemacht. Gleichzeitig stellt die Mathematik für viele eine Hürde dar, die erst einmal überwunden sein will.

Eine Möglichkeit der gezielten Vorbereitung auf die oftmals gefürchteten Mathematik-Klausuren ist – neben dem regelmäßigen Vorlesungsbesuch und dem Nacharbeiten des Gehörten – die intensive Beschäftigung mit früher gestellten Klausuraufgaben. Wechseln diese auch von Jahr zu Jahr, so liefert die hier vorliegende, den Zeitraum von über 20 Jahren umfassende Sammlung von Prüfungsaufgaben doch einen guten Anhaltspunkt über das Spektrum möglicher Aufgaben sowie Schwerpunkte der Mathematikvorlesung. Dabei haben Klausuraufgaben ihre eigene Spezifik: nicht zu leicht, aber auch nicht zu arbeitsaufwendig.

Aus den genannten Gründen erschien es mir nützlich, Original-Klausuraufgaben auszuwählen, diese mit ausführlichen Lösungen, Hinweisen und Kommentaren zu versehen und in Buchform zu veröffentlichen. Die enthaltenen Kapitel und Schwerpunkte sind:

- Lineare Algebra (Matrizenmultiplikation und Verflechtung, inverse Matrix und Leontief-Modell, lineare Gleichungssysteme, Matrizengleichungen, lineare Unabhängigkeit, Determinanten),
- Analysis der Funktionen einer Variablen (Eigenschaften, Extremwerte, Approximation, numerische Nullstellenberechnung, Integrale),
- Analysis der Funktionen mehrerer Veränderlicher (Differentiation und Approximation, Extremwerte ohne und mit Nebenbedingungen, Methode der kleinsten Quadratsumme),
- Lineare Optimierung (Modellierung, grafische Lösung, Simplexmethode, Dualität),
- Finanzmathematik (Zins- und Zinseszinsrechnung, Rentenrechnung, Tilgungsrechnung, Renditeberechnung),
- Verschiedenes (Ungleichungen und Beträge, Mengenlehre und Logik, Zahlenfolgen, analytische Geometrie),

- Beschreibende (deskriptive) Statistik, Wahrscheinlichkeitsrechnung und Schließende (induktive) Statistik sowie
- kurze Übersichtsfragen.

Letztere erfordern zur Beantwortung keine Rechnung und nur wenig Zeit, dafür aber gewisse theoretische Kenntnisse, während in den meisten anderen gestellten Aufgaben die Anwendung von Methoden und Algorithmen sowie auch Rechenfertigkeiten (denn jede Klausur hat ein Zeitlimit!) im Vordergrund stehen.

Einige der Aufgaben wurden leicht redaktionell bearbeitet und ähnliche Aufgaben teilweise zusammengefasst. Allerdings sind dadurch manche Aufgaben umfangreicher geworden als diejenigen in den Klausuren. Ferner erschien es mir angeraten, die Aufgaben nach Gebieten zu ordnen. So kann nun die Prüfungsvorbereitung gezielt entsprechend der einzelnen Gebiete erfolgen.

Sind auch Ausbildungsumfang und Schwerpunktsetzung in den einzelnen Hochschuleinrichtungen nicht völlig identisch, so konnte doch in Abstimmung mit Fachkollegen verschiedener Universitäten und unter Einbeziehung ihrer Erfahrungen gesichert werden, dass alle wesentlichen Ausbildungsinhalte durch die im Buch enthaltenen Aufgaben abgedeckt werden.

Die im Anhang enthaltenen ausführlichen Lösungen und Kommentare sollen Unterstützung bei der Bearbeitung der Aufgaben leisten sowie all jenen, die die gestellten Probleme richtig gelöst haben, dies bestätigen. Andererseits nützt es nicht viel, zu jeder Aufgabe sofort die Lösung im Anhang zu suchen, denn die Mathematik erschließt sich einem nur durch selbständige Arbeit. Besser ist es, in den am Ende jedes Kapitels stehenden Hinweisen nachzuschlagen, wo für die meisten Aufgaben Anregungen zur Lösung gegeben werden und auf besondere Schwierigkeiten aufmerksam gemacht wird.

Die Aufgaben zur Wahrscheinlichkeitsrechnung und Statistik wurden von Frau Dr. D. Uhlig und Herrn Prof. Dr. K.-H. Eger in Zusammenarbeit mit Herrn S. Baitz zusammengestellt. Ferner waren in der einen oder anderen Weise die Herren Dr. R. Baumgart, Prof. Dr. S. Dempe, Dr. K. Eppler, P. Espenhain und Prof. Dr. J. Käschel an der Auswahl bzw. der Ausarbeitung mancher Aufgaben beteiligt. Ihnen allen sei an dieser Stelle herzlich gedankt. Besonderer Dank gilt den Herren Dr. C. Schumacher, Dr. M. Stöcker und Dr. U. Würker für die sorgfältige Anfertigung der Abbildungen.

Die vierte Auflage zeichnet sich dadurch aus, dass das Kapitel zur deskriptiven Statistik und ein kurzes Kapitel über häufig begangene Fehler, die mir in meiner langjährigen Lehrpraxis an der Universität immer wieder aufgefallen sind, neu aufgenommen wurden. Ferner fanden drei aktuelle Klausuren (Mathematik für Wirtschaftswissenschaftler I und II sowie Statistik für Wirtschaftswissenschaftler) zusammen mit ihren Musterlösungen Aufnahme in das Buch. Daneben wurden wie immer auch einige kleinere Fehler beseitigt. Für die Hinweise darauf bedanke ich mich bei meinen Studenten, insbesondere Frau Julia Pfeil, sowie verschiedenen Kollegen. Außerdem erfolgte eine Anpassung an die Bezeichnungen aus der speziell auf die Bedürfnisse von Studenten der Wirtschaftswissenschaften zugeschnittenen Formelsammlung

Luderer B., Nollau V., Vetters K.: Mathematische Formeln für Wirtschaftswissenschaftler, 7. Aufl., Vieweg + Teubner, Wiesbaden 2012.

Dem Verlag Springer Gabler bin ich für die Aufnahme des Buches in die Reihe „Studienbücher Wirtschaftsmathematik" und die bewährt gute Zusammenarbeit zu großem Dank verpflichtet. Mein besonderer Dank geht dabei an Frau Schmickler-Hirzebruch.

Chemnitz, März 2014 Bernd Luderer

Inhaltsverzeichnis

Lineare Algebra

In der Linearen Algebra geht es um das Rechnen mit Vektoren und Matrizen. Wirtschaftswissenschaftliche Anwendungen findet man vor allem in der Teileverflechtung (Input-Output-Analyse), aber auch im Leontief-Modell, wo der Eigenverbrauch in Produktionsprozessen mithilfe einer inversen Matrix ermittelt werden kann. Der Gauß'sche Algorithmus zur Lösung linearer Gleichungssysteme nimmt eine zentrale Stellung ein, kommen solche Systeme doch in den verschiedensten Teilbereichen der Mathematik zum Tragen (Bilanzbeziehungen, vollständiger Ressourcenverbrauch, Ermittlung innerbetrieblicher Verrechnungspreise, Normalgleichungssysteme in der Methode der kleinsten Quadratsumme bzw. der Regressionsanalyse). Determinanten nehmen eine Schlüsselstellung ein, wenn es um solche Fragen wie die lineare Abhängigkeit oder Unabhängigkeit von Vektoren, die Regularität einer Matrix oder die Lösbarkeit linearer Gleichungssysteme geht.

1.1 Matrizenmultiplikation, Verflechtung

A 1.1

a) Lösen Sie die Matrizengleichung $AX + M - CB = X - DB$ nach X auf. Unter welcher Voraussetzung ist das möglich?

b) Kann die Matrizengleichung $AX = XA$ eine Lösung besitzen, wenn A eine $(m \times n)$-Matrix mit $m \neq n$ ist?

A 1.2 Paul lernte in seinem Urlaub einen Geschäftsführer kennen, in dessen Betrieb drei Endprodukte E_i, $i = 1, 2, 3$, aus zwei Bauelementen B_j, $j = 1, 2$, sowie aus 4 Einzelteilen $R_1, \ldots, R_4$ in einem zweistufigen Produktionsprozess hergestellt werden. Die Aufwandsmatrizen für die beiden Produktionsstufen haben folgende Gestalt:

B. Luderer, *Klausurtraining Mathematik und Statistik für Wirtschaftswissenschaftler*,
Studienbücher Wirtschaftsmathematik, DOI 10.1007/978-3-658-05546-2_1,
© Springer Fachmedien Wiesbaden 2014

		R_1	R_2	R_3	R_4
je Stück	B_1	2	3	2	1
je Stück	B_2	1	2	2	1

	je Stück		
	E_1	E_2	E_3
B_1	1	1	1
B_2	2	1	1
R_2	1	0	3

Es sollen 50, 40 bzw. 30 Stück der Endprodukte E_1, E_2, E_3 sowie für Reparaturzwecke 20, 10, 10 Stück der Bauelemente bzw. Einzelteile B_1, B_2 und R_2 direkt an die Vertragspartner geliefert werden.

a) Paul soll den dafür erforderlichen Bedarf an Einzelteilen $R_1, \ldots, R_4$ berechnen. Wie viele Einzelteile R_i sind denn zu besorgen?

b) Nachdem er seinem Bekannten die Liste der notwendigen Einzelteilbestellungen gegeben hatte, teilte ihm dieser mit, dass sich der Bedarf an Endprodukten und an Bauelementen für Reparaturzwecke wöchentlich ändert.
Jedes Mal soll Paul nun eine korrigierte Liste zu bestellender Einzelteile berechnen. Hätte er doch nur gleich die Gesamtaufwandsmatrix berechnet! Berechnen Sie die Gesamtaufwandsmatrix, d. h. eine Matrix A des Typs:

	je Stück					
	E_1	E_2	E_3	B_1	B_2	R_2
R_1						
R_2						
R_3						
R_4						

c) Kontrollieren Sie Ihr Ergebnis aus a) mithilfe der in b) erstellten Matrix A.

d) Wie hoch ist der Gesamtpreis für die zu bestellenden Einzelteile, wenn die Preise der Einzelteile 5, 4, 20 bzw. 3 € für ein Teil R_1, R_2, R_3, R_4 betragen?

A 1.3 In einem Unternehmen der Metallbranche gibt es drei Abteilungen. In Abt. 1 werden Einzelteile E_1, E_2, E_3 zu Teilen T_1, T_2, T_3 zusammengesetzt, in Abt. 2 werden diese Teile zu Baugruppen B_1, B_2, B_3 komplettiert, in Abt. 3 werden die Baugruppen zu Endprodukten P_1, P_2, P_3 montiert. In jeder Stufe werden pro Stück von T_i, B_i und P_i die folgenden Stückzahlen an Teilen der jeweiligen Vorstufe benötigt:

	E_1	E_2	E_3
T_1	2	0	1
T_2	0	3	0
T_3	4	0	1

	T_1	T_2	T_3
B_1	1	1	1
B_2	2	0	1
B_3	0	1	2

	B_1	B_2	B_3
P_1	1	2	3
P_2	3	0	1
P_3	2	1	3

a) Das Unternehmen hat 10 Stück von P_1, 20 von P_2 und 100 von P_3 zu liefern und will gleichzeitig noch je 150 Stück von T_1, T_2 und T_3 als Reserve einlagern. Wie viel Stück der Einzelteile E_1, E_2 und E_3 werden dafür benötigt?

b) Dem Chefeinkäufer des Unternehmens liegen zwei Angebote mit unterschiedlichen Preisen vor. Für welches Angebot wird er sich entscheiden und wie viel muss das Unternehmen bezahlen?

Teil	Preis (€/St.)	
	1. Angebot	2. Angebot
E_1	2,00	1,50
E_2	2,50	2,30
E_3	4,50	5,10

A 1.4 In einer Keksfabrik werden täglich 20 kg der Sorte K_1, 30 kg der Sorte K_2 und 100 kg der Sorte K_3 hergestellt. Die Produktion erfolgt in der Weise, dass in einer ersten Produktionsstufe zwei Teig-Grundmischungen T_1 und T_2 zubereitet werden, aus denen dann unter Zugabe von Zucker bzw. Glasur die Endprodukte gefertigt werden. Die Teigmischungen bestehen aus Mehl (M), Zucker (Z), Fett (F), Eiern (E) sowie Kakaopulver (K). Die Maßeinheiten für die Backzutaten seien Gramm (für Mehl, Zucker, Fett und Kakao), Milliliter (für die Glasur) und Stück (Eier). Als Einheit für die Endprodukte K_i bzw. Teigmischungen T_i wird Kilogramm verwendet. Schließlich betragen die Einstandspreise für die täglich zu beschaffenden Zutaten:

Mehl	Zucker	Fett	Kakaopulver	Glasur	Eier
1,20 €/kg	1,30 €/kg	2,- €/kg	12,- €/kg	15,- €/l	0,18 €/St.

Die benötigten Mengen an Backzutaten sind folgenden Tabellen zu entnehmen:

	je Einheit	
	T_1	T_2
M	450	350
Z	250	300
F	250	300
E	2	1
K	0	25

		T_1	T_2	Z	G
je	K_1	0,450	0,500	30	20
Ein-	K_2	0,800	0,150	0	50
heit	K_3	0,200	0,750	50	0

a) Welche Mengen an Backzutaten werden täglich benötigt?

b) Wie hoch sind die Beschaffungskosten für die Backzutaten und was kostet durchschnittlich ein Kilogramm Kekse hinsichtlich des Materialeinsatzes?

A 1.5 Im von Tobias geführten Imbiss werden Kartoffelpuffer in drei Geschmacksrichtungen G_1, G_2, G_3 angeboten, die aus zwei Sorten Rohmasse R_1, R_2 sowie zusätzlich aus saurer Sahne und Zwiebeln gemixt werden. Die Rohmasse ihrerseits besteht aus Kartoffeln (K), saurer Sahne (S), Zwiebeln (Z) und Eiern (E) (siehe Abb.); Maßeinheiten: G_i – Portionen, R_i – Kellen, K, Z – g, E – Stück, S – ml.

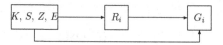

Die jeweils zum Einsatz kommenden Mengen lauten:

	je Kelle	
	R_1	R_2
K	100	90
S	15	10
Z	0	5
E	1	0,5

	R_1	R_2	S	Z
je Portion G_1	2	1	0	0
je Portion G_2	1	2	20	0
je Portion G_3	2	1	0	15

Tobias verkauft wöchentlich 200 Portionen G_1, 260 von G_2 und 230 Portionen von G_3. Welche Mengen an Viktualien benötigt er?

A 1.6 In einem zweistufigen Produktionsprozess werden drei Produkte P_1, P_2 und P_3 aus drei Halbfabrikaten H_1, H_2 und H_3 und diese wiederum aus drei Ausgangsstoffen R_1, R_2 und R_3 gefertigt, wobei folgende Mengeneinheiten (ME) aufgewendet werden müssen:

	je ME P_1	je ME P_2	je ME P_3
H_1	1	2	3
H_2	4	5	6
H_3	7	8	9

	R_1	R_2	R_3
je ME H_1	3	2	1
je ME H_2	4	9	8
je ME H_3	5	6	7

a) Welche Mengen an Ausgangsstoffen werden für die Produktion von 300 ME P_1, 200 ME P_2 und 100 ME P_3 benötigt?

b) Wie viel kosten diese Rohstoffe insgesamt, wenn für 100 € genau 120 ME R_1 geliefert werden und R_2 sowie R_3 für denselben Preis erhältlich sind?

c) Berechnen Sie die Gesamtaufwandsmatrix für diesen Produktionsprozess.

d) Wie hoch sind die Materialkosten für eine Einheit von P_3 unter den in b) genannten Rohstoffpreisen?

A 1.7 Ein Betrieb stellt aus Ausgangsstoffen A_1, A_2, A_3 über Zwischenprodukte Z_1 und Z_2 die Endprodukte E_1, E_2, E_3 her. Der Aufwand (in ME) für die Produktion je einer ME der Zwischen- bzw. Endprodukte ist aus den folgenden Tabellen ersichtlich:

		A_1	A_2	A_3
je Einheit	Z_1	2	3	1
je Einheit	Z_2	1	1	0

		A_2	Z_1	Z_2
je Einheit	E_1	1	3	0
je Einheit	E_2	2	0	1
je Einheit	E_3	5	1	1

a) Wie viele Mengeneinheiten an Ausgangsstoffen werden benötigt, um 20, 40 bzw. 30 Einheiten von E_1, E_2 und E_3 sowie 5 ME an Zwischenprodukt Z_1 und 8 ME von Z_2 herzustellen?

b) Von den Ausgangsstoffen liegen noch 80, 160 bzw. 34 ME vor. Welche Mengen an Endprodukten E_i lassen sich daraus produzieren, wenn die Ausgangsstoffe restlos verbraucht werden sollen (Hinweis: lineares Gleichungssystem)?

c) Im Unterschied zu b) stehen nur noch 10, 12 bzw. 3 ME von A_1, A_2, A_3 zur Verfügung. Stellen Sie die möglichen Produktionsvarianten für Z_1 und Z_2 grafisch dar, indem Sie zunächst Bedingungen an die maximalen Fertigungsstückzahlen formulieren.

A 1.8 Ein technologischer Prozess gliedert sich in drei Bearbeitungsstufen. In der 1. Stufe werden aus vier Typen von Einzelteilen A_1, A_2, A_3, A_4 Halbfabrikate B_1, B_2, B_3, aus diesen Baugruppen C_1, C_2 C_3, C_4 und daraus schließlich die Finalprodukte D_1, D_2, D_3 hergestellt. Eine bestimmte Anzahl von Halbfabrikaten geht direkt in die Finalprodukte ein (s. Abb.).

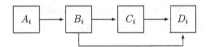

Die folgenden Tabellen geben an, welche Erzeugnismengen (in Stück) der unteren Stufen in jeweils ein Stück der höheren Stufen direkt eingehen:

	je Einheit		
	B_1	B_2	B_3
A_1	1	2	1
A_2	0	2	0
A_3	1	0	2
A_4	0	3	3

	je Einheit		
	D_1	D_2	D_3
C_1	0	2	3
C_2	1	0	1
C_3	1	2	0
C_4	0	1	0

	je Einheit		
	D_1	D_2	D_3
B_1	10	0	0
B_2	0	20	0
B_3	0	0	8

	je Einheit			
	C_1	C_2	C_3	C_4
B_1	5	1	2	0
B_2	0	0	4	2
B_3	1	0	2	1

a) Der Betrieb hat Endprodukte im Umfang von $d = (100, 100, 200)^\top$ zu liefern. Wie viele Einzelteile $a = (a_1, a_2, a_3, a_4)^\top$ sind dafür bereitzustellen?

b) Ein Kunde ordert 20 Stück des 1. Typs von Endprodukten (also D_1) zusätzlich. Welche Einzelteilstückzahlen sind dafür vom Zulieferer zu beschaffen?

c) Geben Sie eine Formel für den Vektor benötigter Einzelteile (durch Einführen geeigneter Matrizen und Vektoren) an.

Hinweis: Es ist günstig, aber nicht unbedingt notwendig, zunächst die Gesamtaufwandsmatrix zu berechnen.

A 1.9 Die Firma „Schraubfix & Co." vertreibt die folgenden Sortimente von Spezialschrauben der Sorten S_1, S_2, S_3: „Beginner" für Anfänger (48 €), „Advanced Screwer" für fortgeschrittene Schrauber (98 €), „Hobby" für Heimwerker (198 €) und „Professional" (zum Supersparpreis von 398 €). Die Sortimente werden in Form sogenannter „Händlersets", die es in den drei Varianten V_1, V_2 und V_3 gibt, an den Einzelhandel ausgeliefert. Nachfolgend ist angegeben, wie viele Schrauben in den Sortimenten bzw. wie viele Sortimente in den Sets enthalten sind:

	S_1	S_2	S_3
Beg.	10	20	30
Adv. S.	25	50	50
Hobby	30	70	100
Prof.	100	200	300

	Beg.	Adv. S.	Hobby	Prof.
V_1	10	4	8	2
V_2	20	0	20	0
V_3	5	0	0	10

a) Ein Grossist bestellt 30 Stück von V_1, 20 von V_2 und 50 Stück von V_3. Wie viele Schrauben der verschiedenen Sorten müssen dafür gefertigt werden?

b) Die beiden Lehrlinge von „Schraubfix & Co.", zwei böse Buben namens Max und Moritz, haben eine gewisse Anzahl von Händlersets ausgepackt und durcheinandergeschüttet. Nach Entdeckung des Schadens und einer peinlich genauen Inventur wurden 10.530 Schrauben S_1, 22.220 S_2 und 32.550 Stück S_3 gefunden. Wie viele und welche Händlersets hatten Max und Moritz durcheinandergebracht?

c) Was könnte man hinsichtlich der Lösung aussagen, wenn nicht alle Schrauben gefunden worden wären?

d) Dem Chef gelang es, je 4 Sets von V_1, V_2, V_3 vor der Steuer zu verbergen und schwarz zu verkaufen. Kann er sich aus dem Erlös einen „standesgemäßen" Wagen (von 50.000 € aufwärts) kaufen?

A 1.10 Der Fachschaftsrat Wiwi der TUC bestellt in einem Eis-Café anlässlich des Abschlusses der Prüfungsperiode 300 Portionen verschiedener Eisbecher: 50 Stück Pina Colada (PC), 80 Stück Caramel-Muschel (CM), 30 Stück Schwarzwälder Kirsch-Becher (SKB), 140 Stück Nougie Woogie (NW).

Die Bestandteile der einzelnen Eisbecher sind unter anderem:

	Eis (g)	Sahne (ml)	Kirschen/Ananas (g)	Likör (ml)	Nüsse/Kokosraspel (g)	Schokolade/Schokosoße (g)
PN	150	15	75	20	10	5
CM	150	20	0	15	25	10
SKB	200	20	50	10	0	10
NW	200	15	0	0	0	25

a) Welche Mengen an Zutaten werden insgesamt benötigt?

b) Welcher Gesamtpreis der eingesetzten Produkte ergibt sich, wenn folgende Kilogramm-preise (bzw. Literpreis bei Sahne und Likör) zugrunde gelegt werden: Eis 2,00 €, Sahne 4,50 €, Früchte 1,50 €, Likör 6,00 €, Nüsse/Kokosraspel 5,00 €, Schokolade 4,00 €?

c) Wie hoch ist die Differenz zwischen Gesamt-Verkaufspreis und Gesamtpreis der ein-gesetzten Produkte, wenn jede Portion Pina Colada 2,20 €, Caramel-Muschel 2,40 €, Schwarzwälder Kirsch-Becher 2,50 € und Nougie Woogie 2,80 € kostet?

1.2 Inverse Matrix und Leontief-Modell

A 1.11

a) Kann die Matrix $A = \begin{pmatrix} 3 & 3 \\ 3 & 3 \end{pmatrix}$ eine Inverse besitzen?

b) Besitzt die Matrix $B = \begin{pmatrix} 1 & 2 & 3 \\ 4 & 5 & 6 \end{pmatrix}$ eine Inverse?

c) Kann $C = \begin{pmatrix} 0 & a \\ b & 0 \end{pmatrix}$ die inverse Matrix zu $D = \begin{pmatrix} 1 & 0 \\ 0 & 2 \end{pmatrix}$ sein?

A 1.12 Paul bekam die Aufgabe übertragen, einen Parameter b zu bestimmen, für den die Matrizengleichung $AC = B$ erfüllt ist, wobei gilt:

$$A = \begin{pmatrix} 1 & 3 & 1 \\ 2 & -1 & 1 \\ 1 & 1 & 1 \end{pmatrix}, \quad B = \begin{pmatrix} 3 & 4 & 1 \\ 0 & 1 & 1 \\ 1 & 1 & 2 \end{pmatrix}, \quad C = \begin{pmatrix} b & 3 & -2 \\ b & 3/2 & -1/2 \\ -1 & -7/2 & 9/2 \end{pmatrix}.$$

Er macht den Lösungsvorschlag, die Matrix A zu invertieren und die Inverse mit der Ma-trix B zu multiplizieren. Danach müsste nur noch das Produkt mit der Matrix C verglichen werden, um den Parameter b zu bestimmen.

a) Ist dieser Weg durchführbar?

b) Welches Ergebnis wird für b erhalten?

c) Kann es passieren, dass eine Matrizengleichung der vorliegenden Art auch einmal un-lösbar ist, sodass kein Wert für b berechenbar ist?

A 1.13 Ein Unternehmen produziert u. a. drei Erzeugnisse P_1, P_2 und P_3, die sich aus drei Zwischenprodukten Z_1, Z_2 sowie Z_3 und diese wiederum aus zwei Rohstoffen R_1 und R_2 zu-sammensetzen (jeweils in gewissen Mengeneinheiten ME). Die Produktion der Zwischen-produkte ist dabei mit Eigenverbrauch verbunden, d. h., nicht die gesamten hergestellten

Mengen an Z_i stehen zur Verwendung in der nachfolgenden Produktionsstufe zur Verfügung. Die Aufwands- bzw. Eigenbedarfsmatrizen für den Produktionsprozess lauten:

Bedarf (in ME)	je ME		
	Z_1	Z_2	Z_3
R_1	1	2	3
R_2	0	2	1

Bedarf (in ME)	je ME		
	Z_1	Z_2	Z_3
Z_1	0	0,5	0,5
Z_2	0,5	0	0
Z_3	0	0	0,5

Bedarf (in ME)	je ME		
	P_1	P_2	P_3
Z_1	6	0	3
Z_2	0	6	0
Z_3	0	3	6

a) Wie viele Rohstoffe R_1 und R_2 sind unter den genannten Voraussetzungen für die Produktion von 100 ME des Erzeugnisses P_1, 80 ME von P_2 sowie 200 ME von P_3 nötig?

b) Geben Sie die Gesamtaufwandsmatrix für diesen Produktionsprozess an.

A 1.14 Beate und Yvonne betreiben auf dem Uni-Campus eine kleine Cafeteria, in der belegte Brötchen, Kaffee und Eis angeboten werden. Da sie selbst gern von ihren Produkten naschen, ist ein gewisser Eigenverbrauch zu verzeichnen. Dieser wird mithilfe untenstehender Matrix A beschrieben, deren Elemente als Masseinheit Stück, Tassen bzw. Kugeln besitzen. Zur Festlegung der Bruttoproduktion bei gegebener Nettoproduktion dient den beiden Jungunternehmerinnen deshalb die Matrizengleichung $x - Ax = y$.

a) Lösen Sie obige Matrizengleichung nach x auf.

b) Gegeben sei $A = \begin{pmatrix} 0,1 & 0 & 0,04 \\ 0 & 0 & 0 \\ 0,05 & 0 & 0,02 \end{pmatrix}$. Diese Matrix ist so zu interpretieren, dass z. B. jedes zehnte belegte Brötchen von den beiden selbst gegessen wird und nach durchschnittlich 20 zubereiteten Brötchen eine Kugel Eis von Beate oder Yvonne verzehrt wird. Kann rang $A = 3$ gelten?

c) Berechnen Sie die inverse Matrix $(E - A)^{-1}$, wobei die Elemente mindestens auf vier Nachkommastellen genau zu ermitteln sind.

d) Welchen Rang besitzt die Matrix $(E - A)$? Hinweis: Benutzen Sie evtl. Ihr Ergebnis aus Teil c).

e) Berechnen Sie die Lösung x (tägliche Bruttoproduktion) der Matrizengleichung $x - Ax = y$ für die gegebene Matrix A, wenn eine Nachfrage pro Tag von 55 Brötchen, 200 Tassen Kaffee und 150 Kugeln Eis, beschrieben durch den Vektor $y = (55, 200, 150)^\top$, besteht.

A 1.15

a) Ist $A = \begin{pmatrix} 1 & 4 & 5 \\ 12 & 13 & 9 \\ 15 & 25 & 24 \end{pmatrix}$ invertierbar? Falls ja, wie lautet A^{-1}?

b) Beschreiben Sie alle Linearkombinationen (oder zumindest eine), die sich aus den ersten beiden Spaltenvektoren der Matrix A bilden lassen.

A 1.16 Ein Betrieb stellt drei Produkte P_1, P_2, P_3 her. Dafür werden Ausgangsstoffe A_1, A_2, A_3 in bestimmten Mengen (gemessen in Mengeneinheiten, ME) benötigt (s. untenstehende linke Tabelle).

a) Welche Mengen an Ausgangsstoffen sind notwendig, um Ausbringungsmengen von 40, 40 bzw. 30 ME an P_1, P_2 bzw. P_3 zu gewährleisten?
b) Bei der Produktion tritt ein Eigenverbrauch auf (s. rechte Tabelle). Welche Mengen können bei der Fertigung von 40, 40 bzw. 30 Einheiten von P_1, P_2, P_3 tatsächlich an die Endverbraucher abgegeben werden?

		A_1	A_2	A_3
	P_1	2	3	1
je ME	P_2	1	0	1
	P_3	4	2	2

		P_1	P_2	P_3
	P_1	$\frac{1}{4}$	0	0
je ME	P_2	$\frac{1}{4}$	$\frac{1}{4}$	0
	P_3	$\frac{1}{3}$	0	$\frac{1}{2}$

A 1.17 Eine Unternehmung produziert zwei chemische Substanzen, bei deren Herstellung unter anderem auch diese selbst teilweise verbraucht werden. Für die Produktion von einer Mengeneinheit (ME) von A werden 0,1 ME von A und 0,2 ME von B benötigt, für die Produktion von einer ME von B nichts von A und 0,2 ME von B. Für den laufenden Monat liegen Bestellungen von 1800 ME an A und 200 ME an B vor. Wie viele Mengeneinheiten sind tatsächlich zu produzieren?

A 1.18 Der durchschnittliche tägliche Absatz in einem Eiskiosk beträgt u. a. 1500 Kugeln Eis und 300 Portionen Schlagsahne. Die Sahneherstellerin und der Eisverkäufer sind stadtbekannte Naschkatzen: Sie isst pro hergestellter Portion Sahne 1/100 Portion Sahne und 1/50 Kugel Eis, er verkonsumiert pro hergestellter Portion Eis 1/200 Portion Sahne und 1/50 Kugel Eis. Welche Mengen an Eis und Sahne sind tatsächlich herzustellen?

Hinweis: Berechnen Sie eine evtl. auftretende inverse Matrix mithilfe des Taschenrechners (vier Nachkommastellen) oder lösen Sie alternativ ein lineares Gleichungssystem mit derselben Genauigkeit. Runden Sie anschließend.

1.3 Lineare Gleichungssysteme, Matrizengleichungen

A 1.19 Lösen Sie das lineare Gleichungssystem $Ax = b$ mit

$$A = \begin{pmatrix} 1 & 2 & 3 & 2 \\ 2 & 4 & 4 & 3 \\ -1 & -2 & 1 & 0 \end{pmatrix}, \qquad b = \begin{pmatrix} 7 \\ 13 \\ -5 \end{pmatrix}.$$

a) Geben Sie die allgemeine Lösung an.
b) Bestimmen Sie eine ganzzahlige Lösung des Systems mit $x_3 = 0$.

c) Lässt sich für dieses Gleichungssystem eine nichtnegative Lösung mit $x_4 = 3$ bestimmen? Geben Sie eine solche Lösung an bzw. begründen Sie, dass keine derartige Lösung existiert.

A 1.20 Vorgelegt sei die Matrizengleichung $X + Ab = wX + c$, wobei gilt $A = \begin{pmatrix} 2 & 3 & 4 \\ 0 & 7 & 1 \end{pmatrix}$, $b = (1, 2, 1)^\top$, $c = \begin{pmatrix} 9 \\ 21 \end{pmatrix}$, $w \neq 1$. Bestimmen Sie zunächst die Dimension von X und berechnen Sie dann X.

A 1.21 Paul arbeitet nebenbei als Diätberater im Krankenhaus. Einem Patienten wurde vom Chefarzt verordnet, im Laufe von vier Tagen 32 Broteinheiten an Kohlenhydraten, 100 g Fett und 2000 mg Salz zu sich zu nehmen, wobei die verordneten Mengen peinlichst genau einzuhalten sind. Der Koch bietet allerdings täglich nur ein Diätessen an, wobei natürlich die Kohlenhydrat-, Fett- und Salzanteile (in einer Standardportion) von Tag zu Tag verschieden sind. Paul kommt auf die Idee, das folgende Gleichungssystem zu lösen:

$$
\begin{array}{rrrrrrrrr}
5x_1 & + & 2x_2 & + & 8x_3 & + & 9x_4 & = & 32 \\
25x_1 & + & 40x_2 & + & 20x_3 & + & 25x_4 & = & 100 \\
500x_1 & + & 600x_2 & + & 400x_3 & + & 450x_4 & = & 2000
\end{array}
$$

Hierbei bedeuten $x_1, \ldots, x_4$ die Vielfachen einer Standardportion, die der Patient von Montag bis Donnerstag zu sich nehmen muss; die Zeilen des Systems entsprechen den Forderungen hinsichtlich Kohlenhydraten, Fett und Salz.

Paul behauptet: „Wenn die Vorschriften des Chefarztes exakt eingehalten werden sollen, bekommt der Patient an zwei Tagen nichts zu essen." Stimmt das?

a) Ermitteln Sie die allgemeine Lösung des vorgelegten LGS.

b) Begründen Sie, dass es nicht möglich ist, dem Patienten jeden Tag etwas zu essen zu geben. Wie viele Portionen bekommt der Patient am Montag, Dienstag, Mittwoch und Donnerstag?

c) Was müsste Paul zweckmäßigerweise tun, wenn er die Berechnungen für 100 verschiedene Patienten durchzuführen hätte?

A 1.22

a) Lösen Sie das folgende LGS mit dem Gauß'schen Algorithmus und geben Sie die allgemeine Lösung an:

$$
\begin{array}{rrrrrrrrr}
x_1 & + & 2x_2 & + & x_3 & + & 2x_4 & = & 4 \\
2x_1 & + & x_2 & + & 2x_3 & + & 2x_4 & = & 6 \\
3x_1 & + & 3x_2 & + & 3x_3 & + & 4x_4 & = & 10
\end{array}
$$

b) Weisen Sie nach, dass der Vektor $\hat{x} = (1, 1, 1, 0)^\top$ keine Lösung des LGS ist.

c) Zeigen Sie, dass $\overline{x} = (-2, 0, 2, 0)^\top$ eine Lösung des zugehörigen homogenen Gleichungssystems ist.

A 1.23 Gegeben seien die Matrizen $A = \begin{pmatrix} 1 & 2 \\ 3 & 2 \\ 4 & 1 \end{pmatrix}$ und $B = \begin{pmatrix} 2 & 10 \\ 4 & 14 \\ 9/2 & 12 \end{pmatrix}$. Gesucht ist eine Matrix X, die der Matrizengleichung $AX = B$ genügt.

a) Welche Dimension muss X besitzen?
b) Man ermittle eine Lösung.
c) Gibt es weitere Lösungen? (Begründung!)
d) Die Matrizen C und D seien quadratisch. Gibt es dann stets eine Lösung der Matrizengleichung $CX = D$ oder kann man ein Kriterium für die Existenz einer Lösung angeben?

A 1.24
a) Lösen Sie das folgende lineare Gleichungssystem:

$$
\begin{array}{rcrcrcrcr}
x & - & 2y & + & 3z & + & w & = & 5 \\
x & + & 2y & - & 3z & + & w & = & 7 \\
2x & & & + & 3z & + & 2w & = & 21 \\
4x & & & + & 3z & + & 4w & = & 33
\end{array}
$$

b) Gibt es eine spezielle Lösung, deren Komponenten alle größer oder gleich 2 sind? (Wenn ja, Beispiel angeben, wenn nein, beweisen.)

Zusatz. Unter allen Lösungen (x, y, z, w) des obigen Gleichungssystems finde man diejenige, für die die Funktion $f(x, y, z, w) = x^2 + 2y^2 - z^2 + 3w^2$ ihren kleinsten Wert annimmt.

A 1.25 Willis kleiner Bruder spielt unbeaufsichtigt in Vaters Geschäft mit Nägeln. Es gibt dort eine große Kiste mit drei Arten von Schachteln S_1, S_2, S_3. In jeder der Schachteln sind drei Sorten Nägel N_1, N_2, N_3 in folgenden Stückzahlen enthalten:

	je Schachtel		
	S_1	S_2	S_3
N_1	100	50	50
N_2	50	10	20
N_3	50	10	10

Nach zwei Stunden kommt der Vater zurück – und ist einem Nervenzusammenbruch nahe: 1100 Nägel N_1, 470 von N_2 und 370 von N_3 liegen auf dem Boden verstreut; die Kiste ist vollständig ausgeräumt.

a) Wie viele Schachteln S_1, S_2, S_3 befanden sich in der Kiste?
b) Kann man für beliebige Stückzahlen von Nägeln diese Aufgabe immer lösen? (Begründung!)

A 1.26 Weisen Sie unter Ausnutzung der Rechenregeln für Matrizen die Gültigkeit der folgenden Aussage nach: *Sind $\bar{x}$ und x^* zwei (spezielle) Lösungen des homogenen linearen Gleichungssystems $Ax = 0$, so ist auch jede Linearkombination $z = \lambda_1\bar{x} + \lambda_2 x^*$ mit $\lambda_1, \lambda_2 \in \mathbb{R}$ eine Lösung dieses Systems.*

A 1.27 Gegeben sei das folgende lineare Gleichungssystem:

$$
\begin{aligned}
3x + y - 2z + 4v - \quad\;\; w &= 7 \\
x - y + \;\, z + 2v - a\cdot w &= 0 \\
2x \qquad\qquad - 3v + \;\, 5w &= b
\end{aligned}
$$

a) Geben Sie die allgemeine Lösung dieses Gleichungssystems für die Werte $a = 3$ und $b = 4$ an.

b) Für welche Werte von a kann man x, y, w als Basisvariable wählen?

c) Ist es für gewisse Werte von a und b möglich, dass das vorgelegte Gleichungssystem **keine** Lösung besitzt?

A 1.28 Vorgelegt sei das nachstehende lineare Gleichungssystem:

$$
\begin{aligned}
x + \;\, y - 2z &= -3 \\
2x - \;\, y + \;\, z &= \;\;\, 3 \\
x + 4y - 7z &= \quad a
\end{aligned}
$$

a) Man bestimme die allgemeine Lösung des LGS für $a = -12$.

b) Gibt es einen Wert a, für den das LGS unlösbar ist? (Sollte es mehrere geben, genügt die Angabe eines Wertes.)

A 1.29

a) Für $A = \begin{pmatrix} -1 & -2 & 1 & 0 \\ 1 & 2 & 3 & 2 \\ 6 & 12 & 12 & 9 \end{pmatrix}$ und $b = \begin{pmatrix} -15 \\ 21 \\ 117 \end{pmatrix}$ berechne man die allgemeine Lösung des linearen Gleichungssystems $Ax = b$.

b) Man bestimme eine spezielle Lösung des Systems, bei der die Summe aller Komponenten 10 beträgt.

A 1.30

a) Geben Sie die allgemeine Lösung des folgenden LGS an:

$$
\begin{aligned}
4x_1 + \;\, 4x_2 - \;\, 24x_3 - \;\, 44x_4 &= -24 \\
-9x_1 - \;\, 3x_2 + \;\, 18x_3 + \;\, 30x_4 &= \;\;\, 15 \\
-4x_1 - \;\, 2x_2 + \;\, 10x_3 + \;\, 16x_4 &= \quad 8 \\
- \;\, 2x_2 + \;\, 10x_3 + \;\, 18x_4 &= -10
\end{aligned}
$$

b) Gibt es eine spezielle Lösung, die nur positive Komponenten aufweist?

c) In die Aufgabenstellung a) hatte sich ein Schreibfehler eingeschlichen: Anstelle des Wertes -10 auf der rechten Seite in der 4. Zeile muss 10 stehen. Lösen Sie deshalb die Teilaufgaben a) und b) nochmals für die veränderte rechte Seite.

A 1.31 Gegeben sei das (die Parameter a_1, a_2, a_3 enthaltende) LGS

$$
\begin{array}{rcrcrcl}
3x_1 & + & 4x_2 & + & x_3 & = & a_1 \\
x_1 & & & + & x_3 & = & a_2 \\
x_1 & + & x_2 & & & = & a_3
\end{array}
$$

Die Parameter können die Wertekombinationen $a^{(1)} = (a_1, a_2, a_3)^\top = (0, 1, 2)^\top$, $a^{(2)} = (1, 3, 1)^\top$ oder $a^{(3)} = (-2, 5, 0)^\top$ annehmen. Für welches Wertetripel wird die Komponente x_1 minimal und wie lauten die zugehörigen Werte x_2, x_3?

A 1.32

a) Ein permanent unter Zeitdruck stehender Manager hat **täglich mehrfach** das lineare Gleichungssystem $Ax = b$ zu lösen, wobei die „Technologiematrix" A fest ist (und regulär sei), der Kundenwunsch-Vektor b hingegen ständig wechselt. Er beauftragt eine junge Diplom-Kauffrau, ein möglichst effektiv arbeitendes Computerprogramm zu erstellen (das so wenig wie möglich Rechenoperationen benötigt). Was würden Sie anstelle der Kauffrau tun?

b) Derselbe Manager hat die Matrizengleichung $a + BX = X + c$ mit

$$
a = \begin{pmatrix} 3 \\ 1 \\ 2 \end{pmatrix}, \quad B = \begin{pmatrix} 3 & 1 & 1 \\ 2 & 4 & 2 \\ 3 & 3 & 4 \end{pmatrix}, \quad c = \begin{pmatrix} 6 \\ 5 \\ 7 \end{pmatrix}
$$

zu lösen, weiß aber nichts Rechtes damit anzufangen (da er dieses Buch noch nicht kannte). Können Sie ihm bei der Lösung helfen?

1.4   Lineare Unabhängigkeit, Rang, Determinanten

A 1.33 Gegeben seien die vier Vektoren $\begin{pmatrix} 1 \\ 2 \\ -1 \end{pmatrix}, \begin{pmatrix} 1 \\ -4 \\ 3 \end{pmatrix}, \begin{pmatrix} 1 \\ -1 \\ 1 \end{pmatrix}, \begin{pmatrix} 0 \\ -3 \\ 2 \end{pmatrix}$.

a) Sind diese Vektoren linear unabhängig?

b) Bestimmen Sie die maximale Anzahl s linear unabhängiger Vektoren unter den vier gegebenen und wählen Sie s linear unabhängige Vektoren aus.

c) Ist der Vektor $(0, -1, 1)^\top$ als Linearkombination obiger Vektoren darstellbar?

A 1.34 Ist der Rang der Matrix

$$A = \begin{pmatrix} 1 & 1 & 1 & 0 \\ 2 & -4 & -1 & -3 \\ -1 & 3 & 1 & 2 \end{pmatrix}$$

gleich 1, 2, 3 oder 4? (Beweis bzw. Begründung!)

A 1.35 Für eine quadratische Matrix A gelte $|A| \neq 0$. Weisen Sie nach, dass dann auch $|A^{-1}| \neq 0$ gilt. (Hinweis: Nutzen Sie die Formel $|A \cdot B| = |A| \cdot |B|$.)

A 1.36 Gegeben seien $A = \begin{pmatrix} 1 & 4 & 1 \\ 2 & 5 & 5 \\ 3 & 6 & 9 \end{pmatrix}$ und $B = \begin{pmatrix} 0{,}1 & 0 & 0{,}5 \\ 0 & 0{,}04 & 0 \\ 0{,}06 & 0 & 0{,}03 \end{pmatrix}$.

a) Bestimmen Sie den Rang der Matrix A.

b) Bilden Sie die Matrix $C = E - B$ und berechnen Sie C^{-1} (E – Einheitsmatrix; Genauigkeit: 3 Dezimalen).

c) Lösen Sie die Matrizengleichung $x - Bx = y$ nach x auf und berechnen Sie x unter Verwendung des Ergebnisses aus b) für $y = (200, 260, 230)^{\top}$.

A 1.37 Weisen Sie mithilfe des Entwicklungssatzes von Laplace nach, dass die Determinante der Matrix

$$A = \begin{pmatrix} a_{11} & a_{12} & \cdots & a_{1,n-1} & a_{1n} \\ 0 & a_{22} & \cdots & a_{2,n-1} & a_{2n} \\ \cdots\cdots\cdots\cdots\cdots\cdots\cdots\cdots\cdots \\ 0 & 0 & \cdots & 0 & a_{nn} \end{pmatrix}$$

gleich dem Produkt ihrer Diagonalelemente ist.

1.5   Hinweise und Literatur

Zu Abschnitt 1.1

Zwei Matrizen lassen sich nur dann miteinander multiplizieren, wenn die Spaltenzahl der ersten gleich der Zeilenzahl der zweiten ist. Noch wichtiger als diese formale Beziehung ist der sachlich-inhaltliche Zusammenhang, der sich bei praktischen Problemen (Verflechtungsprobleme, Input-Output-Analyse) im Zusammenpassen von Maßeinheiten bzw. in den zugehörigen Zeilen- und Spaltenbezeichnungen zeigt. So werden in der Regel Mengenangaben („pro ME") an den Spalten der ersten Matrix mit den erforderlichen Mengen (in ME), die sich aus den Zeilen der zweiten Matrix ergeben, multipliziert. Dazu sind gegebenenfalls Matrizen zu transponieren oder um Einheitsvektoren zu erweitern.

H 1.1 Beachten Sie die Dimensionen der vorkommenden Matrizen.

H 1.2

a) Verknüpfen Sie die der 2. Tabelle entsprechende Matrix B mit dem Endproduktvektor $e = (50, 40, 30)^\top$. Berechnen Sie dann den Bedarf an Einzelteilen, indem Sie die zur 1. Tabelle gehörige Matrix A transponieren und um eine Einheitsspalte (mit der Eins bei R_2) ergänzen oder auch R_2 einzeln behandeln. Vergessen Sie nicht den Einzelteilbedarf für die zusätzlichen Bauelemente. Sie können auch sofort Weg b) beschreiten.

b) Verketten Sie die um eine Einheitsspalte erweiterte Matrix $A^\top$ mit B.

H 1.3

a) Verknüpfen Sie die drei den Tabellen entsprechenden Matrizen durch Multiplikation; transponieren Sie gegebenenfalls vorher die Matrizen (z. B. muss die Anzahl der Teile T_i je Einheit E_j mit den benötigten Stückzahlen an E_j multipliziert werden). Vergessen Sie nicht, die für die Reserveteile bereitzustellenden Einzelteile zu addieren.

b) Vergleichen Sie zwei Skalarprodukte aus Preis- und Einzelteilvektoren.

H 1.4 Erweitern Sie die erste Matrix um zwei Einheitsspalten und transponieren Sie die zweite.

H 1.5 Bezeichnen A und B die zu den beiden Tabellen gehörigen Matrizen, so erweitern Sie A um zwei Einheitsspalten zu $\overline{A}$ (wodurch die beiden Ausgangsprodukte S und Z als Zwischenprodukte aufgefasst werden); bilden Sie dann die Gesamtaufwandsmatrix $G = \overline{A}^\top \cdot B^\top$.

H 1.6

a) Berechnen Sie zuerst den Vektor der Halbfabrikate h aus dem Endproduktvektor p, danach den Rohstoffvektor r aus dem Vektor h.

c) Die beiden Umformungen aus a) lassen sich zusammenfassen.

H 1.7

a) Berechnen Sie am besten die Gesamtaufwandsmatrix, indem Sie die den beiden Tabellen entsprechenden Matrizen transponieren und die erste um eine Spalte ergänzen. Addieren Sie die benötigten Mengeneinheiten an Ausgangsstoffen für die End- und Zwischenprodukte .

c) Formulieren Sie ein System linearer Ungleichungen; vergessen Sie nicht die Nichtnegativitätsbedingungen.

H 1.9

b) Hier ist ein lineares Gleichungssystem zu lösen.

H 1.10

b), c) Berechnen Sie jeweils das Skalarprodukt aus Preis- und Mengenvektor und vergleichen Sie beide Ergebnisse miteinander.

Zu Abschnitt 1.2

Nur quadratische und reguläre Matrizen sind invertierbar. Regularität (Invertierbarkeit) einer Matrix A lässt sich aus $\det A \neq 0$ oder mit Hilfe des Gauß'schen Algorithmus erkennen. Bei Anwendung des letzteren (nur Zeilenoperationen verwenden, keinen Spaltentausch!) muss sich bei Ausnutzung des Schemas $(A \mid E) \longrightarrow (E \mid A^{-1})$ die im Ergebnis gewünschte Einheitsmatrix auch wirklich bilden lassen, d. h., es darf keine Nullzeile auftreten. Im sogenannten Leontief-Modell geht es um die Berechnung der Nettoproduktion bei Auftreten eines Eigenverbrauchs: $y = x - Ax$ (x – Bruttoproduktionsvektor, A – Eigenverbrauchsmatrix, deren j-te Spalte den anteiligen Eigenverbrauch jedes Produkts bei Herstellung von einer Produkteinheit des Produkts P_j beschreibt). Der Vektor x ergibt sich dann zu $x = (E - A)^{-1}y$, vorausgesetzt $E - A$ ist invertierbar. Er kann auch als Lösung des linearen Gleichungssystems $(E - A)x = y$ berechnet werden.

H 1.12

a) Mit der inversen Matrix lassen sich nur dann Rechenoperationen ausführen, wenn sie auch existiert.

b) Berechnen Sie $A^{-1}B$ und führen Sie einen Koeffizientenvergleich durch.

c) Überlegen Sie, in welchem Fall sich bei b) ein Widerspruch ergeben könnte.

H 1.13 Hier sind Verflechtung (1. und 3. Tabelle) und Eigenverbrauch (2. Tabelle) gekoppelt. Beachten Sie deshalb, dass die mittels der 2. Tabelle (Matrix) berechnete Anzahl benötigter Zwischenprodukte den **Netto**bedarf darstellt, für den der zugehörige **Brutto**bedarf zu ermitteln ist. Am besten stellt man gleich die Gesamtaufwandsmatrix auf.

H 1.14

a) Beachten Sie die Beziehung $x = Ex$, klammern Sie x aus und multiplizieren Sie (bei Existenz) mit einer geeigneten inversen Matrix.

b) Nutzen Sie z. B. das Determinantenkriterium.

d) Sie können die Determinante von $(E - A)$ berechnen oder das Ergebnis der Teilaufgabe c) richtig interpretieren.

H 1.16

a) Transponieren Sie die linke Matrix (Tabelle) und multiplizieren Sie mit dem Vektor der Ausbringungsmengen.

b) Wenden Sie das Leontief-Modell an.

H 1.17 Wenden Sie das Leontief-Modell an.

H 1.18 Stellen Sie die Matrix des Eigenverbrauchs auf und wenden Sie das Leontief-Modell an.

Zu Abschnitt 1.3

Generell ist es empfehlenswert, lineare Gleichungssysteme (LGS) mit Hilfe des Gauß'schen Algorithmus (siehe z. B. Luderer/Paape/Würker, Luderer/Würker) zu lösen, indem durch elementare Umformungen ein Gleichungssystem erzeugt wird, das eine Einheitsmatrix enthält (kanonische Darstellung, „entschlüsselte Form"), wobei gegebenfalls Spaltentausch (Umnummerierung der Variablen) vorzunehmen ist. In allen genannten Fällen kann man leicht die allgemeine Lösung ablesen. Ist das Erzeugen einer kanonischen Form nicht möglich, so ist das vorgelegte LGS unlösbar. Selbstverständlich kann man lineare Gleichungssysteme auch mit anderen Methoden lösen (z. B. mit dem Austauschverfahren).

Es ist immer nützlich, eine Probe durchzuführen: Eine spezielle Lösung des inhomogenen Systems $Ax = b$ muss bei Einsetzen in die linke Seite des LGS gerade b liefern, während jede spezielle Lösung des homogenen Systems (das sind die bei den freien Parametern stehenden Vektoren) den Nullvektor ergeben muss. Vorsicht ist bei Spaltentausch angezeigt: in der Lösung hat dann ein Rücktausch zu erfolgen. Zusatzforderungen an die Komponenten der Lösungen führen meist auf lineare Ungleichungssysteme.

In Klausuren kann man mitunter Probleme, die auf das Lösen von LGS führen, mit solchen verwechseln, die mittels Matrizenmultiplikation (Verflechtung) lösbar sind. Klarheit bringen hier die Maßeinheiten der vorkommenden Größen.

H 1.19 Die allgemeine Lösung zu finden bedeutet nicht, eine Lösung „in Buchstaben" (d. h. nur mit den Regeln der Matrizenrechnung) zu finden. So würde beispielsweise die Idee, aus $Ax = b$ durch Multiplikation mit A^{-1} die Lösung $x = A^{-1}b$ zu gewinnen, daran scheitern, dass A^{-1} nicht existiert, denn A ist hier nicht quadratisch. Wenden Sie den Gauß'schen Algorithmus an.

H 1.20 Lösen Sie die Matrizengleichung zunächst allgemein und setzen Sie erst danach die konkreten Größen A, b, c ein.

H 1.21
a) Wenden Sie den Gauß'schen Algorithmus an.
b) Eine spezielle Lösung des LGS erhält man aus der allgemeinen Lösung durch Konkretisierung des Parameterwertes.
c) Überlegen Sie sich, dass im Allgemeinen für jeden Patienten eine andere rechte Seite zutreffend ist und versuchen Sie, eine darauf zugeschnittene Lösungsmethode zu entwickeln.

H 1.22

b) Setzen Sie $\hat{x}$ in jede Zeile des LGS ein.

c) Das zugehörige homogene LGS ergibt sich aus dem vorgelegten, indem die rechte Seite durch einen Nullvektor ersetzt wird.

H 1.23

a) Es muss Verkettbarkeit der Matrizen gewährleistet sein.

c) Entscheiden Sie aus der Struktur der Lösung, ob das entstehende LGS eindeutig lösbar ist oder ob es unendlich viele Lösungen gibt.

H 1.24 b) Für die spezielle Lösung mit den geforderten Eigenschaften haben Sie ein (aus der allgemeinen Lösungsdarstellung resultierendes) lineares Ungleichungssystem (mit dem Parameter t als der einzigen Unbekannten) zu lösen. Finden Sie eine Lösung dieses Systems oder stellen Sie gegebenenfalls dessen Widersprüchlichkeit fest.

Zusatz. Hier ist ein Extremwertproblem mit einem LGS gekoppelt. Dies kann man auch als Extremwertaufgabe unter Nebenbedingungen auffassen, wobei nach Anwendung des Gauß'schen Algorithmus die Nebenbedingungen bereits in aufgelöster Form vorliegen, sodass die Eliminationsmethode angewendet werden kann. Einsetzen der allgemeinen Lösung in die Zielfunktion f führt auf eine Funktion einer Variablen, die nur noch von dem Parameter t abhängig ist.

H 1.25

a) Verwechseln Sie nicht die Lösung eines LGS mit der Anwendung der Matrizenmultiplikation (Verflechtung). Bezeichnen Sie die gesuchten Anzahlen an Schachteln mit x_i, $i = 1, 2, 3$.

b) Denken Sie daran, dass im Kontext dieser Aufgabe nur Lösungen sinnvoll sind, deren Komponenten alle ganzzahlig und nichtnegativ sind. Diese Eigenschaften muss eine beliebige Lösung eines LGS nicht unbedingt erfüllen.

H 1.26 Zu zeigen ist: $Az = 0$.

H 1.27

a) Setzen Sie zunächst die konkreten Werte für a und b ein.

b) Die zu x, y und w gehörigen Spalten müssen linear unabhängig sein, woraus bei Anwendung des Determinantenkriteriums eine Forderung an a resultiert.

c) Bestimmen Sie den Rang der aus den ersten drei Spalten bestehenden Teilmatrix und ziehen Sie daraus entsprechende Schlussfolgerungen.

H 1.28

a) Setzen Sie sofort den konkreten Wert $a = -12$ ein.

b) Überlegen Sie, was im Lösungsprozess (mit der letzten Zeile) geschieht, wenn $a \neq -12$ ist.

H 1.29

a) Verwechseln Sie nicht den Begriff „allgemeine Lösung" (als Darstellung aller, möglicherweise unendlich vieler Lösungen) mit der Darstellung eines linearen Gleichungssystems in allgemeiner Matrizenschreibweise $Ax = b$. Sie sollen hier ganz normal ein LGS lösen. Achtung: Es muss ein Spaltentausch vorgenommen werden.

b) Die in der allgemeinen Lösung auftretenden Parameterwerte t_1 und t_2 sind geeignet festzulegen.

H 1.30

b) Der Text suggeriert, dass es (unendlich viele) Lösungen des vorgelegten LGS gibt, aus denen eine geeignete ausgewählt werden soll. Hat das LGS aber überhaupt keine Lösung, so kann es erst recht keine Lösung mit speziellen Eigenschaften geben (vgl. Aufgabe c)).

H 1.31 Stellen Sie x_1 in Abhängigkeit von a_1, a_2, a_3 dar (z. B. durch Elimination von x_2 und x_3).

H 1.32

a) Beschreiben Sie eine Lösungsmethode, die nicht jedes Mal das LGS lösen muss, sondern mit einer Matrizenmultiplikation auskommt.

Zu Abschnitt 1.4

Determinanten lassen sich nur von quadratischen Matrizen, niemals von rechteckigen berechnen. Gegebenenfalls hat man quadratische Teilmatrizen letzterer zu untersuchen. Es gelten die folgenden wichtigen Zusammenhänge:

$$\det A \neq 0 \iff A^{-1} \text{ existiert} \iff \text{Spalten von } A \text{ linear unabhängig;}$$
$$\det A = 0 \iff A^{-1} \text{ existiert nicht} \iff \text{Spalten von } A \text{ linear abhängig.}$$

H 1.33

a), b) Nutzen Sie einen allgemeinen Satz über die maximale Anzahl linear unabhängiger Vektoren im Raum $\mathbb{R}^n$. Sie können aber auch die Vektoren zu einer Matrix zusammenfassen und zur Anwendung des Determinantenkriteriums die Determinanten von Teilmatrizen berechnen. Schließlich kann man auch die Definition der linearen Unabhängigkeit direkt anwenden und ein lineares Gleichungssystem lösen.

H 1.34 Der *Rang* einer Matrix ist definiert als die maximale Zahl linear unabhängiger Spalten- oder Zeilenvektoren der Matrix. Berechnen Sie die Determinante von A bzw. von Teilmatrizen.

H 1.35 Denken Sie an die Beziehungen $A \cdot A^{-1} = E$ und $\det E = 1$.

H 1.36

a) Berechnen Sie die Determinante der Matrix A bzw. geeigneter Teilmatrizen oder wenden Sie den Gauß'schen Algorithmus an.

c) Beachten Sie die Beziehung $x = Ex$, klammern Sie x aus und multiplizieren Sie mit einer geeigneten (inversen) Matrix.

H 1.37   Entwickeln Sie die Determinante der Matrix A sowie die entstehenden Unterdeterminanten jeweils nach der 1. Spalte.

Literatur

Auer, B., Seitz, F.: Grundkurs Wirtschaftsmathematik: Prüfungsrelevantes Wissen – praxisnahe Aufgaben – komplette Lösungswege, 4. Aufl. Springer Gabler, Wiesbaden (2013)

Bosch, K.: Übungs- und Arbeitsbuch. Mathematik für Ökonomen, 8. Aufl. Oldenbourg, München (2011)

Bosch, K., Jensen, U.: Klausurtraining Mathematik, 3. Aufl. Oldenbourg, München (2001)

Luderer, B., Nollau, V., Vetters, K.: Mathematische Formeln für Wirtschaftswissenschaftler, 7. Aufl. Vieweg + Teubner, Wiesbaden (2012)

Luderer, B., Paape, C., Würker, U.: Arbeits- und Übungsbuch Wirtschaftsmathematik. Beispiele – Aufgaben – Formeln, 6. Aufl. Vieweg + Teubner, Wiesbaden (2011)

Luderer, B., Würker, U.: Einstieg in die Wirtschaftsmathematik, 8. Aufl. Vieweg + Teubner, Wiesbaden (2011)

Merz, M.: Übungsbuch zur Mathematik für Wirtschaftswissenschaftler: 450 Klausur- und Übungsaufgaben mit ausführlichen Lösungen. Vahlen, München (2013)

Merz, M., Wüthrich, M.V.: Mathematik für Wirtschaftswissenschaftler. Einführung mit vielen ökonomischen Beispielen. Vahlen, München (2012)

Purkert, W.: Brückenkurs Mathematik für Wirtschaftswissenschaftler, 7. Aufl. Vieweg + Teubner, Wiesbaden (2011)

Tietze, J.: Einführung in die angewandte Wirtschaftsmathematik: Das praxisnahe Lehrbuch – inklusive Brückenkurs für Einsteiger, 17. Aufl. Springer Spektrum, Wiesbaden (2013)

Tietze, J.: Übungsbuch zur angewandten Wirtschaftsmathematik. Aufgaben, Testklausuren und ausführliche Lösungen, 8. Aufl. Vieweg + Teubner, Wiesbaden (2010)

Analysis der Funktionen einer Variablen

2

Der Umgang mit Funktionen einer Veränderlichen ist für jeden Wirtschaftswissenschaftler von großer Bedeutung. Die Kenntnis von Funktionseigenschaften und die Fähigkeit, Funktionen grafisch darstellen zu können, sind unabdingbare Voraussetzung dafür, ökonomische Zusammenhänge mathematisch zu beschreiben und richtig zu interpretieren. Die Begriffe Differenzial und Elastizität, die beide auf der ersten Ableitung einer Funktion beruhen, sind in den Wirtschaftswissenschaften außerordentlich wichtig. Die Suche nach Extremwerten, etwa dem maximalen Gewinn oder minimalen Kosten, ist Bestandteil zahlreicher Fragestellungen. Wichtig ist ferner der Begriff des Integrals, weniger das Berechnen konkreter Integrale, da man in den Wirtschaftswissenschaften recht häufig auf Integrale trifft, beispielsweise in der Stochastik und der Finanzmathematik (in Form der Verteilungsfunktion) oder in der Volkswirtschaftslehre (im Zusammenhang mit der Konsumentenoder Produzentenrente).

2.1 Eigenschaften, Extremwerte, Kurvendiskussion

A 2.1 Es werde die Funktion $f(x) = e^{-2x+3} + ax$ betrachtet, wobei a eine beliebige reelle (unbekannte, aber feste) Zahl sei (Parameter).

a) Für welche Werte von a besitzt f ein (lokales) Minimum?
b) Wie lautet das Minimum von f bei $a = 2$?
c) Es gelte $a < 0$. In welchen Bereichen ist f monoton wachsend oder fallend?
d) Ist die Funktion für beliebiges $a \in \mathbb{R}$ konvex oder konkav?
e) Man zeige, dass für $x \to \infty$ die Gerade $g(x) = ax$ Asymptote von f ist.

A 2.2 Führen Sie für die Funktion $f(x) = \ln(7+x-x^2)$ eine vollständige Kurvendiskussion durch (Definitionsbereich, Nullstellen, Extremwerte, Wendepunkte, Skizze).

B. Luderer, *Klausurtraining Mathematik und Statistik für Wirtschaftswissenschaftler*,
Studienbücher Wirtschaftsmathematik, DOI 10.1007/978-3-658-05546-2_2,
© Springer Fachmedien Wiesbaden 2014

A 2.3 Das Betreiben eines Kraftfahrzeuges verursache jährliche Kosten (in Euro) in folgender Höhe, wobei x die Fahrstrecke (gemessen in 1000 km) bezeichne und $x \geq 1$ unterstellt wird:

Steuern und Versicherung:	1247
Benzin:	$130x$
Wartungs- und Reparaturkosten:	$30x \cdot \ln x + 12x^2$.

a) Stellen Sie die Gesamtkostenfunktion $K(x)$ sowie die Durchschnittskostenfunktion $k(x)$ (Kosten pro Tausend Kilometer) auf.
b) Wie viel Kilometer sind jährlich zu fahren, damit die Kosten pro Tausend Kilometer (und damit die Kosten pro Kilometer) minimal werden? (Hinweis: Beschreiben Sie die entsprechende Extremwertaufgabe und lösen Sie diese.)

A 2.4 Einem europäischen Alleinhersteller von Kraftfutter für Riesenschlangen entstehen bei der Produktion von x Tonnen Futter Kosten in Höhe von $K(x) = a \cdot x + b$. Die vom Preis abhängige Nachfrage auf dem EU-Binnenmarkt beträgt $x = f(p) = c - d \cdot p$, wobei $a, b, c, d > 0$ gegebene Konstanten sind.

a) Man beschreibe den Gewinn in Abhängigkeit von der hergestellten und abgesetzten Menge x. (Hinweis: Der erzielbare Preis, um die Menge x absetzen zu können, lässt sich aus der 2. Gleichung gewinnen.)
b) Man ermittle denjenigen (Monopol-)Preis $\bar{p}$, der maximalen Gewinn sichert, indem man zunächst die optimale Menge $\bar{x}$ und daraus $\bar{p}$ berechnet.
c) Man berechne den zugehörigen Gewinn (in Abhängigkeit von a, b, c, d).
d) Unter der Annahme $b = 20$, $c = 10$, $d = 1$ bestimme man den höchstmöglichen Wert von a, für den der maximale Gewinn nicht negativ ist.

A 2.5 Die Funktion $y = f(t) = \frac{100}{1+19e^{-2t}}$ dient als spezielle *logistische* Funktion zur Beschreibung von Sättigungsprozessen (wie etwa dem prozentualen Ausstattungsgrad von Arbeitszimmern der TU Chemnitz mit modernen Büromöbeln in Abhängigkeit von der Zeit).

a) Wie viel Prozent der Zimmer waren zur Zeit $t = 0$ modern ausgestattet?
b) Zu welchem Zeitpunkt t^* ist das Ausstattungstempo am größten? (Der Nachweis, dass tatsächlich ein Maximum vorliegt, ist nicht erforderlich. Das Tempo der Ausstattung entspricht als Zuwachsgröße dem Anstieg der Tangente an den Graph von f und kann deshalb durch die 1. Ableitung beschrieben werden. Folglich ist t^* derjenige Wert, an dem die 1. Ableitung ihr Maximum annimmt.)
c) Durch welche Werte ist f nach oben bzw. unten beschränkt? (Hinweis: Die Funktion ist auf $\mathbb{R}$ streng monoton wachsend.)
d) Weisen Sie das streng monotone Wachstum von f nach.

A 2.6 Führen Sie für $f(x) = \frac{x^2-2}{x^2-4}$ eine Kurvendiskussion durch (Definitionsbereich, Nullstellen, Polstellen, Extrema, Wendepunkte, Verhalten im Unendlichen) und stellen Sie die Funktion im Intervall $-4 \leq x \leq 4$ grafisch dar.

A 2.7 Für seinen auf dem Uni-Campus betriebenen Imbiss hat Tobias die Preis-Absatz-Funktion $x = h(p) = \frac{100.800}{p+8} + 400p - 9600$ ermittelt, die die wöchentlich abgesetzte Menge an Kartoffelpuffern beschreibt (p – Preis pro Portion in Euro, x – Menge in Portionen).

a) Skizzieren Sie diese Funktion für $p \in [0, 8]$. (**Keine Kurvendiskussion!**)
b) Stellen Sie für die Funktion $x = h(p)$ die zugehörige Umsatz- sowie die Gewinnfunktion auf, wenn die Kostenfunktion $K(x) = 1{,}5x + 100$ unterstellt wird. (Hinweis: Stellen Sie die Kostenfunktion in Abhängigkeit von p dar.)
c) Bei welchem Preis pro Portion ergibt sich das Gewinnmaximum? Wie groß ist der maximale Gewinn? Wie viele Portionen verkauft Tobias zum optimalen Preis? (Hier ist eine Polynomgleichung 3. Grades zu lösen, was sinnvollerweise nur **näherungsweise** mithilfe eines numerischen Verfahrens geschehen kann. Es wird das Newtonverfahren empfohlen.)
d) Schätzen Sie die Brauchbarkeit der Ansatzfunktion $h(p)$ ein.

A 2.8
a) Führen Sie für die Funktion $y = f(x) = x^4 + 10x^3 + 1100$ eine Kurvendiskussion durch (Extremwerte, Wendepunke, Grenzwertverhalten für $x \to \pm\infty$; **keine Nullstellenbestimmung**) und skizzieren Sie $f(x)$.
b) Beweisen oder begründen Sie, dass $f(x) \geq 0 \, \forall x$.
c) Zeigen Sie, dass $f(x)$ im Bereich $x \geq 0$ monoton wachsend ist.

A 2.9 Gegeben sei die von der Zeit abhängige Funktion

$$y = f(t) = \frac{1000}{23 + 2 \cdot e^{-t}}.$$

a) Man führe für $f(t)$ eine Kurvendiskussion durch (Definitionsbereich, Wertebereich, Nullstellen, Achsenabschnitt auf der y-Achse, Extremstellen und Wendepunkte (ohne Berechnung von Ableitungen höherer als zweiter Ordnung), Grenzverhalten für $t \to \pm\infty$, grafische Darstellung).
b) Zu welchem Zeitpunkt beträgt der Funktionswert 42?

A 2.10
a) Untersuchen Sie die Funktion $f(x) = a - \frac{b}{x}$ für $x > 0$ (wobei für die Parameter a und b die Bedingung $a, b \geq 0$ gelte): Unstetigkeitsstellen, Nullstellen, Monotonieverhalten, Grenzwerte für $x \to 0^+$ (rechtsseitig) und $x \to +\infty$. (Hinweis: Für a und b sind gegebenenfalls verschiedene Fälle zu unterscheiden.)
b) Stellen Sie die Funktion für die Parameterwerte $a = 3$, $b = 2$ grafisch dar.

A 2.11 Die Funktion $K(x) = 0{,}0025x^3 - 0{,}3x^2 + 15x + 80$ beschreibe die Gesamtkosten (in Geldeinheiten, GE) einer Unternehmung in Abhängigkeit von der in Mengeneinheiten (ME) gemessenen Menge $x > 0$.

a) Stellen Sie $K(x)$ sowie die Durchschnitts- (bzw. Stück-) Kostenfunktion $k(x)$ in je einem Koordinatensystem dar, wozu eine vereinfachte Kurvendiskussion durchzuführen ist: Grenzverhalten für $x \to \infty$ und $x \to 0^+$, Ermittlung von Extrempunkten und Wendepunkten (ohne Nachkommastellen) sowie Angabe von Monotoniebereichen beider Funktionen.

b) Besitzen die Funktionen K bzw. k Nullstellen?

c) Beschreiben Sie näherungsweise die (von x abhängige) relative Zunahme der Gesamtkosten, die eine Vergrößerung der Produktionsmenge x um ein Prozent mit sich bringt.

A 2.12 Es wird ein Materiallager betrachtet. Wenn das Lager leer ist, werden x Einheiten aufgefüllt. Dieser Vorrat reicht dann für x Tage. Während dieser x Tage entstehen Kosten in Höhe von $K(x) = 36 + 2x + x^2$.

a) Geben Sie die Funktion $k(x)$ der Kosten **pro Tag** an.

b) Für welches x sind die Kosten pro Tag am geringsten? Wie hoch sind sie?

A 2.13 Die Funktion $f(t) = \frac{2}{1+e^{-at}}$, $a > 0$, beschreibe die durchschnittliche Anzahl von Videorecordern in sächsischen Haushalten, wobei t die Zeit darstellt.

a) Man ermittle denjenigen Wert a, für den zum Zeitpunkt $t = 1$ die Funktion den Wert 1,5 annimmt.

b) Bestimmen Sie $\lim\limits_{t\to\infty} f(t)$ und $\lim\limits_{t\to-\infty} f(t)$.

c) Weisen Sie nach, dass die Funktion f streng monoton wachsend ist und folglich keine Extremstelle besitzt.

d) Zu welchem Zeitpunkt erreicht $f(t)$ 90 % des maximal möglichen Wertes?

A 2.14

a) Bestimmen Sie Extremwerte, Wendepunkte, Monotonieverhalten sowie das Krümmungsverhalten (Konvexität/Konkavität) für die Funktion $f(x) = e^x + a \cdot x$, die von dem festen, aber unbekannten Parameter $a \in \mathbb{R}$ abhängig ist. (Die Ergebnisse sind also ebenfalls parameterabhängig.)

b) Fertigen Sie jeweils eine Skizze für $a = 1$ und für $a = -1$ an.

A 2.15 Ein Radfahrer will eine Strecke von 100 km mit konstanter Geschwindigkeit zurücklegen. Bei einer Geschwindigkeit von x km/h benötigt er anschließend eine Ruhepause von $x^2/160$ Stunden, bis er wieder fit ist.

a) Wie muss er seine Geschwindigkeit wählen, damit er möglichst schnell am Zielort ist und dort auch wieder fit ist?

b) Nach wie viel Stunden ist er am Ziel wieder fit (Fahrzeit + Ruhepause)?

A 2.16

a) Gegeben sei die Funktion $f(x) = Ax^2 + Bx + C$, wobei A, B, C (unbekannte) Parameter sind. Welche Bedingungen müssen die Parameter erfüllen, damit f genau ein Minimum besitzt, dessen Wert positiv ist?

b) Gegeben sei die Polynomfunktion 3. Grades $f(x) = ax^3 + bx^2 + cx + d$, die die (unbekannten) Parameter a, b, c, d enthält. Bekannt ist lediglich, dass $a \neq 0$ gilt. Unter welchen Voraussetzungen an die Parameter a, b, c, d besitzt die Funktion f Extremwerte bzw. Wendepunkte?

A 2.17 In einem Haus sollen die vier Anschlüsse A, B, C und D miteinander verbunden werden. Dazu wird zunächst eine doppelte Leitung vom Punkt A bis zu einem zentralen Verteiler V verlegt, von wo aus dann drei weitere (einfache) Leitungen zu B, C, D führen. Jeder Leitungsmeter kostet p [€/m], die doppelte Leitung entsprechend $2p$ [€/m] (Abmessungen siehe Skizze):

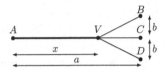

a) Geben Sie eine allgemeine Formel für die entstehenden Kosten in Abhängigkeit von der Lage des Verteilerpunktes V auf der Strecke $\overline{AC}$ an.

b) Wo muss V angeordnet werden, damit möglichst geringe Kosten anfallen?

A 2.18 Der Sprecher der PDSS (Partei Deutscher Steuer-Senker) schlägt im Rahmen der permanenten Steuerreform einen neuen und sehr einfachen Tarif vor. Und zwar soll der Grenzsteuersatz (das ist der Steuersatz auf den „letzten verdienten Euro", gemessen in Prozent) wie folgt aussehen (x – Jahreseinkommen in Tausend Euro):

$$s(x) = \begin{cases} 10 & 0 \leq x \leq 30 \\ 40 & 30 < x. \end{cases}$$

a) Ermitteln Sie eine Funktion g, die die jährliche steuerliche Belastung in Abhängigkeit vom Jahreseinkommen beschreibt und berechnen Sie die zu zahlenden Steuern bei einem Jahreseinkommen von 25.000 € bzw. 55.000 €.

b) Geben Sie eine Funktion d an, die den durchschnittlichen Steuersatz (auf das Gesamt-Jahreseinkommen) in Prozent angibt. Wie lautet der Durchschnittssteuersatz für Einkommen von 25.000 € bzw. 55.000 €?

A 2.19 Die Funktion $K(x) = K_1(x) + K_2(x) = \frac{A}{2}x + \frac{B}{x^2}$, A, $B > 0$ beschreibe die entstehenden Gesamtkosten einer Lagerhaltung (x – jeweils angelieferte Menge bei leerem Lager).

a) Skizzieren Sie die Kostenbestandteile $K_1(x)$ und $K_2(x)$ sowie $K(x)$ für $x > 0$ und $A = B = 1$ (**keine Kurvendiskussion!**).

b) Ermitteln Sie (für beliebige Parameter $A, B > 0$) diejenige Größe $x_{\min}$, für die die Funktion $K(x)$ minimal wird.

c) Weisen Sie nach, dass die Beziehung $K_1(x_{\min}) = 2 \cdot K_2(x_{\min})$ gilt.

d) Untersuchen Sie die Funktion K auf Monotonie.

A 2.20

a) Ermitteln Sie Extrema und Wendepunkte der Funktion $f(x) = x \cdot \ln x$ (für $x > 0$).

b) Führen Sie eine Kurvendiskussion für die Funktion $g(x) = x \cdot e^x$ durch.

2.2   Numerische Nullstellenberechnung, Approximation von Funktionen

A 2.21 Die Preis-Absatz-Funktion $x = f(p) = \frac{2000}{2p-3}$ soll in ihrer Struktur vereinfacht und deshalb im Punkt $\bar{p} = 3{,}5$ linearisiert werden, d. h., die Funktion $f(p)$ soll durch $l(p) = f(\bar{p}) + f'(\bar{p}) \cdot (p - \bar{p})$ ersetzt werden, was geometrisch auf den Übergang von der Kurve $x = f(p)$ auf deren Tangente im Punkt $\bar{p} = 3{,}5$ hinausläuft.

a) Berechnen Sie die linearisierte Preis-Absatz-Funktion $l(p)$.

b) Stellen Sie $f(p)$ und $l(p)$ im Intervall $[0, 8]$ dar.

c) Schätzen Sie die Brauchbarkeit von $l(p)$ ein.

A 2.22 Bestimmen Sie mit einem numerischen Verfahren Ihrer Wahl eine Nullstelle der Funktion $f(x) = x^3 - 6x^2 + 4$, die im Intervall $[0, 1]$ gelegen ist, auf zwei Nachkommastellen genau. Geben Sie dabei die benutzte Verfahrensformel sowie alle wesentlichen Zwischenergebnisse mit an.

A 2.23 Der in Finanzmathematik beschlagene Student Willi, der den oft verklausulierten Angeboten von Banken und Versicherungen stets mit einer gehörigen Portion Misstrauen gegenübersteht, beschließt, den von der Bank angegebenen Effektivzins eines Sparplans mit Bonus (Laufzeit 7 Jahre, jährliche Einzahlungen von 1.000 €) sicherheitshalber nachzurechnen. Das führt Willi auf die Beziehung

$$1000 \cdot \left[q \cdot \frac{q^7 - 1}{q - 1} + 0{,}35 \right] = 8888 \,.$$

Wie groß ist q bzw. der Effektivzinssatz p_{eff} (wobei $q = 1 + \frac{p_{\text{eff}}}{100}$ gilt)? Hinweis: Willi weiß, dass Effektivzinssätze stets auf zwei Nachkommastellen genau angegeben werden und sich meist nicht in schwindelerregend hohen Regionen bewegen.

A 2.24
a) Stellen Sie die Funktionen $f(x) = 2\sin x$ sowie $g(x) = \frac{x}{3} + 1$ im Bereich $[-4, 4]$ dar (keine Kurvendiskussion!).
b) Ermitteln Sie unter Verwendung von a) die ungefähre Lage der Nullstellen der Funktion $F(x) = f(x) - g(x)$.
c) Berechnen Sie die im Intervall $[0, 1]$ gelegene Nullstelle auf zwei Nachkommastellen genau.
d) Ermitteln Sie alle Extremstellen der Funktion $F(x)$ im Intervall $[-4, 4]$ und geben Sie deren Art an.

A 2.25 Der mittlere Verbrauch v von Süßwaren einer Familie in Abhängigkeit vom monatlichen Familieneinkommen x (beide Größen gemessen in €/Monat) werde durch die folgende Funktion beschrieben:

$$v = f(x) = 63{,}41 \cdot e^{-\frac{1963}{x} + 0{,}59}.$$

a) Welchem Wert strebt der Süßwarenverbrauch für (unbeschränkt) wachsendes Einkommen zu? Was ergibt sich für gegen null gehendes Einkommen?
b) Berechnen Sie die Elastizität der Funktion f.
c) In welchem Wert werden Süßwaren verbraucht, wenn das monatliche Familieneinkommen 4500 € beträgt?
d) Berechnen Sie unter Nutzung der Elastizität, um wie viel Prozent sich näherungsweise der Süßwarenverbrauch ändert, wenn sich das Familieneinkommen aus c) um 2 % erhöht.

A 2.26 Berechnen Sie mithilfe eines numerischen Näherungsverfahrens die im Bereich $x > 0$ gelegene Nullstelle der Funktion $f(x) = e^x - x - \frac{3}{2}$ auf zwei Nachkommastellen genau.

A 2.27
a) Approximieren Sie mithilfe der Taylorreihenentwicklung die Funktion $f(x) = 2 + \ln x$ im Punkt $\bar{x} = 1$ durch eine lineare Funktion $g_1(x)$ bzw. eine quadratische Funktion $g_2(x)$. Vergleichen Sie die Funktionswerte von $f(x)$ und $g_i(x)$, $i = 1, 2$, im Punkt $\hat{x} = 1{,}01$.
b) Stellen Sie f, g_1 und g_2 in einem (gemeinsamen) Koordinatensystem dar.
c) Berechnen Sie mithilfe eines numerischen Näherungsverfahrens die Nullstelle von f auf zwei Nachkommastellen genau. Wie lautet die exakte Nullstelle?
d) Ist die Funktion f im Punkt $\bar{x} = 1$ elastisch oder unelastisch?

A 2.28 Bei der Berechnung der Rendite eines festverzinslichen Wertpapiers (mit Nominalzinssatz $i = 6{,}50\,\%$ und Restlaufzeit $n = 8$) wird von der folgenden Formel Gebrauch gemacht: $\frac{1}{q^8} \cdot \left(6{,}5 \cdot \frac{q^8 - 1}{q - 1} + 100\right) - C = 0$.

a) Man multipliziere obige Gleichung mit $q^8(q-1)$, um auf eine Polynomgleichung der Form $F(C, q) = 0$ zu kommen.

b) Man berechne mithilfe eines numerischen Näherungsverfahrens den zur Größe $C = 98$ gehörenden Wert $q \in (1, 2)$ auf zwei Nachkommastellen genau.

A 2.29 Für Argumentwerte $p \geq 0$ werde die vom Preis p abhängige Nachfragefunktion $x = f(p) = \frac{1000}{2p+5} - 40$ betrachtet.

a) Berechnen Sie die nachgefragte Menge x für $\bar{p} = 2{,}5$.

b) Ermitteln Sie mithilfe der Elastizität, um wie viel Prozent sich die Nachfrage näherungsweise ändert, wenn sich der Preis von $\bar{p} = 2{,}5$ um 2 % verringert.

A 2.30

a) Es sei x der aktuelle Dollarkurs im Vergleich zum Euro (= Menge an Dollar, die für 1 Euro gezahlt wird). Wie viel Euro werden dann für einen Dollar gezahlt?

b) Entwickeln Sie die Funktion $f(x) = \frac{1}{x}$ an der Stelle $x_0 = 1$ in eine Taylorreihe bis zum quadratischen Glied. (**Herleitung ist wichtig!**)

c) Berechnen Sie mithilfe der in b) gewonnenen Taylorentwicklung den Dollar-Euro-Kurs für $x = 0{,}97$ und vergleichen Sie mit dem exakten Wert.

d) Ein erfahrener Devisenhändler rechnet das Dollar-Euro-Verhältnis zumeist (näherungsweise) im Kopf aus. Mit welcher (möglichst einfachen) Formel wird er rechnen? Welches Ergebnis erhält er für $x = 0{,}97$?

e) Warum funktioniert diese Näherungsmethode nicht, wenn 1 Euro ca. 2 Dollar wert ist?

A 2.31 Gegeben sei die Funktion $f(t) = a + bt + c \sin \frac{t-9}{12}\pi$ mit den Parametern $a, b, c > 0$ (feste, aber unbekannte Zahlen).

a) Entwickeln Sie die Funktion f im Punkt $\bar{t} = 9$ in eine Taylorreihe (bis zum quadratischen Glied). Hinweis: Das Ergebnis wird von den Parametern a, b und c abhängig sein.

b) Berechnen Sie für die konkreten Parameterwerte $a = 100$, $b = 10$, $c = 1$ im Punkt $t = 10$ den Funktionswert von f sowie den Funktionswert der Taylorapproximation.

A 2.32 Gegeben sei die Funktion $P = f(i) = \sum_{k=1}^{n} \frac{Z_k}{(1+i)^k}$, die den Barwert P eines Zahlungsstroms in Abhängigkeit von der Marktrendite beschreibt (Z_k, $k = 1, \ldots, n$, und n seien fixierte Größen).

a) Berechnen Sie die erste Ableitung der Funktion.

b) Wie ändert sich P (näherungsweise), wenn sich i um Δi ändert.

c) Berechnen Sie die Elastizität der Funktion f im Punkt $i^* = 5\,\%$ allgemein und konkret für den Zahlungsstrom $n = 3$, $Z_1 = 6$, $Z_2 = 6$, $Z_3 = 106$. Interpretieren Sie diese Größe.

d) Beschreiben Sie, wie man für den in c) genannten Zahlungstrom den Barwert P bei $\bar{i} = 7\%$ berechnen kann und wie man denjenigen Zinssatz i bestimmen kann, für den sich ein Wert von $P = 102$ ergibt (**keine Rechnung!**).

2.3 Integrale, Differenzialgleichungen

A 2.33 Berechnen Sie den Wert $w = \int\limits_0^a b \cdot e^{-cx+d}\,dx$, der von den Parametern a, b, c, d abhängig ist.

A 2.34 Man berechne die folgenden – im Zusammenhang mit Dichtefunktionen in der Wahrscheinlichkeitstheorie auftretenden – Integrale:

a) $\int\limits_1^\infty 3 \cdot e^{-3x}\,dx$,

b) $\int\limits_{-\infty}^\infty f(x)\,dx$ mit $f(x) = \begin{cases} 0, & x < 1 \\ 1/2, & 1 \le x \le 3 \\ 0, & x > 3 \end{cases}$.

A 2.35 Die Planungsabteilung einer Unternehmung rechnet für die nächsten drei Jahre mit einer der Beziehung $K(t) = 2000\,(1 + te^{-t} + 3t)$ genügenden Kostenentwicklung, wobei $K_{t_1,t_2} = \int\limits_{t_1}^{t_2} K(t)\,dt$ die Gesamtkosten (in Geldeinheiten) im Zeitintervall $[t_1, t_2]$ beschreibt. Analog prognostiziert die Marketingabteilung eine Umsatzentwicklung von $U(t) = 13.000 \cdot \left(\frac{2}{90}t^2 + \frac{1}{10}t + 1\right)$.

a) Skizzieren Sie die Funktionen $K(t)$ und $U(t)$ im Intervall $[0, 3]$.

b) Berechnen Sie die in den nächsten drei Jahren entstehenden Gesamtkosten, den Gesamtumsatz sowie den Gesamtgewinn.

A 2.36 Man berechne die uneigentlichen Integrale $\int\limits_1^\infty \frac{1}{x}\,dx$ und $\int\limits_1^\infty \frac{1}{x \cdot \sqrt{x}}\,dx$.

A 2.37 Gegeben sei die Funktion $f(x) = \frac{2}{x \cdot \ln x}$.

a) Fertigen Sie eine Skizze von f im Intervall $(1, 6)$ an und schätzen Sie die Fläche unter der Funktionskurve in den Grenzen von $a = 2$ bis $b = 5$ (grob) nach unten und nach oben ab.

b) Berechnen Sie die in a) genannte Fläche exakt.

A 2.38 Bestimmen Sie den Wert der beiden uneigentlichen Integrale $\int\limits_2^\infty \frac{1}{x^2}\,dx$ und

$\int\limits_{-\infty}^{-2} \frac{1}{3-x}\,dx$ (falls sie existieren) oder stellen Sie deren Divergenz fest.

A 2.39 Das Integral $I = \int\limits_0^1 e^{-\frac{x^2}{2}}\,dx$ ist nicht in geschlossener Form integrierbar und soll deshalb näherungsweise berechnet werden.

a) Approximieren Sie den Integranden durch eine quadratische Funktion $g(x)$, indem sie ihn im Punkt $x_0 = 0$ in eine Taylorreihe (mit Abbruch nach dem quadratischen Glied) entwickeln.

b) Berechnen Sie $\int\limits_0^1 g(x)\,dx$ als Näherung für I.

c) Berechnen Sie I näherungsweise durch Anwendung der Trapezregel, indem Sie das Intervall $[0,1]$ in fünf Teilintervalle gleicher Länge zerlegen.

d) Geben Sie jeweils eine (sinnvolle) untere und obere Schranke für I an.

A 2.40 Bestimmen Sie den Parameter b derart, dass die Funktion

$$f(x) = \begin{cases} 0, & x < 0 \\ b \cdot e^{-x}, & x \geq 0 \end{cases}$$

eine Dichtefunktion darstellt, sodass also $I = \int\limits_{-\infty}^\infty f(x)\,dx = 1$ gilt.

A 2.41

a) Zeigen Sie, dass die Funktion $q(x) = -\frac{1}{2}x^2 + 2x + e - \frac{5}{2}$ eine quadratische Approximation der Funktion $f(x) = e - e^{1-x}$ im Punkt $x_0 = 1$ darstellt, d.h. dass gilt $q(1) = f(1)$, $q'(1) = f'(1)$, $q''(1) = f''(1)$.

b) Berechnen Sie die Integrale $\int\limits_{1/2}^{3/2} f(x)\,dx$ sowie $\int\limits_{1/2}^{3/2} q(x)\,dx$.

A 2.42

a) Schätzen Sie das Integral $\int\limits_0^4 \left(\frac{100.800}{p+8} + 400p - 9600 \right)\,dp$ grob ab, indem Sie ausnutzen, dass der Integrand im Intervall $[0,4]$ monoton fallend ist.

b) Berechnen Sie das in a) beschriebene Integral exakt.

A 2.43

a) Berechnen Sie den Barwert B des konstanten Zahlungsstroms $f(t) = 2$ im Intervall $[a,b]$ bei kontinuierlicher Verzinsung mit der Zinsrate i, d.h., berechnen Sie $B = \int\limits_a^b 2e^{-it}\,dt$.

b) Welcher konkrete Wert ergibt sich für $[a,b] = [1,3]$ und $i = 0{,}06$?

A 2.44 Geben Sie für die Fläche unter der Funktionskurve von $f(x) = x \cdot \ln x$ in den Grenzen von $a = 2$ bis $b = 4$ eine untere und eine obere Schätzung an. Berechnen Sie anschließend die Fläche exakt.

A 2.45 Gesucht ist der Wert des Integrals $W = \int_{-1}^{1} x \cdot e^x \, dx$.

a) Berechnen Sie W näherungsweise, indem Sie das Intervall $[-1, 1]$ in vier Teile unterteilen und eine Formel der numerischen Integration anwenden.

b) Berechnen Sie den Wert W exakt.

A 2.46 Bakterien der Spezies *Bacillus putrificus* vermehren sich unter Laborbedingungen (d. h. bei Temperaturen um $37°$ C auf Bouillon-Nährboden mit 2 %igem Agar-Agar-Zusatz) umso schneller, je größer die Kultur ist. Es bezeichne $y(t)$ die Größe der Kultur zum Zeitpunkt t (in Stück) und $y'(t)$ die Wachstumsgeschwindigkeit (wobei t in Wochen gemessen werde). Zum Zeitpunkt $t = 0$ seien $2 \cdot 10^6$ Individuen vorhanden gewesen. Wie viele sind es nach drei Wochen? Der Proportionalitätsfaktor zwischen Wachstumsgeschwindigkeit und Größe der Kultur betrage bei den gewählten Maßeinheiten $K = 1{,}65$.

A 2.47 Vegetarische Lebensweise ist ansteckend! Je höher die Zahl der Mensabesucher, die sich für Gericht 4 „Vegetarisches Allerlei" entscheiden, umso mehr Studierende und Mitarbeiter schließen sich dieser Auswahl an. Es bezeichne $y(t)$ die Anzahl der Mensabesucher, die sich zum Zeitpunkt t für das vegetarische Gericht entschieden haben, und $y'(t)$ beschreibe deren Veränderung (Zuwachs). Zum Zeitpunkt $t = 0$ hatten sich bereits 25 Personen für Gericht 4 entschieden. Mit welcher Personenzahl ist bei $t = 2$ zu rechnen, wenn der Proportionalitätsfaktor zwischen Zuwachs und Anzahl an „Vegetariern" 0,55 beträgt? Stellen Sie eine Differenzialgleichung auf und lösen Sie diese.

2.4   Hinweise und Literatur

Zu Abschnitt 2.1

Wesentliche Elemente einer Kurvendiskussion sind die Bestimmung von Definitionsbereich, Nullstellen, Extremwerten und Wendepunkten (vgl. Luderer/Paape/Würker, Luderer/Würker). Die jeweils zu untersuchenden Gleichungen $f(x) = 0$, $f'(x) = 0$ bzw. $f''(x) = 0$ lassen sich evtl. nur näherungsweise mittels eines numerischen Verfahrens lösen (vgl. Abschn. 2.2). Ferner gehört die Untersuchung von Grenzwerten für $x \to \pm\infty$ oder $x \to \bar{x}$, falls in $\bar{x}$ eine Polstelle vorliegt bzw. allgemein die Funktion f nicht definiert ist, zu einer Kurvendiskussion. Gegebenenfalls sind zusätzliche Funktionswerte zu berechnen (Wertetabelle). Eine grafische Darstellung vollendet die Untersuchung. Hierbei sind die oben erzielten Ergebnisse zu berücksichtigen. So weiß man z. B., dass in der Umgebung einer lokalen Minimumstelle die Kurve nach oben gekrümmt ist (wie die Normalparabel), bei einer lokalen Maximumstelle hingegen nach unten; in einem Wendepunkt wechselt das Kurvenverhalten gerade. Für Monotonieuntersuchungen benötigt man die 1. Ableitung, für das Krümmungsverhalten die 2. Ableitung. Generelle Voraussetzung obiger Untersuchungen ist die **Differenzierbarkeit** der betrachteten Funktion. Deshalb müssen Knickstellen und Randpunkte des Definitionsbereiches gesondert untersucht werden.

H 2.1
a)   Beachten Sie, dass $\ln x$ nur für $x > 0$ definiert ist.
c), d), e) Es gilt $e^x > 0$ für beliebiges x und $\lim\limits_{x \to -\infty} e^x = 0$.

H 2.2
Beachten Sie, dass $\ln z$ nur für $z > 0$ definiert ist und $\ln z = 0$ für $z = 1$ gilt. Diese Bedingungen führen jeweils auf eine zu lösende quadratische Gleichung bzw. Ungleichung. Ferner gilt $\lim\limits_{z \downarrow 0} f(x) = -\infty$.

H 2.3
a) Es gilt $k(x) = \frac{K(x)}{x}$.
b) Lösen Sie die Extremwertaufgabe $k(x) \to$ min, wobei die Forderung $x \geq 1$ zunächst ignoriert werden sollte.

H 2.4
a) Gewinn = Umsatz − Kosten, Umsatz = Preis · Menge
b) Lösen Sie die Extremwertaufgabe $G(x) \to$ max. Aus der optimalen Lösung lässt sich durch Einsetzen in die Preis-Nachfrage-Funktion der zugehörige optimale Preis ermitteln.
d) Es ist eine von a abhängige quadratische Ungleichung zu lösen. Eine sinnvolle Bedingung ergibt sich hieraus unter Beachtung der Tatsache, dass der Stückkostenpreis möglichst klein sein sollte.

H 2.5
b) Lösen Sie die Aufgabe $g(x) = f'(x) \to$ max, wofür $g'(x) = f''(x) = 0$ eine notwendige Bedingung darstellt.
c) Beachten Sie die Grenzwerte $\lim\limits_{t \to \infty} e^{-t} = 0$ und $\lim\limits_{t \to -\infty} e^{-t} = \infty$.
d) Untersuchen Sie das Vorzeichen der 1. Ableitung.

H 2.7
a) Stellen Sie eine (grobe) Wertetabelle für $p \in [0, 8]$ auf.
b) $U(p) = p \cdot x(p)$, $G(p) = U(p) - K(p)$; $K(p)$ ergibt sich aus $K(x)$ durch Einsetzen der Beziehung $x = h(p)$.
c) Lösen Sie $G(p) \to$ min, indem Sie auf die notwendige Bedingung $G'(p) = 0$ ein numerisches Näherungsverfahren anwenden.
d) Untersuchen Sie das Verhalten der Funktion für kleiner und größer werdende Preise. Untersuchen Sie $G''(p)$.

H 2.8

a) In den Ausdrücken für $f'(x)$ und $f''(x)$ können Sie x^2 bzw. x ausklammern, was bei der Lösungsfindung nützlich ist. Klammern Sie zur Berechnung der Grenzwerte $\lim\limits_{x\to\pm\infty} f(x)$ jeweils die höchste Potenz x^4 aus.

b) Berücksichtigen Sie die in a) erzielten Ergebnisse (Funktionswert der einzigen Minimumstelle sowie Grenzverhalten der Funktion für $x\to\pm\infty$).

c) Untersuchen Sie die einzelnen Bestandteile der Funktion oder $f'(x)$.

H 2.9

a) Ist der Zähler einer gebrochen rationalen Funktion ungleich null, kann es keine Nullstelle geben.

H 2.10

a) Das abstrakte Rechnen mit Buchstaben oder Parametern (hier: a, b) macht vielen Mühe. Wer sich nichts Rechtes vorstellen kann bzw. die verschiedenen Fälle nicht korrekt unterscheiden kann, muss wenigstens konkrete Zahlenwerte für a und b einsetzen. Ansonsten ist die hier durchzuführende Kurvendiskussion relativ einfach. Man hat allerdings – wie immer – darauf zu achten, dass nicht durch null dividiert wird. Unterscheiden Sie die Fälle $a = 0$ und $a > 0$ sowie $b = 0$ und $b > 0$, von denen sowohl die Existenz von Nullstellen als auch das Monotonie- und das Grenzverhalten für $x\downarrow 0$ abhängen, während das Grenzverhalten für $x\to\infty$ von den verschiedenen Fällen unabhängig ist. Beginnen Sie mit der Diskussion des „Normalfalls" $a > 0$, $b > 0$.

H 2.11

a) Wählen Sie für die beiden Koordinatensysteme jeweils geeignete Maßstäbe, damit sowohl $K(x)$ als auch $k(x)$ sinnvoll dargestellt werden können. Bei der Berechnung des Extremwertes von $k(x)$ ist ein numerisches Näherungsverfahren anzuwenden. Untersuchen Sie die Ableitungen $K'(x)$ bzw. $k'(x)$ zur Charakterisierung des Monotonieverhaltens. Klammern Sie x^3 bzw. x^2 zur Ermittlung der Grenzwerte für $x\to\infty$ aus.

b) Die Beantwortung dieser Frage ist im vorliegenden Fall schwierig. Eine grobe Wertetabelle sowie die in a) erzielten Ergebnisse (inklusive der Graphen beider Funktionen) sind jedoch hilfreich.

c) Denken Sie an den Begriff des Differenzials einer Funktion (als näherungsweisen Funktionswertzuwachs bei Änderung des Arguments um Δx).

H 2.12

b) Lösen Sie die Extremwertaufgabe $k(x) = \frac{K(x)}{x} \to \min$.

H 2.13

a) Setzen Sie $f(t) = 1{,}5$ und lösen Sie nach t auf.

b) Beachten Sie die Grenzwerte $\lim\limits_{t\to\infty} e^{-t} = 0$ und $\lim\limits_{t\to-\infty} e^{-t} = \infty$.

c) Aus $f'(t) > 0\ \forall t$ folgt streng monotones Wachstum. Man kann aber auch die Definition der Monotonie (ohne Zuhilfenahme der 1. Ableitung) ausnutzen.

H 2.14

a) Unterscheiden Sie die Fälle $a \geq 0$ und $a < 0$ und beachten Sie, dass für beliebiges x die Beziehung $e^x > 0$ gilt.

H 2.15

a) Geschwindigkeit = Weg : Zeit; Gesamtzeit (t) = Fahrzeit + Erholungszeit. Lösen Sie die Extremwertaufgabe $t = f(x) \to$ min.

b) Berechnen Sie $t_{\min} = f(x_{\min})$.

H 2.16

a) Überlegen Sie, welche Bedingungen $f(x)$, $f'(x)$ und $f''(x)$ erfüllen müssen oder analysieren Sie die Lösungsformel zur Bestimmung von Nullstellen quadratischer Gleichungen.

b) Untersuchen Sie, wann die Beziehung $f'(x) = 0$ reelle Lösungen besitzt (der Radikand einer auftretenden Wurzel muss nichtnegativ sein). Die Beziehung $f''(x) = 0$ ist für beliebiges $a \neq 0$ stets lösbar.

H 2.17

a) Berechnen Sie die Streckenlängen und daraus die (zu minimierende) Kostenfunktion $K(x)$.

b) Lösen Sie die Extremwertaufgabe $K(x) \to$ min.

H 2.18

a) Beachten Sie, dass der Grenzsteuersatz nur für den jeweils letzten verdienten Euro zutrifft, nicht für das gesamte Einkommen. Behandeln Sie die beiden Definitionsbereiche jeweils getrennt.

b) Der Durchschnittssteuersatz ergibt sich als Quotient aus der jährlichen steuerlichen Belastung und dem Gesamt-Jahreseinkommen.

H 2.19

b) Lösen Sie $K'(x) = 0$ nach x auf.

c) Setzen Sie den in b) berechneten Wert in $K_1(x)$ und $K_2(x)$ ein und formen Sie die erhaltenen Ausdrücke mithilfe von Wurzelgesetzen um.

d) Analysieren Sie die 1. Ableitung von K und beachten Sie, dass für die in b) berechnete (eindeutige) Minimumstelle die 1. Ableitung gleich null ist.

H 2.20

a) Um die Gleichung $\ln x = -1$ zu lösen, hat man beide Seiten als Exponent der e-Funktion zu nehmen (die Exponentialfunktion ist die Umkehrfunktion der Logarithmusfunktion).

b) Beachten Sie bei der Grenzwertberechnung, dass e^{-x} „schneller" gegen null geht als x gegen $-\infty$.

Zu Abschnitt 2.2

Die Approximation einer Funktion f in einem Punkt $\bar{x}$ geschieht entweder durch die lineare Funktion $l(x) = f(\bar{x}) + f'(\bar{x})(x - \bar{x})$ (Tangente) oder durch Polynome höheren Grades mittels der Taylorentwicklung $f(x) = \sum_{n=0}^{k} \frac{f^{(n)}(\bar{x})}{n!} \cdot (x - \bar{x})^n$ mit Abbruch nach dem k-ten Glied. Mit Hilfe dieser Approximationen lassen sich Näherungswerte für die Funktionswerte in der Umgebung eines festen Punktes $\bar{x}$ berechnen.

Die numerische Berechnung der Nullstellen von Polynomen höheren Grades kann mittels Wertetabellen, Intervallhalbierung, linearer Interpolation bzw. dem Newtonverfahren (oder einer Kombination davon) erfolgen. Empfohlen wird das Newtonverfahren, wofür jedoch eine gute Startnäherung wichtig ist.

H 2.22 Die Funktionswerte in den Intervallendpunkten weisen unterschiedliches Vorzeichen auf. Nutzen Sie z. B. die lineare Interpolation, um einen guten Startwert für das Newtonverfahren zu gewinnen.

H 2.23 Wenden Sie ein numerisches Näherungsverfahren an. Dazu ist es günstig (aber nicht unbedingt erforderlich), vorher beide Seiten der Gleichung mit $q-1$ zu multiplizieren. Die Genauigkeit der berechneten Lösung q muss vier sichere Nachkommastellen betragen; rechnen Sie daher mit mindestens fünf Stellen. Wählen Sie als Startwert $q_0 \in [1{,}03; 1{,}08]$, beispielsweise $q_0 = 1{,}05$.

H 2.24
a) Zeichnen Sie beide Funktionen in ein Koordinatensystem ein.
b) Bedenken Sie, dass $F(x) = 0$ gerade dann gilt, wenn $f(x) = g(x)$.
c) Wenden Sie z. B. das Newtonverfahren an, wobei Sie eine gute Startnäherung der in a) angefertigten Skizze entnehmen können.
d) Beachten Sie Symmetrie und Periodizität der Kosinusfunktion.

H 2.25
a) Nutzen Sie die Grenzwerte $\lim\limits_{x \to \infty} e^{-x} = 0$ sowie $\lim\limits_{x \to \infty} \frac{1}{x} = 0$.
b) Die Elastizität ist definiert als $\varepsilon_{v,x} = f'(x) \cdot \frac{x}{v}$.
d) Die relative Funktionswertänderung beträgt: $\frac{\Delta v}{v} \approx \varepsilon_{v,x} \cdot \frac{\Delta x}{x}$.

H 2.26 Fertigen Sie eine Skizze an, um einen möglichst guten Anfangswert für das Newtonverfahren (oder ein anderes Näherungsverfahren) zu gewinnen.

H 2.27
a) Um $g_1(x) = f(\bar{x}) + f(\bar{x})(x - \bar{x})$ und $g_2(x) = f(\bar{x}) + f(\bar{x})(x - \bar{x}) + \frac{1}{2}f''(\bar{x})(x - \bar{x})^2$ zu bestimmen, müssen Sie den Funktionswert sowie die 1. und 2. Ableitung im Punkt $\bar{x}$ berechnen.

c) Das Newton-Verfahren verwendet die Iterationsvorschrift $x_{k+1} = x_k - \frac{f(x_k)}{f'(x_k)}$ mit einem geeigneten Startwert x_0. Die exakte Nullstelle lässt sich ermitteln, indem die Gleichung $2 + \ln x = 0$ nach x aufgelöst wird.

d) Die Elastizität ist definiert als $\varepsilon_{f,x}(\bar{x}) = f'(\bar{x}) \cdot \frac{\bar{x}}{f(\bar{x})}$.

H 2.28

a) Beachten Sie, dass die Gleichung $\frac{a}{b} - c = 0$ nach Multiplikation mit b die Form $a - bc = 0$ annimmt (und nicht etwa $a - c = 0$, ein oft begangener Fehler!).

b) Wer sich in der Finanzmathematik auskennt und die angegebene Formel richtig interpretieren kann, wird $q = 1{,}065$ als Anfangswert nehmen; ansonsten ist jeder Wert zwischen 1 und 2, also z. B. $q = 1{,}5$ oder, besser noch, $q = 1{,}05$ geeignet.

H 2.29

b) Die Elastizität $\varepsilon_{x,p}(\bar{p}) = f'(\bar{p}) \cdot \frac{\bar{p}}{f(\bar{p})}$ beschreibt (näherungsweise), wie groß die prozentuale Veränderung von x ist, wenn sich $\bar{p}$ um 1 % ändert.

H 2.30

a) Das Verhältnis Euro : Dollar verhält sich gerade umgekehrt wie das Verhältnis Dollar : Euro.

d) Dividieren oder quadrieren kann man im Kopf schlecht, addieren bzw. subtrahieren geht hingegen gut. Verwenden Sie deshalb die lineare Näherung (Taylorentwicklung bis zum linearen Glied).

e) Die Anwendbarkeit der Taylorapproximation ist daran gebunden, dass die Differenz des x-Wertes zu dem Punkt, in dem die Taylorentwicklung erfolgt, klein ist.

H 2.31

a) Für $\bar{t} = 9$ ergibt sich bei den auftretenden Winkelfunktionen jeweils der Argumentwert null. Beachten Sie die Werte $\sin 0 = 0$ und $\cos 0 = 1$.

H 2.32

a) Die Ableitung einer Summe ist gleich der Summe der Ableitungen.

b) Verwenden Sie das Differenzial der Funktion f.

c) Setzen Sie die konkreten Werte in die 1. Ableitung bzw. in den Ausdruck für die Elastizität ein.

d) Die Berechnung des Barwertes ist sehr einfach, während die Berechnung der Rendite auf das Lösen einer Polynomgleichung führt.

Zu Abschnitt 2.3

Uneigentliche Integrale (bei denen eine oder beide Integrationsgrenzen unendlich sind) berechnet man so, dass zunächst die Integrationsgrenze ∞ oder $-\infty$ durch eine endliche Zahl Z ersetzt wird und danach der Grenzübergang für $Z \to \infty$ bzw. $Z \to -\infty$ vollzogen wird. Von Divergenz eines uneigentlichen Integrals spricht man, wenn der Grenzwert nicht existiert bzw. unendlich ist.

H 2.33 Verwenden Sie die lineare Substitution $z = -cx + d$.

H 2.34

a) Beachten Sie den Grenzwert $\lim\limits_{x \to \infty} e^{-x} = 0$.

b) Zerlegen Sie das Integral in drei Teilintegrale und beachten Sie die jeweiligen (unterschiedlichen) Integranden.

H 2.35

b) Gewinn = Umsatz − Kosten

H 2.36

a) Beachten Sie den Grenzwert $\lim\limits_{x \to \infty} \ln x = \infty$.

H 2.37

b) Verwenden Sie die Substitution $z = \ln x$.

H 2.38

b) Beachten Sie den Grenzwert $\lim\limits_{z \to \infty} \ln z = \infty$.

H 2.39

a) Die Taylorapproximation der Funktion f im Punkt x_0 lautet $g(x) = f(x_0) + f'(x_0)(x - x_0) + \frac{1}{2}f''(x_0)(x - x_0)^2$.

d) Multiplizieren Sie die Intervalllänge (hier: 1) mit dem kleinsten bzw. größten Wert von f in $[0, 1]$.

H 2.40 Berechnen Sie I in Abhängigkeit von b. Beachten Sie dabei, dass das Integral in zwei Teilintegrale zerfällt, von denen eines trivial berechenbar ist.

H 2.41

b) Verwenden Sie bei der Integration von f die lineare Substitution $z = 1 - x$.

H 2.42

a) Für den Integranden f liefert $f(0) = 3000$ den größten und $f(4) = 400$ den kleinsten Wert.

b) Nutzen Sie die lineare Substitution $z = p + 8$.

H 2.43

a) Substituieren Sie $z = -it$.

H 2.44 $f(2) = 2 \cdot \ln 2 = 1{,}386$ ist der kleinste und $f(4) = 4 \cdot \ln 4 = 5{,}545$ der größte Wert des Integranden in $[2, 4]$. Wenden Sie die partielle Integration an.

H 2.45

b) Wenden Sie partielle Integration mit $u(x) = x$ und $v'(x) = e^x$ an.

H 2.46 Stellen Sie eine gewöhnliche Differenzialgleichung auf und lösen Sie diese mittels Trennung der Veränderlichen.

H 2.47 Lösen Sie die Differenzialgleichung mittels Trennung der Veränderlichen.

Literatur

Auer, B., Seitz, F.: Grundkurs Wirtschaftsmathematik: Prüfungsrelevantes Wissen – praxisnahe Aufgaben – komplette Lösungswege. 4. Aufl. Wiesbaden: Springer Gabler (2013)

Bosch, K.: Übungs- und Arbeitsbuch. Mathematik für Ökonomen. 8. Aufl. München: Oldenbourg 2011.

Luderer, B., Nollau, V., und Vetters, K.: Mathematische Formeln für Wirtschaftswissenschaftler. 7. Aufl. Wiesbaden: Vieweg + Teubner (2012)

Luderer, B., Paape, C., Würker, U.: Arbeits- und Übungsbuch Wirtschaftsmathematik. Beispiele – Aufgaben – Formeln. 6. Aufl. Wiesbaden: Vieweg + Teubner (2011)

Luderer, B., Würker, U.: Einstieg in die Wirtschaftsmathematik. 8. Aufl. Wiesbaden: Vieweg + Teubner (2011)

Merz, M.: Übungsbuch zur Mathematik für Wirtschaftswissenschaftler: 450 Klausur- und Übungsaufgaben mit ausführlichen Lösungen. München: Vahlen (2013)

Merz, M., Wüthrich, M. V.: Mathematik für Wirtschaftswissenschaftler. Einführung mit vielen ökonomischen Beispielen. München: Vahlen (2012)

Tietze, J.: Einführung in die angewandte Wirtschaftsmathematik: Das praxisnahe Lehrbuch – inklusive Brückenkurs für Einsteiger. 17. Aufl. Wiesbaden: Springer Spektrum (2013)

Tietze, J.: Übungsbuch zur angewandten Wirtschaftsmathematik. Aufgaben, Testklausuren und ausführliche Lösungen. 8. Aufl. Wiesbaden: Vieweg + Teubner (2010)

Analysis der Funktionen mehrerer Veränderlicher 3

Zahlreiche ökonomische Zusammenhänge sind dergestalt, dass mehrere (unabhängige) Eingangsgrößen eine (abhängige) Ausgangsgröße bestimmen. Aus mathematischer Sicht führt dies zu Funktionen mehrerer Veränderlicher. Der Umgang mit ihnen ist einerseits analog der Verwendung von Funktionen einer Veränderlichen, andererseits liegt es nahe, dass die meisten Begriffe und Methoden komplizierter sind als im eindimensionalen Fall. Das trifft insbesondere auf solche Dinge zu wie partielle Ableitung und Gradient (anstelle der Ableitung), partielles und vollständiges Differenzial (die das Differenzial ersetzen) sowie partielle Elastizität. Auch die Extremwertrechnung gestaltet sich schwieriger, wobei zudem eine neue Fragestellung auftritt – Extremwertaufgaben unter Nebenbedingungen. Von besonderem Interesse ist die Methode der kleinsten Quadratsumme, in der Stochastik unter dem Namen Regressionsanalyse bekannt.

3.1 Differenziation und Approximation

A 3.1 Gegeben sei die Cobb-Douglas-Funktion $P = f(A, K) = \sqrt{AK}$.

a) Berechnen Sie den Funktionswert P im Punkt $(\overline{A}, \overline{K}) = (4,9)$.
b) Ermitteln Sie die ersten partiellen Ableitungen von P sowie das vollständige Differenzial (in allgemeiner Form).
c) Berechnen Sie P im Punkt $(\overline{A} + \Delta A, \overline{K} + \Delta K)$ für $\Delta A = 1$, $\Delta K = 2$.
d) Beschreiben Sie das vollständige Differenzial (welches den näherungsweisen Zuwachs von P angibt) im Punkt $(\overline{A}, \overline{K}) = (4,9)$ bezüglich der konkreten Änderungen $\Delta A = 1$ und $\Delta K = 2$.
e) Vergleichen Sie den näherungsweisen und den exakten Funktionswertzuwachs.

A 3.2 Man berechne den Gradienten der Funktion $f(x, y, z) = \sqrt{xe^y + ze^{xy}}$ sowie die Hesse-Matrix der Funktion $g(x, y, z) = 2x^2 y^3 z^4$ im Punkt $(2, 0, -1)$.

B. Luderer, *Klausurtraining Mathematik und Statistik für Wirtschaftswissenschaftler*,   39
Studienbücher Wirtschaftsmathematik, DOI 10.1007/978-3-658-05546-2_3,
© Springer Fachmedien Wiesbaden 2014

A 3.3 Gegeben sei die Funktion $z = f(x, y) = 2x^2 + 8y^2 + 4$.

a) Geben Sie den Definitions- und den Wertebereich von f an.
b) Setzen Sie $F(x, y) = z - f(x, y)$ und beschreiben Sie für $z = $ const $= 36$ die Gleichung
   $F(x, y) = 0$ der entstehenden Niveaulinie.
c) Kann man die in b) berechnete Beziehung in einer (kleinen) Umgebung des Punktes
   $(\hat{x}, \hat{y}) = (\sqrt{12}, 1)$ nach y auflösen (Begründung!)?
d) Gesucht sind die Gleichung der Funktion $z = \varphi(x) = f(x, 2)$ sowie die Gleichung der
   Tangente an den Graph von φ im Punkt $\bar{x} = 3$.

Zusatz. Gesucht ist die Gleichung der Tangentialebene an die Funktionsoberfläche von f
im Punkt $(\bar{x}, \bar{y}) = (3,2)$.

A 3.4 Es werde die Funktion $f(x, y, z) = x^2 e^y + x3^z + \frac{2}{x}$ betrachtet.

a) Wie lautet die Hesse-Matrix der Funktion f?
b) Ist die in a) berechnete Matrix im Punkt $(1, 0, 0)$ invertierbar?

A 3.5
a) Welchen Wert hat die Funktion $f(x, y) = 2x^{\frac{1}{3}} y^{\frac{2}{3}}$ im Punkt $(\bar{x}, \bar{y}) = (300, 700)$?
b) Geben Sie eine Formel an, die die (näherungsweise) Veränderung des Funktionswertes
   $f(x, y)$ bei Veränderung von $\bar{x}$ und $\bar{y}$ um die (kleinen) Größen Δx bzw. Δy angibt.
   (Hinweis: Benutzen Sie die partiellen Ableitungen.)
c) Mit welcher näherungsweisen Veränderung des Funktionswertes hat man zu rechnen,
   wenn $\bar{x}$ um 3 Einheiten erhöht und $\bar{y}$ um 2 Einheiten verringert wird?

A 3.6 Auf einem Markt werden zwei austauschbare Güter angeboten, deren Absatz von
den Preisen beider abhängt. Die Funktion $x_2 = f(p_1, p_2) = 1000 - 10p_1 + \frac{25}{36}p_2^2$ beschreibe
den Absatz des zweiten Gutes.

a) Welcher Absatz ergibt sich bei den Preisen $\bar{p}_1 = 10$, $\bar{p}_2 = 12$?
b) Beschreiben Sie mithilfe des vollständigen Differenzials die näherungsweise Absatzän-
   derung, wenn die aktuellen Preise $p_1 = 11$ und $p_2 = 13$ betragen.
c) Wie lautet die Gleichung der Tangentialebene an die Funktionsoberfläche $f(p_1, p_2)$ im
   Punkt $(\bar{p}_1, \bar{p}_2, f(\bar{p}_1, \bar{p}_2))$?

A 3.7 Gegeben seien die Funktionen $f(x_1, x_2, x_3) = x_1^3 + 5x_1 x_2^2 - x_2^2 x_3$, $g(x_1, x_2) = c \cdot x_1^\alpha x_2^{1-\alpha}$
($c > 0$, $\alpha \in [0, 1]$) und $h(x, y) = x^{3/2} + y^{5/4}$.

a) Untersuchen Sie, ob die Funktionen homogen sind und gegebenenfalls von welchem
   Grade.

b) Die Inputs x_i (bzw. $x, y,$) mögen sich jeweils um 5 % erhöhen. Wie verändert sich der Output (Funktionswert) prozentual?

c) Berechnen Sie die partiellen Elastizitäten und deren Summe. Welche Vermutung liegt nahe?

A 3.8 Zwischen den Preisen p_1, p_2 und den Nachfragemengen x_1, x_2 zweier Güter G_1, G_2 sollen folgende Zusammenhänge bestehen:

$$x_1 = f(p_1, p_2) = 1000 \cdot \frac{e^{p_2/10}}{p_1^2}, \qquad x_2 = g(p_1, p_2) = 6000 \cdot \frac{e^{p_1/12}}{p_2^3}.$$

a) Man berechne die Nachfragemengen für die Preise $\bar{p}_1 = 6$ und $\bar{p}_2 = 8$ [GE].

b) Wie wird sich die Nachfrage nach G_1 näherungsweise ändern, wenn sich der Preis p_2 auf 8,5 [GE] erhöht? Verwenden Sie das vollständige Differenzial.

c) Um wie viel müsste p_1 größer werden, damit die Nachfrage (näherungsweise) konstant bleibt? Verwenden Sie das vollständige Differenzial.

d) Berechnen Sie die partiellen Elastizitäten der Funktion g. Welche Interpretation besitzen diese?

A 3.9

a) Man berechne die 1. Ableitung der durch die Beziehung

$$F(C, q) = 7(q^{10} - 1) + 100(q - 1) - C(q - 1)q^{10} = 0$$

definierten impliziten Funktion $q = f(C)$.

b) Welcher Wert für q ergibt sich bei $C = 99$?

c) Welche näherungsweise Funktionswertänderung für q ergibt sich bei einer Erhöhung der Größe C von 99 auf 101? Verwenden Sie das Differenzial der impliziten Funktion f.

A 3.10 Die Beziehung $F(x, y) = 0$ mit $F(x, y) = x + y^3 + y^7$ beschreibt eine implizite Funktion $y = f(x)$.

a) Berechnen Sie für $x_0 = 1$ den zugehörigen Funktionswert $y_0 = f(x_0)$. (Hinweis: Dieser liegt in der Nähe von -1.)

b) Berechnen Sie die Ableitung von f im Punkt $x_0 = 1$ und geben Sie die Gleichung der Tangente an f im Punkt (x_0, y_0) an.

c) Wie ändert sich der Funktionswert von F gegenüber $F(3, 1)$ (näherungsweise), wenn $\bar{x} = 3$ konstant bleibt und sich $\bar{y} = 1$ auf $y = 1 + \varepsilon$ (ε – kleine Zahl) ändert?

A 3.11

a) Beschreiben Sie das vollständige Differenzial der (allgemeinen) Funktion $f(i, n)$ im festen Punkt $(\bar{i}, \bar{n})$ und geben Sie eine Interpretation dieser Größe an.

b) Der Barwert (und dessen Änderung) eines konkreten festverzinslichen Wertpapiers hängt von der Marktrendite i und der Restlaufzeit n ab:

$$P = f(i,n) = \frac{1}{(1+i)^n} \left[4 \cdot \frac{(1+i)^n - 1}{i} + 100 \right].$$

Berechnen Sie das vollständige Differenzial der konkreten Funktion $P = f(i,n)$ im Punkt $(\bar{i}, \bar{n}) = (0{,}05; 6)$.

c) Wie ändert sich der Barwert des Wertpapiers (näherungsweise), wenn sich $\bar{i}$ um $\Delta i = 0{,}0001 (= 0{,}01\,\%)$ und $\bar{n}$ um $\Delta n = -\frac{7}{360}$ (= Laufzeitverkürzung um sieben Tage) ändert?

Hinweis: Die Ableitung der Funktion $f(x) = a^x$ lautet $f'(x) = a^x \cdot \ln a$.

A 3.12 Es werde die Funktion $p(x,y) = \sqrt{xy}$ (für $x \geq 0, y \geq 0$) betrachtet.

a) Weisen Sie nach, dass die Funktion p linear homogen ist.
b) Geben Sie die Gleichung der Niveaulinie von p zum Niveau $c = 2$ an und skizzieren Sie die Niveaulinie.
c) Zeigen Sie, dass der Punkt $(2,2)$ auf dieser Linie liegt.
d) Geben Sie die Gleichung der Tangente an die Niveaulinie von p im Punkt $(2,2)$ an.

3.2   Extremwerte bei mehreren Veränderlichen

A 3.13 Dreimal wöchentlich betreibt Paul im Studentenklub einen Pizza-Stand. Dabei entstehen ihm Kosten in Höhe von $K = c \cdot x + d$, wobei x die Anzahl der verkauften Pizzas pro Woche ist und $c, d > 0$ feste Größen sind. Das Kaufverhalten der Studenten hängt natürlich sehr vom Preis p einer Pizza ab und wird durch die Beziehung $p = f(x) = a - b \cdot x$ (bzw. $x = g(p)$) beschrieben ($a, b > 0$ fest). Da sich kein weiterer Anbieter in der Nähe befindet, kann Paul für seine Berechnungen als Monopolist den Pizzapreis optimal festlegen.

Berechnen Sie den Monopolpreis einer Pizza, die Absatzmenge und den maximal erzielbaren Gewinn (in Abhängigkeit von den Parametern a, b, c und d).

A 3.14 Bestimmen Sie alle stationären Punkte der beiden Funktionen

a) $f(x,y) = 3x^2 - 3xy - 6x + \frac{3}{2}y^3 + 3y$,
b) $f(x_1,x_2) = \frac{1}{3}x_1^3 + 2x_1x_2^2 + 4x_1x_2$.

Wählen Sie unter diesen mithilfe Ihnen bekannter hinreichender Optimalitätskriterien diejenigen aus, in denen lokale Extrema vorliegen.

A 3.15 Berechnen Sie alle Extrema der Funktionen

a) $f(x, y) = x^3 - y^3 + 5ax$,
b) $g(x, y) = x^3 - y^3 + 5axy$,

wobei a ein (unbekannter) Parameter ist. (Hinweise: Unterscheiden Sie verschiedene Fälle für a. Sollten Sie bei einem stationären Punkt keine Aussage hinsichtlich der Art des Extremums erhalten, so können Sie zur Entscheidung Punkte aus der Umgebung des berechneten Punktes untersuchen.)

A 3.16 Bestimmen Sie alle stationären Punkte der Funktionen

a) $f(x, y) = x^3 + y^2 + 2xy - 3x^2 - 137$,
b) $g(x, y) = \frac{e}{2} \cdot (x^2 + y^2) - e^{xy}$,
c) $h(x, y) = 10(x - 1)^2 - 5y^3 - 5y^2$.

Handelt es sich um Maximum- oder Minimumstellen (oder keines von beiden)?

A 3.17
a) Weisen Sie nach, dass $x^0 = (0, \frac{\pi}{2}, 1)^\top$ ein stationärer Punkt der Funktion $f(x_1, x_2, x_3) = x_1^2 \cdot \sin x_2 + x_3^2 \cdot \cos x_2 + x_2$ ist.
b) Ist x^0 auch stationärer Punkt dieser Funktion unter der Nebenbedingung $x_1 + \sin x_2 - x_3 = 1$? (Begründen Sie Ihre Antwort!)

A 3.18 Gegeben sei die Funktion $f(x, y) = \frac{1}{2}x^2 y - \frac{1}{2}x^2 + \frac{a}{2}y^2 - 3y$, wobei a ein (unbekannter) Parameter ist, von dem bekannt sei, dass $a < -1$ gilt.

a) Bestimmen Sie alle stationären Punkte von f.
b) Wählen Sie unter diesen mittels hinreichender Optimalitätskriterien diejenigen aus, in denen f ein lokales Extremum besitzt.

A 3.19 Eine Unternehmung hat die Lieferung dreier Produkte zu einem bestimmten Termin in den Mengen 10, 20 und 30 Mengeneinheiten (ME) vereinbart. Davon nach unten oder oben abweichende Ausbringungsmengen x_1, x_2 bzw. x_3 ME verursachen Kosten (Lagerkosten, Zinsen, usw.), die proportional zum Quadrat der Abweichung von den Vereinbarungen wachsen. Ferner betragen die Herstellungskosten je ME der drei Produkte 5, 10 bzw. 3 Geldeinheiten. Der Geschäftsführer will daher folgende Gesamtkostenfunktion minimieren:

$$K = 5x_1 + 10x_2 + 3x_3 + (10 - x_1)^2 + 5(20 - x_2)^2 + 2(30 - x_3)^2.$$

a) Bei welchen Werten von x_i, $i = 1, 2, 3$, werden minimale Gesamtkosten erreicht? (Der Nachweis des Vorliegens eines Minimums kann auch durch verbale Begründung erfolgen.)

b) Aus technologischen Gründen müssen die Ausbringungsmengen ganzzahlig sein. Wie sind die in a) berechneten Werte zu ändern und warum?

3.3   Extremwerte unter Nebenbedingungen

A 3.20

a) Finden Sie mithilfe der Lagrange-Methode alle stationären Punkte der Funktion $f(x_1, x_2, x_3) = (x_1 - 2)^2 + (x_2 - 3)^2 - x_3^2$ unter den Nebenbedingungen $x_1 + x_2 + x_3 = 2$ und $3x_1 + x_2 - x_3 = 2$.

b) Die rechte Seite in der zweiten Nebenbedingung ändere sich von 2 auf 1,9. Wie wird sich der optimale Zielfunktionswert (näherungsweise) verändern? (**Keine Berechnung der neuen optimalen Lösung!**)

A 3.21 Berechnen Sie alle Extremwerte der Funktion $f(x, y) = e^{-xy}$ unter der Nebenbedingung $2x - y = 3$. Handelt es sich um Maxima oder Minima?

A 3.22 Im Freigelände eines Erlebnisbades soll ein Whirlpool angelegt werden, dessen befestigter Rand – des benötigten Materials und Arbeitsaufwandes wegen – den Umfang von 200 m nicht übersteigen soll. Der geplante Grundriss besteht aus einem Rechteck mit angesetztem Halbkreis (s. Abb.). Wie sind die Maße a und r zu wählen, damit die Fläche des Beckens so groß wie möglich wird?

A 3.23 Die Funktion $z = f(x, y) = 2x^{\frac{1}{3}} y^{\frac{2}{3}}$ beschreibe für ein vom Land Sachsen gefördertes Pilotprojekt den Ertrag an Gemüse pro Hektar (in Mengeneinheiten) in Abhängigkeit von den eingesetzten Aufwendungen x für Bewässerung bzw. y für Düngung (beide gemessen in Geldeinheiten GE). Es stehen insgesamt C GE an Fördermitteln zur Verfügung, die auch unbedingt vollständig verbraucht werden sollen.

a) In welchem Verhältnis sind die zur Verfügung stehenden Fördermittel aufzuteilen, um einen maximalen Ertrag zu sichern?

b) Handelt es sich wirklich um ein Maximum?

c) Welche Werte (für x, y, z) ergeben sich bei $C = 1000$?

d) Die Größe C soll auf $C + \Delta C$ erhöht werden. Wie ändert sich (näherungsweise) der optimale Zielfunktionswert?

A 3.24 Tobias hat vom Kanzler der Universität ein Stück Land in Erbpacht bekommen, das er mit einem Gebäude von maximaler rechteckiger Grundfläche bebauen will, um eine Campus-Snack-Bar zu eröffnen. Das dreieckige Grundstück ist an einer rechtwinkligen Wegkreuzung gelegen (s. Abb.).

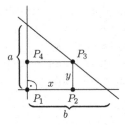

a) Für welche Seitenlängen x und y ergibt sich eine maximale Grundfläche?
   (Hinweis: Bestimmen Sie eine Gleichung, der die Koordinaten des Punktes P_3 genügen müssen, indem Sie ein Koordinatensystem mit dem Ursprung in P_1 einführen und beachten, dass P_3 auf der schrägen Geraden liegt.)

b) Wie groß ist die maximale Gebäudegrundfläche, wenn die Seitenlängen des Grundstücks $a = 16$ m und $b = 24$ m betragen?

A 3.25 Überprüfen Sie, ob die Punkte $(0, \pi, 0)^\top$ und $(5, 0, 0)^\top$ stationär für das folgende Problem sind (es ist nicht nötig, alle stationären Punkte zu berechnen):

$$f(x, y, z) = e^x \sin y + y^3 + z \longrightarrow \text{extr}$$
$$x + 2y + 3z = 5$$
$$x^2 + y^2 + z^2 = 25\,.$$

A 3.26 Ermitteln Sie alle Extrema der Aufgabe

$$(x_1 - 4)^2 + (x_2 - 5)^2 + x_3^2 \longrightarrow \text{extr}$$
$$x_1 + x_2 + x_3 = 1$$
$$3x_1 + 4x_2 - x_3 = 7$$

und geben Sie deren Art (Maximum, Minimum) an. (Hinweis: Am einfachsten ist die Verwendung der Auflösungsmethode, indem Sie aus den beiden Nebenbedingungen zwei Variablen eliminieren, z. B. mithilfe des Gauß'schen Algorithmus. Auch eine geometrische Interpretation ist möglich.)

A 3.27 Einem bundesdeutschen Alleinhersteller und -vertreiber von Zwergsittichfutter entstehen bei der Produktion von x Endverbraucherpackungen zu je 5 g feinstem Mischfutter Kosten der Höhe $K(x) = k_1 x + k_2$. (Weitere Kosten sollen nicht berücksichtigt werden.) Die vom Preis p abhängige Nachfrage der deutschen und europäischen Zwergsittichzüchtergemeinde beträgt $x = f(p) = m_1 - m_2 p$, wobei k_1, k_2, m_1, m_2 gegebene positive Größen sind.

a) Beschreiben Sie den Gewinn in Abhängigkeit von der hergestellten und verkauften Menge x bzw. vom Preis p.
b) Ermitteln Sie denjenigen Monopolpreis p^*, der maximalen Gewinn sichert, sowie den zugehörigen (maximalen) Gewinn.
c) Von den vier Größen k_1, k_2, m_1, m_2 seien $k_2 = \frac{1}{32}$, $m_1 = 4$ und $m_2 = 2$ gegeben, während die Stückkosten k_1 (d. h. die Produktionskosten pro Tütchen) in Abhängigkeit von diesen drei Größen so bestimmt werden sollen, dass der (maximal erzielbare) Gewinn nicht negativ ist.

A 3.28 Der Juniorchef eines mittelständischen Unternehmens möchte eine Erweiterungsinvestition vornehmen und hat dafür die Produktionsfunktion

$$P = f(A, K) = A^{\frac{1}{4}} K^{\frac{3}{4}}$$

als zutreffend ermittelt (A – in Arbeitskräfte, K – in Maschinen und Ausrüstungen investiertes Kapital, P – Produktionsoutput). Er möchte das ihm zur Verfügung stehende Kapital von 1 Mio. € so aufteilen, dass die Ausbringungsmenge P maximal wird. Sein Vater meint, eine gleichmäßige Aufteilung in $K = A = \frac{1}{2}$ sei noch immer das beste gewesen. Ein Unternehmensberater der Firma „Schneller Rat" empfiehlt $K = \frac{1}{4}$, $A = \frac{3}{4}$, ein als Praktikant tätiger Absolvent der Chemnitzer Wiwi-Fakultät hingegen $K = \frac{3}{4}$, $A = \frac{1}{4}$.

a) Vergleichen Sie die Ausbringungsmengen in den drei Fällen miteinander.
b) Dem Juniorchef ist keine der drei Empfehlungen gut genug. Weisen Sie (z. B. mithilfe einer Extremwertaufgabe unter Nebenbedingungen) nach, dass die vom Chemnitzer Studenten vorgeschlagene Aufteilung bereits optimal ist.

A 3.29 Berechnen Sie mithilfe der Methode von Lagrange alle stationären (extremwertverdächtigen) Punkte der folgenden beiden Extremalprobleme:

a)
$$x_1^2 + x_1 x_2 - 2x_2^2 \longrightarrow \min$$
$$2x_1 + x_2 = 8.$$

b)
$$f(x, y, z) = x^2 + xy + yz \longrightarrow \min$$
$$x + y^2 + z = 3.$$

A 3.30 Berechnen Sie alle Extremwerte der Funktion $f(x, y) = 4x^3 + xy - y + 2$ unter der Nebenbedingung $y = xy + 3x$. Handelt es sich um Maxima oder Minima?

A 3.31 Zum Lagern von Flüssigkeit sollen Tanks gebaut werden, die $36\,\mathrm{m}^3$ fassen und im Querschnitt folgende Form aufweisen:

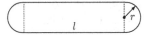

Es handelt sich hierbei um einen liegenden Zylinder (ein Rohr) mit aufgesetzten Halbkugeln, wobei l die Länge des Zylinderstückes und d der Durchmesser von Zylinder bzw. Halbkugel ist.

a) Wie sind die Abmessungen zu wählen, wenn der Materialeinsatz (Oberfläche) minimal sein soll?
b) Wie würden Sie die Abmessungen wählen, wenn die Länge l mindestens 2 m betragen soll? (Es genügt eine verbale Begründung; d muss nicht ausgerechnet werden, es genügt, eine Gleichung anzugeben, aus der d berechnet werden kann.)

A 3.32 Zwischen den Punkten A, wo ein Wasseranschluss vorliegt, und dem Punkt B, an dem ein Elektroanschluss vorhanden ist, soll ein Gebäude (mit Mittelpunkt M) errichtet werden.

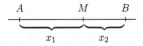

Der Abstand von A zu B betrage 1 km. Die Kosten für die zu verlegende Wasserleitung betragen $15x_1^2$, die für die Elektroleitung $5x_2^2$ Geldeinheiten, wobei x_1 und x_2 in Kilometern gemessen werden.

a) Wo liegt der bezüglich M kostengünstigste Standort des Gebäudes?
b) Wie müssten die Kostenkoeffizienten k_1 und k_2 der Kostenfunktionen $k_1x_1^2$ und $k_2x_2^2$ beschaffen sein, damit das Gebäude bei minimalen Anschlusskosten genau in der Mitte zwischen A und B errichtet wird? (Begründung!)

3.4 Methode der kleinsten Quadratsumme

A 3.33 Einem Studenten, der sich auf das Mathematikexamen vorbereitet, fällt das Buch „Athletics: The International Track & Field Annual 1987" in die Hände, das statistische Daten der Leichtathletik enthält. Er entnimmt daraus folgende Angaben zur Entwicklung des Freiluft-Stabhochsprung-Weltrekords:

1968	R. Seagren (USA)	5,41 m
1973	R. Seagren	5,63 m
1978	D. Roberts (USA)	5,70 m
1983	T. Vigneron (Frankreich)	5,83 m

Unter Nutzung seiner Kenntnisse über die Methode der kleinsten Quadrate möchte er hieraus die (vermutlichen) Weltrekorde Ende 1970, 1988 und 1993 ermitteln. Er überlegt, welchen der drei folgenden Ansätze er nehmen soll:

$$f_1(x) = a_2 x^2 + a_1 x + a_0, \quad f_2(x) = a - \frac{b}{x}, \quad f_3(x) = a_1 x + a_0.$$

a) Helfen Sie ihm, indem Sie den für diese Situation Ihrer Meinung nach am besten angepassten Ansatz auswählen. (Begründung!)
b) Bestimmen Sie mittels der Methode der kleinsten Quadratsumme die entsprechende Näherungsfunktion f_1, f_2 oder f_3 (d. h., ermitteln Sie die unbekannten Parameter a_1, a_1, a_2, a bzw. b).
c) Wie lauten die Schätzungen für die Weltrekorde Ende 1970, 1988 und 1993?
d) Unterziehen Sie alle Ihre Ergebnisse einer kritischen Wertung.

Hinweise: Günstig ist eine Transformation der x-Werte; sollten Sie sich für den Ansatz f_2 entscheiden, so beachten Sie aber bitte, dass (wegen der Polstelle bei $x = 0$) diese nicht negativ oder null werden dürfen. Nehmen Sie daher am besten die Werte $68, 73, \ldots, 83$. Sportfans wissen ferner, dass 1970 Wolfgang Nordwig (Jena) seinen eigenen Weltrekord von 5,45 m auf 5,46 m verbesserte, ehe noch im selben Jahr C. Papanicolaou (Griechenland) 5,49 m sprang. Ab 1984 erzielte der russische Ausnahmeathlet Sergej Bubka eine ganze Serie von Rekorden, 1988 z. B. 6,06 m, 1991 verbesserte er den Weltrekord auf 6,09 m.

A 3.34 Vom ersten selbstverdienten Geld möchte Paul seinem Großvater zu dessen Geburtstag im Juni 2002 eine Schlipsbindemaschine zum stolzen Preis von 199,95 € schenken, eine absolute Weltneuheit, welche erst Mitte 2001 auf der Weltausstellung „Senseless Inventions '01" vorgestellt wurde.

Paul fragt sich nun, ob er sich diese Ausgabe überhaupt leisten kann. Dazu betrachtet er den Stand seines Girokontos jeweils zur Monatsmitte. Ihm fällt auf, dass durch irgendeinen dummen Zufall der Kontoauszug vom Monat Dezember abhanden gekommen ist. Die ihm verfügbaren Daten sind:

Monat	November 2001	Januar 2002	Februar 2002
Kontostand	823,71 €	938,46 €	989,23 €

Um eine Prognose über seine finanziellen Verhältnisse im Juni zu gewinnen, bedient sich Paul der Methode der kleinsten Quadratsumme, die ihm aus seinem Studium noch in dunkler Erinnerung ist.

a) Helfen Sie Paul bei seinen Berechnungen: Wählen Sie eine lineare, eine quadratische oder eine andere geeignete Ansatzfunktion und begründen Sie Ihre Wahl, berechnen Sie die optimalen Koeffizienten, geben Sie mithilfe Ihrer berechneten Funktion eine Prognose für den Kontostand im Juni und werten Sie das erhaltene Ergebnis.

b) Kann sich Paul die Ausgabe für das Geschenk leisten, wenn er als „eiserne Reserve" einen Betrag von 1000 € auf seinem Konto stehen lassen möchte?

A 3.35 Die Gewinnentwicklung eines Unternehmens in den Jahren 2003 bis 2007 zeigt folgende Ergebnisse:

Jahr	2003	2004	2005	2006	2007
Gewinn (in Mio.€)	50	51	52	54	58

Mit welchen Gewinnen darf das Unternehmen 2008 bzw. 2010 rechnen, wenn unveränderte wirtschaftliche Rahmenbedingungen unterstellt werden?

a) Nutzen Sie die Methode der kleinsten Quadratsumme für Ihre Antwort und wählen Sie einen linearen Ansatz.

b) Wählen Sie einen quadratischen Ansatz.

c) Vergleichen Sie die Ergebnisse von a) und b) und nehmen Sie eine kritische Wertung vor.

d) Der Vorstand des Unternehmens möchte die erhaltenen Resultate für eine Prognose über den Gewinn im Jahre 2016 nutzen. Welche Schätzung erhält er und wie verlässlich ist diese?

A 3.36 Eine astronomisch ambitionierte Studentin entnimmt dem „Astronomischen Jahrbuch 1992" folgende Zeiten für den Sonnenaufgang auf 52° nördlicher Breite und 15° östlicher Länge (bei Nichtbeachtung der Sommerzeit):

Datum	1.3.	11.3.	21.3.	31.3.	10.4.
Nr. des Tages im Jahr	61	71	81	91	101
Sonnenaufgang (MEZ)	7^{07}	6^{45}	6^{22}	5^{59}	5^{37}

a) Berechnen Sie mithilfe der Methode der kleinsten Quadratsumme eine Trendfunktion, die den Zeitpunkt des Sonnenaufgangs in Abhängigkeit vom Datum bestimmt. Verwenden Sie dabei einen linearen Ansatz.

b) Wann ging die Sonne am 20.4. (111. Tag des Jahres) auf? Vergleichen Sie Ihr Ergebnis mit dem exakten Zeitpunkt (5^{16}) und werten Sie es.

c) Wann ging nach Ihrer Rechnung die Sonne am 7.10. (281. Tag) auf? Werten Sie auch dieses Ergebnis.

d) Welchen Ansatz müsste die Studentin zweckmäßigerweise wählen, um diesem periodischen Prozess möglichst gut gerecht zu werden? (Hinweis: Es genügt die **verbale** Nennung der Funktion, die Angabe einer Formel ist nicht gefordert.)

A 3.37 Der Bücherbestand einer Universitätsbibliothek (in Tausend Bestandseinheiten) entwickelte sich wie folgt:

1996	1997	1998	1999	2000
200	260	310	360	400

a) Stellen Sie die statistischen Daten grafisch dar.

b) Mit welchem Bestand ist – bei etwa gleicher Erwerbungspolitik – für das Jahr 2003 zu rechnen? Verwenden Sie für Ihre Rechnung einen **beliebigen** der drei Ansätze

$$(1)\ l(t) = a_0 + a_1 t, \qquad (2)\ h(t) = a + \frac{b}{t+3}, \qquad (3)\ q(t) = a_0 + a_1 t + a_2 t^2$$

und schätzen Sie die Verlässlichkeit der Prognose ein.

c) Welcher Typ von Ansatzfunktionen erscheint Ihnen dem Problem am angemessensten? Begründen Sie Ihre Aussage.

A 3.38 Die monatlichen Absatzzahlen einer Unternehmung (in Mio. Euro) haben sich in den vergangenen Monaten wie folgt entwickelt:

Monat	Januar	Februar	März	April	Mai
Absatz	40,4	32,9	25,7	19,3	14,8

a) Berechnen Sie mithilfe der MKQ eine quadratische Trendfunktion.

b) Sagen Sie den voraussichtlichen Wert für September voraus und unterziehen Sie diesen einer kritischen Wertung. Wäre auch ein linearer Ansatz sinnvoll?

c) Ermitteln Sie unter Nutzung der errechneten Prognosefunktion den Zeitpunkt, an dem voraussichtlich die „Talsohle" beim Absatz erreicht sein wird, sowie den Monat, in dem erstmals wieder das Niveau des im Januar erzielten Absatzes erreicht sein wird.

A 3.39 Bei der Untersuchung eines mikroelektronischen Bauteils tritt folgendes Problem auf: Für einige wenige (aber bei weitem nicht für alle!) Werte zweier Einflussgrößen x und y kann (im Ergebnis sehr teurer Versuche) eine Ausgangsgröße z gemessen werden. In der nebenstehenden Tabelle sind die Ergebnisse von vier verschiedenen Messungen angegeben. Um eine den Inputs $\bar{x} = 0,5$ und $\bar{y} = 0,5$ entsprechende Schätzung $\hat{z}$ des Wertes z zu erhalten, soll der unbekannte funktionelle Zusammenhang $z = f(x, y)$ durch die lineare Funktion zweier Veränderlicher $g(x, y) = a + bx + cy$ angenähert werden.

i	x_i	y_i	z_i
1	1	1	6
2	1	0	3
3	0	1	4
4	0	0	2

a) Wie sind die Parameter a, b, c zu wählen, damit diese Näherung möglichst gute Eigenschaften (im Sinne eines Minimums der Summe der Quadrate der Abweichungen von den Messwerten) besitzt?

b) Welcher Wert $\tilde{z} = f(\tilde{x}, \tilde{y})$ ergibt sich bei einer solchen Wahl der Parameter?

Zusatz. Wir betrachten die einfachere Situation $z = f(x)$, wählen den Ansatz $h(x) = a_0 + a_1 x$ und beschränken uns auf zwei Messwerte $x_1 \neq x_2$. Man beweise, dass in diesem Fall die Methode der kleinsten Quadratsumme tatsächlich ein lokales Minimum liefert (und nicht nur stationäre Punkte).

i	x_i	z_i
1	x_1	z_1
2	x_2	z_2

A 3.40 Die Anzahl z_i der pro Jahr in einem neu gegründeten Forschungsinstitut angemeldeten Patente entwickelte sich wie folgt (t_i – Jahr):

t_i	0	1	2
z_i	1	2	6

Mit wie vielen Patenten kann man im 3. und 4. Jahr rechnen, wenn man eine quadratische Abhängigkeit $\tilde{z}(t) = a \cdot t^2 + b$ der Zahl der Patente vom Jahr t zugrunde legt? Die Koeffizienten a und b sind so zu bestimmen, dass die Summe der Quadrate der Abweichungen zwischen den theoretischen Werten $\tilde{z}_i$ und den empirischen Werten z_i minimal wird.

3.5 Hinweise und Literatur

Zu Abschnitt 3.1

Auf Funktionen mehrerer Veränderlicher kann der Begriff der Ableitung nicht ohne Weiteres übertragen werden. Hier sind zunächst partielle Ableitungen zu berechnen, d. h. Ableitungen bezüglich nur einer Variablen, während die anderen Variablen als konstant angesehen werden; ansonsten sind die von den Funktionen einer Veränderlichen her bekannten Differenziationsregeln anzuwenden. Aus den (ersten) partiellen Ableitungen lässt sich der Gradient $\nabla f(x)$ bilden, aus den zweiten die Hesse-Matrix $H_f(x)$. Der konkrete Punkt darf erst nach Berechnen des Gradienten bzw. der Hesse-Matrix (in allgemeiner Form) eingesetzt werden. Eine lineare Approximation einer Funktion mehrerer Veränderlicher ist mittels des vollständigen Differenzials $df(\tilde{x}) = \sum_{i=1}^{n} \frac{\partial f(\tilde{x})}{\partial x_i} \Delta x_i = \sum_{i=1}^{n} f_{x_i} \Delta x_i$ möglich; geometrisch entspricht dies (für $n = 2$) der Tangentialebene an die Funktionsoberfläche. Die partielle Elastizität $\varepsilon_{f,x_i} = f_{x_i}(x) \cdot \frac{x_i}{f(x)}$ beschreibt die relative Änderung von $f(x)$ in Abhängigkeit von der relativen Änderung der i-ten Komponente x_i. Der Darstellung $F(x, y) = 0$ entspricht unter gewissen Voraussetzungen die implizite Funktion $y = f(x)$, deren Ableitung man berechnen kann, ohne die Funktion f selbst zu kennen: $f'(x) = -\frac{F_x(x,y)}{F_y(x,y)}$.

H 3.1

c) Berechnen Sie den Funktionswert $P(5, 11)$.

d) Nutzen Sie das Ergebnis aus b).

H 3.2

Berechnen Sie die ersten und zweiten partiellen Ableitungen zunächst allgemein und setzen Sie danach den Punkt $(2, 0, -1)$ ein.

H 3.3

a) Beachten Sie, dass Quadratzahlen nichtnegativ sind.

b) Setzen Sie einfach $z = 36$ ein.

c) Wenden Sie den Satz über die implizite Funktion an und überprüfen Sie dessen Voraussetzung.

d) Durch Fixierung von $y = 2$ ergibt sich die Funktion einer Veränderlichen $\varphi(x)$. Der Anstieg der Tangente ist gleich der 1. Ableitung im betrachteten Punkt, in dem auch die y-Werte von Funktionskurve und Tangente übereinstimmen müssen.

H 3.4

Berechnen Sie die 2. partiellen Ableitungen, setzen Sie den Punkt $(0, 0, 1)$ ein und wenden Sie das Determinantenkriterium an.

H 3.5

b) Nutzen Sie das vollständige Differenzial von f im Punkt $(300, 700)$.

H 3.7

a) Homogenität einer Funktion (vom Grad k) bedeutet, dass die Beziehung $f(\lambda x_1, \ldots, \lambda x_n) = \lambda^k f(x_1, \ldots, x_n)$ erfüllt ist.

b) Berechnen Sie $f(1,05x; 1,05y; 1,05z)$ oder nutzen Sie das Ergebnis aus Teilaufgabe a).

H 3.9

a) Es gilt $f'(C) = -\frac{F_C(C,q)}{F_q(C,q)}$.

b) Wenden Sie ein numerisches Näherungsverfahren an. Wählen Sie einen Startwert, der etwas größer als eins ist.

c) Die exakte Funktionswertänderung lässt sich durch das Differenzial von f abschätzen, wobei die Ableitung aus a) (für $C = 99$) zu verwenden ist.

H 3.10

a) Wenden Sie ein numerisches Näherungsverfahren an.

b) Wenden Sie den Satz über die implizite Funktion zur Berechnung der Ableitung $f'(x_0)$ an, die sie zur Beschreibung der Tangente benötigen.

c) Verwenden Sie das vollständige Differenzial der Funktion F.

H 3.11

b) Zunächst müssen Sie die partiellen Ableitungen nach i und n berechnen (was nicht ganz einfach ist). Danach müssen Sie in diese Ausdrücke die konkreten Werte $\bar{i}$ und $\bar{n}$ einsetzen. Die erhaltenen Zahlen dienen zur Beschreibung des vollständigen Differenzials.

c) Setzen Sie in den in b) gewonnenen Ausdruck die konkreten Änderungen Δi und Δn ein.

H 3.12

a) Setzen Sie die Argumente λx und λy ein.

b) Setzen Sie den Funktionswert gleich 2.

d) Lösen Sie die Beziehung aus b) nach $y = f(x)$ auf und berechnen Sie die Ableitung $f'(x)$ im Punkt $x = 2$.

Zu Abschnitt 3.2

Notwendige Extremwertbedingungen (zur Ermittlung stationärer Punkte x_s) werden durch die Bedingung $\nabla f(x) = 0$ beschrieben, während hinreichende Bedingungen lokaler Extrema aus Definitheitseigenschaften der Hesse-Matrix gewonnen werden, was im Fall von Funktionen zweier Veränderlicher auf die Untersuchung der Ausdrücke $\mathcal{A} = \det H_f(x_s)$ sowie $F_{xx}(x_s)$ hinausläuft. Lässt sich mithilfe dieser Kriterien keine Entscheidung treffen, so kann man weitere Informationen (geometrischer Art, den ökonomischen Hintergrund betreffend etc.) heranziehen oder die Funktionswerte in Vergleichspunkten aus der Umgebung von x_s untersuchen.

H 3.13 Durch Ausnutzung der Beziehung $p = a - bx$ lässt sich die Anzahl der Unbekannten um eins reduzieren, sodass nur noch eine (Gewinn-)Funktion einer Veränderlichen $G(x)$ vorliegt. Diese ist zu minimieren.

H 3.14 Die Systeme notwendiger Bedingungen sind jeweils nichtlinear.

a) Die Variable x kommt allerdings nur linear vor und kann somit eliminiert werden. Anschließend ist eine Fallunterscheidung vorzunehmen (ein Produkt ist dann null, wenn mindestens einer der Faktoren null ist) bzw. eine quadratische Gleichung zu lösen.

b) Nehmen Sie verschiedene Fallunterscheidungen vor.

H 3.15

a) Unterscheiden Sie bei der Auswertung der notwendigen Bedingungen die beiden Fälle $a > 0$ und $a \leq 0$.

b) Unterscheiden Sie die Fälle $a = 0$, $a > 0$ und $a < 0$.

H 3.16
a) Die notwendigen Bedingungen bilden zwar ein nichtlineares Gleichungssystem, eine Variable lässt sich jedoch leicht eliminieren.
b) Multiplizieren Sie die Beziehung $f_x = 0$ mit x und die Beziehung $f_y = 0$ mit y und addieren Sie beide Gleichungen.
c) Klammern Sie in der notwendigen Bedingung $h_y(x, y) = 0$ die Variable y aus und treffen Sie eine Fallunterscheidung.

H 3.17
a) Sie müssen nur den gegebenen Punkt in die notwendigen Extremwertbedingungen einsetzen, nicht etwa alle stationären Punkte berechnen.
b) Überprüfen Sie zunächst die Zulässigkeit von x^0.

H 3.18 Werten Sie die notwendigen Bedingungen mithilfe von Fallunterscheidungen aus.

H 3.19
a) Sie können die Tatsache ausnutzen, dass die drei Variablen additiv separabel sind.
b) Vergleichen Sie benachbarte Funktionswerte.

Zu Abschnitt 3.3

Zur Ermittlung stationärer Punkte ist die Eliminationsmethode oder die Lagrange-Methode anwendbar. Bei der ersteren werden die Nebenbedingungen nach einem Teil der Variablen aufgelöst und dann in die Zielfunktion eingesetzt, wodurch sich die Variablenzahl verringert. Hinreichende Bedingungen sind hierbei (analog zur Funktionsminimierung ohne Nebenbedingungen) relativ leicht überprüfbar. Bei der Lagrange-Methode werden notwendige Bedingungen aus den partiellen Ableitungen der Lagrange-Funktion (Zielfunktion + Summe der mit den unbekannten Lagrange-Multiplikatoren multiplizierten Nebenbedingungen) gewonnen, wobei sich die Anzahl der Variablen vergrößert. Die Überprüfung hinreichender Bedingungen ist bei diesem Zugang etwas komplizierter (vgl. Luderer/Paape/Würker, Luderer/Würker). Beide Methoden haben Vor- und Nachteile. Mitunter kann man auch globale Informationen (z. B. den geometrischen Hintergrund der gestellten Aufgabe) nutzen.

H 3.20
a) Lösen Sie am besten (z. B. mithilfe des Gauß'schen Algorithmus) die Nebenbedingungen nach x_1 und x_2 auf. Die Lösung hängt dann von einem Parameter $t = x_3$ ab. Setzen Sie nun die Lösung in die Zielfunktion ein. Falls Sie die Lagrange-Methode verwenden wollen, so beachten Sie, dass zu jeder Nebenbedingung ein eigener Lagrange-Multiplikator gehört.
b) Interpretieren Sie den Lagrange-Multiplikator λ_2 richtig (der optimale Zielfunktionswert ändert sich näherungsweise um $-\lambda_2 \cdot \Delta b_2$).

H 3.21 Aufgrund der Linearität der Nebenbedingung ist hier die Anwendung der Eliminationsmethode zu empfehlen. Entscheiden Sie sich für die Lagrange-Methode, so sollten Sie die aus den notwendigen Bedingungen entstehenden nichtlinearen Beziehungen nach dem Lagrange-Multiplikator λ auflösen und anschließend weiter auswerten.

H 3.22 Stellen Sie eine Extremwertaufgabe mit zwei Unbekannten und einer Nebenbedingung auf. Vergessen Sie bei der Modellierung nicht die Nichtnegativitätsbedingungen an die Variablen, die bei der Rechnung zunächst jedoch nicht beachtet zu werden brauchen.

H 3.23
a) Stellen Sie eine Extremwertaufgabe mit einer Nebenbedingung auf und lösen Sie diese. (Empfehlung: Wenden Sie der Einfachheit halber die Eliminationsmethode an.)
b) Überprüfen Sie hinreichende Bedingungen.
d) Eine Aussage ist mithilfe des Lagrange-Multiplikators möglich, der zur optimalen Lösung gehört. Diesen können Sie aus den bei der Lagrange-Methode entstehenden notwendigen Bedingungen (nach Einsetzen der optimalen Werte für x und y) gewinnen.

H 3.24
a) Die gesuchte Gerade, auf der der Punkt P_3 liegt (und deren Gleichung er genügen muss), verläuft durch die Punkte $(b, 0)$ und $(0, a)$. Stellen Sie zunächst die entsprechende Geradengleichung auf. Formulieren Sie danach eine Extremwertaufgabe mit zwei Variablen und einer Nebenbedingung (nämlich der Geradengleichung).

H 3.25 Überprüfen Sie, ob die zu untersuchenden Punkte zulässig sind (also die Nebenbedingungen erfüllen) bzw. den notwendigen Bedingungen (Stationaritätsbedingungen) genügen. Zulässigkeit allein garantiert nicht Stationarität.

H 3.26 Die Zielfunktion beschreibt eine Kugel im dreidimensionalen Raum, deren Radius möglichst groß oder möglichst klein werden soll, wobei mindestens ein Punkt der Oberfläche auf der (durch die beiden linearen Gleichungsnebenbedingungen beschriebenen) Ebene liegen soll.

H 3.27
a) Lösen Sie die Beziehung $x = f(p)$ nach p auf, um den Gewinn in Abhängigkeit von p darzustellen.
b) Finden Sie die Lösung p^* der Beziehung $G'(p) = 0$.
c) Untersuchen Sie die Ungleichung $G(p^*) = f(k_1) \geq 0$.

H 3.28
b) Da die zu formulierende Nebenbedingung linear ist, dürfte die Eliminationsmethode am günstigsten sein.

H 3.29

a) Stellen Sie die Lagrange-Funktion auf, bilden Sie die partiellen Ableitungen und setzen Sie diese null.

b) In dem entstehenden System notwendiger Bedingungen (mit vier Gleichungen und vier Unbekannten) ist zwar eine Beziehung nichtlinearer Natur, jedoch kann man die restlichen drei linearen Bedingungen leicht auflösen und in die verbliebene einsetzen.

H 3.30 Sie können sowohl die Eliminationsmethode als auch die Lagrange-Methode anwenden. Bei letzterer ist allerdings die Überprüfung hinreichender Bedingungen komplizierter. Untersuchen Sie den Fall $x = 1$ gesondert.

H 3.31

a) Zu formulieren und zu lösen ist eine Extremwertaufgabe mit zwei Unbekannten und einer Gleichungsnebenbedingung.

b) Hier tritt eine zusätzliche Ungleichung auf. Durch Ausnutzen des Resultates aus a) kann man mit etwas Überlegung die Lösung einfach finden (ohne Rechnung).

H 3.32

b) Werten Sie die notwendigen Bedingungen aus.

Zu Abschnitt 3.4

Bei der Methode der kleinsten Quadratsumme sind Parameter der jeweiligen Ansatzfunktion derart zu bestimmen, dass die Quadratsumme der Abweichungen von vorgegebenen Messwerten minimal wird:

$$F(a, b, c, \ldots) = \sum_{i=1}^{N} (y_i - f(x_i; a, b, c, \ldots))^2 \longrightarrow \min .$$

Dabei handelt es sich um eine Extremwertaufgabe ohne Nebenbedingungen. Beim linearen Ansatz $f(x, a_1, a_2) = a_1 + a_2 x$ führen die notwendigen Minimumbedingungen auf ein lineares Gleichungssystem, das sogenannte Normalgleichungssystem (vgl. Luderer/Nollau/Vetters):

$$a_0 \cdot N + a_1 \cdot \sum_{i=1}^{N} x_i = \sum_{i=1}^{N} y_i$$

$$a_0 \cdot \sum_{i=1}^{N} x_i + a_1 \cdot \sum_{i=1}^{N} x_i^2 = \sum_{i=1}^{N} x_i y_i$$

Auch beim quadratischen oder dem verallgemeinert linearen Ansatz entstehen lineare Gleichungssysteme, die zumindest im quadratischen Fall den meisten Studenten wohl gut bekannt sind, während sie in anderen Fällen mittels Nullsetzen der partiellen Ableitungen ($F_a = 0$, $F_b = 0$, ...) nach den gesuchten Parametern erst hergeleitet werden müssen (wobei stets die Regel „die Ableitung einer Summe von Funktionen ist gleich der Summe der Ableitungen" anzuwenden ist).

Aus rein praktischen Gründen zur Rechenvereinfachung ist es meist günstig, bei äquidistanten Stützstellen eine Transformation der x- (bzw. t-) Variablen oder/und y-Variablen vorzunehmen (damit z. B. $\sum x_i' = 0$ wird bzw. die auftretenden Zahlenwerte betragsmäßig kleiner werden): $x_i' = x_i - \frac{1}{N} \sum x_i$. Nach Ende der Rechnung ist dann eine Rücktransformation vorzunehmen; alternativ sind die Prognosewerte ebenfalls zu transformieren.

Die Ansatz- (oder Trend-) Funktionen müssen dem ökonomischen Hintergrund entsprechen bzw. die Form der „Punktwolke" berücksichtigen. Vor zu weiter Extrapolation (Prognose) mithilfe der berechneten Trendfunktion ist aufgrund der auftretenden Unsicherheit zu warnen.

H 3.33 Günstige Transformation: $t' = t - 1978$, $y' = 100 \cdot (y - 5)$ (d. h. nur Zentimeter oberhalb von 5m). Bei der Ansatzfunktion $f(t) = a - \frac{b}{t}$ handelt es sich um einen verallgemeinert linearen Ansatz; das zugehörige Normalgleichungssystem müssen Sie selbständig herleiten. Vergleichen Sie Ihre Ergebnisse mit (Ihnen eventuell bekannten) aktuellen Rekordwerten.

H 3.34 Achtung, die Stützstellen sind hier nicht äquidistant. Ordnen Sie z. B. dem Monat November den x-Wert 0 oder -1 zu. Da hier sehr wenige Daten gegeben sind, erscheint der lineare Ansatz am günstigsten.

H 3.35 Günstige Transformation: $t' = t - 1999$.

H 3.36 Ist d die Nummer des Tages im Jahr, so kann man sinnvollerweise die Transformation $x = \frac{d - 81}{10}$ verwenden und als y die Differenz der Sonnenaufgangszeit zu 6^{00} ansetzen (man kann aber natürlich auch die angegebenen Zeiten als y-Werte verwenden: $5^{\underline{37}} \stackrel{\wedge}{=} 5\frac{37}{60}$ usw.). Überlegen Sie sich, dass eine lineare Funktion für die Beschreibung periodischer Vorgänge denkbar schlecht geeignet ist. Welche Funktion weist Periodizitätseigenschaften auf?

H 3.37

a) Die grafische Darstellung ergibt eine „Punktwolke" aus fünf Punkten, deren Form Sie bei der Auswahl der Ansatzfunktion berücksichtigen sollten.

b) Bei den Ansätzen (1) und (3) bietet sich die Koordinatentransformation $t' = t - 1998$ an, außerdem bei allen Ansätzen die Substitution $y' = y - 200$ oder $y' = y - 300$. Haben Sie sich für Ansatz (2) entschieden, so beachten Sie bitte, dass bei einer eventuellen Koordinatentransformation keine Polstellen auftreten dürfen.

c) Der ausgewählte Ansatz muss nicht mit dem in b) benutzten übereinstimmen.

H 3.38

c) Es ist eine Extremwertaufgabe ohne Nebenbedingungen zu lösen.

H 3.39

a) Die (lineare) Ansatzfunktion ist hier von **zwei** Variablen abhängig. Insofern können Sie nicht fertige Formeln für das Normalgleichungssystem benutzen, sondern müssen letzteres selbständig herleiten. Es handelt sich allerdings weiterhin um ein lineares Gleichungssystem.

Zusatz. Bestimmen Sie extremwertverdächtige Punkte der Funktion zweier Veränderlicher $F(a_0, a_1) = \sum_{i=1}^{2} (a_0 + a_1 x_i - z_i)^2$ und überprüfen Sie für diese die Ihnen bekannten hinreichenden Minimumbedingungen.

H 3.40 Im angegebenen quadratischen Ansatz fehlt das lineare Glied, sodass nur zwei Parameter (statt üblicherweise drei) gesucht sind, was natürlich Auswirkungen auf das Normalgleichungssystem hat. Letzteres müssen Sie deshalb selbständig mithilfe der partiellen Ableitungen von $F(a, b) = \sum_{i=1}^{3} \left(a t_i^2 + b - z_i \right)^2$ herleiten.

Literatur

Auer, B., Seitz, F.: Grundkurs Wirtschaftsmathematik: Prüfungsrelevantes Wissen – praxisnahe Aufgaben – komplette Lösungswege. 4. Aufl. Wiesbaden: Springer Gabler (2013)

Fahrmeir, L., Künstler, R., Pigeot, I., Tutz, G.: Statistik: Der Weg zur Datenanalyse. 7. Aufl. Berlin: Springer (2010)

Luderer, B., Nollau, V., Vetters, K.: Mathematische Formeln für Wirtschaftswissenschaftler. 7. Aufl. Wiesbaden: Vieweg+Teubner (2012)

Luderer, B., Paape, C., Würker, U.: Arbeits- und Übungsbuch Wirtschaftsmathematik. Beispiele – Aufgaben – Formeln. 6. Aufl. Wiesbaden: Vieweg+Teubner (2011)

Luderer, B., Würker, U.: Einstieg in die Wirtschaftsmathematik. 8. Aufl. Wiesbaden: Vieweg+Teubner (2011)

Merz, M.: Übungsbuch zur Mathematik für Wirtschaftswissenschaftler: 450 Klausur- und Übungsaufgaben mit ausführlichen Lösungen. München: Vahlen (2013)

Merz, M., Wüthrich, M.V.: Mathematik für Wirtschaftswissenschaftler. Einführung mit vielen ökonomischen Beispielen. München: Vahlen (2012)

Tietze, J.: Übungsbuch zur angewandten Wirtschaftsmathematik. Aufgaben, Testklausuren und ausführliche Lösungen. 8. Aufl. Wiesbaden: Vieweg+Teubner (2010)

Lineare Optimierung

4

Viele praktische Fragestellungen lassen sich in Form linearer Optimierungsaufgaben formulieren. Linear – weil sowohl die Zielfunktion (das Optimalitätskriterium) als auch die Restriktionen (Nebenbedingungen, Beschränkungen) durch lineare Funktionen bzw. lineare Gleichungen oder Ungleichungen beschrieben werden. Für jeden Wirtschaftswissenschaftler ist es wichtig, verbal beschriebene Probleme in die Sprache der Mathematik zu übertragen oder, mit anderen Worten, das Problem zu modellieren. In einfachen Fällen, wenn die Aufgabe nur zwei Unbekannte enthält, gelingt eine Lösung auf grafischem Wege. In allen anderen Fällen muss zu numerischen Verfahren gegriffen werden; die Simplexmethode sei stellvertretend dafür genannt. Für Letztere bildet der aus Kap. 1 bekannte Gauß'sche Algorithmus die Basis. Dualitätsbetrachtungen vereinfachen mitunter das Lösen von Optimierungsaufgaben und gestatten überdies eine interessante ökonomische Interpretation.

4.1 Modellierung

A 4.1 Student Paul hat für seinen Urlaub einen Zeitraum von höchstens sechs Wochen und eine Geldsumme von 5000 € zur Verfügung. Von mehreren Reisebüros hat er sich eine Reihe von Angeboten sowohl für Abenteuer- als auch für reine Erholungsreisen machen lassen (siehe Tabelle), von denen er nun eine oder mehrere auswählen will. Im Interesse seiner Gesundheit will er jedoch nicht mehr als eine Abenteuerreise unternehmen. Als Entscheidungshilfe hat er jeder Reise einen Bewertungskoeffizienten zugeordnet (von 1 Punkt bis zu 10 Punkten, wobei die höchste Punktzahl dem beliebtesten Reiseziel entspricht).

B. Luderer, *Klausurtraining Mathematik und Statistik für Wirtschaftswissenschaftler*,
Studienbücher Wirtschaftsmathematik, DOI 10.1007/978-3-658-05546-2_4,
© Springer Fachmedien Wiesbaden 2014

Reiseziel	Reisetyp	Dauer der Reise (in Wochen)	Kosten (in Euro)	Bewertung $(1, \ldots, 10)$
Malaysia	Abenteuer	3	2300	5
Ibiza	Erholung	1	1200	3
Tunesien	Erholung	2	2100	4
Sizilien	Abenteuer	1	1300	2
Himalaja	Abenteuer	2	2700	9

Helfen Sie ihm bei dieser Entscheidung, indem Sie ein mathematisches Modell in Form einer linearen Optimierungsaufgabe aufstellen. Das Ziel der Urlaubsplanung soll eine möglichst hohe Gesamtbewertung aller Reisen sein.

A 4.2 Ein Unternehmen der Metallbranche stellt Bohrmaschinen, Fräsmaschinen sowie verschiedene Kleinteile her. Das dabei verwendete Material, die verbrauchte Energie, der entstehende Gewinn und die benötigte Arbeitszeit je hergestellter Maschine bzw. Tonne sind in folgender Tabelle angegeben:

	Material (in t)	Energie (kWh)	Gewinn (Tsd. Euro)	Arbeitszeit (Std.)
Bohrmaschine	1,2	5,8	5,0	450
Fräsmaschine	1,5	4,9	6,5	410
Tonne Kleinteile	1,3	3,0	0	30

Vom Material stehen 100 t zur Verfügung, Elektroenergie soll nicht mehr als 500 kWh verbraucht werden, und der Gewinn soll mindestens 200.000 € betragen. Ferner werden 0,05 t bzw. 0,025 t Kleinteile je hergestellte Bohr- bzw. Fräsmaschine verbraucht.

a) Wie ist die Produktion zu gestalten, damit bei minimaler aufzuwendender Arbeitszeit mindestens 20 Bohrmaschinen, mindestens 25 Fräsmaschinen sowie genau 2 t Kleinteile verkauft werden können? Stellen Sie ein entsprechendes **Modell** auf. (Alles Produzierte soll auch absetzbar sein.)

b) Eine Kommilitonin von Ihnen hat dieselbe Situation wie nebenstehend modelliert. Wem soll der Chef des Unternehmens vertrauen, Ihnen oder Ihrer Kommilitonin (Begründung!)?

$$
\begin{array}{rcrcl}
451{,}5\,x_1 & + & 410{,}75\,x_2 & \longrightarrow & \min \\
1{,}265\,x_1 & + & 1{,}5325\,x_2 & \leq & 97{,}4 \\
5\,x_1 & + & 6{,}5\,x_2 & \leq & 200 \\
5{,}95\,x_1 & + & 4{,}975\,x_2 & \leq & 494 \\
\end{array}
$$
$$x_1 \geq 0,\, x_2 \geq 0,\, x_1 \geq 20,\, x_2 \geq 25\,.$$

c) Lösen Sie das zweite Modell auf grafischem Wege.

A 4.3 Für die in seiner Snack-Bar angebotenen Sahnechampignons ist Tobias campusweit berühmt. Das Geheimnis liegt in der richtigen Mischung aus frischen Champignons, saurer und süßer Sahne, Butter, Zwiebeln und Gewürzen nach folgenden Regeln: Die Menge an Champignons beträgt mindestens 60 % der Gesamtmenge von 200 g pro Portion. Es ist mehr süße als saure Sahne enthalten; Butter ist doppelt soviel enthalten wie Zwiebeln; Butter, Zwiebeln und Gewürze machen zusammen mindestens 10 % der Gesamtmenge aus.

Stellen Sie das Modell einer LOA auf, die obige Bedingungen berücksichtigt und eine kostenminimale Mischung bestimmt (Kilogrammpreise: Champignons: 5,50 €, saure Sahne: 7,50 €, süße Sahne: 8,50 €, Butter: 7,70 €, Zwiebeln: 1,40 €, Gewürze: 38 €). (**Keine Rechnung!**)

A 4.4 Modellieren Sie das folgende Problem (**keine Rechnung!**) Ein Investor möchte möglichst billig ein Portfolio aus vier Anleihen zusammenstellen, die folgende Merkmale haben (jeweils bezogen auf einen Nominalwert von 100):

Anleihe	Preis (in GE)	Kupon (= jährliche Zinszahlung)	Laufzeit (in Jahren)	Rückzahlung
A	101,20	5	2	100
B	104,30	6	3	100
C	97,90	4	3	102
D	96,10	3	1	100

Er hat Zahlungsverpflichtungen von 1800 GE in einem Jahr, 2700 GE in zwei Jahren und 2000 GE in drei Jahren, die unbedingt einzuhalten sind. (Hinweis: Stellen Sie zunächst die Zahlungsströme der Anleihen schematisch dar.)

A 4.5 Eine Schilderfabrik fertigt aus 1 m × 1 m großen Blechen dreieckige, runde und rechteckige Schilder, wobei der Meister aus den Erfahrungen der letzten zehn Jahren weiß, dass die folgenden Zuschnittvarianten günstig sind:

	Zuschnitt aus einer Ausgangsplatte			
	Variante 1	Variante 2	Variante 3	Variante 4
Dreiecke	2	4	4	0
Kreise	3	1	0	3
Rechtecke	1	0	1	3

Innerhalb der nächsten 20 Tage werden 1380 Dreiecke, 2110 Kreise und 550 Rechtecke benötigt. Stellen Sie ein Modell auf, das einen minimalen Verbrauch an Ausgangsplatten zum Ziel hat.

A 4.6 Im Rahmen kommunaler ABM-Maßnahmen sollen verschiedene Projekte im Umweltschutz realisiert werden, die hinsichtlich ihres Nutzens durch einen Gutachter eingeschätzt wurden (Bewertungsskala $1, \ldots, 10$):

Maßnahme	Dauer (Monate)	Sachkosten (in Euro)	Bewertung
Waldsäuberung	5	20.000	6
Bau von Radwegen	6	100.000	2
Aufforstung	3	120.000	9
Beseitigung von Autowracks	1	20.000	4
Entfernen von Wahlplakaten	2	10.000	1

Insgesamt stehen 210.000 € Sachkostenzuschuss und ein Zeitraum von 14 Monaten zur Verfügung. Von den beiden Maßnahmen Waldsäuberung und Aufforstung soll mindestens eine durchgeführt werden, von den drei Aktivitäten Radwegbau, Plakat- bzw. Autowrackbeseitigung höchstens zwei. Jedes Projekt kann nur einmal in Angriff genommen werden.

Welche Maßnahmen sind tatsächlich durchzuführen, wenn die Gesamtbewertung möglichst hoch sein soll? (**Nur Modellierung!**)

A 4.7 Für die Produktion von vier Waren A, B, C und D sind in der folgenden Tabelle der Aufwand an Material (in Mengeneinheiten, ME) und die Bearbeitungszeit (in Stunden) in zwei Abteilungen des Betriebes zusammengestellt, ferner der erreichbare Deckungsbeitrag (in Geldeinheiten, GE):

		Materialbedarf (ME)	Zeitbedarf Abt. 1 (Std.)	Zeitbedarf Abt. 2 (Std.)	Deckungsbeitrag (GE)
je St.	Ware A	100	20	30	50
je kg	Ware B	300	70	70	10
je t	Ware C	700	10	10	80
je St.	Ware D	200	90	90	0

Für den Verkauf sollen mindestens 100 Stück der Ware A, jeweils mindestens 2 Tonnen von B und C sowie genau 2000 Stück von D bereitgestellt werden. Dabei werden zur Herstellung der Ware A pro produzierten 1000 Stück jeweils 480 Stück von D zusätzlich benötigt, ebenso entsteht bei der Produktion von je 1000 kg der Ware C ein betriebsinterner Zusatzbedarf von 13 Stück D (die dann natürlich nicht mehr verkauft werden können). Im Unternehmen sind im Moment höchstens 4000 ME Material sowie jeweils höchstens 1000 Stunden Bearbeitungszeit in jeder der Abteilungen 1 und 2 verfügbar.

Erstellen Sie mithilfe dieser gegebenen Daten ein mathematisches Modell zur Bestimmung des optimalen Produktionsplans (mit maximalem Erlös unter Einhaltung der gegebenen Restriktionen). (**Keine Ausführung der Rechnung!**)

A 4.8 Ein Barkeeper möchte für einen geselligen Abend zwei Liter eines Spezialcocktails aus vier Spirituosensorten $S_1, \ldots, S_4$ mischen. Dabei soll der Alkoholgehalt des Cocktails zwischen 38 und 45 Vol.-% liegen, und der Zuckergehalt darf höchstens 15 % betragen. Die Spirituosen haben folgende Kenngrößen:

	S_1	S_2	S_3	S_4
Alkoholgehalt (Vol.-%)	50	35	38	40
Zuckergehalt (%)	5	10	20	15
Kalkulationspreis (€/cl)	2,10	1,80	1,15	1,50

Die Anteile von Sorte 1 und 3 sollen höchstens 20 % bzw. 25 % betragen, während Sorte 4 genau 45 % und Sorte 2 mindestens 10 % der Mixtur ausmachen sollen. Wie hat der Barkeeper die vier Sorten zu mixen, damit er einen maximalen Preis erzielt? (**Nur Modellierung, keine Lösung!**)

A 4.9 Eine kleine Möbelfabrik stellt Büroschränke in vier verschiedenen Qualitäten her. Jeder Schrank wird zuerst in der Schreinerei gefertigt, ehe er zur Veredlungswerkstatt geschickt wird. In der Schreinerei können bis zum Jahresende nicht mehr als 5000, in der Veredlungswerkstatt höchstens 3000 Arbeitsstunden aufgewandt werden. Pro Schrank der entsprechenden Qualitätsstufe betrage der Verkaufserlös 120, 200, 100 bzw. 500 €, die Anzahl notwendiger Arbeitsstunden sei:

	Qualität			
	1	2	3	4
Schreinerei	3	8	7	10
Veredlung	1	2	8	35

a) Material ist ausreichend vorhanden, und alle Schränke sollen abgesetzt werden können. Stellen Sie ein Modell zur Bestimmung optimaler Ausbringungsmengen für den Rest des Jahres auf.

b) Vertraglich vereinbart seien bereits Lieferungen von Büroschränken über 50, 30, 15 bzw. 45 Stück. Welche Veränderungen zieht das im Modell nach sich?

A 4.10 Aus zwei Sorten weißer Farbe, die sich in ihrer Qualität hinsichtlich Leimanteil, Luftdurchlässigkeit und Helligkeitsgrad sowie im Preis unterscheiden, soll ein Anstrichstoff gemischt werden, der bestimmten Mindestforderungen bezüglich der aufgezählten Kriterien genügt und möglichst billig ist.

	Leimanteil (%)	Durchlässigkeit (%)	Helligkeitsgrad (Punkte)	Preis (€/kg)
Farbsorte I	15	50	3	16
Farbsorte II	60	17	9	13
Mindestforderung	30	25	4	

Der Helligkeitsgrad wird mittels einer Punktskala von 1 (ziemlich dunkel) bis 10 (strahlend hell) bewertet, die additiv beschaffen ist, sodass z. B. bei Mischung gleicher Teile von Farben der Grade 1 bzw. 7 eine Farbe der Helligkeit 4 entsteht.

A 4.11 Die Eisbecher-Neukreation eines berühmten Chemnitzer Eiskonditors soll den nachstehenden Bedingungen genügen:

Die Herstellungskosten sollen so gering wie möglich sein. Der prozentuale Fettgehalt des Eisbechers soll höchstens 17 % und der Kaloriengehalt höchstens 900 kcal betragen. Als Bestandteile sind Eis, Nüsse, Grenadillen, Mangos und Diät-Gummibärchen vorgesehen. Das Gesamtgewicht des Bechers soll zwischen 300 g und 400 g liegen. Der Grenadillen-Anteil soll gerade doppelt so groß wie der Anteil an Nüssen sein, während der Eisanteil mindestens so groß sein soll wie der der übrigen Bestandteile zusammen. Bekannt sind folgende Daten:

	Eis	Nüsse	Grenadillen	Mangos	Gummibärchen
Fettanteil (in %)	12	15	3	0	2
Kalorien (kcal/100 g)	200	800	70	40	50
Preis (Euro/kg)	2	5	6	3	4

Stellen Sie das Modell einer linearen Optimierungsaufgabe auf, die das Problem des Eiskonditors beschreibt (**keine rechnerische Lösung!**).

4.2 Grafische Lösung

A 4.12 Ein freiberuflicher Diplomdolmetscher und -übersetzer möchte – da er ein sehr kommunikationsfreudiger Typ ist – seine monatliche Arbeitszeit von höchstens 200 Stunden so aufteilen, dass er mindestens soviel Zeit für Dolmetschen aufwendet wie er zu Hause vor dem Computer beim Übersetzen sitzt, umso mehr als es bei einem Dolmetschereinsatz 30 €/Std., für das Übersetzen nur 20 €/Std. gibt. Leider beläuft sich das monatliche Auftragsvolumen für Dolmetschen auf höchstens 120 Stunden, andererseits muss er aufgrund abgeschlossener Verträge mindestens 50 Stunden für Übersetzungen aufwenden.

a) Stellen Sie die Möglichkeiten zulässiger Zeiteinteilung grafisch dar.
b) Bei welcher Aufteilung ergibt sich die höchste Bezahlung?

A 4.13 Lösen Sie die nachstehende Optimierungsaufgabe grafisch sowohl für Maximierung als auch Minimierung der Zielfunktion. Geben Sie die jeweiligen optimalen Lösungen (falls sie existieren) sowie die optimalen Zielfunktionswerte an:

$$
\begin{array}{rcrcl}
x & + & 2y & \longrightarrow & \text{extr} \\
x & + & y & \geq & 10 \\
7x & - & 8y & \geq & -64 \\
7x & - & 6y & \leq & 36 \\
0 & \leq & x & \leq & 60 \\
0 & \leq & y & \leq & 60
\end{array}
$$

A 4.14 Die folgende lineare Optimierungsaufgabe enthält den Parameter a.

a) Man löse die Aufgabe für $a = 3$ grafisch.

b) Für welchen Wert von a existieren unendlich viele optimale Lösungen? (Sollte es mehrere derartige Werte geben, so genügt die Angabe eines.)

$$
\begin{array}{rcrcl}
ax & + & y & \longrightarrow & \text{max} \\
2x & + & 2y & \leq & 14 \\
-x & + & y & \leq & 3 \\
25x & + & 5y & \leq & 125 \\
 & & x, y & \geq & 0
\end{array}
$$

A 4.15

a) Skizzieren Sie den zulässigen Bereich der nachstehenden LOA und geben Sie die optimale Lösung sowie den optimalen Zielfunktionswert an.

b) Was ergibt sich bei Maximierung?

$$
\begin{array}{rcrcl}
2x_1 & + & x_2 & \longrightarrow & \text{min} \\
x_1 & + & x_2 & \geq & 3 \\
2x_1 & - & 3x_2 & \leq & 6 \\
-4x_1 & + & x_2 & \leq & 2
\end{array}
$$

c) Es sollen zusätzlich die Variablenbeschränkungen $x_1 \leq 100$ und $x_2 \leq 500$ gelten. Welche Veränderungen in den optimalen Lösungen ergeben sich bei Minimierung bzw. Maximierung der Zielfunktion?

A 4.16 Gegeben sei die folgende lineare Optimierungsaufgabe.

a) Lösen Sie diese auf grafischem Wege.

b) Lösen Sie die Aufgabe auf rechnerischem Wege (mittels Simplexmethode oder anderweitig).

$$
\begin{array}{rcrcl}
5{,}5x & + & 8y & \longrightarrow & \text{min} \\
x & + & y & = & 100 \\
x & & & \geq & 60 \\
x & - & y & \leq & 70 \\
 & & x, y & \geq & 0
\end{array}
$$

A 4.17

a) Stellen Sie den zulässigen Bereich der folgenden linearen Optimierungsaufgabe grafisch dar.

b) Geben Sie alle optimalen Lösungen sowie den optimalen Zielfunktionswert an.

$$
\begin{aligned}
-2x_1 \ - \ 2x_2 \ &\longrightarrow \ \min \\
x_1 \ + \ x_2 \ &\leq \ -2 \\
-x_1 \ - \ 2x_2 \ &\geq \ -0{,}5 \\
2x_1 \ + \ x_2 \ &\leq \ -3 \\
x_1 \leq 0, \ x_2 &\leq 0
\end{aligned}
$$

4.3 Simplexmethode

A 4.18

a) Wie lautet die optimale Lösung der folgenden Aufgabe (Begründung!):

$$
\begin{aligned}
3x_1 - x_2 + 4x_3 + x_4 - 5x_5 \ &\longrightarrow \ \max \\
x_1 + x_2 + x_3 + x_4 + x_5 \ &\leq \ 20 \\
x_1, x_2, x_3, x_4, x_5 \ &\geq \ 0 \ ?
\end{aligned}
$$

b) Stellt die allgemeine Transportaufgabe

$$
\begin{aligned}
\sum_{i=1}^{m} \sum_{j=1}^{n} c_{ij} x_{ij} \ &\longrightarrow \ \min \\
\sum_{i=1}^{m} x_{ij} \ &= \ a_j, \quad j = 1, \ldots, n, \\
\sum_{j=1}^{n} x_{ij} \ &= \ b_i, \quad j = 1, \ldots, m, \\
x_{ij} \ &\geq \ 0 \quad \forall \, i, j
\end{aligned}
$$

eine lineare Optimierungsaufgabe dar? Ist sie mit der Simplexmethode lösbar? (Begründen Sie Ihre Antwort!)

c) Kann die nachstehende mehrkriterielle Optimierungsaufgabe mittels der Simplexmethode gelöst werden? (Begründen Sie Ihre Antwort!)

$$
\begin{aligned}
2x_1 \ + \ x_2 \ &\longrightarrow \ \max \\
x_1 \ - \ x_2 \ &\longrightarrow \ \min \\
0 \leq x_1 &\leq 1 \\
0 \leq x_2 &\leq 2
\end{aligned}
$$

A 4.19 Lösen Sie folgende lineare Optimierungsaufgabe sowohl grafisch als auch rechnerisch (mittels der Simplexmethode). Hinweis: Beachten Sie bei der rechnerischen Lösung, dass x_1 eine nicht vorzeichenbeschränkte Variable ist und zunächst transformiert werden muss.

$$
\begin{array}{rcrcl}
x_1 & - & 10x_2 & \longrightarrow & \min \\
x_1 & + & 3x_2 & \leq & 8 \\
2x_1 & + & x_2 & \leq & 10 \\
-x_1 & + & x_2 & \leq & 12 \\
x_1 & + & x_2 & \geq & 1 \\
x_1 \text{ frei}, & & x_2 & \geq & 0
\end{array}
$$

A 4.20 Man überprüfe (mithilfe der Simplexmethode oder anderweitig), ob es (mindestens) einen Vektor $x = (x_1, x_2, x_3)$ gibt, der allen nachstehenden Ungleichungen gleichzeitig genügt.

$$
\begin{array}{rcrcrcr}
x_1 & + & x_2 & + & 2x_3 & \leq & 3 \\
-2x_1 & - & 2x_2 & - & 2x_3 & \leq & -7 \\
& & & & x_1, x_2, x_3 & \geq & 0
\end{array}
$$

A 4.21 Katrin hat im Praktikum gerade mittels Computer eine lineare Optimierungsaufgabe gelöst und sich das letzte – zur optimalen Lösung gehörige – Simplextableau ausdrucken lassen:

Nr.	BV c_B	x_B	x_1 5	x_2 6	x_3 1	x_4 -2
1	x_1 5	6	1	0	2	1
2	x_2 6	4	0	1	-1	-1
3	z ÷	54	0	0	3	1

Danach erfolgte ein Systemabsturz. Gerade in diesem Augenblick kommt Katrins derzeitiger Chef ins Zimmer gestürmt und teilt mit, dass der den Gewinn beschreibende Vektor der Koeffizienten der Zielfunktion, der bisher $c = (5, 6, 1, -2)^\top$ lautete, infolge der geänderten Wettbewerbslage in $\bar{c} = (5, 7, 1, -1)^\top$ zu ändern ist. Er will möglichst schnell wissen, ob die bisherige optimale Lösung auch weiterhin optimal ist oder welche neue Lösung sich ergibt. Was antwortet Katrin?

A 4.22 Finden Sie eine Lösung der folgenden Optimierungsaufgabe oder stellen Sie deren Unlösbarkeit fest:

$$
\begin{array}{rcrcrcl}
x_1 & + & 3x_2 & - & x_3 & \longrightarrow & \max \\
x_1 & + & x_2 & - & x_3 & \leq & 3 \\
& & -2x_2 & + & 2x_3 & = & 2 \\
& & & & x_1, x_2, x_3 & \geq & 0
\end{array}
$$

A 4.23 Lösen Sie die nachstehende LOA mithilfe der Simplexmethode:

$$\begin{array}{rcrcrcl}
3x_1 & - & x_2 & & & \longrightarrow & \max \\
3x_1 & + & 6x_2 & & & = & 15 \\
-x_1 & + & x_2 & + & x_3 & \geq & 2 \\
\end{array}$$
$$x_1 \geq 1, x_2 \geq 0, x_3 \geq 0$$

Zusatz. Geben Sie **alle** optimalen Lösungen an.

A 4.24

a) Bestätigen Sie mithilfe der Simplexmethode, dass die nebenstehende lineare Optimierungsaufgabe keine zulässige Lösung besitzt:

$$\begin{array}{rcrcl}
3x_1 & + & x_2 & \longrightarrow & \max \\
2x_1 & + & 2x_2 & \leq & 14 \\
3x_1 & + & 4x_2 & \geq & 30 \\
& & x_1, x_2 & \geq & 0 \\
\end{array}$$

b) Ändern Sie die Zahl 14 auf der rechten Seite der Optimierungsaufgabe in die Zahl 24
und lösen Sie die Aufgabe erneut mit der Simplexmethode.

A 4.25 Lösen Sie die folgenden beiden LOA mittels der Simplexmethode:

a)
$$\begin{array}{rcl}
3x_1 \quad - x_3 & \longrightarrow & \max \\
3x_1 + 6x_2 & = & 12 \\
-x_1 + x_2 + x_3 & \geq & 3 \\
x_1, x_2, x_3 & \geq & 0 \\
\end{array}$$

b)
$$\begin{array}{rcl}
x_1 + x_2 & \longrightarrow & \max \\
3x_1 - 2x_2 + 2x_3 & \leq & 6 \\
2x_1 - x_2 + 3x_3 & \geq & -6 \\
x_1, x_2, x_3 & \geq & 0. \\
\end{array}$$

4.4 Dualität

A 4.26 Ist der Vektor $\hat{x} = (4, 0, 2, 0)^\top$ optimal für die nachstehende Aufgabe? Begründen
bzw. beweisen Sie Ihre Antwort.

$$\begin{array}{rcrcrcrcl}
5x_1 & + & 2x_2 & + & 4x_3 & + & x_4 & \to & \max \\
x_1 & + & 3x_2 & + & 4x_3 & + & 4x_4 & = & 12 \\
4x_1 & + & x_2 & + & x_3 & + & 3x_4 & = & 18 \\
\end{array}$$
$$x_i \geq 0, i = 1, \dots, 4$$

A 4.27 Susanne soll nachweisen, dass $\overline{x} = (0,10,0,6)^\top$ eine optimale Lösung der linearen Optimierungsaufgabe

$$
\begin{array}{rcrcrcrcl}
5x_1 & + & 7x_2 & + & x_3 & - & x_4 & \longrightarrow & \max \\
x_1 & & & + & 2x_3 & + & x_4 & = & 6 \\
& & x_2 & - & x_3 & - & x_4 & = & 4 \\
x_1, & & x_2, & & x_3, & & x_4 & \geq & 0
\end{array}
$$

ist; sie hat aber inzwischen die **Simplexmethode vergessen** (und eine grafische Lösung scheidet hier aus). „Da war doch noch die Dualität", überlegt sie. „Vielleicht kann ich die duale Aufgabe irgendwie (z. B. grafisch) lösen und daraus Rückschlüsse auf die Ausgangsaufgabe ziehen?" Kann sie?

A 4.28 Wie lautet die zur folgenden linearen Optimierungsaufgabe duale Aufgabe und welche Lösungen sind optimal für die primale bzw. duale Aufgabe?

$$
\begin{array}{rcrcl}
x_1 & + & 2x_2 & \longrightarrow & \max \\
2x_1 & + & x_2 & \leq & 5 \\
& & x_1, x_2 & \geq & 0
\end{array}
$$

A 4.29
a) Sind folgende Optimierungsaufgaben dual zueinander:

$$
\begin{array}{rcl}
x_1 + x_2 + x_3 & \longrightarrow & \max \\
2x_1 + x_2 & \leq & 1 \\
x_1 - x_2 + x_3 & = & 5 \\
x_1, x_2, x_3 & \geq & 0
\end{array}
\quad \text{(P)}
\qquad
\begin{array}{rcl}
y_1 + 5y_2 & \longrightarrow & \min \\
2y_1 + y_2 & \geq & 1 \\
y_1 - y_2 & \geq & 1 \\
y_1 \geq 0, y_2 & \geq & 1 ?
\end{array}
\quad \text{(D)}
$$

b) Der Vektor $\left(\frac{21}{10}, 1\right)^\top$ ist zulässig in (D). Ohne die Simplexmethode oder grafische Lösungsverfahren zu benutzen, entscheide man, ob der optimale Zielfunktionswert von (P) größer als 8 sein kann.

A 4.30 Gegeben sei die lineare Optimierungsaufgabe (P)

$$
\begin{array}{rcrcrcl}
2x_1 & & & + & x_3 & \rightarrow & \max \\
x_1 & + & x_2 & + & x_3 & \leq & 4 \\
-x_1 & + & x_2 & & & = & 2 \\
& & x_1, x_2, x_3 & & & \geq & 0
\end{array}
$$

a) Bilden Sie die duale Aufgabe.
b) Zeigen Sie, dass $y_1^* = 1$, $y_2^* = -1$ eine optimale Lösung in der dualen Aufgabe ist. Hinweis: Die Lösung $x_1 = 1$, $x_2 = 3$, $x_3 = 0$ ist zulässig in der primalen Aufgabe und besitzt den Zielfunktionswert $z = 2$.

c) Wenn in der primalen Aufgabe die rechte Seite in der 2. Zeile um 1 vergrößert wird (von 2 auf 3), wie ändert sich dann der optimale Zielfunktionswert? (**Keine Lösung der LOA!**)

4.5   Hinweise und Literatur

Zu Abschnitt 4.1

Das Wichtigste bei der Modellierung verbal beschriebener Sachverhalte ist das Bestimmen der gesuchten Größen (Variablen) und deren Benennung mit Symbolen (Buchstaben) einschließlich Maßeinheiten (€, kg, cm, % usw.). Danach sind die Ziele (Gewinn- oder Produktionsmaximierung, Kosten- oder Materialverbrauchsminimierung etc.) als (Ziel-) Funktion sowie die Beschränkungen (hinsichtlich von Kapazitäten, Kapital, Maschinenzeiten usw.) als Ungleichungen oder Gleichungen zu beschreiben. Vergessen Sie auch nicht implizit gegebene Bedingungen wie z. B. die häufig auftretenden Nichtnegativitätsforderungen an vorkommende Variable (Mengen, Preise, prozentuale Anteile an einer Mischung u. a.) oder die Bedingung, dass die Anteile einer Mischung insgesamt 100 % ergeben müssen. Klarheit bringt oftmals die Betrachtung der Maßeinheiten der eingehenden Größen.

H 4.1 Führen Sie ganzzahlige Größen x_i, $i = 1, \ldots, 7$, als Entscheidungsvariable ein, die angeben, ob eine Reise angetreten werden soll oder nicht.

H 4.2
  a) Beachten Sie, dass bei der Herstellung von Bohr- und Fräsmaschinen ein Eigenverbrauch an Kleinteilen auftritt.
  b) Lösen Sie die eine auftretende Gleichungsnebenbedingung nach x_3 auf und setzen Sie diese in die anderen Nebenbedingungen ein.

H 4.3 Es handelt sich um ein normales Mischungsproblem. Vergessen Sie nicht die Bedingung, die angibt, dass die Summe aller Bestandteile die Gesamtmenge einer Portion ausmacht (denn diese ist nicht explizit im Text formuliert).

H 4.4 Überlegen Sie, welche Gesamtzahlungen nach 1, 2, bzw. 3 Jahren anfallen (Zinsen + Rückzahlungen); diese müssen jeweils mindestens so groß sein wie die Zahlungsverpflichtungen. Die Variablen sollen beschreiben, welche Menge von jeder Anleihe gekauft wird.

H 4.5 Wählen Sie (ganzzahlige) Entscheidungsvariable x_i, $i = 1, \ldots, 4$, die angeben, wie oft eine bestimmte Variante angewandt wird.

H 4.6 Führen Sie als Entscheidungsvariable ganzzahlige Größen $x_i \in \{0,1\}$, $i = 1, \ldots, 6$, ein, die angeben, ob eine bestimmte Aktivität in Angriff genommen werden soll oder nicht.

H 4.7 Achten Sie auf die (unterschiedlichen) Maßeinheiten, die einen Anhaltspunkt liefern, welche Größen zusammengehören und eine Nebenbedingung bilden. Beachten Sie ferner den auftretenden Eigenbedarf.

H 4.8 Es liegt ein Mischungsproblem vor. Vergessen Sie nicht die Bedingung, die angibt, dass die Summe aller Bestandteile die Gesamtcocktailmenge ausmacht. Als Maßeinheiten für die Variablen können Sie Milliliter oder Prozent (Anteil an der Gesamtmenge) wählen.

H 4.9
b) Hier ergeben sich zusätzliche Variablenbeschränkungen.

H 4.10 Es liegt ein Mischungsproblem vor. Vergessen Sie nicht die Bedingung, die angibt, dass die Summe aller Bestandteile die Gesamtmenge ergeben muss.

Zu Abschnitt 4.2

Bei der grafischen Lösung von LOA ist zunächst ein geeigneter Maßstab des Koordinatensystems sehr wichtig, damit man „etwas sieht". Formen Sie Ungleichungen in Gleichungen um und zeichnen Sie die zugehörigen Geraden als Begrenzungslinie der zur betrachteten Ungleichung gehörigen Halbebene ein. Verwenden Sie die „Methode des Probepunktes", um herauszubekommen, welche Halbebene die richtige ist. Ermitteln Sie danach den zulässigen Bereich, indem Sie das Gebiet finden, das bezüglich **jeder** Nebenbedingung in der richtigen Halbebene liegt. Setzen Sie schließlich die Zielfunktion gleich einer Konstanten, um die (parallel zueinander verlaufenden) Niveaulinien der Zielfunktion darzustellen. Lesen Sie dann die optimale Lösung ungefähr aus der Skizze ab, bestimmen Sie, welche Nebenbedingungen aktiv (d. h. als Gleichung wirksam) sind und ermitteln Sie die exakte optimale Lösung aus einem LGS.

H 4.12 Beschreiben Sie die Mindest- und Höchstforderungen als Ungleichungen und stellen Sie deren Lösungsmengen grafisch dar.

H 4.13 Verwenden Sie zwei getrennte Darstellungen für Maximierung und Minimierung.

H 4.14 Denken Sie daran, dass beim Auftreten unendlich vieler optimaler Lösungen eine Seite des zulässigen Bereiches parallel zu den Niveaulinien der Zielfunktion verlaufen muss.

H 4.15 Beachten Sie, dass x_1 und x_2 nicht vorzeichenbeschränkt sind.

H 4.16 Vor Anwendung der Simplexmethode ist die LOA auf Gleichungsform zu bringen: die Zielfunktion ist mit -1 zu multiplizieren, und es sind Schlupfvariable und gegebenenfalls auch künstliche Variable einzuführen.

Zu Abschnitt 4.3

Vor Anwendung der Simplexmethode sind lineare Optimierungsaufgaben jeweils auf Gleichungsform zu transformieren. Dazu ist bei ursprünglich zu minimierender Zielfunktion
diese mit −1 zu multiplizieren, um nachfolgend die transformierte Zielfunktion zu maximieren. Ferner sind bei Vorliegen von Ungleichungsnebenbedingungen Schlupfvariable einzuführen (zu addieren bei ≤-Zeichen und zu subtrahieren bei ≥-Relationszeichen).
Ist noch keine (vollständige) Einheitsmatrix in den Nebenbedingungen vorhanden, sind
künstliche Variable einzuführen, die in der 1. Phase der Simplexmethode mithilfe der Ersatzzielfunktion $-\sum v_i \to$ max zu eliminieren sind. Nicht vorzeichenbeschränkte Variable
(und evtl. Variable mit unteren oder oberen Schranken) sind vor Beginn der Rechnung
derart zu transformieren, dass nur noch Variable vorliegen, die den Nichtnegativitätsforderungen genügen. Nach Beendigung der Rechnung sind alle Transformationen rückgängig
zu machen, um das Ergebnis richtig interpretieren zu können.

In der 1. Phase der Simplexmethode werden in der Startlösung alle Basisvariablen (das
sind die bei der Einheitsmatrix stehenden Variablen) gleich den rechten Seiten gesetzt. Im
Ergebnis der 1. Phase erhält man entweder eine zulässige Basislösung der ursprünglichen
LOA (wenn alle künstlichen Variablen die Basis verlassen haben) oder man erkennt, dass
die LOA keine zulässige Lösung besitzt (wenn in der optimalen Lösung der 1. Phase noch
eine künstliche Variable einen positiven Wert hat). Sobald eine künstliche Variable die Basis
verlassen hat, kann die entsprechende Spalte gestrichen werden.

In der 2. Phase der Simplexmethode (hier gibt es in jedem Fall zulässige Lösungen)
findet man entweder eine optimale Lösung oder man stellt fest, dass der Zielfunktionswert
unbeschränkt anwachsen kann (wenn es eine Spalte mit negativem Optimalitätsindikator
gibt, in der alle Koeffizienten nichtpositiv sind).

Nutzen Sie Rechenkontrollen: Optimalitätsindikatoren der Basisvariablen sind gleich
null, ZF-Wert darf von Iteration zu Iteration nicht fallen (dies gilt allerdings nicht beim
Übergang von der 1. zur 2. Phase), Werte der Basisvariablen müssen stets nichtnegativ sein.

H 4.18

a) In der Nebenbedingung kommen alle Variablen gleichberechtigt vor. Beachten Sie die
   unterschiedlichen Koeffizienten in der Zielfunktion.
b) Kann man die doppelt indizierten Variablen auch einfach indizieren?
c) Wie viele Zielfunktionen hat eine „klassische" LOA?

H 4.19
Beachten Sie, dass die Variable x_1 nicht vorzeichenbeschränkt ist. Der zulässige
Bereich muss deshalb nicht unbedingt nur im 1. Quadranten liegen. Für die rechnerische
Lösung kann eine nicht vorzeichenbeschränkte Variable als Differenz zweier nichtnegativer
Variabler ausgedrückt werden.

H 4.20
Fügen Sie dem Ungleichungssystem irgendeine Zielfunktion hinzu (sodass das
System den zulässigen Bereich einer LOA beschreibt) und versuchen Sie, mittels der 1.

Phase der Simplexmethode eine zulässige Basislösung des Ungleichungssystems zu finden (was nicht unbedingt gelingen muss). Sie können auch ein geeignetes Vielfaches der 1. Zeile zur 2. Zeile addieren, damit sich die Glieder mit x_1 und x_2 aufheben und ein Widerspruch entsteht.

H 4.21 Überlegen Sie, was sich in der Simplextabelle alles ändert, wenn sich die Zielfunktionskoeffizienten verändern.

H 4.22 Wenden Sie einfach die Simplexmethode an. Für die 1. Phase sind eine Schlupfvariable in der 1. Nebenbedingung und eine künstliche Variable in der 2. Nebenbedingung einzufügen.

H 4.23 Die Variablenbeschränkung $x_1 \geq 1$ kann wie eine normale Nebenbedingung behandelt werden (dann muss aber eine weitere Schlupfvariable eingeführt werden). Alternativ kann die Substitution $x_1' = x_1 - 1$ verwendet werden.

H 4.24
a) Wenden Sie die Simplexmethode an. Der Übergang von der 1. zur 2. Phase ist nicht möglich.

Zu Abschnitt 4.4

Um den optimalen Zielfunktionswert abschätzen zu können, kann man meist den schwachen Dualitätssatz nutzen ($\langle c, x \rangle \leq \langle b, y \rangle$ für beliebiges in der primalen LOA zulässiges x und beliebiges in der dualen LOA zulässiges y). Um die Optimalität einer zulässigen Lösung zu bestätigen oder aus der optimalen Lösung der Dualaufgabe die optimale Lösung der Primalaufgabe zu ermitteln, kann man in der Regel die Komplementaritätsbedingungen bzw. den starken Dualitätssatz mit der Bedingung $\langle c, x^* \rangle = \langle b, y^* \rangle$ anwenden.

H 4.26 Stellen Sie die duale OA auf und überprüfen Sie die Komplementaritätsbedingungen bzw. den starken Dualitätssatz. Überprüfen Sie vorher die Zulässigkeit des Vektors $\hat{x}$ in der primalen Aufgabe.

H 4.27 Stellen Sie die duale LOA auf und lösen Sie diese grafisch. Genügt dann die optimale Lösung zusammen mit $\overline{x}$ dem starken Dualitätssatz, so ist $\overline{x}$ optimal in der ursprünglichen LOA. Ein anderer Weg besteht in der Ausnutzung der Komplementaritätsbedingungen.

H 4.28 Die duale Aufgabe besitzt nur eine Variable. Die optimalen Lösungen in der primalen und in der dualen LOA lassen sich durch „scharfes Hinschauen" ablesen. Die Übereinstimmung der zugehörigen Zielfunktionswerte bestätigt die Optimalität (starker Dualitätssatz).

H 4.29

a) Ordnen Sie den Zeilen von (P) die Größen y_1 und y_2 zu und benutzen Sie die Regeln zum Aufstellen einer Dualaufgabe. Achten Sie insbesondere auf die Variablenbeschränkungen an die Variable y_2, die sich einerseits aus der Gleichheit in der 2. Nebenbedingung von (P), andererseits aus der zur 3. Spalte von (P) resultierenden Nebenbedingung in der dualen Aufgabe (D) ergeben.

b) Wenden Sie den schwachen Dualitätssatz an.

H 4.30

b) Überprüfen Sie die duale Zulässigkeit von (y_1^*, y_2^*) und wenden Sie den starken Dualitätssatz an.

c) Interpretieren Sie die Dualvariable y_2^* richtig.

Literatur

Luderer, B., Nollau, V., Vetters, K.: Mathematische Formeln für Wirtschaftswissenschaftler. 7. Aufl. Wiesbaden: Vieweg+Teubner (2012)

Luderer, B., Paape, C., Würker, U.: Arbeits- und Übungsbuch Wirtschaftsmathematik. Beispiele – Aufgaben – Formeln. 6. Aufl. Wiesbaden: Vieweg+Teubner (2011)

Luderer, B., Würker, U.: Einstieg in die Wirtschaftsmathematik. 8. Aufl. Wiesbaden: Vieweg+Teubner (2011)

Unger, T., Dempe, S.: Lineare Optimierung. Modell, Lösung, Anwendung. Wiesbaden: Vieweg+Teubner (2010)

Finanzmathematik 5

Die Finanzmathematik befasst sich mit dem Wert von Zahlungen in Abhängigkeit vom Zeitpunkt, zu dem diese fällig wird. Nur wer den Faktor Zeit, der seinen Ausdruck im Äquivalenzprinzip, speziell im Barwertvergleich, findet, in seinen Berechnungen korrekt berücksichtigt, wird auch zu richtigen Ergebnissen kommen. In diesem Zusammenhang ist der Begriff des Barwertes von eminenter Bedeutung, sei es in der Zins- und Zinseszinsrechnung, in der Renten- oder der Tilgungsrechnung. Auch in der Investitionsrechnung findet man diesen Begriff wieder, hier Kapitalwert genannt. In allen Teilgebieten der Finanzmathematik besteht eine zentrale Aufgabe darin, den Effektivzinssatz bzw. die Rendite einer Kapitalanalge zu berechnen. Die ist in aller Regel nicht explizit mithilfe einer Formel möglich, vielmehr sind numerische Verfahren wie die lineare Interpolation bzw. das Sekantenverfahren oder die Newton-Methode bzw. das Tangentenverfahren einzusetzen.

5.1 Zins- und Zinseszinsrechnung

A 5.1

a) Ein Kapital vervierfacht sich innerhalb von 20 Jahren (bei Zinseszins). Welcher Zinssatz liegt zugrunde?

b) Christin entscheidet sich, abgezinste Wertpapiere im Nennwert von 2000 € zu kaufen, die eine Laufzeit von zwei Jahren und eine Rendite von 3,61 % aufweisen. Wie viel hat sie dafür zu zahlen?

A 5.2

a) Maria legt 2000 € über fünf Jahre bei 4,5 % Verzinsung an (ohne die Zinsen abzuheben). Über welche Summe verfügt sie nach fünf Jahren?

b) Sie erhält zusätzlich von der Bank einen Bonus von 100 € am Ende der Laufzeit. Welche Rendite hat sie insgesamt erzielt?

B. Luderer, *Klausurtraining Mathematik und Statistik für Wirtschaftswissenschaftler*,
Studienbücher Wirtschaftsmathematik, DOI 10.1007/978-3-658-05546-2_5,
© Springer Fachmedien Wiesbaden 2014

A 5.3 Ein Kapital von 32.500 € wird acht Jahre mit einem Zinsfuß $p = 4,5$ verzinst. Wie groß ist der Unterschied zwischen der linearen und der geometrischen Verzinsung (Zinseszins)?

A 5.4
a) Die Sparkasse in C. bietet die Sparform Zuwachssparen mit steigendem Zins an, bei der man auf ein Anfangskapital im 1. Jahr 6,0 %, im 2. Jahr 6,5 % und im 3. Jahr 7,5 % Zinsen erhält. Ein anderes Kreditinstitut preist Sparbriefe mit 6,7 % jährlichen Zinsen bei drei Jahren Laufzeit an. Welches der beiden Angebote ist (abgesehen von der evtl. unterschiedlichen Verfügbarkeit) günstiger?
b) Einem Kind wird bei seiner Geburt von einem Paten ein Geldbetrag von 1000 € geschenkt. Der Betrag darf vom Sparkonto erst bei Vollendung des 18. Lebensjahres abgehoben werden. Auf welchen Betrag ist das Geschenk bei einer Verzinsung von 7 % zu diesem Zeitpunkt angewachsen?
c) Eine Bank bietet abgezinste Sparbriefe mit 5-jähriger Laufzeit im Nennwert von 1000 € zu 686,25 € als Ausgabewert an. Mit welchem Zinssatz werden diese effektiv verzinst?

A 5.5 Willi war zum Studentenaustausch in einem fernen Land. Dabei zahlte er für eine Straßenbahnfahrt 4000 Geldeinheiten (GE). Von seinem Vater, der vor 13 Jahren dort war, wusste er, dass dieser damals 2 GE gezahlt hatte. Wie hoch ist die durchschnittliche jährliche Inflationsrate, wenn man als Berechnungsgrundlage nur den Preis einer Straßenbahnfahrt nutzt?

A 5.6
a) In welcher Zeit verdreifacht sich ein Kapital bei einer Verzinsung von 6 % p. a., wenn die Zinsen mitverzinst werden?
b) Ein Studentin zahlt monatlich (jeweils zu Monatsbeginn) 20 € ein. Über welche Summe S verfügt sie am Jahresende, wenn die Bank Zinsen von 5 % p. a. gewährt?

A 5.7 Ein Geldanleger kaufte sich Bundesschatzbriefe Typ B (mit Zinsansammlung), die über 7 Jahre mit steigender Verzinsung laufen (1. Jahr: 4 %, 2. Jahr: 4,5 %, 3. Jahr: 5 %, 4. Jahr: 5,25 %, 5. Jahr: 5,5 %, 6. Jahr: 6 %, 7. Jahr: 6,25 %), im Nennwert von 5000 € (einmalige Einzahlung).

a) Welchen Betrag erhält er nach sieben Jahren ausgezahlt?
b) Welchen Betrag würde er bei vorzeitiger Rückzahlung nach $5\frac{1}{2}$ Jahren erhalten? (Beachten Sie, dass innerhalb einer Zinsperiode mit linearer Verzinsung zu rechnen ist.)
c) Mit welchem einheitlichen festen Zinssatz müsste sein angelegtes Geld verzinst werden, damit er nach sieben Jahren auf denselben Endwert kommt, der in a) berechnet wurde?
d) Ausgabetag (= Zinslauf) war der 1. Februar. Der Bürger kauft die „Bundesschätzchen" (im Nennwert von 5000 €) jedoch erst am 18. Februar, wofür er Stückzinsen (= Zinsen für die Zeit zwischen dem Beginn des Zinslaufs und dem Tag des Erwerbs) zahlen muss. In welcher Höhe?

A 5.8 Der Verkäufer eines Hauses erhielt zwei Angebote:

A: 100.000 € bar, 150.000 € in drei und 120.000 € in fünf Jahren;
B: 70.000 € bar, 170.000 € in vier und 150.000 € in sieben Jahren.

Wofür wird sich der Verkäufer entscheiden (Kalkulationszinssatz von p = 6 vorausgesetzt)?

A 5.9 In welcher Zeit (auf den Tag genau!) wächst bei Zinseszinsen mit i = 5 % ein Kapital von 20.000 € auf 28.000 € an, wenn innerhalb eines Jahres die lineare Verzinsung angewendet wird?

A 5.10 Ein Bürger hat all sein verfügbares Geld in Höhe von 15.000 € für zehn Jahre bei der Sparkasse angelegt, die ihm dafür wie folgt Zinsen zahlt: fünf Jahre lang 3 %, drei Jahre lang 3,5 %, zwei Jahre lang 3,75 %.

a) Auf welchen Betrag ist sein Geld nach zehn Jahren angewachsen?
b) Im betrachteten Zeitraum betrug die durchschnittliche jährliche Inflationsrate 3,2 %. Ist die Kaufkraft seines Geldes nach zehn Jahren kleiner, gleich oder größer als zu Beginn des Zeitraums?

A 5.11
a) Ein auf einer Bank eingezahlter Betrag von 2000 € ist in fünf Jahren auf 2838 € angewachsen. Mit wie viel Prozent wurde jährlich verzinst?
b) Auf einem Konto, das mit 5 % verzinst wird, befindet sich ein Betrag von 10.000 €. Wie lange dauert es, bis der Kontostand durch Zinseszins auf 14.000 € angewachsen ist?
c) Die mit 5 % jährlich verzinsten 10.000 € sollen nach drei Jahren 14.000 € erbringen. Wie viel ist dafür zu Beginn des 3. Jahres zusätzlich einzuzahlen?

A 5.12 Franziska will am 1.8.2000 über 100.000 € verfügen und bekommt bei ihrer Bank Zinsen in Höhe von 5,25 % p. a. Wie viel muss sie (bei gemischter, d. h. taggenauer Verzinsung) am 1.1.1997 anlegen?

A 5.13 Gunter ist Bankangestellter und arbeitet für seine Bank neuartige Konditionen aus. Gegenwärtig zahlt die Bank 4 % p. a. Wie viel müsste sie bei vierteljährlicher bzw. monatlicher Gutschrift zahlen, damit nach einem Jahr derselbe Endwert entsteht?

A 5.14 Auf welchen Endwert wächst ein Kapital von 1000 € bei a) jährlicher Verzinsung mit 10 % p. a., b) halbjährlicher bzw. monatlicher (relativer unterjähriger) Verzinsung, c) stetiger Verzinsung (mit Zinsintensität i = 0,1) in zwei Jahren an?

A 5.15 Ein Zahlungsstrom bestehe nur aus positiven Zahlungen. Erhöht oder verringert sich der Barwert des Zahlungsstroms, wenn ein höherer Kalkulationszinssatz zugrunde gelegt wird? (Begründung!)

A 5.16 Hendrik hat sein Geld zu 8 % angelegt. Er besitzt eine ausreichende Menge und kann täglich darüber verfügen. Beim Kauf eines gebrauchten Motorrades bietet ihm der Verkäufer die folgenden beiden Optionen an:

(A) Barzahlung in Höhe von 2000 €;
(B) Ratenzahlung: 1050 € in einem halben Jahr, 1100 € in einem Jahr nach Vertragsabschluss.

Welche der beiden Varianten ist günstiger für Hendrik?

5.2 Rentenrechnung

A 5.17 Eine Rente aus einer Unfallversicherung wird 30 Jahre lang jeweils vorschüssig in Höhe von jährlich 24.000 € gezahlt. Mit welchem Betrag könnte sich der Versicherungsnehmer bei einer zugrunde gelegten Verzinsung von 7,5 % sofort abfinden lassen?

A 5.18 Ein Sparkassenkunde zahlt drei Jahre hintereinander jeweils zu Jahresbeginn einen Betrag B auf ein Sparkonto ein, das mit 3 % p. a. verzinst wird. Am Ende des 3. Jahres erhält er einen Treuebonus von 3 % auf **alle eingezahlten Beträge**. Über welche Summe kann er am Ende des 3. Jahres verfügen?

Zusatz. Welchem Effektivzinssatz entspricht der beschriebene Sparplan?

A 5.19 Student Paul, arbeitsam und sparsam wie er ist, möchte sich ein hübsches Sümmchen für den Tag zurücklegen, an dem er sein Diplom in der Tasche haben wird (das muss ja gefeiert werden!). So schließt er einen Sparplan ab und legt, beginnend am 1. Januar 1992, jeweils zu Monatsbeginn 165 € auf die hohe Kante. Sein Geldinstitut honoriert ihm so treues Sparen mit 5 % jährlicher Verzinsung (zahlbar – wie üblich – am Jahresende).

a) Wie viel hat er nach einem Jahr auf seinem Konto?
b) Über welche Summe kann er nach vier Jahren (also am 31.12.95) verfügen? (Er lässt die Zinsen stehen, sodass sie Zinseszins bringen.)

A 5.20
a) Ein Student schließt einen Sparplan ab und zahlt n Jahre lang jeweils zu Jahresbeginn einen Betrag der Höhe r bei einer Bank ein, die ihm sein Guthaben mit dem Zinssatz p jährlich verzinst. Auf welchen Betrag ist das Guthaben **am Ende** des Jahres n angewachsen? (Hinweis: Sie können die Formel für die Summe einer geometrischen Reihe $1 + z + z^2 + \ldots + z^{n-1} = \frac{z^n - 1}{z - 1}$ mit $z \neq 1$ benutzen.)
b) Berechnen Sie den Endbetrag für die konkreten Werte $i = 0{,}06$ (d. h. Verzinsung mit 6 %), $n = 7$, $R = 500$.

Zusatz. Welcher Endwert in a) würde sich bei „dynamischen" Einzahlungen ergeben, wenn die Einzahlung R jedes Jahr um den Faktor $d > 1$ erhöht wird?

A 5.21 Herr Dr. Latzinger stiftet einen Preis für die beste Mathematikklausur eines Wiwistudenten der TU Chemnitz. Am 1.1.94 stellte er dafür eine Summe von x Euro zur Verfügung, die vom Dekan der Fakultät für Wirtschaftswissenschaften zu 6 % jährlicher Verzinsung angelegt wurde.

a) Jeweils am Jahresende wird der Preis in stets gleichbleibender Höhe von 500 € überreicht. Welche Summe hat Herr Dr. Latzinger gestiftet?

b) Welche Summe hätte Herr Dr. L. zur Verfügung stellen müssen, würden die 500 € jeweils gleich zu Jahresbeginn ausgezahlt werden (erstmals am 1.1.94)?

c) Am 1.1.1996 erhöhte Herr Dr. Latzinger die Stiftungssumme auf 20.000 €. Wie viel erhalten die glücklichen Preisträger in jedem Jahr, wenn weiterhin mit 6 % verzinst wird und der Preis jeweils zum 1.1. (erstmals 1996) verliehen wird?

A 5.22 Ein Beamter schließt im Alter von 40 Jahren eine Lebensversicherung über 150.000 € ab, die im Todesfall ohne Gewinnanteile ausbezahlt wird (wobei die Laufzeit nicht begrenzt sein soll). Die jährliche nachschüssige Prämie beträgt 3600 €. Die Versicherung rechnet intern mit einer Verzinsung von 5 %.

a) Mit welchem Verlust (Gewinn) hat die Gesellschaft zu rechnen (Verwaltungskosten bleiben unberücksichtigt), wenn der Beamte mit 57 bzw. 72 Jahren stirbt?

b) In welchem Alter müsste der Beamte sterben, damit für die Versicherungsgesellschaft weder Verlust noch Gewinn entsteht?

A 5.23 Ein heute 35-Jähriger will sich mit 60 Jahren zur Ruhe setzen und zehn Jahre lang nachschüssig eine Rente von 15.000 € abheben können. Das Kapital in der Ein- und Auszahlphase soll mit 4 % verzinst werden. Wie hoch ist die jährlich nachschüssig zu entrichtende Prämie in den 25 Jahren?

A 5.24 Eine Rechtsanwältin möchte ihren jüngeren Bruder, der gerade das 12. Lebensjahr vollendet hat, finanziell unterstützen. Bis zu dessen 18. Lebensjahr will sie ihm jährlich (am Jahresende) 3000 €, danach bis zum 27. Lebensjahr jährlich 5000 € (zahlbar ebenfalls am Jahresende) zur Verfügung stellen. Welchen einmaligen Betrag müsste die Rechtsanwältin heute bei der Bank (bei einem unterstellten Zinssatz von $i = 4\%$) einbezahlen, um alle zukünftigen Zahlungsverpflichtungen erfüllen zu können?

A 5.25 Ein Auto wird auf Leasingbasis zu folgenden Bedingungen erworben: Sofortanzahlung 5000 €, drei Jahre lang monatliche Raten in Höhe von 340 € (zahlbar nachschüssig), nach drei Jahren Kauf zum Restwert von 6000 €. Kommt der Käufer bei dem vorliegenden Leasingangebot und einem Kalkulationszinssatz von 7 % günstiger als wenn er sofort den Neupreis in Höhe von 21.000 € zahlen würde?

A 5.26 In einem Gerichtsprozess wird Herr Prof. Schall wegen zu schwerer Klausuren verurteilt, beginnend ab sofort 20-mal jedes Jahr (jeweils am Jahrestag der Urteilsverkündung) 1000 € für wohltätige Zwecke zu spenden.

a) Welchem Wert entsprechen diese Zahlungen am Tag der Urteilsverkündung, wenn man einen Zinssatz von 8 % unterstellt?
b) Welchen Wert erhält man, wenn (bei gleichem Beginn und gleichem Zinssatz) theoretisch unendlich lange gezahlt werden müsste?

A 5.27 Lars hat im Januar ein Darlehen zur Finanzierung seines Bauvorhabens in Höhe von $D = 300.000$ € aufgenommen, dessen vollständige Rückzahlung innerhalb von 10 Jahren durch Zahlung gleichmäßiger Raten (jeweils am Jahresende) in Höhe von $R = 44.000$ € erfolgen soll. Seine Bank teilt ihm mit, dass die vereinbarten Zahlungen einer Effektivverzinsung von $\bar{i} = 7{,}10\,\%$ (Prozent pro Jahr) entsprächen.

a) Geben Sie eine Formel für den Gesamtendwert der zehn Ratenzahlungen in Höhe von R nach Ablauf der zehn Jahre an.
b) Berechnen Sie den Endwert für $R = 44.000$ [€] und $\bar{i} = 7{,}10\,\%$.
c) Vergleichen Sie den in b) berechneten Endwert mit demjenigen, der sich bei Verzinsung eines Kapitals $K = 300.000$ [€] mit demselben Zinssatz $\bar{i} = 7{,}10\,\%$ nach zehn Jahren ergibt.

Zusatz. Liegt der tatsächliche Effektivzinssatz i_{eff} höher oder niedriger als der von der Bank angegebene Zinssatz $\bar{i}$?

5.3   Tilgungsrechnung

A 5.28 Ein Unternehmer braucht für eine Investition 80.000 €. Er kann bei einem Zinssatz von 6 % eine Annuität von 12.000 € jährlich verkraften. Ist er in der Lage, das Darlehen (bei Annuitätentilgung) in acht Jahren vollständig zu tilgen?

A 5.29 Ein Darlehen von 600.000 € soll innnerhalb von sechs Jahren durch Annuitätentilgung bei einem Zinssatz von $i = 5\,\%$ getilgt werden.

a) Wie hoch ist die Annuität?
b) Wie hoch ist die 4. Tilgungsrate?
c) Welche Restschuld verbleibt nach vier Jahren?
d) Welche Zinsen sind im 5. Jahr zu zahlen?
e) Stellen Sie einen Tilgungsplan auf, wobei die Ergebnisse von b), c), und d) zur Kontrolle herangezogen werden können (oder umgekehrt).

A 5.30

a) Ein Darlehen von 40.000 € soll innerhalb von vier Jahren durch monatliche Raten mittels Annuitätentilgung zurückgezahlt werden (Zinssatz $i = 7{,}50\,\%$ p. a.). Wie hoch sind die nachschüssig zu zahlenden Monatsraten?

b) Stellen Sie einen Tilgungsplan für **jährliche** Raten für die in a) beschriebenen Daten auf.

A 5.31

a) Ein Darlehen über 100.000 € soll durch jährlich gleiche Rückzahlungsbeträge (bestehend aus sinkenden Zinsen und steigenden Tilgungsleistungen) innerhalb von 25 Jahren vollständig zurückgezahlt sein. Welcher Betrag (Annuität) ist am Ende jedes Jahres zu zahlen, wenn der Zinssatz 6,7 % beträgt?

b) Der Darlehensnehmer entscheidet sich für jährliche (nachschüssige) Zahlungen in Höhe von 10.000 €. Wann ist das Darlehen vollständig getilgt?

A 5.32 Ein Darlehen von 50.000 € muss mit 6 % p. a. verzinst werden, wird aber nur zu 94 % ausgezahlt. Welche Restschuld verbleibt nach drei Jahren, wenn die anfängliche Tilgung 1 % der Darlehenssumme beträgt und die Rückzahlung mittels Annuitätentilgung erfolgt?

Zusatz. Welcher anfängliche effektive Jahreszinssatz liegt der Vereinbarung zugrunde?

A 5.33 Herr V. Orsorglich schließt als Altersvorsorge einen Sparplan ab. Bis zu seinem Eintritt ins Rentnerdasein hat er noch genau zehn Jahre Zeit, in denen er monatlich (zu Monatsbeginn) 200 € spart. Er hat mit der Bank, die ihm für Anspar- und Auszahlphase einen einheitlichen Zinssatz von 6 % zusichert, vereinbart, die Auszahlung seines dann angesammelten Kapitals in gleichen, ebenfalls vorschüssigen Monatsraten über zwölf Jahre hinweg vorzunehmen. Mit welchen Raten kann er seine kärgliche Rente aus der Sozialversicherung aufbessern?

A 5.34 Ein Häuslebauer nimmt ein Darlehen von 200.000 € zu 7 % auf, wobei die Tilgung im 1. Jahr 1 % beträgt und Annuitätentilgung vereinbart ist. Nach wie viel Jahren ist die Hälfte des Darlehens getilgt?

5.4 Renditeberechnung und Investitionsrechnung

A 5.35 In einer Bank ergeben regelmäßige jährliche (jeweils am Jahresende getätigte) Einzahlungen in Höhe von 1000 € nach sechs Jahren (inklusive eines 5 %igen Bonus) den Endwert von 7000 €. Ermitteln Sie den zugrunde liegenden Effektivzinssatz $\tilde{p}$ (näherungsweise auf zwei Nachkommastellen) aus der Gleichung $1000\left[\frac{(1+\tilde{i})^6-1}{\tilde{i}} + 0{,}3\right] = 7000$ (Hinweis: $\tilde{i} = \tilde{p}/100$).

A 5.36 Frau Sparsam schließt einen Sparplan ab, der vorsieht, dass 5 Jahre lang jeweils zu Monatsbeginn 55 € auf ein Konto, das mit 5,50 % p. a. verzinst wird, einzuzahlen sind. Der Sparplan endet aber erst nach 5,5 Jahren, sodass im letzten halben Jahr nur Zinsen gezahlt werden, aber keine Einzahlungen erfolgen. Am Vertragsende zahlt die Bank zusätzlich einen Bonus von 5,5 % auf die **eingezahlten** Beträge aus.

a) Über welche Summe kann Frau Sparsam nach 5,5 Jahren verfügen (die anfallenden Zinsen sollen jährlich nachschüssig bzw. am Ende des Sparplans gutgeschrieben werden)?
b) Berechnen Sie die von Frau Sparsam erzielte Rendite.

A 5.37 Beim Kauf eines Gebrauchtwagens kann Ludwig entweder 10.000 € sofort bezahlen oder ein Finanzierungsmodell wählen, das eine sofortige Anzahlung in Höhe von 2500 € sowie 36 (jeweils zum Monatsende zahlbare) Raten von 230 € vorsieht.

a) Wofür soll sich Ludwig entscheiden, wenn er stets über genügend Geld verfügt und sein Geld festverzinslich zu einem Prozentsatz von $i = 7,25\%$ angelegt hat?
b) Welcher Effektivverzinsung entspricht das Finanzierungsangebot?

A 5.38 Doris kauft für Gerhard Kommunalobligationen im Nennwert von 5000 € mit einem Nominalzinssatz von 8,75 %, die eine Restlaufzeit von 1 Jahr und 11 Monaten aufweisen, zum Kurs von 100. Für die Zeit zwischen dem letzten vergangenen Zinstermin und dem Kaufdatum (1 Monat) hat sie Stückzinsen zu zahlen (lineare Verzinsung mit 8,75 %). Welche Rendite erzielt Gerhard? (Diese beträgt **nicht** 8,75 %, wie Doris vermutete.)

A 5.39 Eine Termingeldanlage weist folgende Bedingungen auf: Zinssatz 4,5 % p. a., monatliche (anteilige) Zinszahlung sowie Zinsansammlung. Welche Rendite bringt diese Geldanlage?

A 5.40 Ein Sparer schließt mit der Sparkasse folgenden Vertrag: Wenn er ein bestimmtes Kapital acht Jahre lang nicht zurückfordert, wird es mit 6 % jährlich verzinst; zuzüglich erhält er nach acht Jahren einen Bonus von 20 % seines eingesetzten Kapitals. Welchen Endbetrag und welche Rendite erzielt er?

A 5.41 Ein Versandhauskunde kann seine gekaufte Ware entweder sofort bezahlen oder (mit 2 % Aufschlag) die Hälfte sofort und (wiederum mit 2 % Aufschlag) die zweite Hälfte in einem halben Jahr. Er hat sein (täglich verfügbares) Geld zu 8 % angelegt. Für welche Zahlungsweise soll er sich entscheiden?

A 5.42 Ein Unternehmen steht vor der Entscheidung, eine Erweiterungsinvestition durchzuführen oder zu unterlassen. Die Planung der Investitionseinnahmen und -ausgaben führte zu folgenden Werten (in Mio. Euro):

Jahr	Einnahmen	Ausgaben
0	0	60
1	20	15
2	35	4
3	45	6

a) Ermitteln Sie den Kapitalwert der Investition bei einem Kalkulationszinssatz von $i = 8\,\%$ bzw. $i = 11\,\%$. Ist die Investition vorteilhaft?

b) Berechnen Sie den internen Zinsfuß, d. h. denjenigen Zinssatz $\bar{i}$, für den der Kapitalwert der Investition gerade null wird.

A 5.43 Eine Unternehmung plant eine Neuinvestition, die sofort 1 Mio. € und in einem Jahr nochmals 600.000 € an Kapital erfordert. Die in den Jahren 2 bis 10 anfallenden Nettoerlöse werden auf je 200.000 € geschätzt.

a) Fertigen Sie eine Skizze an, die alle Zahlungen verdeutlicht.

b) Vergleichen Sie die Summe aller Ausgaben mit der Summe aller Einnahmen und ziehen Sie daraus eine erste Schlussfolgerung.

c) Ist die Investition bei einem Kalkulationszinssatz von 6 % vorteilhaft?

d) Wie kann man den internen Zinsfuß des Investitionsvorhabens berechnen? (**Nur Beschreibung, keine Rechnung!**)

5.5   Hinweise und Literatur

Zu Abschnitt 5.1

Die Formeln der einfachen Zinsrechnung sind (in der Regel) dann anzuwenden, wenn eine Kapitalanlage innerhalb einer Zinsperiode betrachtet wird, während die Regeln der Zinseszinsrechnung dann in Anwendung kommen, wenn es um mehrere Zinsperioden geht und die Zinsen angesammelt (und somit mitverzinst) werden. Generell ist der Zeitpunkt einer Zahlung wichtig. Der zu einer zukünftigen Zahlung äquivalente Wert, der sich auf den Zeitpunkt $t = 0$ bezieht (Barwert), spielt in vielen Lösungsansätzen eine besondere Rolle; er ist stets kleiner als der zukünftige Zeitwert.

H 5.1

a) Nutzen Sie die Endwertformel der Zinseszinsrechnung oder eine dazu äquivalente (nach q bzw. p aufgelöste) Formel.

b) Finanzierungsschätze gehören zu den abgezinsten Wertpapieren. Deshalb muss der Barwert (bei Zinseszins) berechnet werden.

H 5.2

a) Verwenden Sie die Endwertformel der Zinseszinsrechnung.

b) Addieren Sie den Bonus zum in a) berechneten Endwert und setzen Sie das Resultat mit demjenigen Endwert gleich, der sich bei gleichem Anfangskapital, gleicher Laufzeit und einem unbekannten, zu berechnenden Zinssatz ergibt. Sie erhalten eine Polynomgleichung höheren Grades in q oder i, die sich nur mittels eines numerischen Näherungsverfahrens lösen lässt; $i = 5\% = 0{,}05$ (bzw. $q = 1{,}05$) dürfte eine gute Anfangsnäherung sein.

H 5.3 Berechnen Sie die Endwerte bei einfacher Verzinsung und bei Zinseszins und bilden Sie die Differenz.

H 5.5 Nutzen Sie die Endwertformel der Zinseszinsrechnung und vergleichen Sie den – relativ gesehen – gleich gebliebenen Preis einer Straßenbahnfahrt zum Zeitpunkt $t = 0$ und $t = 13$.

H 5.6

a) Nutzen Sie die Endwertformel der Zinseszinsrechnung oder eine dazu äquivalente (nach n aufgelöste) Formel.

b) Nutzen Sie die Summenformel einer arithmetischen Reihe bzw. die Regel zur Berechnung der Jahresersatzrate bei vorschüssigen unterjährigen Zahlungen.

H 5.7

a) Beachten Sie, dass sich die Zinssätze jährlich ändern. Deshalb muss die Endwertformel der einfachen Zinsrechnung (für $t = 1$) siebenmal nacheinander angewendet werden.

c) Setzen Sie den in a) berechneten Endwert mit demjenigen gleich, der sich bei einem einheitlichen (unbekannten, zu berechnenden) Zinssatz bei gleichem Anfangskapital nach sieben Jahren ergibt.

H 5.8 Vergleichen Sie die (durch Abzinsen berechneten) Barwerte beider Angebote (oder die Endwerte für $n = 7$). Der höhere Wert ist der bessere.

H 5.9 Berechnen Sie zunächst die reellwertige Laufzeit aus der Endwertformel der Zinseszinsrechnung (durch Umstellung nach n). Bilden Sie dann $[n]$, d. h. die größte ganze Zahl, die kleiner oder gleich n ist, und berechnen Sie den Endwert $K_{[n]}$. Verwenden Sie diesen Wert als Anfangswert für das angebrochene letzte Jahr und stellen Sie die Endwertformel der einfachen Zinsrechnung nach t um. Beachten Sie schließlich, dass ein Jahr 360 Zinstage hat.

H 5.13 Nutzen Sie die Formeln der unterjährigen Verzinsung.

H 5.14 Wenden Sie die Endwertformeln der Zinseszinsrechnung bei unterjähriger (mit $m = 1, 2$ bzw. 12) sowie bei stetiger Verzinsung an. Die Resultate müssen eine monoton wachsende Folge bilden.

H 5.15 Überlegen Sie, wie der Zinssatz in den Barwert eingeht.

Zu Abschnitt 5.2

Die Formeln der Rentenrechnung sind immer dann anzuwenden, wenn es um mehrfache Zahlungen gleicher Höhe in regelmäßigen Abständen geht. Sorgfältig ist darauf zu achten, ob es sich um vor- oder nachschüssige Zahlungen handelt. Ferner unterscheidet man Endwerte ($t = n$) und Barwerte ($t = 0$) einer Rente.

H 5.17 Hier ist nach dem Barwert einer vorschüssigen Rente gefragt.

H 5.18 Zum Endwert der vorschüssigen Rentenrechnung ist der Bonus zu addieren. Beachten Sie, dass dieser nur auf die **eingezahlten Beträge** gezahlt wird, nicht auf den (Zinsen enthaltenden) Endwert.

Zusatz. Setzen Sie die oben berechnete Summe als Endwert einer vorschüssigen Rente mit gleicher Laufzeit $n = 3$ und gleichen Zahlungen an und berechnen Sie den Zinssatz aus einer Polynomgleichung höheren Grades (mit einer Anfangslösung $p > 3$ bzw. $q > 1{,}03$).

H 5.19
a) Benutzen Sie die Formel für die Jahresersatzrate R (bei $m = 12$ vorschüssigen Zahlungen; Summe einer arithmetischen Reihe).
b) Berechnen Sie den Endwert einer **nachschüssigen** Rente mit der in a) berechneten Jahresersatzrate R. (Dieser Betrag entsteht durch die aufgelaufenen Zinsen erst am **Ende** des Jahres, sodass trotz vorschüssiger Monatsraten die nachschüssige Rentenrechnung anzuwenden ist.)

H 5.20
a) Die n unterschiedlichen Endwerte der Einzelzahlungen lassen sich mit Hilfe der angegebenen Formel zusammenfassen ($\hat{=}$ Endwertformel der vorschüssigen Rentenrechnung).

Zusatz. Hier müssen Sie sukzessive für jedes Jahr den Endwert berechnen, der sowohl vom Aufzinsungsfaktor q als auch vom Dynamisierungsfaktor d abhängt. Es entsteht eine geometrische Reihe, die sich für $d \neq q$ in der bekannten Summenformel zusammenfassen lässt; für $d = q$ ist die Summe einfach berechenbar, da sich zunehmende Dynamisierung und abnehmende Aufzinsung ausgleichen.

H 5.21

a) Barwert der ewigen nachschüssigen Rente bzw. Überlegung: Es kann nur soviel ausgezahlt werden wie an Zinsen angefallen ist.

b) Barwert der ewigen vorschüssigen Rente; der erhaltene Betrag muss **kleiner** als der aus a) sein und ergibt sich durch Abzinsen des letzteren.

H 5.22

a), b) Endwertformel der nachschüssigen Rentenrechnung und Vergleich mit der auszuzahlenden Summe

c)   Wie in a) bzw. b), aber mit unbekannter Laufzeit n; die Gleichung kann (durch Logarithmierung) explizit nach n aufgelöst werden.

H 5.23 Setzen Sie den zur Rentenphase gehörigen Barwert mit dem Endwert in der Sparphase gleich und lösen Sie nach der Rate r auf.

H 5.24 Zweimalige Berechnung des Barwertes einer nachschüssigen Rente; der zweite Barwert bezieht sich auf den 18. Geburtstag und muss deshalb nochmals um 6 Jahre abgezinst und zum anderen Barwert addiert werden.

H 5.25 Vergleichen Sie die Barwerte beider Zahlungsweisen.

H 5.26

b) Hier ist nach dem Barwert einer ewigen Rente gefragt.

H 5.27

a) Endwertformel der nachschüssigen Rentenrechnung

c) Endwertformel der Zinseszinsrechnung

Zusatz. Vergleichen Sie die in b) und c) berechneten Endwerte.

Zu Abschnitt 5.3

In der Tilgungsrechnung (insbesondere bei der Annuitätentilgung) kommen wiederum die Formeln der Rentenrechnung zur Anwendung, und zwar die der nachschüssigen Rente. Stimmen Tilgungs- und Zinsperiode nicht überein, hat man eine „Anpassung" mithilfe der Jahresersatzrate vorzunehmen.

H 5.28 Berechnen Sie die Annuität bei $n = 8$ und vergleichen Sie mit dem Betrag, der maximal aufgebracht werden kann. Sie können aber auch die Zeit bis zur vollständigen Tilgung oder die Restschuld nach acht Jahren berechnen.

H 5.32 Berechnen Sie die Restschuld S_3 nach drei Jahren bei einer Annuität von 3500 € (6 % Zinsen + 1 % Tilgung) und vergleichen Sie diese mit der Restschuld, die sich bei einer Anfangsschuld von 94 % · 50.000 = 47.000 €, gleicher Annuität und unbekanntem Zinssatz p_{eff} ergibt.

H 5.34 Verwenden Sie die Formel für die Restschuld nach k Jahren.

Zu Abschnitt 5.4

Zur Ermittlung von Effektivzinssätzen bzw. Renditen ist das sogenannte *Äquivalenzprinzip* anzuwenden, welches darin besteht, die Barwerte aller Zahlungen des Gläubigers und des Schuldners (oder die Barwerte aller Zahlungen bei verschiedenen Zahlungsweisen) miteinander zu vergleichen. Um Klarheit zu erlangen, ist es ratsam, die Zahlungen gemeinsam mit den Zeitpunkten, zu denen sie erfolgen, an einem Zahlenstrahl darzustellen. Zur Berechnung von Renditen sind meist Polynomgleichungen höheren Grades zu lösen, was i. Allg. nur näherungsweise mithilfe numerischer Verfahren möglich ist (vgl. Abschn. 2.2).

H 5.35 Wählen Sie für $\tilde{\imath}$ einen Startwert zwischen 0,03 und 0,06 (was einer Verzinsung zwischen 3 % und 6 % entspricht). Um zwei Nachkommastellen sicher zu kennen, muss man mindestens drei Stellen ermitteln.

H 5.36 Kombinieren Sie die Formel für die Jahresersatzrate (das ist hier der Endwert vorschüssiger monatlicher Einzahlungen) mit der Endwertformel der nachschüssigen Rentenrechnung. Zinsen Sie dann ein weiteres halbes Jahr auf (Endwertformel der einfachen Zinsrechnung) und addieren Sie den Bonus (der auf die unverzinsten eingezahlten Beträge, nicht auf den Endwert gezahlt wird).

Zusatz. Wenden Sie die obige Formeln an, jedoch mit dem unbekannten Zinssatz i_{eff} (anstelle von i = 5,5 %) und setzen Sie mit dem oben berechneten Endwert inklusive Bonus gleich (Genauigkeit für i zwei, für q vier sichere Stellen nach dem Komma).

H 5.37 Vergleichen Sie die Barwerte beider Zahlungsweisen.

H 5.38 Vergleichen Sie die Barwerte aller Ein- und Auszahlungen.

H 5.39
a) Der Kapitalwert ist gleich der Summe der Barwerte der Einnahmeüberschüsse (die auch negativ sein können).
b) Zu lösen ist (näherungsweise) eine Polynomgleichung 3. Grades.

H 5.41 Führen Sie einen Barwertvergleich durch.

Literatur

Grundmann, W., Luderer, B.: Finanzmathematik, Versicherungsmathematik, Wertpapieranalyse. Formeln und Begriffe. 3. Aufl. Wiesbaden: Vieweg+Teubner (2009)

Luderer, B.: Starthilfe Finanzmathematik. Zinsen – Kurse – Renditen. 3. Aufl. Wiesbaden: Vieweg+Teubner (2011)

Luderer, B., Nollau, V., Vetters, K.: Mathematische Formeln für Wirtschaftswissenschaftler. 7. Aufl. Wiesbaden: Vieweg+Teubner (2012)

Luderer, B., Paape, C., Würker, U.: Arbeits- und Übungsbuch Wirtschaftsmathematik. Beispiele – Aufgaben – Formeln. 6. Aufl. Wiesbaden: Vieweg+Teubner (2011)

Luderer, B., Würker, U.: Einstieg in die Wirtschaftsmathematik. 8. Aufl. Wiesbaden: Vieweg+Teubner (2011)

Tietze, J.: Einführung in die Finanzmathematik: Klassische Verfahren und neuere Entwicklungen: Effektivzins- und Renditeberechnung, Investitionsrechnung, Derivative Finanzinstrumente. 11. Aufl. Wiesbaden: Vieweg+Teubner (2013)

Verschiedenes

6

Während das Umformen von Gleichungen für die allermeisten Studenten nicht besonders schwierig ist, stellt die Ermittlung von Lösungen einer Ungleichung für viele eine große Hürde dar. Das liegt zum einen daran, dass sich bei der Multiplikation einer Ungleichung mit einer negativen Zahl das Relationszeichen umkehrt, zum anderen daran, dass in vielen Fällen das Prinzip der Fallunterscheidung konsequent anzuwenden ist. Die Grundbegriffe der Logik und Mengenlehre bilden die Grundlage dafür, mathematische Zusammenhänge knapp und präzise formulieren zu können. Auf arithmetischen und geometrischen Zahlenfolgen beruhen alle Formeln der Finanzmathematik (vgl. Kap. 5).

6.1 Ungleichungen und Beträge

A 6.1 Gegeben seien die beiden reellen Zahlen a und b, von denen bekannt ist, dass $a < b$ gilt. Was gilt dann bezüglich der Kehrwerte dieser Zahlen?

Max behauptet, es gelte $\frac{1}{a} < \frac{1}{b}$. Moritz ist sich sicher, dass $\frac{1}{a} > \frac{1}{b}$ richtig ist. Witwe Bolte hingegen meint: „Das kann man nicht so genau sagen, das kommt darauf an." Wer hat recht (ausführliche Begründung!)?

A 6.2
a) Ermitteln Sie alle Lösungen der Ungleichung $|x - 1| \leq \frac{1}{2}x + 2$.

b) Stellen Sie die Funktionen $f_1(x) = |x - 1|$ und $f_2(x) = \frac{1}{2}x + 2$ grafisch dar und interpretieren Sie auf diese Weise die Lösungsmenge der Ungleichung.

A 6.3 Beschreiben Sie die Lösungsmengen der folgenden Ungleichungen:

a) $\frac{1-x^2}{x+2} \leq 3 - x$,

b) $\frac{|x+2|}{3x} > 4$,

c) $\frac{|x+1|}{x} < 5$.

B. Luderer, *Klausurtraining Mathematik und Statistik für Wirtschaftswissenschaftler*, Studienbücher Wirtschaftsmathematik, DOI 10.1007/978-3-658-05546-2_6, © Springer Fachmedien Wiesbaden 2014

A 6.4 Ein Hersteller von Präzisionsmessinstrumenten garantiert, dass der wahre Wert a einer positiven Messgröße vom gemessenen Wert x um nicht mehr als 3 % des Messwertes abweicht. Wie viel Prozent des wahren Wertes kann die Abweichung maximal betragen?

A 6.5 Man ermittle alle Lösungen der Ungleichung $\frac{x+4}{x^2} > 5$.

6.2   Mengenlehre und Logik

A 6.6 Eine Befragung von 300 Kunden einer Eis-Bar ergab folgendes Bild: 200 Kunden lieben Mandarinen- oder Kiwieis, davon 70 ausschließlich Kiwieis. 180 Kunden bevorzugen Mandarineneis oder Stracciatella, davon 60 ausschließlich Stracciatella. Keinem der Kunden schmeckt gleichzeitig Kiwieis und Stracciatella. Weisen Sie nach, dass die Kundenaussagen widersprüchlich sind.

A 6.7 Gegeben seien die Mengen $A = [0, 2) \cup [3, 4]$ und $B = (1, 3]$. Beschreiben Sie die Mengen $A \cup B, A \cap B, A \setminus B$ und $B \setminus A$.

A 6.8 Gegeben seien die Mengen $A = \{(x_1, x_2) \in \mathbb{R}^2 | -x_1 + 2x_2 \leq 4\}$, $B = \{(x_1, x_2) \in \mathbb{R}^2 | x_2 \geq |x_1 + 1|\}$ und $C = \{(x_1, x_2) \in \mathbb{R}^2 | x_2 - x_1^2 \geq 0\}$.

a) Stellen Sie die Menge $A \cap B \cap C$ grafisch dar.
b) Geben Sie alle Elemente der Menge $\overline{B} \cap C \cap (\mathbb{N} \times \mathbb{N})$ an.

A 6.9 Man stelle die Mengen $A \cap B$ und $B \cup C$ grafisch dar, wenn gilt

$$A = \{(x, y) | x^2 + y^2 \leq 1\}, \quad B = \{(x, y) | x \leq y\}, \quad C = \{(x, y) | x \leq 0\}.$$

6.3   Zahlenfolgen und Zahlenreihen

A 6.10 Berechnen Sie die Grenzwerte der nachstehenden Zahlenfolgen oder stellen Sie deren Divergenz fest:

a) $a_n = \frac{2n^4 - 3n^3 + 4n^2 - 5}{n^3 - 2n^2 + 3n}$,
b) $b_n = (-1)^n \cdot \frac{3^n + (-1)^{3n}}{3^n + 1}$,
c) $c_n = \frac{3^n + 2^n + 1^n}{3^n}$.

A 6.11 Berechnen Sie den Barwert der ewigen vorschüssigen Rente als Grenzwert des Barwertes $B_n^{\text{vor}} = \frac{R}{q^{n-1}} \cdot \frac{q^n - 1}{q - 1}$ einer vorschüssig über n Perioden zahlbaren Zeitrente der Höhe R (Hinweis: $q > 1$).

A 6.12 In einem Großunternehmen wurde das Einstiegsjahresgehalt von Diplom-Kaufleuten in den letzten ca. 20 Jahren entsprechend einer betrieblichen Vereinbarung gleichmäßig um jährlich s Prozent erhöht. Geben Sie eine (möglichst einfache, von m abhängige) Berechnungsformel für die Gesamtsumme der Gehälter im 16. Jahr der Vereinbarung und den nachfolgenden m Jahren an. Das Einstiegsgehalt im 1. Jahr der Vereinbarung laute G_0.

A 6.13 Eine verallgemeinert exponentiell wachsende Kenngröße genüge der Bildungsvorschrift $a_n = b + c(1 + s)^n$ mit $b, c, s > 0$.

a) Wie lautet das allgemeine Glied der Folge $\{w_n\}$ der Wachstumstempi? (Es gilt $w_n = \frac{a_{n+1} - a_n}{a_n}$.)

b) Weisen Sie nach, dass die Folge $\{w_n\}$ streng monoton wachsend ist.

A 6.14 Es wird die rekursiv gegebene Zahlenfolge $\{a_n\}$ mit dem Bildungsgesetz $a_{n+1} = \frac{1}{2}a_n + \frac{1}{3}$ und dem Anfangsglied $a_0 = 2$ betrachtet.

a) Zeigen Sie mithilfe des Prinzips der vollständigen Induktion, dass alle Folgenglieder im Intervall $[0, 2]$ liegen.

b) Bestimmen Sie den Grenzwert von $\{a_n\}$.

c) Für welches Anfangsglied ergibt sich eine identische Zahlenfolge (bei der alle Glieder gleich sind)?

Zusatz. Untersuchen Sie die Monotonie der Zahlenfolge $\{a_n\}$ in Abhängigkeit vom Anfangsglied a_0.

6.4 Geraden und Ebenen

A 6.15

a) Man bestimme den Schnittpunkt der beiden Geraden

$$g_1 : x = \begin{pmatrix} x_1 \\ x_2 \end{pmatrix} = \begin{pmatrix} 2 \\ 1 \end{pmatrix} + t \cdot \begin{pmatrix} 1 \\ -1 \end{pmatrix}, \quad g_2 : x = \begin{pmatrix} x_1 \\ x_2 \end{pmatrix} = \begin{pmatrix} 3 \\ 5 \end{pmatrix} + s \cdot \begin{pmatrix} 2 \\ -3 \end{pmatrix}.$$

b) Besitzen die beiden Geraden (im Raum)

$$g_3 : x = \begin{pmatrix} x_1 \\ x_2 \\ x_3 \end{pmatrix} = \begin{pmatrix} 1 \\ 2 \\ 3 \end{pmatrix} + u \cdot \begin{pmatrix} 1 \\ 0 \\ 1 \end{pmatrix}, \quad g_4 : x = \begin{pmatrix} x_1 \\ x_2 \\ x_3 \end{pmatrix} = \begin{pmatrix} 4 \\ 5 \\ 0 \end{pmatrix} + v \cdot \begin{pmatrix} -1 \\ 1 \\ 0 \end{pmatrix}$$

einen gemeinsamen Punkt?

A 6.16 Man berechne den Durchstoßpunkt der in der Punkt-Richtungs-Form $g : x = (3, 5, 7)^\top + t \cdot (1, 2, -1)^\top$ gegebenen Geraden durch die in parameterfreier Form beschriebene Ebene $E : 2x_1 + 3x_2 - x_3 = 5$.

A 6.17 Bestimmen Sie den Abstand des Punktes $P(3, 4, 5)$ zur Ebene, die durch die Gleichung $2x - y + 3z = 7$ beschrieben wird.

A 6.18 Kann die Gerade $g : x = (x_1, x_2, x_3)^\top = (0, 1, -2)^\top + t \cdot (1, 0, 2)^\top$ Schnittgerade der Ebenen $E_1 : x_1 + x_2 - 3x_3 = 7$, $E_2 : -x_1 + 5x_2 + 2x_3 = 1$ sein?

6.5   Hinweise und Literatur

Zu Abschnitt 6.1

Beachten Sie, dass für den Absolutbetrag einer Zahl z gilt:

$$|z| = \begin{cases} z, & z \geq 0, \\ -z, & z < 0. \end{cases}$$

Damit ist stets $|z| \geq 0$. Da der Ausdruck z in der Regel von x abhängt, weiß man nicht, ob er positiv oder negativ (oder null) ist. Dies kann man durch **Fallunterscheidungen** festlegen.

Bei Ungleichungen, die Quotienten von Ausdrücken enthalten, ist es zu deren Lösung in der Regel notwendig, mit dem Nenner zu multiplizieren. Dazu muss man aber wissen, ob der Nenner positiv oder negativ ist (null darf er ohnehin nicht sein), da davon die Richtung des Relationszeichens abhängig ist. Wie bei den Absolutbeträgen kann man auch hierbei mittels Fallunterscheidungen das Vorzeichen des Nenners fixieren. Treten Quotienten und Beträge gleichzeitig auf, muss man mehrere geeignete Fälle untersuchen (von denen evtl. einige von vornherein unmöglich sind, also eine leere Lösungsmenge besitzen).

H 6.1 Führen Sie die Bildung des Kehrwertes auf die Multiplikation mit dem Ausdruck $\frac{1}{ab}$ zurück und unterscheiden sie verschiedene Fälle bezüglich des Vorzeichens von $\frac{1}{ab}$ (bzw. ab).

H 6.2
a) Führen Sie eine Fallunterscheidung für $z = x - 1 \geq 0$ bzw. $z < 0$ durch und beachten Sie die Definition von $|z|$.
b) Die Menge der Argumentwerte x, für die $f_1(x) \leq f_2(x)$ gilt, muss mit der in Teilaufgabe a) berechneten übereinstimmen.

H 6.3

a) Fallunterscheidung $x > -2$ (Nenner positiv), $x < -2$ (Nenner negativ). Bei Multiplikation mit einer negativen Zahl (dem Nenner) dreht sich das Relationszeichen um.

b) Fallunterscheidung:

Fall 1. $x < -2$	$\implies$	$\lvert x + 2 \rvert = -(x + 2),$	Nenner negativ,
Fall 2. $-2 \leq x < 0$	$\implies$	$\lvert x + 2 \rvert = x + 2,$	Nenner negativ,
Fall 3. $x > 0$	$\implies$	$\lvert x + 2 \rvert = x + 2,$	Nenner positiv.

(Sie können auch die durch Kombination von $x \geq -2$ bzw. $x < -2$ und $x \geq 0$ bzw. $x < 0$ entstehenden vier Fälle betrachten; einer davon ergibt eine leere Lösungsmenge, die anderen stimmen mit den oben angegebenen überein.)

c) Fall 1: $x < -1$; Fall 2: $-1 \leq x < 0$; Fall 3: $x > 0$.

H 6.4 Drücken Sie die Abweichung mithilfe des absoluten Betrages aus und stellen Sie eine geeignete Ungleichung auf.

H 6.5 Der Nenner ist (für $x \neq 0$) stets positiv. Nach Multiplikation mit dem Nenner entsteht eine quadratische Ungleichung. Bestimmen Sie die Nullstellen der zugehörigen quadratischen Gleichung.

Zu Abschnitt 6.2

Es gilt $A \cap B = \{x \mid x \in A \wedge x \in B\}$, $A \cup B = \{x \mid x \in A \vee x \in B\}$ sowie $A \smallsetminus B = \{x \mid x \in A \wedge x \notin B\}$.

H 6.6 Ermitteln Sie die Anzahl der Kunden, die **nur** Mandarineneis mögen.

H 6.7 Nutzen Sie gegebenenfalls eine grafische Veranschaulichung der Mengen auf der Zahlengeraden.

H 6.8

b) $\mathbb{N} = \{1, 2, 3, \ldots\}$ ist die Menge der natürlichen Zahlen, das Kreuzprodukt $\mathbb{N} \times \mathbb{N}$ demzufolge die Menge aller Paare natürlicher Zahlen (grafisch: Gitterpunkte).

Zu Abschnitt 6.3

H 6.10 Klammern Sie in Zähler und Nenner die jeweils höchste Potenz bzw. die Potenz mit der größten Basis aus.

H 6.11 Dividieren Sie Zähler und Nenner durch q^{n-1}.

H 6.12 Nutzen Sie die Formeln für das allgemeine Glied einer geometrischen Zahlenfolge bzw. -reihe.

H 6.13
b) Sie müssen nachweisen, dass für beliebiges $n \in \mathbb{N}$ die Ungleichung $w_n < w_{n+1}$ gültig ist.

Zu Abschnitt 6.4

Die parameterfreie Form einer Geraden- bzw. Ebenengleichung lautet

$$ax_1 + bx_2 = c \qquad \text{bzw.} \qquad ax_1 + bx_2 + cx_3 = d,$$

die parameterabhängige

$$x = \begin{pmatrix} x_1 \\ x_2 \end{pmatrix} = \begin{pmatrix} p_1 \\ p_2 \end{pmatrix} + t \cdot \begin{pmatrix} r_1 \\ r_2 \end{pmatrix}$$

bzw.

$$x = \begin{pmatrix} x_1 \\ x_2 \\ x_3 \end{pmatrix} = \begin{pmatrix} p_1 \\ p_2 \\ p_3 \end{pmatrix} + t \cdot \begin{pmatrix} r_1 \\ r_2 \\ r_3 \end{pmatrix} + s \cdot \begin{pmatrix} s_1 \\ s_2 \\ s_3 \end{pmatrix}.$$

H 6.15 Es sind geeignete Parameterwerte t, s bzw. u, v zu finden, die gleiche Werte für g_1 und g_2 (bzw. g_3, g_4) liefern.

H 6.16 Der Durchstoßpunkt liegt sowohl auf der Geraden als auch in der Ebene.

H 6.17 Der kürzeste Abstand ergibt sich durch Fällen des Lotes. Dessen Richtungsvektor ist gleich dem Normalenvektor der Ebene (und wird folglich aus den Koeffizienten der Ebenengleichung gebildet). Danach ist wieder das Problem des Durchstoßpunktes (vgl. A 6.16) zu lösen. Auch eine Extremwertaufgabe (mit der Ebenengleichung als Nebenbedingung) führt zur Lösung des Problems.

H 6.18 Im positiven Fall müsste jeder Punkt von g beide Ebenengleichungen erfüllen. Andere Überlegung: Die Richtungsvektoren von g und der Schnittgeraden müssen gleich sein.

Literatur

Luderer, B., Nollau, V., Vetters, K.: Mathematische Formeln für Wirtschaftswissenschaftler. 7. Aufl. Wiesbaden: Vieweg+Teubner (2012)
Luderer, B., Würker, U.: Einstieg in die Wirtschaftsmathematik. 8. Aufl. Wiesbaden: Vieweg+Teubner (2011)

Merz, M.: Übungsbuch zur Mathematik für Wirtschaftswissenschaftler: 450 Klausur- und Übungsaufgaben mit ausführlichen Lösungen. München: Vahlen (2013)

Purkert, W.: Brückenkurs Mathematik für Wirtschaftswissenschaftler. 7. Aufl. Wiesbaden: Vie-
weg+Teubner (2011)

Tietze, J.: Übungsbuch zur angewandten Wirtschaftsmathematik. Aufgaben, Testklausuren und ausführliche Lösungen. 8. Aufl. Wiesbaden: Vieweg+Teubner (2010)

Deskriptive Statistik

7

In der deskriptiven (beschreibenden) Statistik werden die Daten einer Stichprobe bzw. Erhebung, Messung etc. vollständig erfasst und verdichtet. Von besonderem Interesse sind Lageparameter (wie Mittelwert und Median), Streuungsparameter (Varianz, Standardabweichung, Quantile, Spannweite etc.) sowie weitere Eigenschaften der empirisch gewonnenen Verteilungsfunktion (z.B. die Schiefe). Der Gini-Koeffizient und die Lorenzkurve zeigen das Maß der Konzentration statistischer Größen an. Werden gleichzeitig zwei Zufallsgrößen untersucht, so ist zusätzlich von Bedeutung, in welchem Zusammenhang diese miteinander stehen, worüber einerseits der Korrelationskoeffizient und andererseits die Regressionsanalyse Auskunft geben.

7.1 Empirische Verteilungsfunktion und Maßzahlen

A 7.1 Es wurden 200 zufällig ausgewählte Schüler einer Grundschule nach ihrem monatlichen Taschengeld (in Euro) befragt. Die Auswertung der Befragung ergab folgende Daten:

Taschengeld	keines	1–5	6–10	11–15	16–20	21–25	> 25
Anzahl	21	53	67	34	17	7	1

a) Stellen Sie die empirische Verteilungsfunktion grafisch dar.
b) Bestimmen Sie den Median sowie das obere und untere Quartil für die Höhe des Taschengeldes.
c) Warum sollte kein arithmetisches Mittel berechnet werden?
d) Zeichnen Sie einen Boxplot.
e) Berechnen Sie ein geeignetes Streuungsmaß.

A 7.2 Bestimmen Sie mithilfe der empirischen Verteilungsfunktion aus der nachstehenden Grafik den empirischen Median der zugehörigen Stichprobe vom Umfang $n = 8$ und zeichnen Sie diesen in die Grafik ein.

B. Luderer, *Klausurtraining Mathematik und Statistik für Wirtschaftswissenschaftler*,
Studienbücher Wirtschaftsmathematik, DOI 10.1007/978-3-658-05546-2_7,
© Springer Fachmedien Wiesbaden 2014

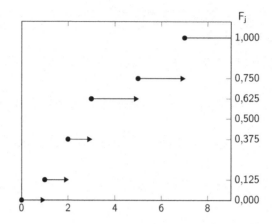

7.2 Boxplots, Regressionsgerade und Lorenzkurve

A 7.3 Der folgende Box-Plot zeigt die Ozonwerte in New York für die Monate Mai bis September, gemessen im Jahre 1973 in parts per billion (ppb)[1]:

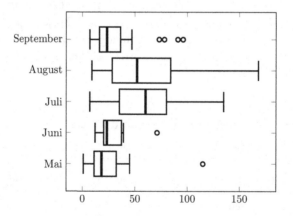

a) In welchem Monat wurde der höchste Ozonwerte gemessen?
b) Vergleichen Sie die Ozonwerte der einzelnen Monate.

A 7.4 Ein Unternehmen hat über die letzten zehn Monate die in der Tabelle aufgeführten zusätzlichen Ausgaben für Werbung sowie die darauf zurückzuführenden zusätzlich erzielten Gewinne ermittelt und möchte gern wissen, ob sich die zusätzlichen Ausgaben lohnen:

---

[1] Quelle: R-Datensatz *airquality*; the data were obtained from the New York State Department of Conservation (ozone data) and the National Weather Service (meteorological data).

Ausgaben (in Tsd. Euro)	11	10	7	13	5	12	8	7	16	16
Gewinne (in Tsd. Euro)	11	12	8	15	9	12	3	5	21	10

a) Haben die Werbeausgaben Einfluss auf die Gewinne? Ermitteln Sie eine geeignete Maßzahl für den Zusammenhang.

b) Ermitteln Sie eine Regressionsgerade, die den Einfluss der Werbeausgaben auf den Gewinn widerspiegelt.

c) Stellen Sie in einer Grafik die Daten sowie die Regressionsgerade dar.

d) Berechnen Sie das Bestimmtheitsmaß und beurteilen Sie mit dessen Hilfe die Güte der Regression.

A 7.5 Auf dem Weihnachtsmarkt der Stadt C. werden jedes Jahr fünf Stände zum Verkauf von Glühwein verpachtet. Seit dem Jahre 2012 wird in unmittelbarer Nähe von Stand 2 eine Besucherattraktion aufgebaut. Wirkt sich dies auf die Konzentration des Umsatzes aus? In der folgenden Tabelle sind die Umsätze aller Glühweinstände der Jahre 2010 und 2013 wiedergegeben:

Stand	1	2	3	4	5
Umsatz 2010 (in Tsd. Euro)	20	70	62	34	14
Umsatz 2013 (in Tsd. Euro)	10	110	52	24	4

a) Fertigen Sie für die Umsätze in den Jahren 2010 und 2013 jeweils eine Lorenzkurve an und führen Sie einen Vergleich beider durch.

b) Berechnen Sie jeweils die normierten Gini-Koeffizienten, um die Konzentration des Glühweinumsatzes von 2010 und 2013 miteinander zu vergleichen.

7.3 Zweidimensionale Häufigkeitsverteilungen

A 7.6 Der diskrete Zufallsvektor $\mathbf{X} = (X, Y)^T$ besitze die folgende Wahrscheinlichkeitsfunktion (dabei ist $\alpha \in (0, 3)$ eine feste, aber unbekannte Zahl):

		Y		
		1	2	3
X	-1	0	$\frac{3-\alpha}{6}$	$\frac{\alpha}{6}$
	1	$\frac{\alpha}{6}$	$\frac{3-\alpha}{6}$	0

a) Wie lauten die Randverteilungen von X und Y.

b) Berechnen Sie die Erwartungswerte $\mathbb{E}X$ und $\mathbb{E}Y$, die Varianzen $\text{Var}(X)$ und $\text{Var}(Y)$ sowie die Kovarianz $\text{cov}(X, Y)$.

c) Sind die Zufallsgrößen X und Y stochastisch unabhängig? Begründen Sie Ihre Antwort.

d) Berechnen Sie die Varianz der Zufallsgröße $Z = X + Y$.

7.4 Hinweise und Literatur

H 7.1 Überlegen Sie, welches Merkmal hier analysiert und auf welcher Skala es gemessen wird. Sortieren Sie die Merkmalsausprägungen[2] und berechnen Sie die relativen Häufigkeiten der einzelnen Merkmalsausprägungen. Kumuliert man diese Werte, erhält man die empirische Verteilungsfunktion und kann die empirischen Quantile unmittelbar ablesen.

H 7.2 Beachten Sie, dass der Median dem empirischen 50%-Quantil entspricht. Daher müssen Sie nur den Wert $F_n = 0,5$ in der Grafik suchen und den zugehörigen x-Wert auf der Achse ablesen. (Häufig wird für das empirische p-Quantil die Definition $\tilde{x}_p = \min\{x : F_n(x) \geq p\}$ verwendet, d. h., $\tilde{x}_p$ ist der kleinste Wert, für den $F_n(\tilde{x}_p) \geq p$ gilt.)

H 7.4 Welche Maße für den Zusammenhang kennen Sie? Berücksichtigen Sie bei der Auswahl die Messbarkeit der beiden Merkmale.

H 7.6

a) Die Randverteilungen eines diskreten Zufallsvektors ergeben sich aus den Zeilen- bzw. Spaltensummen. Soll beispielsweise die Wahrscheinlichkeit dafür berechnet werden, dass die Zufallsgröße X den Wert eins annimmt, hat man $P(X = 1) = P(X = 1, Y = 1) + P(X = 1, Y = 2) + P(X = 1, Y = 3) = 0,5$ zu rechnen.

b) Mit den Randverteilungen können dann Erwartungswerte und Varianzen berechnet werden. So gilt beispielsweise für den Erwartungswert von Y die Formel $\mathbb{E}Y = \sum_{k=1}^{3} k \cdot P(Y = k)$.

c) Um die Varianz der neuen Zufallsgröße $Z = X + Y$ zu berechnen, müssen Sie nicht erst die Wahrscheinlichkeitsfunktion von Z berechnen, sondern können die Beziehung $\text{Var}(X + Y) = \text{Var}(X) + 2 \cdot \text{cov}(X, Y) + \text{Var}(Y)$ benutzen.

Literatur

Bamberg, G., Baur, F., Krapp, M.: Statistik. 17. Aufl. München: Oldenbourg (2012)

Bamberg, G., Baur, F., Krapp, M.: Statistik-Arbeitsbuch: Übungsaufgaben – Fallstudien – Lösungen. 9. Aufl. München: Oldenbourg (2012)

Caputo, A., Fahrmeir, L., Künstler, R., Lang, S., Pigeot, I., Tutz, G.: Arbeitsbuch Statistik. 5. Aufl. Berlin: Springer (2008)

Fahrmeir, L., Künstler, R., Pigeot, I., Tutz, G.: Statistik: Der Weg zur Datenanalyse. 7. Aufl. Berlin: Springer (2010)

Krapp, M., Nebel, J.: Methoden der Statistik. Lehr- und Arbeitsbuch. Wiesbaden: Vieweg+Teubner (2011)

---

[2] Mit der Angabe der Häufigkeitstabelle wurde Ihnen dieser Schritt bereits abgenommen.

Luderer, B., Nollau, V., Vetters, K.: Mathematische Formeln für Wirtschaftswissenschaftler. 7. Aufl. Wiesbaden: Vieweg+Teubner (2012)

Storm, R.: Wahrscheinlichkeitsrechnung, mathematische Statistik und statistische Qualitätskontrolle. 12. Aufl. München: Hanser (2007)

Wahrscheinlichkeitsrechnung

8

In der Wahrscheinlichkeitsrechnung sind Zufallssituationen zu beschreiben, zufällige Ereignisse logisch miteinander zu verknüpfen und Rechenregeln für (bedingte) Wahrscheinlichkeiten und zur Unabhängigkeit von Ereignissen aufzustellen. Wichtig ist stets das Festlegen geeigneter Ereignisse. Von besonderem Interesse sind die Binomial-, Poisson-, Exponential- und Normalverteilung. Welche dieser Verteilungen jeweils vorliegt, geht aus dem entsprechenden ökonomischen Kontext sowie den vorausgesetzten Bedingungen hervor. Der zentrale Grenzverteilungssatz ermöglicht die näherungsweise Berechnung von Wahrscheinlichkeiten für Summen unabhängiger Zufallsgrößen mit vielen Summanden, ohne dass die genaue Verteilung der einzelnen Summanden bekannt sein muss; es genügt die Kenntnis der Mittelwerte und Varianzen.

8.1 Zufällige Ereignisse und Wahrscheinlichkeit

A 8.1 Drei Studenten entscheiden jeden Morgen zufällig, ob sie mit dem Fahrrad zur Uni fahren oder zu Fuß gehen. Es bezeichne F_i das Ereignis, dass der i-te Student mit dem Fahrrad zur Uni fährt, $i = 1, 2, 3$.

a) Stellen Sie folgende Ereignisse mithilfe der Ereignisse F_i dar:
   A – alle drei Studenten kommen mit dem Fahrrad,
   B – nur der zweite Student kommt mit dem Fahrrad,
   C – höchstens ein Student kommt nicht mit dem Fahrrad,
   D – mindestens zwei Studenten kommen mit dem Fahrrad.
b) Konstruieren Sie einen passenden Ereignisraum. Aus wie vielen Elementarereignissen bestehen dann die Ereignisse C, $\overline{D}$, $\overline{A}$ und Ω?
c) Welche der Ereignisse A, B, C und D sind unvereinbar?
d) Geben Sie die kleinste Ereignisalgebra $\mathcal{A}$ an, die die Ereignisse B und C enthält.

B. Luderer, *Klausurtraining Mathematik und Statistik für Wirtschaftswissenschaftler*,
Studienbücher Wirtschaftsmathematik, DOI 10.1007/978-3-658-05546-2_8,
© Springer Fachmedien Wiesbaden 2014

e) Unter welchen Bedingungen kann die Berechnung der Wahrscheinlichkeit für die Ereignisse A, B, C und D nach der klassischen Methode erfolgen?

f) Bestimmen Sie die Wahrscheinlichkeiten $P(A \cup B)$, $P(\overline{C})$ und $P(C \cap \overline{A})$, wenn gilt $P(A) = 0{,}192$, $P(B) = 0{,}032$ und $P(C) = 0{,}656$. .

g) Die Ereignisse F_1, F_2 und F_3 seien vollständig (stochastisch) unabhängig und es gelte $P(F_1) = 0{,}6$, $P(F_2) = 0{,}4$ und $P(F_3) = 0{,}8$. Berechnen Sie die Wahrscheinlichkeit für das Eintreten der Ereignisse A, B, C und D.

A 8.2 Bei einer Klausur seien Aufgaben aus zwei verschiedenen Komplexen zu lösen. Während 60 % der Studenten die Aufgaben in der vorgegebenen Reihenfolge lösen, bearbeiten die restlichen Studenten diese in umgekehrter Folge. Von den Studenten der ersten Gruppe müssen 13 % die Klausur wiederholen, in der anderen Gruppe sind es nur 8 %.

a) Wie hoch ist der Anteil der Studenten, die die Prüfung wiederholen müssen?

b) Lena hat die Prüfung bestanden. Mit welcher Wahrscheinlichkeit hat sie die Aufgaben in der vorgegebenen Reihenfolge gelöst?

A 8.3 In einem kontinuierlichen Fertigungsprozess wird an einer Kontrollstelle jedes dritte Teil einer Qualitätskontrolle unterzogen. Dabei werden fehlerhafte Teile mit 90 %iger Sicherheit, einwandfreie Teile mit 95 %iger Sicherheit erkannt. Die bei der Kontrolle als fehlerhaft eingestuften Teile werden aus dem Fertigungsprozess entfernt. Der Anteil der fehlerhaften Teile vor Passieren der Kontrollstelle beträgt 10 %.

a) Bestimmen Sie den Anteil der fehlerhaften Teile unter den bei der Kontrolle als einwandfrei eingestuften Teilen.

b) Wie viel Prozent der geprüften Teile verbleiben im Fertigungsprozess?

c) Wie hoch ist der mittlere Anteil der fehlerhaften Teile in der Gesamtproduktion nach Durchlaufen der Kontrollstelle?

A 8.4 Ein Sensorsystem für die Überwachung eines chemischen Prozesses bestehe aus zwei Druck- und drei Temperatursensoren, die innerhalb einer vorgesehenen Reaktionszeit mit den Wahrscheinlichkeiten 0,1 bzw. 0,2 voneinander unabhängig ausfallen können. Der Prozess ist sofort zu stoppen, wenn keine Druck- oder Temperaturangaben mehr vorliegen.

a) Bestimmen Sie die Wahrscheinlichkeit dafür, dass der Prozess vor Ablauf der vorgesehenen Reaktionszeit gestoppt werden muss.

b) Wie groß ist die Wahrscheinlichkeit dafür, dass während der Reaktion Sensoren ausfallen, der Prozess aber trotzdem nicht angehalten werden muss?

A 8.5 Ein Billiganbieter für Urlaubsreisen hat für die Karibik zwei verschiedene Flüge und drei Hotels im Angebot. Bekannt sei, dass zu einem bestimmten Zeitpunkt die Hotels bzw.

Flüge voneinander unabhängig mit folgenden Wahrscheinlichkeiten ausgebucht sind: 0,8; 0,6 bzw. 0,3 (Hotels); 0,5 und 0,5 (Flüge).

a) Berechnen Sie die Wahrscheinlichkeit dafür, dass ein Interessent für den betreffenden Zeitpunkt eine Pauschalreise buchen kann.
b) Wie groß ist die Wahrscheinlichkeit dafür, dass ein Interessent eine beliebige Zusammenstellung der Reise vornehmen kann?

8.2   Zufallsgrößen

A 8.6   Ein Hersteller behauptet von seinen Erzeugnissen, dass der Ausschussanteil höchstens 5 % beträgt. Unter fünf zufällig ausgewählten Erzeugnissen werden zwei fehlerhafte Erzeugnisse festgestellt. Wie ist dieses Stichprobenergebnis zu bewerten?

A 8.7   In einem Computerpool befinden sich 20 gleichartige Rechnersysteme, die unabhängig voneinander ausfallen können. Wegen Personalmangels wird der Pool nur alle drei Monate gewartet. Die Ausfallwahrscheinlichkeit für einen Computer innerhalb dieses Zeitraumes betrage 1 %.

a) Wie groß ist die Wahrscheinlichkeit dafür, dass im betrachteten Zeitraum kein Rechner ausfällt?
b) Wie viele Rechner müssen im Pool wenigstens vorhanden sein, damit bis zur nächsten Wartung mit mindestens 95 %iger Sicherheit stets 20 oder mehr Rechner verfügbar sind?

A 8.8   Bei einem Pkw trete pro Rad bei einer Laufleistung von 80.000 km im Mittel eine Reifenpanne auf. Es werde angenommen, dass ein Poisson-Prozess vorliegt.

a) Wie groß ist die Wahrscheinlichkeit dafür, dass ein Rad 80.000 km ohne Reifenpanne übersteht?
b) Wie groß ist die Wahrscheinlichkeit dafür, dass der Pkw 40.000 km ohne Reifenpanne zurücklegen kann?

A 8.9   Die Lebensdauer eines elektronischen Bauelements sei eine exponentialverteilte Zufallsgröße. Es ist bekannt, dass im Mittel 90 % der Bauelemente eine Lebensdauer von wenigstens zehn Jahren besitzen.

a) Geben Sie den Erwartungswert und den Median für die Lebensdauer der Bauelemente an.
b) Berechnen Sie die Wahrscheinlichkeit dafür, dass ein zufällig ausgewähltes Bauelement mindestens fünf Jahre funktionsfähig bleibt.

A 8.10 Eine Halogendeckenleuchte bestehe aus einem Transformator und zwei Halogenlampen. Nach Angaben der Hersteller beträgt die mittlere Lebensdauer des Transformators 7,5 Jahre, die der Halogenlampen 3,5 Jahre. Alle Lebensdauern seien exponentialverteilt. Ferner soll angenommen werden, dass die drei Baugruppen der Deckenleuchte unabhängig voneinander ausfallen.

a) Mit welcher Wahrscheinlichkeit tritt bei der Deckenleuchte schon innerhalb eines Garantiezeitraumes von zwei Jahren die erste Störung auf?

b) Wann ist im Mittel mit der ersten Störung zu rechnen? Wo liegt der entsprechende Median?

A 8.11 Eine nicht besonders zuverlässige Modemverbindung werde im Verlauf von drei Stunden im Durchschnitt zweimal unterbrochen.

a) Wie viel Zeit steht im Mittel zwischen zwei Unterbrechungen zur Verfügung?

b) Für das Herunterladen einer großen Datei werden zwei Stunden benötigt. Wie groß sind die Chancen, dass das Herunterladen beim ersten Versuch gelingt?

c) Das Herunterladen dauere bereits 1,5 Stunden. Wie groß ist die Gefahr, dass in den verbleibenden 30 Minuten noch eine Unterbrechung erfolgt?

d) Der Download werde dreimal gestartet. Wie groß sind die Chancen, dass im Ergebnis die Datei vollständig heruntergeladen werden kann?

e) Wie groß ist die Wahrscheinlichkeit dafür, dass das Herunterladen spätestens beim dritten Versuch gelingt?

Es soll angenommen werden, dass ein Poisson-Prozess vorliegt.

A 8.12 Mit einem speziellen Laserdrucker können Papiere mit einem Gewicht von 60 bis 120 g/m^2 bedruckt werden. Übersteigt das Papiergewicht 125 g/m^2, ist mit Störungen beim Drucken zu rechnen. Es soll angenommen werden, dass das Papiergewicht eine normalverteilte Zufallsgröße ist.

a) Für einen bestimmten Druckauftrag wird ein Papier verwendet, bei dem das mittlere Papiergewicht laut Herstellerangabe 120 g/m^2 beträgt, während die Standardabweichung mit 5 g/m^2 angegeben wird. Mit welcher Wahrscheinlichkeit ist bei Verwendung dieses Papiers mit Störungen beim Drucken zu rechnen?

b) Wie groß darf bei gleichbleibender Standardabweichung das mittlere Papiergewicht höchstens sein, wenn Störungen beim Drucken mit 99 %iger Sicherheit vermieden werden sollen?

A 8.13 Eine automatische Abfüllanlage für 1-Liter-Flaschen sei auf eine Abfüllmenge von 1,01 Liter eingestellt. Eine Abfüllprobe ergibt, dass trotzdem 20 % der Flaschen eine kleinere Abfüllmenge als 1 Liter enthalten. Auf welchen Wert ist die Abfüllanlage einzustellen, damit bei wenigstens 95 % der Flaschen die Abfüllmenge mindestens 1 Liter beträgt?

Nehmen Sie an, dass die tatsächliche Abfüllmenge eine normalverteilte Zufallsgröße ist und bei der Abfüllung kein systematischer Fehler auftritt.

A 8.14 An einer Gebäudesanierung sind drei verschiedene Gewerke beteiligt. Nach früheren Erfahrungen mit ähnlichen Objekten werden sich die zu leistenden Zahlungen an die einzelnen Handwerksbetriebe mit ca. 95 %iger Sicherheit in folgenden Bereichen bewegen: 9–11, 8–10 bzw. 11–13 Tsd. Euro.

a) Wie groß sind näherungsweise die Chancen, dass die Gesamtkosten 31 Tsd. Euro nicht überschreiten?
b) Wie viel Prozent Rabatt sind einheitlich für jeden Handwerksbetrieb auszuhandeln, damit die Gesamtkosten mit ca. 90 %iger Sicherheit nicht mehr als 30 Tsd. Euro betragen?

Nehmen Sie an, dass die Kosten normalverteilt sind und keine Preisabsprachen erfolgen.

A 8.15 Die Kreditabteilung einer Bank geht entsprechend langjährigen Erfahrungen davon aus, dass innerhalb von zwei Monaten im Mittel fünf Kredite an mittelständische Unternehmen ausfallen.

a) Unter welchen Voraussetzungen können die Mitarbeiter der Kreditabteilung davon ausgehen, dass die Zeitdauer zwischen zwei aufeinanderfolgenden Kreditausfällen exponentialverteilt ist?
b) Berechnen Sie unter den Annahmen aus a) die Wahrscheinlichkeit dafür, dass innerhalb eines Monats kein Kredit ausfällt.

8.3   Zentraler Grenzverteilungssatz

A 8.16 Eine Mietwagenfirma sondert halbjährlich alle Wagen mit einer Laufleistung von mehr als 15.000 km aus. Eine solche Laufleistung wird erfahrungsgemäß von 40 % der Wagen erreicht.

a) Bestimmen Sie die Wahrscheinlichkeit dafür, dass von 100 neuen Wagen nach einem halben Jahr mindestens 50 ausgesondert werden müssen.
b) Für wie viele Neuwagen ist Geld zu bilanzieren, damit nach Ablauf eines halben Jahres mit mindestens 95 %iger Sicherheit die ausgesonderten Wagen ersetzt werden können?

A 8.17 Bei der Herstellung von Weihnachtsbaumkugeln ist mit einem Ausschussanteil von 10 % zu rechnen.

a) Mit welcher Wahrscheinlichkeit sind in einer Händler-Packung zu 110 Stück wenigstens 100 einwandfreie Kugeln enthalten?

b) Welche Packungsgröße wäre vorzusehen, wenn eine Packung mit mindestens 95 %iger Sicherheit wenigstens 100 einwandfreie Kugeln enthalten soll.

c) Welche Losgröße ist festzulegen, wenn mit ebenfalls 95 %iger Sicherheit wenigstens 1000 einwandfreie Erzeugnisse zu liefern sind?

A 8.18   Die Annahme bzw. Ablehnung eines Warenpostens erfolge im Rahmen einer Gut-Schlecht-Prüfung anhand einer Stichprobe des Umfangs $n = 100$.

a) Der Warenposten werde als qualitätsgerecht angenommen, falls die Stichprobe höchstens sieben fehlerhafte Teile enthält. Mit welcher Wahrscheinlichkeit wird der Warenposten als qualitätsgerecht eingestuft, falls der tatsächliche Ausschussanteil 5 % beträgt?

b) Sie möchten als Hersteller der Ware erreichen, dass bei einem Ausschussanteil von 5 % der Warenposten mit 95 %iger Wahrscheinlichkeit als qualitätsgerecht angenommen wird. Welche Annahmezahl c (das ist die Anzahl der fehlerhaften Stücke in der Stichprobe, bis zu der die Annahme des Warenpostens als qualitätsgerecht erfolgt) wäre ihrerseits auszuhandeln?

c) Der Abnehmer der Ware möchte bei einem Ausschussanteil von 10 % aber nur in 5 % aller Fälle den Warenposten noch als qualitätsgerecht annehmen. Wäre das mit Ihrem Vorschlag vereinbar?

A 8.19   Eine Krankenversicherung hat in einer bestimmten Tarifgruppe 200 Versicherungsnehmer zu versichern. In der letzten Zeit traten pro Person mittlere Jahreskosten in Höhe von 7000 € bei einer Standardabweichung von 3200 € auf.

a) Welcher Nettojahrestarif (das ist der Tarif ohne Gewinnspanne) ist zu kalkulieren, damit die Ausgaben mit ca. 95 %iger Sicherheit durch die Einnahmen gedeckt sind?

b) Die Konkurrenz bietet eine Versicherung mit gleichartigen Leistungen für netto 7250 € an. Wie viele Versicherungsnehmer sind mindestens zu versichern, damit bei diesem Beitrag die Ausgaben abermals mit 95 %iger Sicherheit gedeckt sind?

8.4   Hinweise und Literatur

Zu Abschnitt 8.1

Dieser Abschnitt enthält Aufgaben zur Beschreibung von Zufallssituationen, zur logischen Verknüpfung zufälliger Ereignisse, zu Rechenregeln für Wahrscheinlichkeiten, zur bedingten Wahrscheinlichkeit und zur Unabhängigkeit von Ereignissen. Am Anfang jeder Überlegung sollte stets die Vereinbarung geeigneter Ereignisse stehen.

H 8.1   Dies ist eine Aufgabe zur logischen Verknüpfung zufälliger Ereignisse und zum Rechnen mit Wahrscheinlichkeiten.

H 8.2, 8.3 Hier handelt es sich um Aufgaben zum Satz von der totalen Wahrscheinlichkeit und zum Satz von Bayes.

H 8.4, 8.5 Bei diesen Aufgaben zur Unabhängigkeit zufälliger Ereignisse sind oftmals die sogenannten Zuverlässigkeitsschaltbilder hilfreich, bei denen die Vereinigung bzw. der Durchschnitt von zufälligen Ereignissen mittels Parallel- bzw. Reihenschaltung veranschaulicht werden.

Zu Abschnitt 8.2

Dieser Abschnitt enthält Aufgaben zur Binomial-, Poisson-, Exponential- und Normalverteilung. Deren Lösung sollte stets mit der Vereinbarung geeigneter Zufallsgrößen beginnen. Durch Einordnung der jeweiligen Aufgabenstellung in ein geeignetes Versuchsschema bzw. aus dem Aufgabenzusammenhang ergeben sich in der Regel Hinweise auf die jeweils vorliegende Verteilung.

H 8.6 Berechnen Sie die Wahrscheinlichkeit für das erhaltene oder ein noch schlechteres Stichprobenergebnis. Gehen Sie dabei vom ungünstigsten Ausschussanteil aus. Überlegen Sie anhand des Ergebnisses, ob ein entsprechender Warenposten eventuell zurückzuweisen wäre.

H 8.7 Betrachten Sie die Anzahl der für den gesamten Zeitraum verfügbaren Rechner als Zufallsgröße und überlegen Sie, wie diese verteilt sein könnte. Die unter b) zu bestimmende Anzahl kann nicht explizit bestimmt werden, sondern ist durch systematisches Probieren zu finden.

H 8.8 Bestimmen Sie zunächst die Intensität des angenommenen Poisson-Prozesses. Nehmen Sie in b) an, dass die Reifenpannen an den einzelnen Rädern unabhängig voneinander auftreten.

H 8.9 Bestimmen Sie zunächst zu der vorgegebenen Wahrscheinlichkeit mithilfe der Verteilungsfunktion den Parameter λ.

H 8.10 Das Minimum von unabhängigen exponentialverteilten Zufallsgrößen ist wieder exponentialverteilt.

H 8.11 Bestimmen Sie die Intensität des vorliegenden Poisson-Prozesses. In b) und c) ist die zugehörige Poisson- bzw. Exponentialverteilung anwendbar.

H 8.12, 8.13 Das sind zwei Standardaufgaben zur Normalverteilung.

H 8.14 Vereinbaren Sie für die betrachteten Kosten geeignete Zufallsgrößen und bestimmen Sie aus den etwas „allgemein" gehaltenen Vorgaben zunächst die Mittelwerte und Varianzen dieser Zufallsgrößen. Nehmen Sie hilfsweise an, dass die mittleren Kosten jeweils in der Mitte der angegebenen Intervalle liegen.

H 8.15 Betrachtet man die Anzahl der Kreditausfälle bis zu einem bestimmten Zeitpunkt und lässt diesen variieren, liegt ein Zählprozess vor. Sind die Dauern zwischen zwei Ausfällen exponentialverteilt, liegt ein Poisson-Prozess vor. Welche Voraussetzungen müssen erfüllt sein, damit man die Anzahl der Kreditausfälle im Zeitverlauf als Poisson-Prozess betrachten kann?

Zu Abschnitt 8.3

Der zentrale Grenzverteilungssatz ermöglicht die näherungsweise Berechnung von Wahrscheinlichkeiten für Summen unabhängiger Zufallsgrößen mit vielen Summanden, ohne dass die genaue Verteilung der einzelnen Summanden bekannt sein muss; es genügt die Kenntnis der Mittelwerte und Varianzen.

Es seien $X_1, \ldots, X_n$ identisch verteilte, unabhängige Zufallsgrößen mit $\mathbb{E}X_i = a$ und $\mathrm{Var}X_i = \sigma^2, 0 < \sigma < \infty$. Dann gilt für hinreichend großes n

$$P\left(s_1 \leq \sum_{i=1}^{n} X_i \leq s_2\right) \approx \Phi\left(\frac{s_2 - na}{\sqrt{n}\sigma}\right) - \Phi\left(\frac{s_1 - na}{\sqrt{n}\sigma}\right).$$

Ein wichtiger Spezialfall ist der Grenzverteilungssatz von Moivre-Laplace. Hier werden 0-1-verteilte Zufallsgrößen betrachtet. Mit $P(X_i = 1) = p$ gilt

$$P\left(s_1 \leq \sum_{i=1}^{n} X_i \leq s_2\right) \approx \Phi\left(\frac{s_2 + 0{,}5 - np}{\sqrt{np(1-p)}}\right) - \Phi\left(\frac{s_1 - 0{,}5 - np}{\sqrt{np(1-p)}}\right).$$

Die Werte 0,5 und −0,5 sind Korrekturen, die bei ganzzahligen Zufallsgrößen die Genauigkeit der Näherung verbessern. Die Anzahl der Summanden muss genügend groß sein. Faustregel: $np(1-p) \geq 4$ bzw. $np(1-p) \geq 9$ ergibt bereits eine „brauchbare" bzw. „ganz gute" Näherung.

H 8.16–8.18 Das sind typische Aufgaben zum zentralen Grenzverteilungssatz in der Form von Moivre-Laplace. Beachten Sie, das für die Anwendung dieses Grenzverteilungssatzes die Anzahl der Summanden n genügend groß sein muss (Faustregel!). Bei ganzzahligen Zufallsgrößen empfiehlt sich aus Genauigkeitsgründen eine Bereichskorrektur (±0,5).

H 8.19 Es handelt sich um eine Anwendung des zentralen Grenzverteilungssatzes in etwas allgemeinerer Form.

Literatur

Bamberg, G., Baur, F., Krapp, M.: Statistik. 17. Aufl. München: Oldenbourg (2012)

Bamberg, G., Baur, F., Krapp, M.: Statistik-Arbeitsbuch: Übungsaufgaben – Fallstudien – Lösungen. 9. Aufl. München: Oldenbourg (2012)

Caputo, A., Fahrmeir, L., Künstler, R., Lang, S., Pigeot, I., Tutz, G.: Arbeitsbuch Statistik. 5. Aufl. Berlin: Springer (2008)

Fahrmeir, L., Künstler, R., Pigeot, I., Tutz, G.: Statistik: Der Weg zur Datenanalyse. 7. Aufl. Berlin: Springer (2010)

Luderer, B., Nollau, V., Vetters, K.: Mathematische Formeln für Wirtschaftswissenschaftler. 7. Aufl. Wiesbaden: Vieweg+Teubner (2012)

Induktive Statistik

Als Alternative zu Punktschätzungen können Konfidenzintervalle für die Abschätzung der Genauigkeit bei der Parameterschätzung dienen. Für viele Standardsituationen liegen dabei fertige Formeln vor. Da bei diskreten Grundgesamtheiten die exakte Berechnung von Konfidenzintervallen meist mühsam ist, wird häufig auf asymptotische Konfidenzintervalle zurückgegriffen. Werden Mittelwerte normalverteilter Grundgesamtheiten geprüft, wird in der Regel unterstellt, dass die anhand der Stichprobe beobachteten Mittelwertabweichungen zufallsbedingt sind. Zur Prüfung der Varianz einer normalverteilten Grundgesamtheit wird die Stichprobenvarianz mit einer hypothetischen Varianz verglichen. Die sich ergebende Testgröße ist χ^2-verteilt. Um Wahrscheinlichkeiten zu testen und zu vergleichen, wird angenommen, dass 0-1-verteilte Grundgesamtheiten und genügend große Stichprobenumfänge vorliegen, sodass auf die asymptotische Verteilung entsprechender Testgrößen zurückgegriffen werden kann.

Der χ^2-Test ist ein recht universelles Testverfahren zum Prüfen von Verteilungshypothesen. Neben der Standardvariante als Anpassungstest sind insbesondere der χ^2-Homogenitäts- und der χ^2-Unabhängigkeitstest von Bedeutung.

9.1 Konfidenzintervalle

A 9.1 Im Rahmen einer Qualitätskontrolle zur Attributprüfung werde eine Stichprobe vom Umfang $n = 100$ gezogen. Dabei werden $k = 7$ fehlerhafte Teile gefunden. Geben Sie eine Abschätzung für den Ausschussanteil in Form eines zweiseitigen (asymptotischen) Konfidenzintervalls zum Konfidenzniveau $1 - \alpha = 0{,}95$ an.

B. Luderer, *Klausurtraining Mathematik und Statistik für Wirtschaftswissenschaftler*, Studienbücher Wirtschaftsmathematik, DOI 10.1007/978-3-658-05546-2_9, © Springer Fachmedien Wiesbaden 2014

A 9.2 Eine Umfrage zum Wahlverhalten bei 1000 zufällig ausgewählten Bürgern ergibt die folgende empirische Stimmenverteilung:

Partei	A	B	C	Sonstige
Anzahl der Stimmen	450	470	48	32

Bestimmen Sie für die Parteien A, B und C zweiseitige, asymptotische Konfidenzintervalle zum Konfidenzniveau $1 - \alpha = 0{,}95$ für den zu erwartenden Stimmenanteil.

A 9.3 Bei einer Erfassung der Körpergrößen von Studentinnen und Studenten wurden folgende Ergebnisse erhalten:

	Stichprobenumfang	$\overline{x}$	s^2
Studentinnen	30	168, 4	$6{,}23^2$
Studenten	30	181, 8	$7{,}15^2$

Bestimmen Sie zweiseitige Konfidenzintervalle für die Mittelwerte und die Varianzen jeweils zum Niveau $1 - \alpha = 0{,}95$. Nehmen Sie dabei an, dass die Körpergrößen normalverteilte Zufallsgrößen sind.

A 9.4 Bei einer Untersuchung der Druckfestigkeit von Beton der Qualität B35/25 wurden an $n = 10$ Prüfkörpern die folgenden Festigkeiten gemessen (Angaben in N/mm^2):

$$34{,}7 \quad 30{,}9 \quad 28{,}3 \quad 37{,}4 \quad 40{,}1 \quad 39{,}8 \quad 33{,}5 \quad 35{,}1 \quad 33{,}3 \quad 32{,}4 \,.$$

Konstruieren Sie für den Mittelwert sowie für die Varianz der Druckfestigkeit jeweils ein geeignetes einseitiges Konfidenzintervall zum Konfidenzniveau $1 - \alpha = 0{,}95$. Nehmen Sie an, dass die Druckfestigkeit eine normalverteilte Zufallsgröße ist.

9.2 Mittelwerttests

A 9.5 Ein Abfüllautomat sei auf eine Abfüllmenge von 1 l eingestellt. Bei dieser Abfüllmenge ist nach Herstellerangabe mit einer Standardabweichung von 0,02 l zu rechnen. Eine Kontrolle der Abfüllmenge bei $n = 20$ Flaschen ergibt eine mittlere Abfüllmenge von 0,995 l.

Liegt anhand dieses Stichprobenergebnisses ein Hinweis auf eine zu kleine mittlere Abfüllmenge vor? Prüfen Sie diese Vermutung mit Hilfe eines geeigneten Signifikanztests zum Signifikanzniveau $\alpha = 0{,}1$. Nehmen Sie an, dass eine normalverteilte Grundgesamtheit vorliegt.

A 9.6 Ein öffentlich-rechtlicher Rundfunksender erhielt die Erlaubnis, im Morgenprogramm täglich fünf Minuten Werbung zu senden. Eine Überprüfung der Sendedauer an zehn zufällig ausgewählten Tagen ergibt folgende Werte (Zeitangaben in Sekunden): 308, 331, 290, 289, 303, 310, 307, 316, 300, 317.

Ist der Verdacht begründet, dass zu viel Werbung gesendet wird? Entscheiden Sie anhand eines Signifikanztests zum Niveau $\alpha = 0{,}1$. Nehmen Sie an, dass die Werbesendedauer normalverteilt ist.

A 9.7 Ein Ernährungsinstitut hat eine neue, gewichtsreduzierende Diät entwickelt. Diese wurde an zehn Probanden getestet (Gewichtsangaben in kg):

Gewicht	1	2	3	4	5	6	7	8	9	10
vorher	62,3	63,7	59,6	60,5	62,9	63,3	68,1	62,1	58,0	61,1
danach	55,6	63,9	56,2	54,9	56,5	61,8	61,8	61,5	59,1	61,1

Untersuchen Sie, ob Hinweise auf eine gewichtsreduzierende Wirkung der Diät vorliegen. Betrachten Sie dazu einen t-Test für verbundene Stichproben zu einem Signifikanzniveau von 5 %.

A 9.8 Ein Jugendmode-Unternehmen möchte im Hinblick auf die Konfektionsgrößenoptimierung wissen, ob bei Frauen aufeinander folgender Generationen Unterschiede in der Körpergröße bestehen. Dazu werden Frauen in den Altersgruppen 20–25 und 40–45 Jahre befragt. Ergebnis der Befragung:

Altersgruppe	Stichprobenumfang	$\overline{x}$[cm]	s[cm]
20–25 Jahre	32	168,3	6,16
40–45 Jahre	30	164,5	5,48

Liefert die Stichprobe Hinweise auf Unterschiede in der Körpergröße? Prüfen Sie diese Vermutung mithilfe eines geeigneten Signifikanztests zum Signifikanzniveau $\alpha = 0{,}05$. Nehmen Sie an, dass die Körpergrößen normalverteilte Zufallsgrößen sind.

9.3 Prüfen einer Varianz

A 9.9 Ein Abfüllautomat sei auf eine Abfüllmenge von 1 l eingestellt. Vom Hersteller des Automaten wird angegeben, dass in diesem Bereich die Standardabweichung der Abfüllmenge vom Einstellwert 10 ml beträgt. Eine probeweise Abfüllung von 20 Einliterflaschen ergibt dagegen eine Stichprobenstandardabweichung von 13 ml. Arbeitet der Automat eventuell zu ungenau? Entscheiden Sie anhand eines Signifikanztests zum Signifikanzniveau 0,05. Nehmen Sie an, dass die Abfüllmenge eine normalverteilte Zufallsgröße ist.

A 9.10 Ein Lehrling erhält vom Meister den Auftrag, bestimmte Längenmessungen durchzuführen. Das dazu verwendete Messgerät wird als brauchbar eingestuft, wenn die Varianz des Messfehlers im betrachteten Messbereich weniger als $(20\,\mu m)^2$ beträgt. Dem Lehrling kommen die Messwerte komisch vor. Er hat den Verdacht, dass das Messgerät nicht genau genug arbeitet und wendet sich deshalb an den Meister. Dieser empfiehlt 20 Eichmessungen. Die dabei erzielte Stichprobenvarianz beträgt $s^2 = (17\,\mu m)^2$. „Na und?", sagt der Meister.

Wie würden Sie entscheiden? Führen Sie einen Signifikanztest zum Prüfen der Vermutung durch, dass die Varianz des Messgerätes bei einer Irrtumswahrscheinlichkeit von 5 % nicht klein genug ist. Nehmen Sie an, dass eine Normalverteilung vorliegt.

9.4   Prüfen von Wahrscheinlichkeiten

A 9.11 Ein Hersteller behauptet, der Ausschussanteil seiner Erzeugnisse betrage höchstens 5 %. Eine Stichprobe vom Umfang $n = 100$ enthält dagegen $k = 10$ fehlerhafte Erzeugnisse. Ist dieses Stichprobenergebnis noch mit den Angaben des Herstellers verträglich? Entscheiden Sie anhand eines Signifikanztests zum Niveau $\alpha = 0{,}05$. Bestimmen Sie zum vorliegenden Stichprobenergebnis die Signifikanzschwelle.

A 9.12 Ein Student gibt an, dass er 80 % des Statistikstoffs beherrscht. Dazu werden ihm $n = 40$ gleichschwere, voneinander unabhängige Fragen gestellt, von denen er $k = 28$ richtig beantworten kann.

a) Ist dieses Stichprobenergebnis mit der Behauptung des Studenten verträglich? Führen Sie einen Signifikanztest zum Signifikanzniveau $\alpha = 0{,}05$ durch. Bestimmen Sie die Signifikanzschwelle.
b) Bei welcher Anzahl der richtig beantworteten Fragen wäre der Test beim vorliegenden Stichprobenumfang und gegebenem Signifikanzniveau signifikant?
c) Wie sich in der Stichprobe zeigte, konnte der Student 70 % der Fragen richtig beantworten. Ab welchem Stichprobenumfang wäre dieses Stichprobenergebnis beim gegebenen Signifikanzniveau signifikant?

A 9.13 In einem Supermarkt wird im Hinblick auf die Sortimentsoptimierung unter anderem der Bedarf an Rot- und Weißwein vor größeren Feiertagen erfasst. Die nachfolgende Tabelle enthält die aus einer Studie gewonnenen Stichprobenergebnisse, in der jeweils drei Tage vor Ostern und Weihnachten erfasst wurde, wie viele Kunden genau eine Flasche Rot- oder Weißwein gekauft haben (nicht einbezogen wurden Kunden, die entweder gar keinen Wein oder mehrere Flaschen gekauft haben):

	Rotwein	Weißwein
Ostern	95	115
Weihnachten	120	90

Ergeben sich hieraus Hinweise darauf, dass die Nachfrage nach Rotwein um die Weihnachtszeit höher ist als die nach Weißwein? Entscheiden Sie anhand eines Signifikanztests zum Signifikanzniveau von 5 %.

9.5 χ^2-Test

A 9.14 Bei einer Wahl, zu der sich vier Parteien A, B, C und D und einige weitere gestellt hatten, lag das folgende Wahlergebnis vor:

Partei	A	B	C	D	Sonstige
Stimmenanteil [%]	38,5	38,5	8,6	7,4	7,0

Sechs Wochen nach der Wahl ergab eine Meinungsumfrage bei $n = 1000$ zufällig ausgewählten Bürgern (sogenannte Sonntagsfrage) die folgende Stimmenverteilung:

Partei	A	B	C	D	Sonstige
Anzahl der Stimmen	440	340	100	50	70

Es hat den Anschein, dass sich das Stimmungsbild deutlich geändert hat. Prüfen Sie diese Vermutung mithilfe eines geeigneten Signifikanztests zum Signifikanzniveau von 1 %.

A 9.15 Bei einem Warentest wurden Haushaltgeräte von drei verschiedenen Herstellern einem Qualitätstest mit folgendem Testergebnis unterzogen:

Hersteller	1	2	3
Anzahl der geprüften Geräte	90	120	100
Anzahl der Geräte mit Mängeln	11	5	8

Kommentar des Warentesters: „Das Testergebnis zeigt deutliche Qualitätsunterschiede in Abhängigkeit vom jeweiligen Hersteller." Wie würden Sie diese Einschätzung bewerten? Beurteilen Sie das Stichprobenergebnis mithilfe eines geeigneten Signifikanztests zum Signifikanzniveau von 5 %.

A 9.16 Im Rahmen einer Fragebogenaktion zur Kundenzufriedenheit wurden in einem Supermarkt 300 Kunden befragt. Unter anderem wurde das Alter und die Sortimentszufriedenheit erfasst:

Altersgruppe	Grad der Zufriedenheit mit dem Sortiment		
	sehr zufrieden	zufrieden	weniger zufrieden
≤ 30	15	25	30
31 bis 50	40	50	40
≥ 51	45	30	25

Es scheint, dass ältere Kunden mit dem Warensortiment „zufriedener" sind als jüngere. Prüfen Sie diese Vermutung mit Hilfe eines geeigneten Signifikanztests zum Signifikanzniveau von 5 %.

9.6 Schätzfunktionen

A 9.17 Die WG-Bewohner Mona und Lisa notieren über einen Zeitraum von vier Wochen die jeweiligen Wartezeiten an der Bushaltestelle, wenn sie morgens mit dem Bus zur Universität fahren. Die längste Wartezeit während der vier Wochen betrug dabei elf Minuten. Aus den 20 gemessenen Werten $x_1, x_2, \ldots, x_{20}$ berechnen sie ein arithmetisches Mittel von $\overline{x} = 7{,}2$ und eine empirische Standardabweichung von $s = 2{,}35$.

Sie gehen davon aus, dass die Wartezeit X als stetig gleichverteiltes Merkmal auf dem Intervall $[0, b]$ angesehen werden kann, d. h. $X \sim \mathrm{GL}[0, b]$, und wollen aus ihren Beobachtungen den Parameter b schätzen. Hierfür schlägt Mona den Schätzer der Momenten-Methode $\hat{b}_{\mathrm{MM}} = 2\overline{x}$ und Lisa den Schätzer der Maximum-Likelihood-Methode $\hat{b}_{\mathrm{ML}} = \max\{x_1, x_2, \ldots, x_n\} = x_{(n)}$ vor.

In ihren Aufzeichnungen zur Statistik-Vorlesung finden beide noch jeweils Erwartungswert und Varianz der Schätzfunktionen:

$$\mathbb{E}\hat{b}_{\mathrm{MM}} = b, \qquad \mathrm{Var}\left(\hat{b}_{\mathrm{MM}}\right) = \tfrac{1}{3n} \cdot b^2,$$
$$\mathbb{E}\hat{b}_{\mathrm{ML}} = \tfrac{n}{n+1} \cdot b, \qquad \mathrm{Var}\left(\hat{b}_{\mathrm{ML}}\right) = \tfrac{n}{(n+2)(n+1)^2} \cdot b^2.$$

a) Welchen konkreten Schätzwert erhalten Lisa und Mona?

b) Berechnen und interpretieren Sie für beide Schätzfunktionen den Bias.

c) Zeigen Sie, dass für den Mean-Square-Error einer Schätzfunktion $\hat{\theta}$ für den unbekannten Parameter θ die Beziehung

$$\mathrm{MSE}(\hat{\theta}) = \mathbb{E}\left(\theta - \hat{\theta}\right)^2 = \mathrm{Bias}(\hat{\theta})^2 + \mathrm{Var}(\hat{\theta})$$

gilt. Berechnen Sie ferner aus den 20 beobachteten Wartezeiten jeweils den Mean-Square-Error $\mathrm{MSE}(\hat{b}_{\mathrm{MM}})$ und $\mathrm{MSE}(\hat{b}_{\mathrm{ML}})$ für Monas und Lisas Schätzfunktionen.

d) Da Mona und Lisa darüber streiten, wer die Wartezeit besser schätzt, werden Sie bei der Entscheidung um Mithilfe gebeten. Begründen Sie kurz Ihre Antwort.

e) Zeigen Sie, dass die Varianz von Monas Momenten-Schätzer durch die Beziehung $\mathrm{Var}(\hat{b}_{\mathrm{MM}}) = \tfrac{1}{3n}b^2$ gegeben ist.

A 9.18 Eine kleinere Versicherung rechnet – ausgehend von ihren langjährigen Erfahrungen – damit, dass im Verlaufe eines Jahres durchschnittlich 438 Schäden auftreten.

a) Berechnen Sie die Wahrscheinlichkeit dafür, dass innerhalb von sechs Tagen höchstens ein Schaden auftritt.

b) Wie hoch ist die Wahrscheinlichkeit dafür, dass nach Eintritt eines Schadens innerhalb der nächsten Stunde kein weiterer Schaden auftritt?

c) Die Praktikantin Susi Stat hat die letzten sechs aufgetreten Schäden genau analysiert und die Zeiten zwischen zwei unmittelbar aufeinander folgenden Schäden notiert:

i	1	2	3	4	5
Dauer (in Std.)	11,5	16,5	3,7	5,9	17,7

Leider war Susi Stat in der Statistikvorlesung, bei der die Momentenmethode zur Parameterschätzung besprochen wurde. gerade krank. Helfen Sie der Praktikantin und geben Sie einen Schätzwert für den Parameter auf Basis obiger Stichprobe an. Berechnen Sie mit diesem Schätzwert nochmals Aufgabe b). Für wie viele Schäden innerhalb eines Jahres sollte die Versicherung anhand des neu ermittelten Parameters Schadensrückstellungen bilden? Orientieren Sie sich dabei an der erwarteten Schadenanzahl.

d) Was können Sie über die Erwartungstreue des Schätzers aussagen?

e) Welchen Schätzer hätte Susi verwenden müssen, wenn Sie die Maximum-Likelihood-Methode zur Parameterschätzung angewendet hätte?

9.7 Hinweise und Literatur

Zu Abschnitt 9.1

Konfidenzintervalle sind eine Alternative zu Punktschätzungen und können zur Genauigkeitsabschätzung bei der Schätzung von Parametern herangezogen werden. Für Standardsituationen liegen meist fertige Formeln vor. Bei einseitigen Konfidenzintervallen ergibt sich anhand der konkreten Aufgabenstellung, nach welcher Seite eine Abschätzung vorzunehmen ist. Bei diskreten Grundgesamtheiten ist die exakte Bestimmung von Konfidenzintervallen mitunter mühsam, sodass häufig auf asymptotische Konfidenzintervalle zurückgegriffen wird.

H 9.1, 9.2 Hier geht es um asymptotische Konfidenzintervalle für eine Wahrscheinlichkeit.

H 9.3, 9.4 Das sind Aufgaben zu Konfidenzintervallen für die Parameter einer Normalverteilung.

Zu Abschnitt 9.2

Dieser Abschnitt enthält Aufgaben zum Prüfen von Mittelwerten normalverteilter Grundgesamtheiten. Bei der Aufstellung geeigneter Hypothesen wird in der Regel angenommen, dass die anhand der Stichprobe beobachteten Mittelwertabweichungen bzw. -tendenzen zufallsbedingt sind. Die Wahl des kritischen Bereichs (ein- oder zweiseitig) ergibt sich aus der jeweiligen Aufgabenstellung.

H 9.5 Hier geht es um das Prüfen des Mittelwertes einer normalverteilten Grundgesamtheit bei bekannter Varianz.

H 9.6 Das ist eine Aufgabe zum t-Test in seiner Standardform, dem Prüfen des Mittelwertes einer normalverteilten Grundgesamtheit bei unbekannter Varianz.

H 9.7 Bei dieser Aufgabe liegt eine sogenannte verbundene Stichprobe vor. Es erfolgt eine wiederholte Messwerterfassung am gleichen „Objekt". Betrachten Sie deshalb die Differenzen der Messwertpaare.

H 9.8 Es werden zwei unabhängige Stichproben zu normalverteilten Grundgesamtheiten betrachtet. Zu prüfen ist mit dem doppelten t-Test, ob signifikante Mittelwertunterschiede bestehen. Nehmen Sie an, dass beide Grundgesamtheiten die gleiche Varianz besitzen.

Zu Abschnitt 9.3

Es werden Aufgaben zum Prüfen der Varianz einer normalverteilten Grundgesamtheit betrachtet. Hierzu wird die Stichprobenvarianz mit einer hypothetischen Varianz verglichen. Die sich ergebende Testgröße ist χ^2-verteilt. In der Regel kommen einseitige Fragestellungen in Betracht, wobei sich die jeweilige Entscheidungsrichtung aus dem Aufgabenzusammenhang ergibt.

H 9.9, 9.10 Dies sind Standardaufgaben zum Prüfen der Varianz einer normalverteilten Grundgesamtheit.

Zu Abschnitt 9.4

Es werden Tests zum Prüfen und zum Vergleich von Wahrscheinlichkeiten betrachtet. Dazu wird angenommen, dass 0-1-verteilte Grundgesamtheiten und genügend große Stichprobenumfänge vorliegen, sodass auf die asymptotische Verteilung der entsprechenden Testgrößen zurückgegriffen werden kann. Die Fragestellung kann ein- oder zweiseitig sein, was von der jeweiligen Aufgabenstellung abhängig ist.

Bei zweiseitiger Fragestellung zum Prüfen einer Wahrscheinlichkeit oder dem Vergleich von zwei Wahrscheinlichkeiten kann auch der χ^2-Test benutzt werden. Zwischen der dabei verwendeten Testgröße χ^2 und der in den Lösungen angegebenen Testgröße Z besteht die Beziehung $\chi^2 = Z^2$, so dass sich die Tests in ihrem Entscheidungsverhalten nicht unterscheiden.

H 9.11, 9.12 Dies sind Aufgaben zum Prüfen einer Wahrscheinlichkeit.

H 9.13 Hier geht es um den Vergleich zweier Wahrscheinlichkeiten. Bei zweiseitiger Fragestellung könnte auch der χ^2-Test angewandt werden.

Zu Abschnitt 9.5

Der χ^2-Test ist ein recht universelles Testverfahren zum Prüfen von Verteilungshypothesen. Neben der Standardversion als Anpassungstest sind insbesondere der χ^2-Homogenitäts- und der χ^2-Unabhängigkeitstest von Bedeutung.

Beim Homogenitätstest wird ein interessierendes Merkmal unter verschiedenen Versuchsbedingungen beobachtet. Es ist abzuklären, ob die unterschiedlichen Versuchsbedingungen Einfluss auf die Verteilung des Merkmals besitzen. Gemäß Homogenitätshypothese wird angenommen, dass die Versuchsbedingungen keinen Einfluss auf die Verteilung des Merkmals haben.

Beim Unabhängigkeitstest wird ein zweidimensionales Merkmal beobachtet (paarweise Merkmalserfassung). Es ist zu untersuchen, ob zwischen den beiden Merkmalskomponenten Abhängigkeiten bestehen. Geprüft wird die sogenannte Unabhängigkeitshypothese, die besagt, dass die beobachteten Merkmale (stochastisch) unabhängig sind.

Die jeweiligen Testgrößen beim Homogenitäts- und Unabhängigkeitstest sind formal identisch. Grundidee ist nach dem χ^2-Prinzip der Vergleich der empirischen Klassenhäufigkeiten mit den gemäß der jeweiligen Hypothese zu erwartenden theoretischen Klassenhäufigkeiten. Zu beachten ist, dass die entstehenden Testgrößen asymptotisch χ^2-verteilt sind, weshalb für die Anwendung dieser Tests ein hinreichend großer Stichprobenumfang erforderlich ist.

H 9.14 Typische Aufgabe zum χ^2-Anpassungstest.

H 9.15 Dies ist eine Aufgabe zum Homogenitätstest.

H 9.16 Hier geht es um einen Unabhängigkeitstest.

Zu Abschnitt 9.6

H 9.17 Schätzfunktionen sind letztendlich Zufallsgrößen, da die Schätzwerte für die unbekannten Parameter einer Verteilung sich natürlich von Stichprobe zu Stichprobe verändern. Der Bias einer Schätzfunktion berechnet sich mittels $\text{Bias}(\hat{\theta}) = \mathbb{E}\hat{\theta} - \theta$.

Welche Schätzfunktion besser ist, hängt vom betrachteten Kriterium ab: Eine erwartungstreue Schätzfunktion, die im Mittel richtig schätzt, kann eine sehr große Streuung aufweisen. Ein kleiner Mean-Square-Error ist ein durchaus sinnvolles Kriterium, da hierbei ein Kompromiss zwischen kleinem Bias und kleiner Varianz eingegangen wird.

H 9.18 Gehen Sie davon aus, dass die Anzahl der Schäden durch einen Poisson-Prozess beschrieben werden kann.

Literatur

Bamberg, G., Baur, F., Krapp, M.: Statistik. 17. Aufl. München: Oldenbourg (2012)

Bamberg, G., Baur, F., Krapp, M.: Statistik-Arbeitsbuch: Übungsaufgaben – Fallstudien – Lösungen. 9. Aufl. München: Oldenbourg (2012)

Caputo, A., Fahrmeir, L., Künstler, R., Lang, S., Pigeot, I., Tutz, G.: Arbeitsbuch Statistik. 5. Aufl. Berlin: Springer (2008)

Fahrmeir, L., Künstler, R., Pigeot, I., Tutz, G.: Statistik: Der Weg zur Datenanalyse. 7. Aufl. Berlin: Springer (2010)

Krapp, M., Nebel, J.: Methoden der Statistik. Lehr- und Arbeitsbuch. Wiesbaden: Vieweg+Teubner (2011)

Luderer, B., Nollau, V., Vetters, K.: Mathematische Formeln für Wirtschaftswissenschaftler. 7. Aufl. Wiesbaden: Vieweg+Teubner (2012)

Storm, R.: Wahrscheinlichkeitsrechnung, mathematische Statistik und statistische Qualitätskontrolle. 12. Aufl. München: Hanser (2007)

10.1 Fragen zur Algebra

1 Was ist eine reguläre bzw. eine singuläre Matrix?

2 Was ist die zu einer Matrix inverse Matrix und wie kann man sie berechnen? Besitzt jede Matrix eine Inverse?

3 Kann es sein, dass das Skalarprodukt zweier Vektoren gleich null ist, obwohl beide Vektoren ungleich dem Nullvektor sind?

4 Ist eine Diagonalmatrix, deren Diagonalelemente alle von null verschieden sind, invertierbar? (Begründung!)

5 Kann die Inverse zu einer Matrix, die quadratisch, aber keine Diagonalmatrix ist, eine Diagonalmatrix sein?

6 Lassen sich zwei quadratische Matrizen stets miteinander multiplizieren?

7 Wodurch unterscheidet sich ein homogenes von einem inhomogenen linearen Gleichungssystem (LGS)?

8 Kann ein homogenes LGS unlösbar sein? In welchem Fall besitzt es genau eine Lösung?

9 Was versteht man unter der speziellen Lösung eines LGS? Kann ein LGS verschiedene spezielle Lösungen besitzen?

10 Von einem LGS mit zwei Gleichungen und drei Unbekannten sei bekannt, dass es mindestens eine Lösung besitzt. Kann es dann auch **genau** eine Lösung haben?

11 Kann ein eindeutig lösbares homogenes LGS eine Lösung besitzen, deren Komponenten alle negativ sind?

12 Was ist der Rang einer Matrix?

13 a) Können zwei Spaltenvektoren mit je drei Komponenten linear unabhängig sein?
b) Können drei Spaltenvektoren mit je zwei Komponenten linear unabhängig sein?
c) Können drei Vektoren im vierdimensionalen Raum linear unabhängig sein?

14 Nennen Sie zwei verschiedene Bedingungen, unter denen die Determinante einer quadratischen Matrix den Wert null hat!

B. Luderer, *Klausurtraining Mathematik und Statistik für Wirtschaftswissenschaftler*,
Studienbücher Wirtschaftsmathematik, DOI 10.1007/978-3-658-05546-2_10,
© Springer Fachmedien Wiesbaden 2014

10.2   Fragen zur Analysis

1   Was ist rechtsseitige Stetigkeit? Geben Sie eine Funktion an (Formel oder Skizze), die im Punkt $x_0 = 2$ rechtsseitig stetig, aber nicht stetig ist.

2   Was ist das vollständige Differenzial der Funktion $f(i, n)$ im Punkt (i_0, n_0)? Wie ist dieses zu interpretieren?

3   Was versteht man unter der (quadratischen) Taylorapproximation einer Funktion?

4   Was versteht man unter der partiellen (Punkt-)Elastizität der Funktion $f(x_1, x_2)$ im Punkt $(\bar{x}_1, \bar{x}_2)$ bezüglich x_2 und wie ist diese zu interpretieren?

5   Wie ist eine Funktion definiert? Welche Eigenschaft besitzen konvexe Funktionen?

6   Was versteht man unter den Niveaulinien einer Funktion (zweier Veränderlicher)? Wie sehen die Niveaulinien linearer Funktionen zweier Veränderlicher aus?

7   Charakterisieren Sie Funktionen mehrerer Veränderlicher, die homogen vom Grade eins sind.

8   Wie kann man die Lagrange-Multiplikatoren in Extremwertaufgaben mit Nebenbedingungen sinnvoll interpretieren?

9   Was versteht man unter einem uneigentlichen Integral?

10   Was ist der Unterschied zwischen einem bestimmten und einem unbestimmten Integral und auf welche Weise hängen beide zusammen?

11   Was ist eine monotone Funktion?

12   Wie kann man einen Wendepunkt charakterisieren?

13   Kann eine auf ganz $\mathbb{R}$ definierte und streng monoton wachsende Funktion nach oben beschränkt sein?

14   Was besagt die Kettenregel der Differentiation?

15   Wann liegt eine hebbare Unstetigkeit einer Funktion in einem Punkt vor?

16   Kann ein Punkt $\bar{x}$ lokale Minimumstelle einer Funktion f sein, obwohl $f'(\bar{x}) \neq 0$ gilt?

17   Stellt $f(x) = \begin{cases} -2x, & x \leq 0 \\ -x + 1, & x \geq 0 \end{cases}$ eine Funktion dar oder nicht?

18   Was versteht man unter partieller Integration?

19   Was besagt der Hauptsatz der Differenzial- und Integralrechnung?

20   Was besagt der Begriff Stammfunktion? Gibt es zu jeder stetigen Funktion eine in geschlossener Form darstellbare Stammfunktion?

21   Worin besteht die Hauptaussage des Satzes über die implizite Funktion?

10.3   Fragen zur Linearen Optimierung

1   Aus welchen Bestandteilen besteht eine lineare Optimierungsaufgabe?

2   Worin bestehen die Komplementaritätsbedingungen in der Linearen Optimierung?

3   Was besagen der schwache und der starke Dualitätssatz in der Linearen Optimierung?

4 Wie kann man mithilfe der Zwei-Phasen-Methode erkennen, ob eine lineare Optimierungsaufgabe eine zulässige Lösung besitzt oder nicht?

5 Wie kann man aus der Simplextabelle ersehen, wann Optimalität vorliegt bzw. ob eine lineare Optimierungsaufgabe (bei Maximierung) einen unbeschränkt wachsenden
   Zielfunktionswert besitzt?

6 Welche Interpretation ergibt sich, wenn in der optimalen Simplextabelle mehr Optimalitätsindikatoren den Wert null haben als Basisvariablen vorhanden sind?

7 Was kann man aussagen, wenn es in der Simplextabelle eine Spalte mit negativem Optimalitätsindikator gibt, in der alle Koeffizienten nichtpositiv sind?

8 Kann eine lineare Optimierungsaufgabe mehrere Zielfunktionen besitzen?

9 Welche Gestalt haben die Niveaulinien der Zielfunktion in einer linearen Optimierungsaufgabe?

10.4 Fragen zur Finanzmathematik

1 Was versteht man unter dem Barwert einer Zahlung?

2 Definieren Sie den Begriff Rendite möglichst allgemein.

3 Welche Tilgungsmodelle sind Ihnen bekannt?

4 Was versteht man unter ewiger Rente? Warum hat es keinen Sinn, den Endwert einer
   ewigen Rente zu berechnen?

5 Was versteht man unter der Verrentung eines Geldbetrages?

6 Warum ist der Gesamtbetrag aller Zahlungen eines Annuitätendarlehens wenig aussa-
   gekräftig?

7 Erklären Sie die Unterschiede und Gemeinsamkeiten der Kapitalwertmethode und der
   Methode des internen Zinsfußes.

8 Worin unterscheidet sich die lineare Abschreibung von der geometrisch-degressiven?

10.5 Fragen zur deskriptiven Statistik

1 Welche Merkmalstypen sind Ihnen bekannt?

2 Was ist ein Histogramm?

3 Was versteht man unter einem Boxplot? Welche charakteristischen Größen sind darin
   zu finden?

4 Stimmt es, dass eine schiefe Verteilung vorliegt, wenn das arithmetische Mittel und
   der empirische Median eines Merkmals deutlich voneinander abweichen?

5 Ist das arithmetische Mittel oder der Median empfindlicher gegenüber Ausreißern einer Stichprobe?

6   Wie groß ist die Summe aller relativen Häufigkeiten der Merksmalswerte einer Stichprobe?

7   Weist ein nahe bei eins oder ein nahe bei null liegender Gini-Koeffizient auf eine starke Konzentration hin?

8   Was versteht man unter den Randverteilungen einer zweidimensionalen Zufallsvariablen (X, Y)?

9   Deutet ein Korrelationskoeffizient nahe eins auf einen schwachen oder starken Zusammenhang zwischen zwei Merkmalen?

10 In welchem Zusammenhang stehen die Begriffe Unabhängigkeit und Unkorreliertheit?

10.6   Fragen zur Wahrscheinlichkeitsrechnung

1   Was unterscheidet Elementarereignisse von Ereignissen?

2   Welche Voraussetzungen benötigt man, um die klassische Methode zur Bestimmung von Wahrscheinlichkeiten anwenden zu können?

3   Was versteht man unter einer bedingten Wahrscheinlichkeit?

4   Was besagt der Satz von der totalen Wahrscheinlichkeit?

5   Worin besteht die Aussage des Satzes von Bayes?

6   Welche Arten von Zufallsgrößen gibt es?

7   Welcher Zusammenhang besteht zwischen 0-1-verteilten und binomialverteilten Zufallsgrößen?

8   Was beschreiben Erwartungswert, Varianz und Standardabweichung?

9   Wie lässt sich die Intensität eines Poisson-Prozesses bestimmen, falls die mittlere Anzahl der Ereignisse in einem Zeitintervall der Länge t bekannt ist?

10 Welche Parameter besitzt die Normalverteilung? Worin besteht die Bedeutung der standardisierten Normalverteilung?

11 Was besagt das Gesetz der großen Zahlen?

12 Was ist der Inhalt des zentralen Grenzverteilungssatzes?

10.7   Fragen zur induktiven Statistik

1   Wie schätzt man eine Wahrscheinlichkeit?

2   Wie werden Mittelwert und Varianz einer Zufallsgröße geschätzt?

3   Wie wird die Intensität eines Poisson-Prozesses geschätzt?

4   Was versteht man unter einem Konfidenzintervall für den Parameter einer Wahrscheinlichkeitsverteilung? Kann man sicher sein, dass mit dem konkreten Konfidenzintervall der Parameter auch erfasst wird?

5   Was ist Gegenstand eines Signifikanztests?

6   Was ist beim Vergleich der Mittelwerte zweier normalverteilter Grundgesamtheiten mit dem t-Test zu beachten?

7   Das Prüfen auf Gleichheit der Mittelwerte zweier normalverteilter Grundgesamtheiten kann neben dem doppelten t-Test auch mit einer Varianzanalyse erfolgen. Welcher Test ist zu bevorzugen?

8   Ein Signifikanztest geht nicht signifikant aus. Folgt daraus, dass die Hypothese H_0 zutrifft?

9   Was ist eine Signifikanzschwelle? Wie ist bei vorgegebener Irrtumswahrscheinlichkeit α bezüglich der Signifikanzschwelle zu entscheiden?

10   Was versteht man unter einem Fehler erster Art?

11   Was ist der Unterschied zwischen dem χ^2-Homogenitätstest und dem χ^2-Unabhängigkeitstest?

12   Was besagt der Hauptsatz der Statistik?

10.8   Sonstige Fragen

1   Was versteht man unter der Komplementärmenge zu einer Menge A?

2   In welcher Lage können sich zwei Geraden in der Ebene bzw. im Raum befinden?

3   Kann eine streng monoton wachsende Zahlenfolge nach oben beschränkt sein?

4   Was versteht man unter den De Morgan'schen Regeln in der Mengenlehre?

5   Was versteht man in der Mengenlehre unter der Differenzmenge und dem Durchschnitt zweier Mengen?

6   Welche Darstellung besitzt eine komplexe Zahl? Wie werden zwei komplexe Zahlen addiert?

7   Worin besteht der Unterschied zwischen einer arithmetischen und einer geometrischen Zahlenfolge?

8   Stimmt es, dass die Zahlenfolge $2, -1, \frac{1}{2}, -\frac{1}{4}, \frac{1}{8}, \ldots$ geometrisch ist?

9   Stimmt es, dass 3 der Grenzwert der Zahlenfolge $\{a_n\}$ mit den Gliedern $a_n = \frac{3n + 3 \cdot (-1)^n}{3n}$ ist?

10   Ist die Zahlenfolge $1, -3, 9, -27, 81, \ldots$ konvergent, bestimmt divergent oder unbestimmt divergent? (Begründung!)

11   Wie nennt man eine Zahlenfolge $\{a_n\}$ mit der Eigenschaft $a_n \geq a_{n+1} \ \forall \ n$?

12   Besitzt eine alternierende Zahlenfolge immer, niemals oder in manchen Fällen einen Grenzwert (Begründung oder Beispiel!)?

13   Wann sind zwei Geraden in der Ebene parallel zueinander?

Häufig begangene Fehler

Viele Studenten scheitern in den Mathe-Klausuren nicht am neu im Studium vermittelten Stoff, sondern vielmehr an zu geringen Vorkenntnissen aus der Schule und an mangelhafter mathematischer Kultur. Um sich vorzustellen, welche Vielfalt an Fehlern Studenten beim Lösen mathematischer Probleme begehen können, bedarf es einer ausgeprägten Fantasie. Alle denkbaren Fehler auch nur einigermaßen vollständig aufzuzählen, ist daher unmöglich. In meiner langjährigen Unterrichtstätigkeit sind mir jedoch eine Reihe typischer Fehler aufgefallen, die nachstehend kurz beschrieben werden sollen. Vorab mein Appell: Setzen Sie Klammern!

11.1 Klammerrechnung

- Eine Klammer wird mit einem Faktor multipliziert, indem **jeder** Summand in der Klammer mit dem Faktor multipliziert wird.
  Richtig: $3(x - 2y + 6) = 3x - 6y + 18$
  Falsch: $3(x - 2y + 6) = 3x - 2y + 6$
  Richtig: $-(x - 1) = -x + 1$ *Falsch:* $-(x - 1) = -x - 1$
- Ein Bruchstrich ersetzt eine Klammer.
  Beispiel: Der Bruch $\frac{2}{x-1} = 3$ wird mit dem Nenner multipliziert.
  Richtig: $2 = 3(x - 1) = 3x - 3$ *Falsch:* $2 = 3x - 1$
- Oft wird das Setzen von Klammern vergessen (oder aus Bequemlichkeit unterlassen), was in der Folge im Allgemeinen zu falschen Ergebnissen führt. Lieber zu viele als zu wenige Klammern setzen!
  Beispiel: Die Gleichung $e^x = y - 2$ soll logarithmiert werden.
  Richtig: $x = \ln(y - 2)$ *Falsch:* $x = \ln y - 2$
  Beispiel: In der Funktion $f(x, y) = e^{-xy}$ soll die Variable x durch den Ausdruck $3 - 2y$ ersetzt werden (so etwas kommt bspw. in der Eliminationsmethode der Extremwertrechnung vor).
  Richtig: $\tilde{f}(y) = e^{-(3-2y)y} = e^{-3y+2y^2}$ *Falsch:* $\tilde{f}(y) = e^{-3-2y \cdot y} = e^{-3-2y^2}$

B. Luderer, *Klausurtraining Mathematik und Statistik für Wirtschaftswissenschaftler*,
Studienbücher Wirtschaftsmathematik, DOI 10.1007/978-3-658-05546-2_11,
© Springer Fachmedien Wiesbaden 2014

11.2 Reihenfolge von Rechenoperationen

- Die Reihenfolge auszuführender Rechenoperationen lautet

$$\text{Potenzrechnung} \rightarrow \text{Punktrechnung} \rightarrow \text{Strichrechnung},$$

  sofern sie nicht durch das Setzen von Klammern verändert wird.
  Richtig: $5 + 4 \cdot 3^2 = 5 + 4 \cdot 9 = 5 + 36 = 41$
  Falsch: $5 + 4 \cdot 3^2 = 9 \cdot 3^2 = 81$ oder $5 + 4 \cdot 3^2 = 5 + 12^2 = 149$
  Aber: $(5 + 4) \cdot 3^2 = 9 \cdot 9 = 81, \quad (5 + 4 \cdot 3)^2 = 17^2 = 289$
  Achtung: Bei der Verwendung eines Taschenrechners ist darauf zu achten, wie dieser intern Klammern setzt bzw. in welcher Reihenfolge Rechenoperationen ausgeführt werden. Die Nichtbeachtung der Funktionsweise des jeweiligen Taschenrechners ist eine häufige Fehlerquelle.
  Tipp: Funktionsweise an einfachen, nachvollziehbaren Beispielen überprüfen.
- Das Logarithmuszeichen hat Vorrang vor einem einzeln stehenden Additionszeichen.
  Beispiel: $\ln a + 1$
  Richtig: Berechne zunächst $\ln a$ und addiere dazu eins.
  Falsch: Berechne zunächst $a + 1$ und davon den natürlichen Logarithmus.

11.3 Rechnen mit Summenzeichen

- Eine mit Summenzeichen dargestellte Summe kann auch mithilfe einer Klammer geschrieben werden. Damit gelten die Rechengesetze für Klammern.

Richtig:
$$\sum_{i=1}^{n} a_i \cdot \sum_{i=1}^{n} b_i = \left(\sum_{i=1}^{n} a_i \right) \cdot \left(\sum_{i=1}^{n} b_i \right)$$
$$= (a_1 + \ldots + a_n) \cdot (b_1 + \ldots + b_n)$$
$$= a_1 b_1 + \ldots + a_1 b_n + a_2 b_1 + \ldots + a_n b_n.$$

Falsch:
$$\sum_{i=1}^{n} a_i \cdot \sum_{i=1}^{n} b_i = \sum_{i=1}^{n} a_i \cdot b_i = a_1 b_1 + a_2 b_2 + \ldots + a_n b_n$$

Beispiel: $n = 3, a_1 = 1, a_2 = 3, a_3 = 10, b_1 = 2, b_2 = 4, b_3 = 7$

$$\sum_{i=1}^{3} a_i = 14, \sum_{i=1}^{3} b_i = 13, \sum_{i=1}^{3} a_i b_i = 1 \cdot 2 + 3 \cdot 4 + 10 \cdot 7 = 84$$

Richtig:
$$\left(\sum_{i=1}^{3} a_i \right) \cdot \left(\sum_{i=1}^{3} b_i \right) = 14 \cdot 13 = 182$$

Falsch:
$$\left(\sum_{i=1}^{3} a_i \right) \cdot \left(\sum_{i=1}^{3} b_i \right) = \sum_{i=1}^{3} a_i b_i = 84$$

- Das Summenzeichen hat Vorrang vor einem einzeln stehenden Additionszeichen.

Beispiel: $\sum\limits_{i=1}^{3} x_i + 1$

Richtig: $\sum\limits_{i=1}^{3} x_i + 1 = x_1 + x_2 + x_3 + 1$

Falsch: $\sum\limits_{i=1}^{3} x_i + 1 = (x_1 + 1) + (x_2 + 1) + (x_3 + 1) = x_1 + x_2 + x_3 + 3$

11.4   Potenz- und Wurzelrechnung

- Wird gegen die entsprechenden Rechengesetze verstoßen, erhält man im Allgemeinen falsche Ergebnisse.

  Falsch: $(a + b)^2 = a^2 + b^2$ *Richtig:* $(a + b)^2 = a^2 + 2ab + b^2$

  Falsch: $(a + b)^3 = a^3 + b^3$ *Richtig:* $(a + b)^3 = a^3 + 3a^2b + 3ab^2 + b^3$

  Falsch: $(a + b)^n = a^n + b^n$,   *Falsch:* $\sqrt{a^2 + b^2} = a + b$

11.5   Rechnen mit Beträgen

- Es gilt $|z| = \begin{cases} z, & z \geq 0 \\ -z, & z < 0 \end{cases}$, also beipielsweise $|7| = 7, |-7| = 7$. Beim Rechnen mit Beträgen hat man daher stets die beiden Fälle $z \geq 0$ und $z < 0$ zu unterscheiden. *Achtung:* Die Größe z muss nicht immer positiv, die Größe $-z$ nicht immer negativ sein. Ferner ist z oftmals ein zusammengesetzter Ausdruck, zum Beispiel $z = x - 1$.
  Beispiel: Die Lösungsmenge der Betragsungleichung $|x - 1| \leq 3$ soll bestimmt werden.
  Falsch: Eine Unterscheidung der Art $x \geq 0$ und $x < 0$ bringt nichts, weil im ersten Fall der Term $x - 1$ sowohl positiv als auch negativ (oder auch null) sein könnte.
  Richtig: Hier ist $z = x - 1$, sodass im 1. Fall $x - 1 \geq 0$, d. h. $x \geq 1$ angenommen wird, im 2. Fall $x - 1 < 0$, also $x < 1$.
  1. Fall: Es gilt $|x - 1| = x - 1$, sodass sich $x - 1 \leq 3$ und folglich $x \leq 4$ ergibt. Dieses Ergebnis gilt aber nur unter der Annahme $x \geq 1$, sodass **beide Bedingungen** (Voraussetzung und Ergebnis) **gleichzeitig** gelten müssen. Damit ergibt sich die erste Lösungsmenge $L_1 = \{x \mid x \geq 1 \wedge x \leq 4\} = [1, 4]$ als **Durchschnitt** beider Bedingungen.
  2. Fall: Es gilt $|x - 1| = -(x - 1) = -x + 1$, d. h. $-x + 1 \leq 3$ und folglich $-x \leq 2$ bzw. $x \geq -2$. Gemeinsam mit der Voraussetzung $x < 1$ erhält man die zweite Teillösungsmenge $L_2 = \{x \mid x \geq -2 \wedge x < 1\} = [-2, 1)$ als **Durchschnitt** von Voraussetzung und Ergebnis.
  Die Gesamtlösungsmenge ergibt sich dann als **Vereinigung** der zwei Teillösungsmengen: $L_{ges} = L_1 \cup L_2 = [-2, 1) \cup [1, 4] = [-2, 4]$.

11.6   Umformen von Gleichungen

- Bei der Ermittlung von Lösungen einer Bestimmungsgleichung wird mitunter durch null geteilt, was aber nicht erkannt wird (weil durch einen Term wie beispielsweise $x - 1$ dividiert wird). Infolgedessen können Lösungen verlorengehen.

  Beispiel: Die quadratische Gleichung $x^2 + x - 2 = 0$ besitzt die beiden Lösungen $x_1 = 1$ und $x_2 = -2$. Dividiert man diese Gleichung durch $x - 1$, ergibt sich nach der Polynomdivision

$$
\begin{array}{l}
(x^2 + x - 2) \quad : \quad (x - 1) \ = \ x + 2 \\
\underline{-(x^2 - x)} \\
\qquad\quad 2x - 2 \\
\qquad\quad \underline{-(2x - 2)} \\
\qquad\qquad\quad 0
\end{array}
$$

  die lineare Gleichung $x + 2 = 0$ mit der einzigen Lösung $x = -2$.

  Fazit: Die Division durch $x - 1$ bewirkt, dass eine Lösung „spurlos verschwindet". Der Grund liegt darin, dass (wegen $x_1 = 1$) durch null dividiert wurde, ohne dies zu bemerken.

11.7   Rechnen mit Ungleichungen

- Während Addition und Subtraktion analog zum Rechnen mit Gleichungen verlaufen, kommt es bei der Multiplikation und Division auf das Vorzeichen des Faktors (bzw. Divisors) an:

  $$\text{Aus } a < b \text{ folgt } \begin{cases} c \cdot a < c \cdot b, & \text{falls } c > 0, \\ c \cdot a > c \cdot b, & \text{falls } c < 0. \end{cases}$$

  Die Multiplikation mit $c = 0$ liefert die zwar richtige, aber informationsfreie Aussage $0 = 0$. Die Regeln für die Division sind analog; eine Division duch 0 ist nicht erlaubt.

  Während die obige Regel für konkrete Zahlenwerte c unmittelbar einsichtig ist und es daher auch nur selten zu Fehlern kommt, wird bei der Multiplikation mit oder der Division durch einen Ausdruck, der eine Unbekannte enthält, oft gegen diese Rechengesetze verstoßen. Nötig ist jeweils eine Fallunterscheidung.

  Beispiel: Gesucht sind alle Lösungen der Ungleichung $\frac{x-1}{x+3} < 5$.

  Es ist naheliegend, die Ungleichung mit dem Nenner des Bruchs zu multiplizieren. Allerdings ist unbekannt, ob der Nenner positiv oder negativ ist (gleich null darf der Nenner nicht sein, da der Bruch sonst nicht definiert wäre). Daher ist eine Fallunterscheidung vonnöten.

  1. Fall: Nenner positiv, d. h. $x + 3 > 0$, also $x > -3$. Es folgt: $x - 1 < 5(x + 3) = 5x + 15$, woraus $x > -4$ resultiert. Die erste Teillösungsmenge ergibt sich als **Durchschnitt** der beiden Forderungen $x > -3$ und $x > -4$ und lautet somit $L_1 = (-3, \infty)$.

2. Fall: Nenner negativ, d. h. $x + 3 < 0$, also $x < -3$. Es folgt $x - 1 > 5x + 15$ und somit $x < -4$. Zusammen mit der Voraussetzung liefert dies die zweite Teillösungsmenge $L_2 = (-\infty, -4)$ als **Durchschnitt** von Voraussetzung und Ergebnis.

Gesamtlösungsmenge (= **Vereinigung** der Teillösungsmengen):
$$L_{ges} = L_1 \cup L_2 = (-\infty, -4) \cup (-3, \infty) = \mathbb{R} \setminus [-4, -3].$$

11.8 Logik

- Die Forderung, ein Vektor sei ungleich dem Nullvektor, bedeutet: Mindestens eine Komponente des Vektors ist ungleich null. *Falsch* hingegen wäre die Behauptung, **alle** Komponenten des Vektors müssten ungleich null sein.
- Ein Beispiel beweist keine Allaussage. Aus der Richtigkeit/Gültigkeit eines Beispiels kann man daher niemals auf die Allgemeingültigkeit einer Aussage schließen.
- Umgekehrt widerlegt jedoch ein Beispiel eine (falsche) Allaussage. Die Angabe **eines einzigen** Gegenbeispiels ist daher hinreichend dafür, dass eine Allaussage nicht gültig ist.

11.9 Gauß'scher Algorithmus

- Eine Zeile der Form $0 \cdot x_1 + 0 \cdot x_2 + \ldots + 0 \cdot x_n = a$ mit $a \neq 0$ stellt einen Widerspruch dar, sodass das lineare Gleichungssystem keine Lösung besitzt. Dies wird mitunter nicht erkannt.
- *Falsch:* Obwohl ein betrachtetes lineares Gleichungssystem keine Lösung besitzt, wird nach einer Lösung mit speziellen Eigenschaften gesucht. Letztere kann es dann (erst recht) nicht geben.
- Das Auftreten einer kompletten Nullzeile (Nullen auf der linken und der rechten Seite) bedeutet nur, dass diese zu streichen ist. Es bedeutet nicht automatisch das Vorliegen unendlich vieler Lösungen.

11.10 Nachweis der Monotonie von Funktionen

- Eine Funktion f ist monoton wachsend über dem Intervall I, wenn für **beliebige** Punkte $x_1, x_2 \in I$ mit $x_1 < x_2$ die Ungleichung $f(x_1) \leq f(x_2)$ gilt.
  Richtig: „Beliebige" Punkte bedeutet: Jede denkbare Kombination von Werten x_1 und x_2 muss in Betracht gezogen werden, also unendlich viele Möglichkeiten.
  Falsch: Es werden nur „irgendwelche" (willkürlich gewählte) Werte x_1 und x_2 betrachtet.

Falsch: Die Untersuchung aller Paare x und $x+1$ (mit beliebigem x) reicht ebenfalls nicht aus.

Beispiel: Die Funktion $f(x) = x^2 + 2x$ ist für $x > 0$ auf Monotonie zu untersuchen.
Aus $0 < x_1 < x_2$ folgt $x_1^2 < x_2^2$ sowie $2x_1 < 2x_2$ und somit $f(x_1) < f(x_2)$.
Andererseits: Aus der Tatsache, dass für $x_1 = 3$ und $x_2 = 5$ (willkürlich gewählte Werte) die Ungleichung

$$f(x_1) = f(3) = 3^2 + 2 \cdot 3 = 15 < 35 = 5^2 + 2 \cdot 5 = f(5) = f(x_2)$$

gilt, folgt gar nichts, denn: Ein Beispiel beweist niemals eine Allaussage.

Beispiel: Ist die Funktion $f(x) = -(x-2)^2$ monoton wachsend?
Wählt ein Student die Werte $x_1 = 0$ und $x_2 = 3$, so erhält er $f(x_1) = f(0) = -4$, $f(x_2) = f(3) = -1$, also $f(x_1) < f(x_2)$. Daraus die Schlussfolgerung zu ziehen, die Funktion wäre monoton wachsend, ist jedoch falsch, denn sie ist nur für $x \leq 2$ monoton wachsend, während sie für $x \geq 2$ **monoton fallend** ist.

11.11 Lineare Optimierung

- Bei der grafischen Lösung ergibt sich der zulässige Bereich nur aus den Nebenbedingungen. Die Höhenlinien der Zielfunktion haben mit dem zulässigen Bereich **nichts** zu tun. Sie haben lediglich Einfluss auf die optimale Lösung (die durch Parallelverschiebung der Höhenlinien bis an den Rand des zulässigen Bereichs bestimmt wird.)
- Bei der numerischen Lösung mittels Simplexmethode müssen die (in der Tabelle stehenden) Basisvariablen per Konstruktion stets **nichtnegativ** sein. Ein negativer Wert deutet darauf hin, dass in der Rechnung (mindestens) ein Fehler enthalten ist.
- Will man den Simplexalgorithmus starten, muss eine Einheitsmatrix vorhanden sein. Ist das nicht der Fall, müssen zusätzlich künstliche Variablen eingeführt werden („Phase 1“).
- Der Vektor $(0, \ldots, 0, -1, \ldots, 0)^{\top}$, der zu einer negativen Schlupfvariablen gehört, ist **kein** Einheitsvektor.

11.12 Allgemeine Hinweise

- Bei vielen Berechnungen ist eine vorherige Überschlagsrechnung bzw. eine begründete Schätzung angebracht.
- Die Angabe und Berücksichtigung von Maßeinheiten ist wichtig und oft sehr nützlich. Sie kann z. B. bei der Entscheidung helfen, ob eine Matrix transponiert werden muss oder ob zwei Matrizen verkettbar sind.

- Nach jeder Rechnung ist eine Interpretation des Ergebnisses im ökonomischen Kontext wichtig. Ist das erhaltene Ergebnis sinnvoll? Stimmt es mit der Realität (und dem „gesunden Menschenverstand") überein? Nicht möglich sind offensichtlich negative Längen, Mengen oder Preise. Einfach den Betrag der berechneten Größe zu nehmen, hilft da auch nicht weiter. Oder ist etwa ein Taillenumfang von −11 cm für einen Teenie sinnvoll? Kann der Pegelstand eines Flusses wirklich −2 m betragen?

- Ein mathematisches Modell ist meist nur für gewisse Werte der eingehenden Variablen sinnvoll ökonomisch interpretierbar. Daher kann zwar ein berechnetes Ergebnis mathematisch richtig sein, liegt es aber nicht in dem Bereich, wo das mathematisch-ökonomische Modell realistisch ist, so lässt es sich auch nicht sinnvoll interpretieren.

- Nicht selten werden die Operationen Division und Subtraktion miteinander verwechselt. Steht auf der rechten Seite einer Gleichung beispielsweise eine Drei und wird die Gleichung durch diese Zahl dividiert, so müsste eigentlich eine Eins entstehen (denkt man!). Bei so manchem Studenten steht aber anschließend eine Null. Grund: Division und Subtraktion wurden verwechselt.

- Die Determinante einer rechteckigen (nicht quadratischen) Matrix berechnen zu wollen, ist von vornherein zum Scheitern verurteilt.

- Bei der Verwendung grafikfähiger Taschenrechner können die angezeigten Abbildungen ein guter Anhaltspunkt für das Verhalten des Graphen einer Funktion sein. Darauf verlassen sollte man sich aber nicht, denn wenn ein falscher Bereich für die Werte des Arguments gewählt wird, gehen wichtige Eigenschaften einer Funktion verloren. So habe ich in studentischen Arbeiten schon Graphen der Sinusfunktion gesehen, die eine **Gerade (!)** waren, obwohl jeder weiß, dass der Sinus „wellenförmig" verläuft. Grund: In einer ganz kleinen Umgebung des Ursprungs verhält sich die Sinusfunktion tatsächlich wie die Winkelhalbierende.

  Oder nehmen wir die logistische Funktion (die sich bekanntermaßen in beiden Richtungen asymptotisch an die Abszisse bzw. an eine Parallele zu dieser anschmiegt): Wie viele Skizzen mit einer steil ansteigenden Funktion (und nur mit diesem Bereich!) kamen mir schon vor Augen.

- Verwenden Sie immer eine eindeutige Schreibweise: Was soll $a/3x$ bedeuten: $\frac{a}{3}x$ oder $\frac{a}{3x}$?

- Kürzen Sie Brüche, wann immer möglich. Sie machen es sich selbst leichter. Natürlich kann man eine Funktion so schreiben: $f(x) = \frac{2x+4}{4}$. Aber ist die Darstellung $f(x) = \frac{1}{2}x + 1$ nicht viel einfacher und lässt sich viel leichter ableiten (als in der ersten Form, wobei dort die Ableitung unter Verwendung der Quotientenregel (!) berechnet wurde)?

- Und nochmals: Setzen Sie Klammern!

12.1 Mathematik für Wirtschaftswissenschaftler I: Lineare Algebra und Analysis

Wichtige Hinweise: Die Arbeitszeit beträgt 90 Minuten. Der Lösungsweg muss stets erkennbar sein. Erlaubt sind Formelsammlungen ohne Beispiele (auch handschriftliche) sowie ein nichtprogrammierbarer Taschenrechner.

1A. Lösungsmenge einer Ungleichung (6 + 3 Punkte)
a) Man finde alle Lösungen der Ungleichung $\frac{3}{x} > 4$.
b) Man stelle die Funktion $f(x) = \frac{3}{x}$ grafisch dar und interpretiere die Lösungsmenge aus Teil a) anhand der Abbildung.

$$\boxed{\text{oder}}$$

1B. Ungleichung mit absolutem Betrag (6 + 3 Punkte)
a) Man finde alle Lösungen der Ungleichung $|x - 1| + 1 < 4$.
b) Man stelle die Funktion $f(x) = |x - 1| + 1$ grafisch dar und interpretiere die Lösungsmenge aus Teil a) anhand der Abbildung.

2. Lineares Gleichungssystem (6 + 2 Punkte)
a) Besitzt das lineare Gleichungssystem

$$
\begin{array}{rcrcrcrcr}
x_1 & + & x_2 & + & x_3 & + & 2x_4 & = & 3 \\
2x_1 & - & x_2 & + & x_3 & - & 4x_4 & = & -3 \\
 & & 3x_2 & + & x_3 & + & 8x_4 & = & 9
\end{array}
$$

eine Lösung oder ist es widersprüchlich? **Rechnung von Hand!** Wenn es eine oder unendlich viele Lösungen gibt, so stelle man diese geeignet dar.
b) Ist der Vektor $\tilde{x} = (1; 2; -1; \frac{1}{2})^\top$ eine Lösung des LGS?

B. Luderer, *Klausurtraining Mathematik und Statistik für Wirtschaftswissenschaftler*,
Studienbücher Wirtschaftsmathematik, DOI 10.1007/978-3-658-05546-2_12,
© Springer Fachmedien Wiesbaden 2014

3. Kurz und schnell (2 + 2 Punkte)
a) Weisen Sie nach, dass die Mengeninklusion $A \cap B \subset A \cup B$ gültig ist.

b) Ist die Matrix $X = \begin{pmatrix} 1/d_1 & 0 & \dots & 0 \\ 0 & 1/d_2 & \dots & 0 \\ 0 & \dots & \ddots & 0 \\ 0 & 0 & \dots & 1/d_n \end{pmatrix}$ invers zu $D = \begin{pmatrix} d_1 & 0 & \dots & 0 \\ 0 & d_2 & \dots & 0 \\ 0 & \dots & \ddots & 0 \\ 0 & 0 & \dots & d_n \end{pmatrix}$?

Wenn ja, warum? Wenn nein, warum nicht?

4. Logistische Funktion (2 + 3 + 3 + 3 + 2 Punkte) Es wird die folgende logistische Funktion betrachtet:
$$f(t) = \frac{100}{9 + e^{-2t}} = 100 \cdot (9 + e^{-2t})^{-1}.$$

a) Berechnen Sie die Funktionswerte für $t = 0$ und $t = 1$.
b) Berechnen Sie die Grenzwerte $\lim_{t \to \infty} f(t)$ und $\lim_{t \to -\infty} f(t)$.
c) Für welchen t-Wert besitzt die Funktion f einen Funktionswert von 6?
d) Berechnen Sie $f'(t)$ und finden Sie alle Extremstellen, sofern es welche gibt (Berechnung der zugehörigen Funktionswerte ist nicht erforderlich).
e) Skizzieren Sie die Funktion.

5A. Vollständiges Differenzial (3 + 3 + 3 Punkte) Die Waist-to-Height-Ratio $WtH = f(U, K) = \frac{U}{K}$ stellt mit dem Quotienten aus Taillenumfang U und Körpergröße K ein wichtiges Maß dafür dar, ob ein Mensch übergewichtig ist. So wäre etwa ein Wert über 0,5 für junge Leute kritisch.

a) Die 15-jährige Agnes besitzt einen Taillenumfang U_0 und eine Körpergröße K_0. Um wie viel darf ihr Taillenumfang zunehmen, wenn sie um ΔK wächst und die Größe WtH konstant bleiben soll?
a1) Führen Sie die Rechnung exakt aus.
a2) Nutzen Sie das vollständige Differenzial und vergleichen Sie mit dem Ergebnis aus Teil a).
b) Berechnen Sie den Wert WtH für Agnes' Maße $U_0 = 0{,}63$ m und $K_0 = 1{,}70$ m und konkretisieren Sie die in a) erzielten Ergebnisse für $\Delta K = 0{,}08$ m.

$$\boxed{\text{oder}}$$

5B. Differenzial (3 + 3 + 3 Punkte) Der Body Mass Index (BMI)

$$\text{BMI} = f(G, K) = \frac{G}{K^2}$$

ist ein wichtiges Maß dafür, ob ein Mensch übergewichtig ist. Der Normalbereich wird im Allgemeinen mit $20 \leq \text{BMI} \leq 25$ angegeben. Dabei bezeichnet G das Gewicht in Kilogramm und K die Körpergröße in Metern.

a) Wie ändert sich der BMI (näherungsweise), wenn Maik, der bisher die Werte K_0 und G_0 aufwies, um ΔG zunimmt?

b) Der 25-jährige Maik möchte – der Figur und der Gesundheit zuliebe – seinen BMI um eins verringern. Wie muss sich sein Gewicht ändern?

b1) Führen Sie eine exakte Berechnung durch.

b2) Nutzen Sie das (partielle) Differenzial. Hinweis: Die Körpergröße von Maik bleibt konstant.

6A. Extremwerte ohne Nebenbedingungen (6 Punkte) Man finde alle potenziellen Minimum- und Maximumstellen (d. h. stationäre Punkte) der Funktion

$$f(x, y) = x \cdot e^{-(x-1)y}.$$

Eine Überprüfung hinreichender Bedingungen und die Berechnung von Funktionswerten sind nicht erforderlich.

$$\boxed{\text{oder}}$$

6B. Extremwerte ohne Nebenbedingungen (6 Punkte)   Man finde alle stationären Punkte der Funktion

$$f(x, y) = x^2 + 3xy + 4y^2 + y$$

und überprüfe, ob es sich um Minima oder Maxima (oder keines von beiden) handelt. Die Berechnung von Funktionswerten ist nicht erforderlich.

7A. Extremwerte unter Nebenbedingungen (4 + 3 Punkte)

a) Mithilfe der Eliminationsmethode bestimme man alle Minimum- und Maximumstellen in der Aufgabe

$$f(x, y) = e^{-xy}, \quad x + 2y = 3.$$

b) Berechnen Sie mithilfe der Lagrange-Methode den zur optimalen Lösung gehörigen Lagrange-Multiplikator. Um wie viel ändert sich der optimale Zielfunktionswert, wenn sich die rechte Seite in der Nebenbedingung von 3 auf 3,1 ändert?

$$\boxed{\text{oder}}$$

7B. Determinanten (5 + 2 Punkte)

a) Gegeben sei die Matrix $A = \begin{pmatrix} 1 & P & k \\ -q & 0 & m \\ -q & w & u \end{pmatrix}$. Alle Größen u, m, k, w, q sind gegeben und positiv, wobei $u > m$ vorausgesetzt wird. Berechnen Sie die Größe P aus dem Ansatz $\det A = 0$.

b) Gilt $P > 0$ oder $P < 0$?

Zusatz A. (5 Zusatzpunkte) Finden Sie eine quadratische Funktion f, für die $f(0) = 1$ gilt. Ferner soll die Funktion in $x = 1$ eine Maximumstelle mit einem Funktionswert von 2 besitzen.

$$\boxed{\text{oder}}$$

Zusatz B. (5 Zusatzpunkte) Stellen Sie den Sachverhalt von Aufgabe 7A grafisch dar, indem Sie außer der Nebenbedingung einige Niveaulinien für Niveaus $0 < K < 1$ grafisch darstellen.

Lösungen zur Klausur Mathematik I

1A. Zu lösende Ungleichung: $\frac{3}{x} > 4$

a) **Fall 1:** $x > 0$. Nach Multiplikation mit dem Nenner ergibt sich $3 > 4x$, d. h. $x < \frac{3}{4}$. Lösungsmenge im 1. Fall: $L_1 = \left(0, \frac{3}{4}\right)$

Fall 2: $x < 0$. Nach Multiplikation mit dem Nenner ergibt sich $3 < 4x$, d. h. $x > \frac{3}{4}$. Lösungsmenge im 2. Fall: $L_2 = \varnothing$

Gesamtlösungsmenge: $L_G = L_1 \cup L_2 = \left(0, \frac{3}{4}\right)$

b)

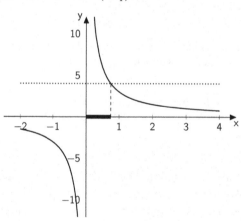

1B. Zu lösende Ungleichung: $|x - 1| + 1 < 4$

a) **Fall 1:** $x - 1 \geq 0$, d. h. $x \geq 1$. Es ergibt sich: $x - 1 + 1 < 4$, d. h. $x < 4$, sodass die Lösungsmenge im 1. Fall $L_1 = (1,4)$ lautet.

Fall 2: $x - 1 < 0$, d. h. $x < 1$. Es ergibt sich: $-(x - 1) + 1 < 4$, d. h. $-x < 2$ bzw. $x > -2$, sodass die Lösungsmenge im 2. Fall $L_2 = (-2,1)$ lautet.

Gesamtlösungsmenge: $L_G = L_1 \cup L_2 = (-2,4)$

b)

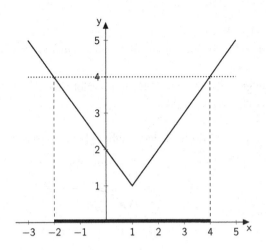

2A.

x_1	x_2	x_3	x_4	r. S.
1	1	1	2	3
2	−1	1	−4	−3
0	3	1	8	9
1	1	1	2	3
0	−3	−1	−8	−9
0	3	1	8	9
1	0	$\frac{2}{3}$	$-\frac{2}{3}$	0
0	1	$\frac{1}{3}$	$\frac{8}{3}$	3
0	0	0	0	0

Allgemeine Lösung:

$$\begin{pmatrix} x_1 \\ x_2 \\ x_3 \\ x_4 \end{pmatrix} = \begin{pmatrix} 0 \\ 3 \\ 0 \\ 0 \end{pmatrix} + t_1 \begin{pmatrix} -\frac{2}{3} \\ -\frac{1}{3} \\ 1 \\ 0 \end{pmatrix} + t_2 \begin{pmatrix} \frac{2}{3} \\ -\frac{8}{3} \\ 0 \\ 1 \end{pmatrix}$$

t_1, t_2 beliebig

3.

a) Aus $x \in A \cap B$ folgt sowohl $x \in A$ als auch $x \in B$. Damit gilt auch $x \in A \cup B$.

b) Multipliziert man die Matrix D mit X (oder auch X mit D), ergibt sich die Einheitsmatrix. Ja, X ist invers zu D.

4.

a) $f(0) = 10$ $f(1) = 10{,}95$

b) Es gilt $\lim\limits_{t \to \infty} f(t) = 11{,}11$, da $e^{-z} \to 0$ für $z \to \infty$. Außerdem gilt $\lim\limits_{t \to -\infty} f(t) = 0$, da
   $e^{-z} \to \infty$ für $z \to -\infty$.

c) Aus $\frac{100}{9 + e^{-2t}} = 6$ folgt $100 = 54 + 6e^{-2t}$. Hieraus ergibt sich $e^{-2t} = \frac{46}{6}$ bzw. $-2t = \ln \frac{46}{6} =$
   $2{,}03688$ und schließlich $t = -1{,}01844$.

d) $f'(t) = -100 \left(9 + e^{-2t}\right)^{-2} \cdot e^{-2t} \cdot (-2) = \frac{200 \cdot e^{-2t}}{(9 + e^{-2t})^2} \overset{!}{=} 0$
   Wegen $200 > 0$ und $e^z > 0$ für beliebiges z gibt es keine Extremstellen.

e)

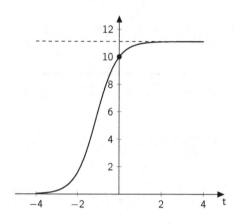

5A. Die Funktion $f(U, K) = \frac{U}{K}$ besitzt die beiden partiellen Ableitungen $f_U(U, K) = \frac{1}{K}$
und $f_K(U, K) = -\frac{U}{K^2}$.

a1) **Exakte Rechnung:** Aus dem Ansatz $\frac{U_0 + \Delta U}{K_0 + \Delta K} = \frac{U_0}{K_0}$ ergibt sich nach kurzer Zwischen-
   rechnung: $\Delta U = \frac{U_0}{K_0} \cdot \Delta K$.

a2) **Nutzung des vollständigen Differenzials:**
   Ansatz: $df = f_U(U_0, K_0) \cdot \Delta U + f_K(U_0, K_0) \cdot \Delta K = 0$
   Dies bedeutet $\frac{1}{K_0} \cdot \Delta U - \frac{U_0}{K_0^2} \cdot \Delta K = 0$, woraus sich nach kurzer Umformung $\Delta U = \frac{U_0}{K_0} \cdot \Delta K$
   ergibt. Im Allgemeinen liefert das vollständige Differenzial nur eine Näherungslösung,
   hier stimmt sie mit dem exakten Ergebnis überein.

b) Für $U_0 = 0{,}63$, $K_0 = 1{,}70$ und $\Delta K = 0{,}08$ erhält man $\Delta U = \frac{0{,}63}{1{,}70} \cdot 0{,}08 \approx 0{,}03$. Agnes'
   Taillenumfang darf also um 3 cm zunehmen, wenn sie noch 8 cm wachsen sollte.

5B. BMI$= f(K, G) = \frac{G}{K^2}$

a) $K = \text{const}$; $f_G(K, G) = \frac{1}{K^2}$
   $\text{BMI}_{\text{neu}} \approx \text{BMI}_{\text{alt}} + f_G(K, G) \cdot \Delta G = \text{BMI}_{\text{alt}} + \frac{1}{K^2} \cdot \Delta G$

b) $\text{BMI}_{\text{neu}} = \text{BMI}_{\text{alt}} - 1$

b1) **Exakte Lösung:** $\frac{G + \Delta G}{K^2} = \frac{G}{K^2} - 1 = \frac{G - K^2}{K^2}$
   Hieraus ergibt sich $G + \Delta G = G - K^2$ bzw. $\Delta G = -K^2$

b2) **Lösung mithilfe des Differenzials:** Aus dem Ansatz $f_G(K, G) \cdot \Delta G = \frac{1}{K^2} \cdot \Delta G = -1$
ergibt sich: $\Delta G = -K^2$.
Dass die Näherungslösung mithilfe des Differenzials mit der exakten Lösung übereinstimmt, liegt daran, dass die Funktion f bei konstantem K linear bzgl. G ist.

6A. $f(x, y) = x \cdot e^{-(x-1)y}$
Partielle Ableitungen:
$$f_x(x, y) = e^{-(x-1)y} + x \cdot e^{-(x-1)y} \cdot (-y) = e^{-(x-1)y} \cdot [1 - xy] \overset{!}{=} 0$$
$$f_y(x, y) = x \cdot e^{-(x-1)y} \cdot (-(x-1)) = -x(x-1) \cdot e^{-(x-1)y} \overset{!}{=} 0$$
Da $e^z > 0$ für beliebiges z, muss in der ersten Beziehung gelten: $1 - xy = 0$. Dabei ist
$x = 0$ nicht möglich. Folglich gilt $y = \frac{1}{x}$.
Aus der zweiten Beziehung erhält man die Bedingung $x(x - 1) = 0$ mit den beiden Lö-
sungen $x = 0$ (scheidet aus) und $x = 1$. Der einzige stationäre Punkt lautet somit $(x_s, y_s) =$
$(1,1)$.

6B. $f(x, y) = x^2 + 3xy + 4y^2 + y$
Partielle Ableitungen: $f_x(x, y) = 2x + 3y \overset{!}{=} 0$
$$f_y(x, y) = 3x + 8y + 1 \overset{!}{=} 0$$
Dieses lineare Gleichungssystem besitzt die eindeutige Lösung $x = \frac{3}{7}$, $y = -\frac{2}{7}$, sodass es
nur den stationären Punkt $(x_s, y_s) = \left(\frac{3}{7}, -\frac{2}{7}\right)$ gibt.
Berechnung der Hesse-Matrix: $H_f = \begin{pmatrix} 2 & 3 \\ 3 & 8 \end{pmatrix}$. Wegen $f_{xx} = 2 > 0$ und $\det H_f = 16 - 9 =$
$7 > 0$ handelt es sich um eine Minimumstelle.

7A.
a) **Eliminationsmethode:** Auflösen der Nebenbedingungen: $x = 3 - 2y$
Einsetzen in die Zielfunktion: $\tilde{f}(y) = e^{-(3-2y)y}$
Berechnen der 1. Ableitung und Nullsetzen: $\tilde{f}'(y) = e^{-3y+2y^2} \cdot (-3 + 4y) = 0$
Stationärer Punkt: $y_s = \frac{3}{4}$. Dazu gehört $x_s = \frac{3}{2}$.
Berechnen der 2. Ableitung: $\tilde{f}''(y) = [(-3 + 4y)^2 + 4] \cdot e^{-3y+2y^2}$
Einsetzen des stationären Punktes y_s ergibt $\tilde{f}''(y_s) > 0$, sodass es sich um eine Mini-
mumstelle handelt.
b) **Lagrange-Funktion:** $L(x, y, \lambda) = e^{-xy} + \lambda(x + 2y - 3)$
Partielle Ableitung nach x: $L_x = -y \cdot e^{-xy} + \lambda \overset{!}{=} 0$. Hieraus ergibt sich $\lambda = y_s \cdot e^{-x_s y_s} \approx$
$0{,}2435$.
Erhöht sich die rechte Seite der Nebenbedingung um $0{,}1$, so ändert sich der optimale
Zielfunktionswert um $-\lambda \cdot \Delta b = -0{,}2435 \cdot 0{,}1 = -0{,}02435$ (näherungsweise).
Ein Vergleich mit der exakten Lösung der neuen Aufgabe (rechte Seite gleich $3{,}1$) zeigt:
$y^* = \frac{3{,}1}{4} = 0{,}775$, $x^* = 1{,}55$, $f^* = f(x^*, y^*) = e^{-0{,}775 \cdot 1{,}55} = 0{,}30082$. Der Funktions-
wert bei unveränderter rechter Seite von 3 beträgt $f(1{,}5; 0{,}75) = 0{,}32465$, der exakte

Unterschied mithin $\Delta f = -0{,}02383$. Die Übereinstimmung mit dem berechneten Näherungswert ist recht gut.

7B.

a) Aus dem Ansatz

$$\begin{vmatrix} 1 & P & k \\ -q & 0 & m \\ -q & w & u \end{vmatrix} = -Pmq - kwq - wm + Puq = Pq(u-m) - kwq - wm \overset{!}{=} 0$$

folgt $P = \frac{w(kq+m)}{q(u-m)}$.

b) Da alle eingehenden Größen positiv sind und nach Voraussetzung $u - m > 0$ gilt, ist auch P positiv.

Zusatz A. Eine quadratische Funktion hat die Gestalt $f(x) = ax^2 + bx + c$.

Hierbei sind a, b, c gesuchte reelle Zahlen. Wegen $f(0) = c$ gilt $c = 1$. Die erste Ableitung lautet: $f'(x) = 2ax + b$. Setzt man diese gleich null (notwendige Extremwertbedingung), erhält man $x = -\frac{b}{2a}$. Da dieser Ausdruck gleich eins sein muss, gilt $2a = -b$.

Ferner ergibt sich aus der Bedingung $f(1) = a + b + c = a + b + 1 = 2$ die Beziehung $a + b = 1$, was schließlich $a = -1$ und $b = 2$ liefert.

Damit lautet die gesuchte Funktion $f(x) = -x^2 + 2x + 1 = -(x-1)^2 + 2$.

Wegen $f''(x) = 2a = -2 < 0$ handelt es sich bei dem Extremwert $x = 1$ tatsächlich um eine **Maximum**stelle.

Zusatz B.

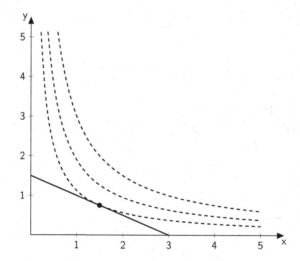

12.2   Mathematik für Wirtschaftswissenschaftler II: Lineare Optimierung und Finanzmathematik

Wichtige Hinweise: Die Arbeitszeit beträgt 90 Minuten. Der Lösungsweg muss stets erkennbar sein. Erlaubt sind Formelsammlungen ohne Beispiele (auch handschriftliche) sowie ein nichtprogrammierbarer Taschenrechner.

1. Fragen und Antworten (2 + 2 + 1 + 2 Punkte)   Beantworten Sie **kurz** in eigenen Worten:

a) Was versteht man unter *Rendite*? (Antwort so allgemein wie möglich!)

b) Stimmt es, dass der Barwert eines gegebenen Zahlungsstroms bei wachsendem Kalkulationszinssatz kleiner wird? Warum?

c) Welche Gestalt haben die Höhenlinien der Zielfunktion in der linearen Optimierung?

d) Schwacher und starker Dualitätssatz der linearen Optimierung – was besagen sie?

2A. Simplexmethode (10 Punkte)   Finden Sie eine optimale Lösung der folgenden LOA mittels Simplexmethode (**von Hand!**):

$$
\begin{aligned}
6x_1 + 2x_2 - 2x_3 + 2x_4 &\to \min \\
2x_1 + x_2 - 3x_3 + x_4 &\geq 30 \\
8x_1 + 2x_3 + 10x_4 &\leq 40 \\
x_1, x_2, x_4 &\geq 0 \\
x_3 \text{ beliebig}
\end{aligned}
$$

oder

2B. Grafische Lösung einer LOA (8 + 2 Punkte)

a) Lösen Sie die folgende LOA auf grafischem Wege. Wie lauten die optimale Lösung und der optimale Zielfunktionswert?

$$
\begin{aligned}
-6x + 2y &\to \max \\
x + y &\geq 1 \\
3x - 5y &\geq -10 \\
2x - 10y &\leq 10 \\
y &\geq 0 \\
x \text{ beliebig}
\end{aligned}
$$

b) Was würde sich ergeben, wenn dieselbe Zielfunktion zu minimieren wäre?

3A. Modellierung einer LOA (5 Punkte) Stellen Sie das Modell einer linearen Optimierungsaufgabe für folgenden Sachverhalt auf: Ein Anleger möchte ein Portfolio aus drei Wertpapieren zusammenstellen, das eine möglichst hohe Rendite verspricht, wobei das Risiko (gemessen durch die sog. *Volatilität*) den Wert von 0,2 nicht überschreiten soll.

	WP 1	WP 2	WP 3
erwartete Rendite	8 %	15 %	2 %
historische Volatilität	0,15	0,35	0,05

Sogenannte *Leerverkäufe* sind nicht erlaubt, d. h., der Anleger darf Papiere, die er nicht besitzt, auch nicht verkaufen.

$$\boxed{\text{oder}}$$

3B. Dualität in der linearen Optimierung (5 Punkte) Stellen Sie die zur folgenden linearen Optimierungsaufgabe duale Optimierungsaufgabe auf:

$$
\begin{array}{rcrcrcl}
x_1 & + & 3x_2 & - & 5x_3 & \to & \max \\
7x_1 & & & & & = & 27 \\
& & 8x_2 & - & 9x_3 & \leq & 37 \\
& & & & 2x_3 & \geq & 47 \\
& & & & x_1, x_3 & \geq & 0
\end{array}
$$

4. Rentenrechnung (5 Punkte) Ein Auto im Wert von 40.000 € soll durch eine Anzahlung in Höhe von 10.000 € sowie 36 (nachschüssig zahlbare) Monatsraten finanziert werden. Der vereinbarte Zinssatz betrage 6 % p. a. Wie hoch sind die Monatsraten?

5A. Zinseszinsrechnung (3 + 3 Punkte)
 a) Eine im Jahr 2000 gekaufte Antiquität wurde im Jahre 2010 zum dreifachen Preis verkauft. Welche (jährliche) Rendite erzielte der Kunsthändler?
 b) Wie lange hätte er bei einer Rendite von 6 % p. a. warten müssen, um die Antiquität zum dreifachen Preis verkaufen zu können?

$$\boxed{\text{oder}}$$

5B. Tilgungsrechnung (6 Punkte) Franziska hat kürzlich ein Darlehen in Höhe von 400.000 € bei einer Verzinsung von 6 % p. a. und Annuitätentilgung aufgenommen, um ein Haus zu bauen. Sie ist beim besten Willen nicht in der Lage, jährlich mehr als 40.000 € (nachschüssig) an die Bank zu zahlen. Kann sie es schaffen, das Darlehen innerhalb von 15 Jahren vollständig zu tilgen?

6A. Investitionsrechnung (3 + 4 Punkte) Das Unternehmen Start & Ab erwägt eine Investition, die innerhalb der nächsten drei Jahre folgende Einnahmen und Ausgaben verspricht (in Euro):

Zeitpunkt	Ausgaben	Einnahmen
12/2010	360.000	0
12/2011	60.000	120.000
12/2012	80.000	220.000
12/2013	100.000	320.000

a) Lohnt sich die Investition, wenn man einen Kalkulationszinssatz von 3 % bzw. 9 % zugrunde legt?

b) Welchen internen Zinsfuß hat die Investition? Berechnen Sie diesen auf eine Nachkommastelle genau.

$$\boxed{\text{oder}}$$

6B. Kursrechnung/numerisches Lösungsverfahren (2 + 5 Punkte) Mit der Formel $P = \frac{1}{q^n}\left(p \cdot \frac{q^n - 1}{q - 1} + 100\right)$ lässt sich der Kurs P einer Anleihe (mit Restlaufzeit n und Kupon p) berechnen. Es gelte $n = 10$, $i = 6\,\%$.

a) Für $q = 1,07$ berechne man P (Genauigkeit: Zwei Nachkommastellen).

b) Für $P = 98$ berechne man q (Genauigkeit: Vier Nachkommastellen) mithilfe eines geeigneten numerischen Verfahrens „per Hand".

Zusatz. (4 Zusatzpunkte) Der Äquator bildet nahezu einen Kreis mit einem Umfang von ca. 40.000 km. Um den Äquator wird (gedanklich) eine Schnur gelegt, die genau einen Meter länger als der Äquatorumfang ist. Nun wird die Schnur gleichmäßig so weit angehoben, dass die beiden Enden zusammenpassen. Kann eine Ameise zwischen Erde und Schnur durchschlüpfen? Begründen bzw. beweisen Sie Ihre Antwort.

Lösungen zur Klausur Mathematik II

1.

a) Tatsächlicher, durchschnittlicher, auf ein Jahr bezogener Zinssatz, berechnet unter Berücksichtigung aller möglichen Besonderheiten.

b) Ja, das stimmt. Wenn mit einem höheren Kalkulationszinssatz abgezinst wird, wird durch größere Zahlen dividiert, sodass sich kleinere Werte ergeben.

c) Da die Zielfunktion linear ist, sind die Höhenlinien Geraden.

d) Sind x und y bzw. x^* und y^* zulässige bzw. optimale Lösungen in der primalen bzw. dualen Optimierungsaufgabe, so gilt: $\langle c, x \rangle \leq \langle b, y \rangle$ sowie $\langle c, x^* \rangle = \langle b, y^* \rangle$.

2A. Setzt man $x_3 = x_3' - x_3''$, so ergibt sich die umgeformte Aufgabe

$$
\begin{array}{rcrcrcrcrcrcrcrcr}
-6x_1 & - & 2x_2 & + & 2x_3' & - & 2x_3'' & - & 2x_4 & & & & & & & \to & \max \\
2x_1 & + & x_2 & - & 3x_3' & + & 3x_3'' & + & x_4 & - & u_1 & & & = & & & 30 \\
8x_1 & & & & 2x_3' & - & 2x_3'' & + & 10x_4 & & & + & u_2 & = & & & 40
\end{array}
$$

$$x_1, x_2, x_3', x_3'', x_4, u_1, u_2 \geq 0$$

Nr.	BV	c_B	x_1	x_2	x_3'	x_3''	x_4	u_1	u_2	x_B	θ_i
			−6	−2	2	−2	−2	0	0		
1	x_2	−2	2	1	−3	3	1	−1	0	30	10 ←
2	u_2	0	8	0	2	−2	10	0	1	40	/
3	/	/	2	0	4	−4	0	2	0	−60	
						↑					
1	x_3''	−1	2/3	1/3	−1	1	1/3	−1/3	0	10	
2	u_2	0	28/3	2/3	0	0	32/3	−2/3	1	60	
3	/	/	14/3	4/3	0	0	4/3	2/3	0	−20	

Optimale Lösung: $x_1^* = x_2^* = 0$, $x_3^* = x_3'^* - x_3''^* = 0 - 10 = -10$, $x_4^* = 0$; $u_1^* = 0$, $u_2^* = 60$; $z^* = 20$

Anderer Lösungsweg (Einführung einer künstlichen Variablen):

$$
\begin{array}{rcrcrcrcrcrcrcrcr}
 & & & & & & & & & & - & v_1 & & \to & & \max \\
2x_1 & + & x_2 & - & 3x_3' & + & 3x_3'' & + & x_4 & - & u_1 & & & + & v_1 & = & 30 \\
8x_1 & & & + & 2_3' & - & 2x_3'' & + & 10x_4 & & & + & u_2 & & & = & 40
\end{array}
$$

$$x_1, x_2, x_3', x_3'', x_4, u_1, u_2, v_1 \geq 0$$

Es ergibt sich dieselbe optimale Lösung wie oben.

2B.

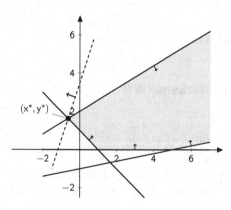

a) $x^* = -\frac{5}{8}$, $y^* = \frac{13}{8}$, $z^* = 7$;

b) $z^* = -\infty$

3A. Es sei x_i der Anteil des i-ten Wertpapiers im Portfolio, $i = 1, 2, 3$. Dann ergibt sich folgendes Modell:

$$
\begin{array}{rcrcrcl}
0{,}08x_1 & + & 0{,}15x_2 & + & 0{,}02x_3 & \to & \max \\
0{,}15x_1 & + & 0{,}35x_2 & + & 0{,}05x_3 & \leq & 0{,}2 \\
x_1 & + & x_2 & + & x_3 & = & 1 \\
& & & & x_1, x_2, x_3 & \geq & 0
\end{array}
$$

3B. Duale lineare Optimierungsaufgabe:

$$
\begin{array}{rcrcrcl}
27y_1 & + & 37y_2 & + & 47y_3 & \to & \min \\
7y_1 & & & & & \geq & 1 \\
& & 8y_2 & & & = & 3 \\
& - & 9y_2 & + & 2y_3 & \geq & -5 \\
& & & & \multicolumn{3}{l}{y_1 \text{ frei}, \ y_2 \geq 0, \ y_3 \leq 0}
\end{array}
$$

4. Aus dem Ansatz

$$
40.000 = 10.000 + r \cdot (12 + 5{,}5 \cdot 0{,}06) \cdot \frac{1{,}06^3 - 1}{1{,}06^3 \cdot 0{,}06}
$$

ergibt sich nach Formelumstellung $r = 910{,}24$ [€].

5A.

a) Aus dem Ansatz $K \cdot (1+i)^{10} = 3K$ folgt $1+i = \sqrt[10]{3}$ und daraus $i = \sqrt[10]{3} - 1 = 0{,}1161 = 11{,}61\,\%$.

b) Aus $K \cdot 1{,}06^n = 3K$ folgt $n = \frac{\ln 3}{\ln 1{,}06} = 18{,}85 \approx 19$ Jahre.

5B.   Berechnung der Annuität:

$$
A = S_0 \cdot \frac{q^n \cdot (q-1)}{q^n - 1} = 400.000 \cdot \frac{1{,}06^{15} \cdot 0{,}06}{1{,}06^{15} - 1} = 41.185{,}10.
$$

Nein, sie ist nicht in der Lage, das Darlehen innerhalb von 15 Jahren vollständig zu tilgen.
Weitere Lösungswege:

- Berechnung der Zeitdauer bis zur vollständigen Tilgung bei einer Annuität von $A = 40.000$: $n = 17{,}14$.
- Berechnung der Restschuld nach 15 Jahren: $S_{15} = 27.585$ [€]
- Aufstellen eines Tilgungsplans (aufwendig!)
- Berechnung der Darlehenshöhe S_0 bei $A = 40.000$, $i = 0{,}06$ und $n = 15$.

6A.

a) $i = 3\,\% $: $K(i) = -360.000 + \frac{60.000}{1,03} + \frac{140.000}{1,03^2} + \frac{220.000}{1,03^3} = 31.547 > 0$

Ja, es lohnt sich.

$i = 9\,\%$: $K(i) = -360.000 + \frac{60.000}{1,09} + \frac{140.000}{1,09^2} + \frac{220.000}{1,09^3} = -17.239 < 0$

Nein, es lohnt sich nicht.

b) Da $K(1,03) = 31.548 > 0$ und $K(1,09) = -17.240 < 0$ gilt, muss der interne Zinsfuß dazwischen liegen. Mit einem beliebigen numerischen Näherungsverfahren erhält man $i^* = 6,7\,\%$.

6B.

a) $C = 92,9764 \cdots \approx 92,98$

b) $q = 1,062753$, $i_{\text{eff}} = 6,28\,\%$

Zusatz. $r_2 - r_1 = \frac{U+1}{2\pi} - \frac{U}{2\pi} = \frac{1}{2\pi} \approx 0,1592\,[\text{m}]$.

Das Ergebnis liefert – unabhängig vom konkreten Umfang U – eine Radiusdifferenz von $0,1592\,\text{m} = 15,92\,\text{cm}$. Eine normale Ameise kann auf alle Fälle hindurchlaufen.

12.3 Statistik für Wirtschaftswissenschaftler

Wichtige Hinweise: Die Arbeitszeit beträgt 90 Minuten. Mobiltelefone sind auszuschalten und wegzustecken.

Zugelassene Hilfsmittel sind: Eine (gedruckte) Formelsammlung ohne Beispiele sowie die Wiwi-Online-Formelsammlung, zwei handschriftlich selbst geschriebene Blätter als Formelsammlung ohne Beispiele, ein **nichtprogrammierbarer** Taschenrechner, Tabellen über Konfidenzintervalle und statistische Tests aus der Vorlesung.

Achten Sie beim Lösen der Aufgaben darauf, dass alle Lösungsschritte nachvollziehbar dargestellt sind. Konkret bedeutet dies: Alle benötigten Ereignisse, Zufallsgrößen und eventuell notwendigen Voraussetzungen sind anzugeben.

1. Multiple-Choice-Fragen (2 + 2 + 2 Punkte)

a) Ordnen Sie den folgenden Merkmalen die jeweils höchste Messbarkeits-Skala zu:

	nominal	ordinal	metrisch
Schadstoffklasse			
Semesteranzahl			
Temperatur in Grad Celsius			
Studienfach			

b) Sind die folgenden Aussagen über Schätzfunktionen richtig oder falsch?

	richtig	falsch
Jede Schätzfunktion schätzt im Mittel richtig.		
Der Bias einer Schätzfunktion des unbekannten Parameters θ gibt an, um wie viel der Schätzer im Mittel von θ entfernt liegt.		
Der Bias einer Schätzfunktion des unbekannten Parameters θ gibt an, wie stark der Schätzer im Mittel um θ schwankt.		
Hat man zwei Schätzer für den Parameter θ und entscheidet sich für den mit dem kleineren Mean Squared Error, so geht man einen Kompromiss zwischen den beiden Kriterien „kleiner Bias" und „kleine Varianz" ein.		

c) Entscheiden Sie, ob die Aussagen bezüglich der in der Grafik abgebildeten Lorenzkurve für die Einkommen von fünf Mitarbeitern eines Unternehmens richtig oder falsch sind.

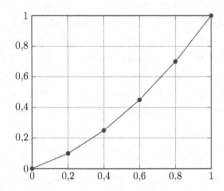

	richtig	falsch
Die Lorenzkurve weist auf eine starke Konzentration hin.		
Auf 40 % der Mitarbeiter entfallen 25 % des Gesamteinkommens.		
Der zugehörige Gini-Koeffizient liegt nahe eins.		
Der zugehörige Gini-Koeffizient liegt nahe null.		

2. (2 + 2 + 1 Punkte) In einem mittelständischen Unternehmen mit 200 Mitarbeitern wurden die geleisteten Überstunden des vergangenen Monats erfasst:

Überstunden	0	1	2	3	4	5	6	7	8	9	10
Anzahl	23	21	16	11	21	15	19	18	27	16	13

a) Bestimmen Sie den Median sowie das obere und untere Quartil der geleisteten Überstunden.

b) Zeichnen Sie einen Boxplot.

c) Berechnen Sie ein geeignetes Streuungsmaß.

3. (3 + 3 Punkte) Zur Einschätzung der Kreditwürdigkeit von Bankkunden verwendet Bankberater Bernd ein von ihm entwickeltes Testverfahren. Leider ist das Verfahren nicht völlig fehlerfrei und stuft 4 % der kreditwürdigen Kunden als nicht kreditwürdig und 3 % der nicht kreditwürdigen Personen als kreditwürdig ein. Dem Bankberater ist aus seiner langjähriger Erfahrung bekannt, dass ein beliebiger Bankkunde mit einer Wahrscheinlichkeit von 0,07 nicht kreditwürdig ist.

a) Mit welcher Wahrscheinlichkeit ist ein Bankkunde nicht kreditwürdig, wenn er als kreditwürdig eingestuft wurde?

b) Mit welcher Wahrscheinlichkeit kann sich Bernd auf sein verwendetes Verfahren zur Überprüfung der Kreditwürdigkeit verlassen?

4. (2 + 2 + 2 + 2 + 1 Punkte) Die Studentin Susi jobt regelmäßig als Kellnerin. Das erhaltene Trinkgeld spart sie für eine Reise, die sie gemeinsam mit einigen Kommilitonen nach dem Bachelorabschluss unternehmen möchte. Während einer achtstündigen Schicht erhält Susi durchschnittlich 55 € Trinkgeld, wobei dieses natürlich von Schicht zu Schicht variiert. Gehen Sie im Weiteren davon aus, dass das erhaltene Trinkgeld einer Schicht normalverteilt mit einer Standardabweichung von $\sigma = 8$ ist und sich die Großzügigkeit der Gäste an verschiedenen Tagen nicht gegenseitig beeinflusst, sodass die Unabhängigkeit der Höhe des erhaltenen Trinkgelds in verschiedenen Schichten gewährleistet ist.

a) Berechnen Sie das 30%- und das 70%-Quantil der Höhe des Trinkgeldes einer Schicht und interpretieren Sie diese beiden Werte.

b) An einem verlängerten Wochenende übernimmt Susi drei Schichten. Die Zufallsgröße Z beschreibe das erhaltene Trinkgeld an diesem Wochenende. Geben Sie den Erwartungswert, die Varianz und die Verteilung von Z an.

c) Mit welcher Wahrscheinlichkeit bekommt Susi an einem verlängerten Wochenende mehr als 180 € Trinkgeld?

d) Susis Chef möchte die Abrechnung vereinfachen und schlägt vor, an einem verlängerten Wochenende dreimal das Trinkgeld der ersten Schicht auszuzahlen, damit er das Trinkgeld der zweiten und dritten Schicht nicht mehr extra abrechnen muss. Mit welcher Wahrscheinlichkeit würde Susi bei dieser Variante mehr als 180 € Trinkgeld an einem verlängerten Wochenende erhalten?

e) Was würden Sie Susi raten? Begründen Sie kurz Ihre Antwort.

5. (2 + 3 +2 + 2 Punkte) Die Wahrscheinlichkeitsfunktion des diskreten Zufallsvektors $\mathbf{X}$ = $(X, Y)^\top$ ist wie folgt gegeben:

		Y		
		-1	0	1
X	1	0,25	0,15	0,10
	2	0,10	0,15	0,25

a) Bestimmen Sie die Randverteilungen von X und Y.
b) Berechnen Sie $\mathbb{E}X, \mathbb{E}Y, \mathrm{VAR}(X), \mathrm{VAR}(Y)$ sowie $\mathrm{cov}(X, Y)$.
c) Sind die Zufallsgrößen X und Y stochastisch unabhängig? Begründen Sie Ihre Antwort.
d) Berechnen Sie die Varianz der Zufallsgröße $Z = X + Y$.

6. (3 + 2+ 2 Punkte) Aus der laufenden Produktion eines bestimmten Lebensmittels wird eine unabhängige Stichprobe vom Umfang n = 11 entnommen, in der das Durchschnittsgewicht $\overline{x}$ = 150 g beträgt. Das Gewicht der produzierten Lebensmittel darf als unabhängige und normalverteilte Zufallsgröße mit unbekanntem Mittelwert μ und bekannter Varianz von σ^2 = 28 g^2 angenommen werden.

a) Geben Sie ein Konfidenzintervall für den Mittelwert zum Konfidenzniveau $1 - \alpha$ = 0,95 an.
b) Wie groß muss man den Stichprobenumfang n wählen, damit das Intervall $[148\,\mathrm{g}, 152\,\mathrm{g}]$ ein Konfidenzintervall für den Mittelwert zum Konfidenzniveau $1 - \alpha$ = 0,95 ist, wenn das Stichprobenmittel weiterhin $\overline{x}$ = 150 g beträgt?
c) Der Qualitätsmanager befürchtet, das Durchschnittsgewicht liege unter 145 g. Zerstreuen Sie seine Bedenken, indem Sie mit einem geeigneten statistischen Test mit 5%iger Irrtumswahrscheinlichkeit das Gegenteil nachweisen.

7. (3 + 3+ 2 Punkte) Für die Anrufer einer Telefon-Hotline wird eine Wartezeit von 90 Sekunden, bis der Kunde mit einem Mitarbeiter verbunden wird, in 60 % aller Fälle eingehalten. Es bezeichne q die Wahrscheinlichkeit dafür, dass die Wartezeit von 90 Sekunden bei insgesamt 1000 Anrufern mindestens 580- und höchstens 620-mal nicht überschritten wird.

a) Geben Sie eine (exakte) Formel zur Berechnung von q an.
b) Schätzen Sie q mithilfe der Tschebyscheff-Ungleichung nach unten ab.
c) Berechnen Sie q näherungsweise.

Zusatz 1. (2 Zusatzpunkte) Ein Kunde der Hotline aus Aufgabe 7 versuchte fünfmal vergeblich, die Hotline zu erreichen. Dabei ließ er das Telefon jeweils länger als zwei Minuten klingeln. Nun zweifelt er die Angaben des Hotline-Betreibers an, dass 60 % aller Anrufe innerhalb von 90 Sekunden mit einem Mitarbeiter verbunden werden.

Kann der Kunde mit einer Irrtumswahrscheinlichkeit von $\alpha = 5\,\%$ davon ausgehen, dass die Angaben des Hotline-Betreibers falsch sind?

Zusatz 2. (2 Zusatzpunkte) Markieren Sie in der nachstehenden Grafik für einen zweiseitigen t-Test mit Irrtumswahrscheinlichkeit α den kritischen Bereich und den Annahmebereich der Nullhypothese H_0. Ergänzen Sie die Wahrscheinlichkeiten der weißen sowie der zwei grau unterlegten Flächen.

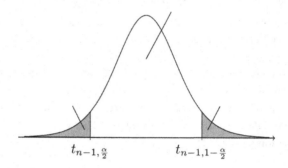

$$t_{n-1,\frac{\alpha}{2}} \qquad\qquad t_{n-1,1-\frac{\alpha}{2}}$$

Zusatz 3. (2 Zusatzpunkte) Ein Unternehmen betreibt zwei unabhängig voneinander agierende Call-Center und modelliert die Anzahl der ankommenden Anrufe mit zwei unabhängigen Poisson-Prozessen mit den Intensitäten μ bzw. $\tilde{\mu}$. Ein Manager möchte im Zuge einer umfangreichen Umstrukturierung nur noch ein großes Call-Center betreiben. Begründen Sie, warum dann die Anzahl der ankommenden Anrufe ebenfalls durch einen Poisson-Prozess beschrieben werden kann und geben Sie dessen Intensität an.

Lösungen zur Klausur Statistik

1.
 a) ordinal, metrisch, metrisch, nominal
 b) falsch, richtig, falsch, richtig
 c) falsch, richtig, falsch, richtig

2.
 a) Median: $\tilde{x}_{0,5} = 5$, unteres Quartil: $\tilde{x}_{0,25} = 2$, oberes Quartil: $\tilde{x}_{0,75} = 8$
 b) Boxplot:

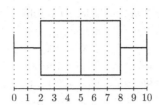

c) Quartilsabstand: $Q = \tilde{x}_{0,75} - \tilde{x}_{0,25} = 6$

3. Es werden die folgenden Ereignisse eingeführt: A – der Kunde ist kreditwürdig, T – die Testeinschätzung lautet „kreditwürdig".

Aus der Aufgabenstellung ergeben sich dann folgende Wahrscheinlichkeiten:

$$P(A) = 0,93; \quad P(\overline{A}) = 0,07; \quad P(T|A) = 0,96;$$
$$P(\overline{T}|A) = 0,04; \quad P(T|\overline{A}) = 0,03; \quad P(\overline{T}|\overline{A}) = 0,97.$$

a) Der Satz von Bayes liefert:

$$P(\overline{A}|T) = \frac{P(\overline{A} \cap T)}{P(T)} = \frac{P(T|\overline{A}) \cdot P(\overline{A})}{P(T|A) \cdot P(A) + P(T|\overline{A}) \cdot P(\overline{A})}$$
$$= \frac{0,03 \cdot 0,07}{0,96 \cdot 0,93 + 0,03 \cdot 0,07} = 0,00235.$$

b) Das Verfahren entscheidet richtig, wenn kreditwürdige Kunden als kreditwürdig einge-stuft werden (Ereignis $A \cap T$) sowie nicht kreditwürdige Kunden als nicht kreditwürdig (Ereignis $\overline{A} \cap \overline{T}$). Die Wahrscheinlichkeit dafür beträgt

$$P((A \cap T) \cup (\overline{A} \cap \overline{T})) = P(A) \cdot P(T|A) + P(\overline{A}) \cdot P(\overline{T}|\overline{A})$$
$$= 0,93 \cdot 0,96 + 0,07 \cdot 0,97 = 0,9607.$$

4. Die Zufallsgröße X beschreibe die Höhe des Trinkgelds in einer Schicht. Dann gilt $\mathbb{E}X = \mu = 55$, $\text{Var}(X) = \sigma^2 = 64$.

a) Wegen $q \overset{!}{=} F(x_q) = P(X \leq x_q) = \Phi\left(\frac{x_q - \mu}{\sigma}\right)$ muss das q-Quantil der Standardnormal-verteilung z_q mit $\Phi(z_q) = q$ aus der Tabelle der Verteilungsfunktion der Standardnor-malverteilung bestimmt werden. Unter Beachtung der Beziehung $z_q = \frac{x_q - \mu}{\sigma}$ berechnet sich x_q so: $x_q = z_q \sigma + \mu$.

a1) Für $q = 0,7$ ergibt sich $z_{0,7} = 0,5244$, d. h. $x_{0,7} = 0,5244 \cdot 8 + 55 = 59,20$. Interpretation: In ca. 70 % aller Fälle beträgt das Trinkgeld in einer Schicht höchstens 59,20 €.

a2) Für $q = 0,3$ erhalten wir $z_{0,3} = -0,5244$, da $\Phi(-z_{0,3}) = 1 - \Phi(z_{0,3}) = 1 - 0,7 = 0,3$. Somit gilt $x_{0,3} = -0,5244 \cdot 8 + 55 = 50,80$. Interpretation: In ca. 30 % aller Fälle beträgt das Trinkgeld in einer Schicht höchstens 50,80 €.

b) Mit X_i wird die Höhe des Trinkgelds der i-ten Schicht bezeichnet, wobei $\mathbb{E}X_i = \mu = 55$ und $\mathrm{Var}(X_i) = \sigma^2 = 64$ gilt. Die Unabhängigkeit aller Größen X_i sichert $Z = X_1 + X_2 + X_3 \sim N(165, 192)$. Damit gilt $\mathbb{E}Z = \mathbb{E}X_1 + \mathbb{E}X_2 + \mathbb{E}X_3 = 3\mu = 3 \cdot 55 = 165$ und (wegen der Unabhängigkeit) $\mathrm{Var}(Z) = \mathrm{Var}(X_1) + \mathrm{Var}(X_2) + \mathrm{Var}(X_3) = 3\sigma^2 = 192$.

c) $P(Z > 180) = 1 - P(Z \le 180) = 1 - \Phi\left(\frac{180-165}{\sqrt{192}}\right) = 1 - \Phi(1{,}0825) = 0{,}13951$

d) Es gilt $\tilde{Z} = 3X_1 \sim N(165, 576)$, denn $\mathbb{E}\tilde{Z} = 3\mathbb{E}X_1 = 3\mu = 165$ und $\mathrm{Var}(\tilde{Z}) = 3^2 \cdot \mathrm{Var}(X_1) = 9 \cdot 8^2 = 576$. Folglich gilt $P(\tilde{Z} > 180) = 1 - P(\tilde{Z} \le 180) = 1 - \Phi\left(\frac{180-165}{\sqrt{576}}\right) = 1 - \Phi(0{,}625) = 0{,}266$.

e) Wegen $\mathbb{E}Z = \mathbb{E}\tilde{Z}$ und $\mathrm{Var}(Z) < \mathrm{Var}(\tilde{Z})$ kommt es auf Susis Risikofreudigkeit an: Die Chance auf höhere Trinkgelder geht einher mit dem Risiko eines deutlich unterhalb des Erwartungswertes liegenden Trinkgeldes.

5.

a)

		Y			
		-1	0	1	
X	1	0,25	0,15	0,10	**0,50**
	2	0,10	0,15	0,25	**0,50**
		0,35	**0,30**	**0,35**	

b)
$$\mathbb{E}X = 0{,}5 \cdot 1 + 0{,}5 \cdot 2 = 1{,}5$$
$$\mathbb{E}Y = 0{,}35 \cdot (-1) + 0{,}3 \cdot 0 + 0{,}35 \cdot 1 = 0$$
$$\mathrm{Var}(X) = \mathbb{E}X^2 - (\mathbb{E}X)^2 = 0{,}5 \cdot 1^2 + 0{,}5 \cdot 2^2 - 1{,}5^2 = 0{,}25$$
$$\mathrm{Var}(Y) = \mathbb{E}Y^2 - (\mathbb{E}Y)^2 = 0{,}35 \cdot (-1)^2 + 0{,}3 \cdot 0^2 + 0{,}35 \cdot 1^2 - 0^2 = 0{,}7$$
$$\mathrm{cov}(X, Y) = \mathbb{E}(X \cdot Y) - \mathbb{E}X \cdot \mathbb{E}Y$$
$$= 1 \cdot (-1) \cdot 0{,}25 + 2 \cdot (-1) \cdot 0{,}1 + 1 \cdot 0 \cdot 0{,}15 + 2 \cdot 0 \cdot 0{,}15$$
$$+1 \cdot 1 \cdot 0{,}1 + 2 \cdot 1 \cdot 0{,}25 - 1{,}5 \cdot 0 = 0{,}15.$$

c) Wegen $\mathrm{cov}(X, Y) \ne 0$ sind X und Y abhängig.

d)
$$\mathrm{Var}(Z) = \mathrm{Var}(X + Y) = \mathrm{Var}(X) + \mathrm{Var}(Y) + 2 \cdot \mathrm{cov}(X, Y)$$
$$= 0{,}25 + 0{,}7 + 2 \cdot 0{,}15 = 1{,}25$$

6.

a) Für das Konfidenzintervall gilt $\mathrm{KI}_n^\alpha = \left[\overline{x} - z_{1-\frac{\alpha}{2}}\frac{\sigma}{\sqrt{n}}, \overline{x} + z_{1-\frac{\alpha}{2}}\frac{\sigma}{\sqrt{n}}\right]$ und für das Quantil $z_{0,975} = 1{,}95996$. Es ergibt sich $\mathrm{KI}_{11}^{0,05} = [146{,}87; 153{,}13]$ (in Gramm).

b) Es muss die Bedingung $z_{1-\frac{\alpha}{2}} \cdot \frac{\sigma}{\sqrt{n}} \le 2$ erfüllt sein. Umstellen nach n ergibt $n \ge \left(z_{0,975} \cdot \frac{\sigma}{2}\right)^2$, was für ganzzahlige $n \ge 27$ erfüllt ist.

Bemerkung: Für $n = 27$ ist $[148{,}004; 151{,}996]$ ein Konfidenzintervall, also ist auch das größere Intervall $[148; 152]$ ein Konfidenzintervall.

c) Hypothesen: $H_0 : \mu \le 145,$ $H_1 : \mu > 145$;

Testfunktion: $T = \frac{\overline{x} - \mu_0}{\sigma} \cdot \sqrt{n} = 3{,}1339$

Da $T > z_{1-\alpha} = z_{0,95} \approx 1{,}6$, kann H_0 bei einer Irrtumswahrscheinlichkeit von $0{,}05$ signifikant abgelehnt werden. Somit wird die Alternativhypothese H_1 angenommen, sodass aufgrund des durchgeführten Tests mit einer 5 %igen Irrtumswahrscheinlichkeit davon ausgegangen werden kann, dass das Durchschnittsgewicht mehr als 145 Gramm beträgt.

7. Mit X wird die Anzahl der Anrufe mit einer Wartezeit von weniger als 90 Sekunden bezeichnet. Dann gilt $X \sim \text{Bin}(1000; 0,6)$.

a) Gesucht ist

$$q = \text{P}(580 \le X \le 620) = \sum_{k=580}^{620} \binom{1000}{k} \cdot 0,6^k \cdot 0,4^{1000-k}.$$

b) Wegen $\mathbb{E}X = 1000 \cdot 0,6 = 600$ und $\text{Var}(X) = 1000 \cdot 0,6 \cdot 0,4 = 240$ gilt

$$q = \text{P}(|X - \mathbb{E}X| \le 20) \ge 1 - \frac{\text{Var}(X)}{20^2} = 1 - \frac{240}{400} = 0,4.$$

c) Nach dem Grenzwertsatz von Moivre-Laplace gilt $X \approx N(600, 240)$ (die Approximation liefert wegen der Faustregel $n \cdot p \cdot (1 - p) = \text{Var}(X) = 240 \gg 9$ eine gute Näherung) und somit

$$q = \text{P}(580 \le X \le 620) = \text{P}(579,5 \le X \le 620,5)$$

$$\approx \Phi\left(\frac{620,5 - 600}{\sqrt{240}}\right) - \Phi\left(\frac{579,5 - 600}{\sqrt{240}}\right) = 2 \cdot \Phi(1,323) - 1 = 0,81416.$$

Zusatz 1. Wenn die Angaben des Betreibers korrekt sind, gilt für die Zufallsgröße X, die die Anzahl e innerhalb von 90 Sekunden angenommener Anrufe beschreibt, $X \sim \text{Bin}(5; 0,6)$.

Die Wahrscheinlichkeit, dass kein einziger Anruf angenommen wird, beträgt dann $0,4^5 = 0,01024 < \alpha = 0,05$. Der Kunde kann daher mit einer Irrtumswahrscheinlichkeit von $\alpha = 5\%$ davon ausgehen, dass die Angaben des Betreibers falsch sind.

Zusatz 2.

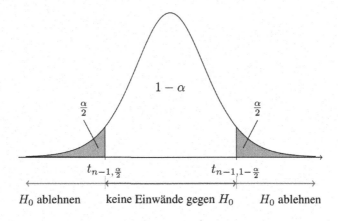

Zusatz 3. Wegen $N_t \sim \text{Poi}(\lambda_t)$, $\tilde{N}_t \sim \text{Poi}(\tilde{\lambda}_t)$ mit $\lambda_t = \mu t$ und $\tilde{\lambda}_t = \tilde{\mu} t$ gilt für $Z_t = N_t + \tilde{N}_t \sim \text{Poi}\left(\lambda_t + \tilde{\lambda}_t\right)$ die Beziehung

$$
\begin{aligned}
P(Z_t = k) &= \sum_{j=0}^{k} P(N_t = j \mid \tilde{N}_t = k - j) \cdot P(\tilde{N}_t = k - j) \\
&= \sum_{j=0}^{k} P(N_t = j) \cdot P(\tilde{N}_t = k - j) = \sum_{j=0}^{k} e^{-\lambda_t} \frac{\lambda_t^j}{j!} \cdot e^{-\tilde{\lambda}_t} \frac{\tilde{\lambda}_t^{k-j}}{(k-j)!} \\
&= e^{-(\lambda_t + \tilde{\lambda}_t)} \sum_{j=0}^{k} \frac{1}{k!} \binom{k}{j} \lambda_t^j \tilde{\lambda}_t^{k-j} = e^{-(\lambda_t + \tilde{\lambda}_t)} \cdot \frac{(\lambda_t + \tilde{\lambda}_t)^k}{k!} .
\end{aligned}
$$

Lösungen zu den Aufgaben

13

13.1 Lösungen zu Kapitel 1

L 1.1

a) $AX + M - CB = X - DB \implies (A-E)X = CB - DB - M \implies X = (A-E)^{-1}(CB - DB - M)$

Falls $A-E$ regulär ist, so lässt sich X (eindeutig) berechnen. Außerdem müssen die in der Gleichung vorkommenden Matrizenmultiplikationen ausführbar sein (Verkettbarkeit der Matrizen).

b) Nein. Begründung: X besitze die Dimension $n \times p$. Dann sind A und X verkettbar, und AX besitzt die Dimension $m \times p$. Damit X und A verkettbar sind, muss $p = m$ gelten, XA hat dann die Dimension $n \times n$. Aus der Gleichung $AX = XA$ folgt nun $n = p = m$, was der Voraussetzung $m \neq n$ widerspricht.

L 1.2

a) Die Berechnung der benötigten Mengen an Bauelementen und Einzelteilen erfolgt getrennt nach Stufen und einzeln für die Endprodukte und die Ersatzteile.

1. Bauelemente zur Herstellung der Endprodukte:

$$\begin{pmatrix} 1 & 1 & 1 \\ 2 & 1 & 1 \\ 1 & 0 & 3 \end{pmatrix} \begin{pmatrix} 50 \\ 40 \\ 30 \end{pmatrix} = \begin{pmatrix} 120 \\ 170 \\ 140 \end{pmatrix} \begin{matrix} B_1 \\ B_2 \\ R_2 \end{matrix}$$

Zur Herstellung der Endprodukte sind 120 Stück von B_1, 170 Stück von B_2 und 140 Stück des Einzelteils R_2 erforderlich.

2. Anzahl benötigter Einzelteile zur Herstellung der Endprodukte:

$$\begin{pmatrix} 2 & 1 \\ 3 & 2 \\ 2 & 2 \\ 1 & 1 \end{pmatrix} \begin{pmatrix} 120 \\ 170 \end{pmatrix} = \begin{pmatrix} 410 \\ 700 \\ 580 \\ 290 \end{pmatrix} \begin{matrix} R_1 \\ R_2 \\ R_3 \\ R_4 \end{matrix}$$

B. Luderer, *Klausurtraining Mathematik und Statistik für Wirtschaftswissenschaftler*, Studienbücher Wirtschaftsmathematik, DOI 10.1007/978-3-658-05546-2_13, © Springer Fachmedien Wiesbaden 2014

Für die Herstellung der Endprodukte werden 410 Stück von R_1, 700 + 140 = 840 Stück von R_2, 580 Stück von R_3 und 290 Stück von R_4 gebraucht.

3. Einzelteile für die Ersatzteilproduktion:

$$\begin{pmatrix} 2 & 1 \\ 3 & 2 \\ 2 & 2 \\ 1 & 1 \end{pmatrix} \begin{pmatrix} 20 \\ 10 \end{pmatrix} = \begin{pmatrix} 50 \\ 80 \\ 60 \\ 30 \end{pmatrix} \begin{matrix} R_1 \\ R_2 \\ R_3 \\ R_4 \end{matrix}$$

Für die bereitzustellenden Ersatzteile sind 50, 80 + 10 = 90, 60 bzw. 30 Stück der Einzelteile R_i, $i = 1, \ldots, 4$, zu fertigen.

Insgesamt werden somit für die vereinbarten Lieferungen folgende Stückzahlen an Einzelteilen benötigt: 460 von R_1, 930 von R_2, 640 von R_3 und 320 von R_4.

b) Hat man die Rechnung mehrfach für häufig wechselnde Bedarfsvektoren durchzuführen, ist es günstiger, zunächst die Gesamtaufwandsmatrix zu berechnen, die den Produktionsprozess inklusive der Ersatzteilbereitstellung als Ganzes beschreibt. Nach dieser einmal durchzuführenden Rechnung hat man dann diese Matrix anschließend nur mit dem jeweils aktuellen Bedarfsvektor zu multiplizieren. Durch Anfügen einer Einheitsspalte für R_2 an die Matrix $A^\top$ ergibt sich zunächst

$$\begin{pmatrix} 2 & 1 & 0 \\ 3 & 2 & 1 \\ 2 & 2 & 0 \\ 1 & 1 & 0 \end{pmatrix} \begin{pmatrix} 1 & 1 & 1 \\ 2 & 1 & 1 \\ 1 & 0 & 3 \end{pmatrix} = \begin{pmatrix} 4 & 3 & 3 \\ 8 & 5 & 8 \\ 6 & 4 & 4 \\ 3 & 2 & 2 \end{pmatrix}$$

und hieraus die in der folgenden Tabelle enthaltene Gesamtaufwandsmatrix G:

	je Stück					
	E_1	E_2	E_3	B_1	B_2	R_2
R_1	4	3	3	2	1	0
R_2	8	5	8	3	2	1
R_3	6	4	4	2	2	0
R_4	3	2	2	1	1	0

c) Die Überprüfung des Ergebnisses aus a) mittels der in b) berechneten Gesamtaufwandsmatrix bestätigt dessen Richtigkeit:

$$G \cdot (50, 40, 30, 20, 10, 10)^\top = \begin{pmatrix} 460 \\ 930 \\ 640 \\ 320 \end{pmatrix} \begin{matrix} R_1 \\ R_2 \\ R_3 \\ R_4 \end{matrix}$$

Bemerkung: Es sind auch andere Lösungswege möglich.

L 1.3 Bezeichnet man die in den drei Tabellen enthaltenen Daten durch die Matrizen A, B und C sowie mit $p = (10, 20, 100)^\top$ den Vektor zu liefernder Endprodukte P_i, ferner mit b, t_{ges} bzw. e die Vektoren benötigter Baugruppen B_i, Teile T_i bzw. Einzelteile E_i und mit $t_r = (150, 150, 150)^\top$ den Vektor einzulagernder Reserveteile, so erhält man die nachfolgenden Matrizen- bzw. Vektorbeziehungen:

$$b = C^\top \cdot p, \, t = B^\top \cdot b, \, t_{ges} = t + t_r, \, e = A^\top \cdot t_{ges}.$$

Durch Zusammenfassung dieser Beziehung ergibt sich die Matrizengleichung

$$e = A^\top \cdot \left[t_r + B^\top \cdot C^\top \cdot p \right].$$

Für die konkret gegebenen Werte erhält man

$$B^\top \cdot C^\top = \begin{pmatrix} 5 & 3 & 4 \\ 4 & 4 & 5 \\ 9 & 5 & 9 \end{pmatrix} \Longrightarrow B^\top \cdot C^\top \cdot p = \begin{pmatrix} 510 \\ 620 \\ 1090 \end{pmatrix}$$

und hieraus

$$e = \begin{pmatrix} 2 & 0 & 4 \\ 0 & 3 & 0 \\ 1 & 0 & 1 \end{pmatrix} \cdot \begin{pmatrix} 660 \\ 770 \\ 1240 \end{pmatrix} = \begin{pmatrix} 6280 \\ 2310 \\ 1900 \end{pmatrix},$$

sodass 6280 Stück von E_1, 2310 Stück von E_2 und 1900 Stück von E_3 zu fertigen sind.

b) Der Preisvergleich für die beiden Angebote führt auf die Werte

$$\left\langle \begin{pmatrix} 2{,}00 \\ 2{,}50 \\ 4{,}50 \end{pmatrix}, \begin{pmatrix} 6280 \\ 2310 \\ 1900 \end{pmatrix} \right\rangle = 26.885, \qquad \left\langle \begin{pmatrix} 1{,}50 \\ 2{,}30 \\ 5{,}10 \end{pmatrix}, \begin{pmatrix} 6280 \\ 2310 \\ 1900 \end{pmatrix} \right\rangle = 24.423,$$

die zeigen, dass das zweite Angebot günstiger ist.

L 1.4 Wir erweitern die gegebenen Tabellen (bzw. Matrizen) in geeigneter Weise bzw. transponieren sie:

$$A = \begin{array}{c|cccc} & T_1 & T_2 & Z & G \\ \hline M & 450 & 350 & 0 & 0 \\ Z & 250 & 300 & 1 & 0 \\ F & 250 & 300 & 0 & 0 \\ E & 2 & 1 & 0 & 0 \\ K & 0 & 25 & 0 & 0 \\ G & 0 & 0 & 0 & 1 \end{array}$$

$$B = \begin{array}{c|ccc} & K_1 & K_2 & K_3 \\ \hline T_1 & 0{,}450 & 0{,}800 & 0{,}200 \\ T_2 & 0{,}500 & 0{,}150 & 0{,}750 \\ Z & 30 & 0 & 50 \\ G & 20 & 50 & 0 \end{array}$$

Ferner führen wir den Vektor der Endprodukte $e = \begin{pmatrix} 20 \\ 30 \\ 100 \end{pmatrix}$ ein.

Dann ergeben sich die Gesamtproduktionsmatrix aus $G_{ges} = A \cdot B$ und der gesuchte Backzutaten-Mengenvektor als $a = G_{ges} \cdot e$:

$$a = G_{ges} \cdot e = \begin{array}{c|ccc} & K_1 & K_2 & K_3 \\ \hline M & 377{,}50 & 412{,}5 & 352{,}5 \\ Z & 292{,}5 & 245 & 325 \\ F & 262{,}5 & 245 & 275 \\ E & 1{,}4 & 1{,}75 & 1{,}15 \\ K & 12{,}5 & 3{,}75 & 18{,}75 \\ G & 20 & 50 & 0 \end{array} \cdot \begin{pmatrix} 20 \\ 30 \\ 100 \end{pmatrix} = \begin{pmatrix} 55.175 \\ 45.700 \\ 40.100 \\ 195{,}5 \\ 2237{,}5 \\ 1900 \end{pmatrix}$$

Die Keksproduktion erfordert täglich 55,175 kg Mehl, 45,7 kg Zucker, 40,1 kg Fett, 195,5 Stück Eier, 2,24 kg Kakaopulver und 1,9 l Glasur. Dafür sind insgesamt 296,36 € aufzuwenden, was einem durchschnittlichen Materialeinsatz von 1,98 €/kg Keks entspricht.

L 1.5 Die Neubezeichnung der Ausgangsprodukte S und Z als Zwischenprodukte führt auf die erweiterte Matrix

$$\overline{A} = \begin{pmatrix} 100 & 90 & 0 & 0 \\ 15 & 10 & 1 & 0 \\ 0 & 5 & 0 & 1 \\ 1 & 0{,}5 & 0 & 0 \end{pmatrix},$$

deren Zeilen den Zutaten K, S, Z, E und deren Spalten den Größen R_1, R_2, S und Z entsprechen. Hieraus ergibt sich die Gesamtaufwandsmatrix

$$G = \overline{A} \cdot B^T = \begin{pmatrix} 100 & 90 & 0 & 0 \\ 15 & 10 & 1 & 0 \\ 0 & 5 & 0 & 1 \\ 1 & 0{,}5 & 0 & 0 \end{pmatrix}\begin{pmatrix} 2 & 1 & 2 \\ 1 & 2 & 1 \\ 0 & 20 & 0 \\ 0 & 0 & 15 \end{pmatrix} = \begin{pmatrix} 290 & 280 & 290 \\ 40 & 55 & 40 \\ 5 & 10 & 20 \\ 2{,}5 & 2 & 2{,}5 \end{pmatrix},$$

in der die Zeilen wieder den Größen K, S, Z, E und die Spalten den verschiedenen Geschmacksrichtungen G_i zugeordnet sind. Der Bedarf an Ausgangsprodukten beläuft sich dann auf

$$a = \begin{pmatrix} 290 & 280 & 290 \\ 40 & 55 & 40 \\ 5 & 10 & 20 \\ 2{,}5 & 2 & 2{,}5 \end{pmatrix}\begin{pmatrix} 200 \\ 260 \\ 230 \end{pmatrix} = \begin{pmatrix} 197.500 \\ 31.500 \\ 8200 \\ 1595 \end{pmatrix} \begin{array}{l} K \\ S \\ Z \\ E \end{array},$$

d. h., es sind wöchentlich 197,5 kg Kartoffeln, 31,5 l saure Sahne, 8,2 kg Zwiebeln und 1595 Eier zu beschaffen.

L 1.6

a) Bezeichnet man die zur linken Tabelle gehörige Matrix mit A, die der rechten Tabelle entsprechende Matrix mit B, mit $p = (300, 200, 100)^\top$ den Vektor zu produzierender Produkte P_i sowie mit h und r die Vektoren zu fertigender Mengen an Halbfabrikaten bzw. einzusetzender Ausgangsstoffe, so gelten die Matrizengleichungen $r = B^\top \cdot h$ und $h = A \cdot p$. Daraus erhält man zunächst den Vektor $h = (1000, 2800, 4600)^\top$ (für die Halbfabrikate) und mit dessen Hilfe den gesuchten Vektor an Ausgangsstoffen $r = (37.200, 54.800, 55.600)^\top$.

b) Die Rohstoffe kosten $(r_1 + r_2 + r_3) \cdot \frac{100}{120} = 123.000\,€$.

c) Eine weitere Berechnungsmöglichkeit besteht in der Nutzung der Beziehung $r = B^\top \cdot A \cdot p$, für die man als erstes die Gesamtaufwandsmatrix

$$G = B^\top \cdot A = \begin{pmatrix} 54 & 66 & 78 \\ 80 & 97 & 114 \\ 82 & 98 & 114 \end{pmatrix}$$

und daraus den gesuchten Vektor bereitzustellender Ausgangsstoffe ermittelt:

$$r = G \cdot p = (37.200, 54.800, 55.600)^\top.$$

d) $K = \frac{100}{120} \cdot (1,1,1) \cdot G \cdot (0,\,0,1)^\top = \frac{100}{120} \cdot (78 + 114 + 114) = 255\,€$

L 1.7 Transponiert man die den beiden Tabellen entsprechenden Matrizen und erweitert die erste links durch die zum Ausgangsstoff A_2 gehörige Einheitsspalte, so lässt sich die den Gesamtprozess beschreibende Matrix G leicht durch multiplikative Verknüpfung der zwei Matrizen berechnen:

$$G = \begin{pmatrix} 0 & 2 & 1 \\ 1 & 3 & 1 \\ 0 & 1 & 0 \end{pmatrix} \cdot \begin{pmatrix} 1 & 2 & 5 \\ 3 & 0 & 1 \\ 0 & 1 & 1 \end{pmatrix} = \begin{pmatrix} 6 & 1 & 3 \\ 10 & 3 & 9 \\ 3 & 0 & 1 \end{pmatrix}.$$

Damit können die benötigten Mengen an Ausgangsstoffen für die Herstellung der Endprodukte (Vektor a_1) sowie die erforderlichen Mengen an Ausgangsstoffen für die zusätzlich herzustellenden Zwischenprodukte (Vektor a_2) leicht ermittelt werden:

$$a_1 = G \cdot \begin{pmatrix} 20 \\ 40 \\ 30 \end{pmatrix} = \begin{pmatrix} 250 \\ 590 \\ 90 \end{pmatrix}, \qquad a_2 = \begin{pmatrix} 2 & 1 \\ 3 & 1 \\ 1 & 0 \end{pmatrix} \cdot \begin{pmatrix} 5 \\ 8 \end{pmatrix} = \begin{pmatrix} 18 \\ 23 \\ 5 \end{pmatrix}.$$

Folglich ergibt sich ein Gesamtbedarf von $a = a_1 + a_2 = (268, 613, 95)^\top$. Somit werden 268 ME von A_1, 613 ME von R_2 und 95 ME von R_3 benötigt.

Bemerkung: Es sind eine Reihe weiterer Lösungswege möglich.

b) Bezeichnet man mit $x = (x_1, x_2, x_3)^\top$ den Vektor der gesuchten ME an Endprodukten, so ergibt sich aus dem Ansatz $Gx = (80, 160, 34)^\top$ die eindeutige Lösung $x_1 = 10$, $x_2 = 8$, $x_3 = 4$.

c) $2z_1 + z_2 \le 10$, $3z_1 + z_2 \le 12$, $z_1 \le 3$, $z_1, z_2 \ge 0$

L 1.8

a), c) Bezeichnet man die Matrizen in den Tabellen der Reihe nach mit M, N, P und Q, so berechnet sich die Gesamtaufwandsmatrix zu $G = MQN + MP = M(QN + P)$ und der Vektor der Einzelteile gemäß $a = Gd$. Konkret erhält man

$$G = \begin{pmatrix} 23 & 81 & 27 \\ 8 & 60 & 0 \\ 17 & 28 & 38 \\ 18 & 111 & 33 \end{pmatrix}$$

sowie

$$a = \begin{pmatrix} 15.800 \\ 6800 \\ 12.100 \\ 19.500 \end{pmatrix}.$$

b) $a_z = G \cdot (20, 0, 0)^\top = (460, 160, 340, 360)^\top$.

L 1.9

a) Mit $v = (30, 20, 50)^\top$ gilt $s = A^\top B^\top v = \begin{pmatrix} 87.700 \\ 181.800 \\ 266.500 \end{pmatrix}$.

b) Zu lösen ist das LGS $A^\top B^\top x = \bar{s}$ mit $\bar{s} = (10.530, 22.220, 32.550)^\top$ und

$$A^\top B^\top = \begin{pmatrix} 640 & 800 & 1050 \\ 1360 & 1800 & 2100 \\ 1900 & 2600 & 3150 \end{pmatrix},$$

das die eindeutige Lösung $x = (2, 5, 5)^\top$ besitzt. Es wurden also zwei Sets V_1 sowie jeweils fünf Sets der Varianten V_2 und V_3 durcheinandergebracht.

c) Allgemein kann es beim Lösen eines LGS passieren, dass die gefundenen Lösungen nicht ganzzahlig oder nicht positiv sind, was aber für das vorliegende Problem keinen Sinn ergäbe. Hat man allerdings alle Schrauben gefunden, so müssen alle Komponenten automatisch nichtnegativ und ganzzahlig sein.

d) Aus dem Schwarzverkauf erzielt der Chef einen Erlös von 49.568 €, was durchaus für einen „standesgemäßen" Wagen reicht.

L 1.10

a) $e = \begin{pmatrix} 50 \\ 80 \\ 30 \\ 140 \end{pmatrix} \begin{matrix} PC \\ CM \\ SKB \\ NW \end{matrix}$

$r = A^{\mathsf{T}} e = \begin{pmatrix} 150 & 150 & 200 & 200 \\ 15 & 20 & 20 & 15 \\ 75 & 0 & 50 & 0 \\ 20 & 15 & 10 & 0 \\ 10 & 25 & 0 & 0 \\ 5 & 10 & 10 & 25 \end{pmatrix} \begin{pmatrix} 50 \\ 80 \\ 30 \\ 140 \end{pmatrix} = \begin{pmatrix} 53.500 \\ 5050 \\ 5250 \\ 2500 \\ 2500 \\ 4850 \end{pmatrix} \begin{matrix} g & \text{Eis} \\ g & \text{Sahne} \\ g & \text{Früchte} \\ ml & \text{Likör} \\ g & \text{Nüsse} \\ g & \text{Schokolade} \end{matrix}$

b) $\left\langle \begin{pmatrix} 2 \\ 4,5 \\ 1,5 \\ 6 \\ 5 \\ 4 \end{pmatrix}, \begin{pmatrix} 53,5 \\ 5,05 \\ 5,25 \\ 2,5 \\ 2,5 \\ 4,85 \end{pmatrix} \right\rangle = 184,50 \ [\text{€}]$

c) Gesamtverkaufspreis: $V = \left\langle \begin{pmatrix} 50 \\ 80 \\ 30 \\ 140 \end{pmatrix}, \begin{pmatrix} 2,20 \\ 2,40 \\ 2,50 \\ 2,80 \end{pmatrix} \right\rangle = 769,00 \ [\text{€}].$

Die Differenz beträgt 584,50 €.

L 1.11

a) Nein, da det $A = 0$ ist. Andere Begründung: Die Zeilen (bzw. auch Spalten) von A sind linear abhängig. Folglich ist A singulär.

b) Das ist nicht möglich, da B nicht quadratisch und somit nicht invertierbar ist.

c) Da das Produkt der beiden Matrizen $C \cdot D = \begin{pmatrix} 0 & 2a \\ b & 0 \end{pmatrix}$ lautet, kann es für keinerlei Werte von a und b gleich der Einheitsmatrix sein.

L 1.12

a) Der Weg ist durchführbar, sofern die zu A inverse Matrix existiert; es gilt dann $C = A^{-1}B$. Die Berechnung der inversen Matrix zu A kann am besten mithilfe des Gauß'schen Algorithmus erfolgen, indem man neben A die Einheitsmatrix desselben Typs schreibt. Wird dann A in die Einheitsmatrix umgeformt, so entsteht aus E gerade A^{-1}:

1	3	1	1	0	0
2	−1	1	0	1	0
1	1	1	0	0	1
1	3	1	1	0	0
0	−7	−1	−2	1	0
0	−2	0	−1	0	1

1	0	4/7	1/7	3/7	0
0	1	1/7	2/7	−1/7	0
0	0	2/7	−3/7	−2/7	1
1	0	0	1	1	−2
0	1	0	1/2	0	−1/2
0	0	1	−3/2	−1	7/2

b) Mit der berechneten Inversen A^{-1} gilt nun

$$A^{-1} \cdot B = \begin{pmatrix} 1 & 1 & -2 \\ 1/2 & 0 & -1/2 \\ -3/2 & -1 & 7/2 \end{pmatrix} \cdot \begin{pmatrix} 3 & 4 & 1 \\ 0 & 1 & 1 \\ 1 & 1 & 2 \end{pmatrix} = \begin{pmatrix} 1 & 3 & -2 \\ 1 & 3/2 & -1/2 \\ -1 & -7/2 & 9/2 \end{pmatrix},$$

und mittels des aus der Matrizengleichung $A^{-1}B = C$ resultierenden Vergleichs aller Elemente erhält man $b = 1$.

c) Eine solche Matrizengleichung kann auch unlösbar sein, im vorliegenden Fall etwa dann, wenn in $C = A^{-1} \cdot B$ das Element $c_{11} = 2$ lauten würde, da sich dann die widersprüchlichen Beziehungen $b = 2$ und $b = 1$ ergäben.

L 1.13 Bezeichnet man die in den drei Tabellen enthaltenen Daten der Reihe nach durch die Matrizen A, B und C sowie mit $p = (100, 80, 200)^\top$ den Vektor der Ausbringungsmengen von P_1, P_2 bzw. P_3, so berechnet sich die Gesamtaufwandsmatrix aus der Matrizengleichung $G = A \cdot (E - B)^{-1} \cdot C$, in der Verflechtung und Eigenverbrauch miteinander kombiniert sind. Ermittelt man aus $E - B = \begin{pmatrix} 1 & -1/2 & -1/2 \\ -1/2 & 1 & 0 \\ 0 & 0 & 1/2 \end{pmatrix}$ zunächst $(E - B)^{-1} =$

$\begin{pmatrix} 4/3 & 2/3 & 4/3 \\ 2/3 & 4/3 & 2/3 \\ 0 & 0 & 2 \end{pmatrix}$ als inverse Matrix, so ergibt sich entsprechend der obigen Matrizenglei-

chung die konkrete Gesamtaufwandsmatrix $G = \begin{pmatrix} 16 & 46 & 60 \\ 8 & 26 & 24 \end{pmatrix}$ sowie der Vektor bereit-

zustellender Rohstoffmengen $r = G \cdot p = \begin{pmatrix} 17.280 \\ 7680 \end{pmatrix}$, d. h., es sind 17.280 ME an R_1 und 7680 ME an R_2 zu beschaffen.

L 1.14
a) $x - Ax = Ex - Ax = (E - A)x = y \implies x = (E - A)^{-1} \cdot y$
b) Nein, der Rang von A kann nicht gleich 3, sondern höchstens 2 sein, da die 2. Spalte eine Nullspalte ist (und somit die Inverse zu A nicht existiert bzw. $\det A = 0$ ist).
c) Die zu $E - A$ inverse Matrix

$$(E - A)^{-1} = \begin{pmatrix} \frac{98}{88} & 0 & \frac{4}{88} \\ 0 & 1 & 0 \\ \frac{5}{88} & 0 & \frac{90}{88} \end{pmatrix} \approx \begin{pmatrix} 1,11364 & 0 & 0,04545 \\ 0 & 1 & 0 \\ 0,05682 & 0 & 1,02273 \end{pmatrix}$$

lässt sich beispielsweise mithilfe des Gauß'schen Algorithmus nach dem Berechnungs-
schema $(A|E) \longrightarrow (E|A^{-1})$ ermitteln.

d) Da $(E - A)$ invertierbar ist (siehe c)), gilt rang$(E - A) = 3$. Andere Begründung: $\det(E - A) \neq 0$.

e) Die effektiv verbrauchten Mengen an belegten Brötchen, Tassen Kaffee und Kugeln Eis
berechnen sich aus

$$(E - A)^{-1} \cdot y = \begin{pmatrix} \frac{98}{88} & 0 & \frac{4}{88} \\ 0 & 1 & 0 \\ \frac{5}{88} & 0 & \frac{90}{88} \end{pmatrix} \begin{pmatrix} 55 \\ 200 \\ 150 \end{pmatrix} = \begin{pmatrix} \frac{5990}{88} \\ 200 \\ \frac{13500}{88} \end{pmatrix} \approx \begin{pmatrix} 68 \\ 200 \\ 157 \end{pmatrix}.$$

L 1.15

a) Umformung mit dem Gauß'schen Algorithmus (der den Rang nicht verändert) ergibt:

$$\begin{pmatrix} 1 & 4 & 5 \\ 12 & 13 & 9 \\ 15 & 25 & 24 \end{pmatrix} \Longrightarrow \begin{pmatrix} 1 & 4 & 5 \\ 0 & -35 & -51 \\ 0 & -35 & -51 \end{pmatrix} \Longrightarrow \begin{pmatrix} 1 & 4 & 5 \\ 0 & -35 & -51 \\ 0 & 0 & 0 \end{pmatrix}.$$

Da die letzte Matrix eine Nullzeile aufweist und ihre Determinante somit den Wert null
besitzt, ist die Matrix A nicht invertierbar.

b)

$$x = \lambda_1 \begin{pmatrix} 1 \\ 12 \\ 15 \end{pmatrix} + \lambda_2 \begin{pmatrix} 4 \\ 13 \\ 25 \end{pmatrix} \qquad \lambda_1, \lambda_2 \text{ beliebig.}$$

Beispielsweise erhält man für $\lambda_1 = \lambda_2 = 1$ den Vektor $(5\,2.540)^\top$. Auch der Nullvektor
ist stets eine Linearkombination beliebiger Vektoren.

L 1.16

a) $a = A^\top p = \begin{pmatrix} 2 & 1 & 4 \\ 3 & 0 & 2 \\ 1 & 1 & 2 \end{pmatrix} \begin{pmatrix} 40 \\ 40 \\ 30 \end{pmatrix} = \begin{pmatrix} 240 \\ 180 \\ 140 \end{pmatrix}$

b) Bezeichnet p den Brutto- und n den Nettoproduktionsvektor, so gilt die Beziehung $n =$

$$p - B^\top p = (E - B^\top)p = \begin{pmatrix} \frac{3}{4} & -\frac{1}{4} & -\frac{1}{3} \\ 0 & \frac{3}{4} & 0 \\ 0 & 0 & \frac{1}{2} \end{pmatrix} \begin{pmatrix} 40 \\ 40 \\ 30 \end{pmatrix} = \begin{pmatrix} 10 \\ 30 \\ 15 \end{pmatrix}.$$

L 1.17 Matrix des Eigenverbrauchs:

$$\begin{pmatrix} 0{,}1 & 0 \\ 0{,}2 & 0{,}2 \end{pmatrix}; \quad E - A = \begin{pmatrix} 0{,}9 & 0 \\ -0{,}2 & 0{,}8 \end{pmatrix};$$

$$(E - A)^{-1} = \ldots = \begin{pmatrix} 10/9 & 0 \\ 5/18 & 5/4 \end{pmatrix} = \begin{pmatrix} 1{,}1111 & 0 \\ 0{,}2778 & 1{,}25 \end{pmatrix}$$

$$x = (E - A)^{-1} \begin{pmatrix} 1800 \\ 200 \end{pmatrix} = \begin{pmatrix} 2000 \\ 750 \end{pmatrix}$$

Es werden 200 ME von A und 750 ME von B benötigt.

L 1.18 Matrix des Eigenverbrauchs:

$$A = \begin{pmatrix} \frac{1}{100} & \frac{1}{200} \\ \frac{1}{50} & \frac{1}{50} \end{pmatrix}$$

(Zeilen- u. Spaltenbezeichnung jeweils S, E)
Nettoproduktionsvektor:

$$x - Ax = y = \begin{pmatrix} 300 \\ 1500 \end{pmatrix};$$

Bruttoproduktionsvektor:

$$x = (E - A)^{-1} y = \begin{pmatrix} 1,0102 & 0,0052 \\ 0,0206 & 1,0205 \end{pmatrix} \begin{pmatrix} 300 \\ 1500 \end{pmatrix} \approx \begin{pmatrix} 311 \\ 1537 \end{pmatrix}$$

Dieses Ergebnis erhält man aus der Berechnung der Inversen zu

$$E - A = \begin{pmatrix} 0,990 & -0,005 \\ -0,020 & 0,980 \end{pmatrix} \Longrightarrow (E - A)^{-1} = \frac{1}{9701} \cdot \begin{pmatrix} 9800 & 50 \\ 200 & 9900 \end{pmatrix}$$

oder alternativ aus der Lösung des linearen Gleichungssystems $(E - A)x = y$:

x_1	x_2	rechte Seite
0,99	−0,005	300
−0,02	0,98	1500
1	−0,0051	303,03
0	0,9799	1506,06
1	0	310,86
0	1	1536,95

L 1.19

a) Die Berechnung der Lösung geschieht mithilfe des Gauß'schen Algorithmus (in Tabellenform):

x_1	x_2	x_3	x_4	r.S.
1	2	3	2	7
2	4	4	3	13
−1	−2	1	0	−5
1	2	3	2	7
0	0	−2	−1	−1
0	0	4	2	2
1	2	0	1/2	11/2
0	0	1	1/2	1/2
0	0	0	0	0

Allgemeine Lösung:

$$x = \begin{pmatrix} 11/2 \\ 0 \\ 1/2 \\ 0 \end{pmatrix} + t_1 \cdot \begin{pmatrix} -2 \\ 1 \\ 0 \\ 0 \end{pmatrix} + t_2 \cdot \begin{pmatrix} -1/2 \\ 0 \\ -1/2 \\ 1 \end{pmatrix}$$

Bemerkung: Die entstandene Nullzeile kann komplett gestrichen werden, wodurch insgesamt zwei freie Parameter auftreten (die den beiden Nichtbasisvariablen x_2 und x_4 zugeordnet sind). Wollte man eine zusammenhängende, links stehende Einheitsmatrix erzeugen, so müsste man einen Spaltentausch $x_2 \leftrightarrow x_3$ vornehmen.

b) Aus $x_3 = 0$ folgt $\frac{1}{2} + 0 \cdot t_1 - \frac{1}{2} \cdot t_2 = 0$, d. h. $t_2 = 1$. Eine ganzzahlige Lösung ergibt sich beispielsweise für $t_1 = 0$, nämlich $x = (5, 0, 0, 1)^\top$.

c) Aus der Forderung $x_4 = 3$ resultiert $t_2 = 3$, sodass für die allgemeine Lösung die Darstellung $x = (4, 0, -1, 3)^\top + t_1 \cdot (-2, 1, 0, 0)^\top$ gilt.

Das Finden einer der Bedingung $x \geq 0$ genügenden Lösung entspricht damit der Suche nach einer Lösung des Ungleichungssystems

$$\begin{array}{rcl} 4 - 2t_1 & \geq & 0 \\ t_1 & \geq & 0 \\ -1 & \geq & 0 \\ 3 & \geq & 0, \end{array}$$

welches offensichtlich nicht lösbar ist. Damit gibt es keine nichtnegative Lösung mit $x_4 = 3$.

L 1.20 X muss vom gleichen Typ wie c bzw. Ab sein, also vom Typ $(2,1)$. Die Umformung der Matrizengleichung führt auf $(1 - w)X = c - Ab$ bzw. die Darstellung $X = \frac{1}{1-w}(c - Ab)$. Speziell ergibt sich $X = \frac{1}{1-w}\begin{pmatrix} -3 \\ 6 \end{pmatrix}$.

L 1.21

x_1	x_2	x_3	x_4	r.S.
5	2	8	9	32
25	40	20	25	100
500	600	400	450	2000
1	2/5	8/5	9/5	32/5
0	30	−20	−20	−60
0	400	−400	−450	−1200
1	0	28/15	31/15	36/5
0	1	−2/3	−2/3	−2
0	0	−400/3	−550/3	−400
1	0	0	−1/2	8/5
0	1	0	1/4	0
0	0	1	11/8	3

Aus der letzten Tabelle, die dem linearen Gleichungssystem (in kanonischer Form)

$$
\begin{aligned}
x_1 && - && \tfrac{1}{2}x_4 &= \tfrac{8}{5} \\
&& x_2 && + && \tfrac{1}{4}x_4 &= 0 \\
&& && x_3 + && \tfrac{11}{8}x_4 &= 3
\end{aligned}
$$

entspricht, ergibt sich (setzt man die Nichtbasisvariable x_4 gleich einem Parameter $t \in \mathbb{R}$ und löst man das System nach den Basisvariablen x_1, x_2, x_3 auf) die allgemeine Lösung

$$
x = \begin{pmatrix} x_1 \\ x_2 \\ x_3 \\ x_4 \end{pmatrix} = \begin{pmatrix} 8/5 \\ 0 \\ 3 \\ 0 \end{pmatrix} + t \cdot \begin{pmatrix} 1/2 \\ -1/4 \\ -11/8 \\ 1 \end{pmatrix}.
$$

b) Aus der obigen allgemeinen Lösung erhält man eine spezielle, indem man sich einen konkreten Parameterwert t vorgibt. Für $t > 0$ wird die zweite Komponente negativ, für $t < 0$ die vierte. Es sind aber nur **nichtnegative** Lösungen sinnvoll. Die einzige zulässige (in der alle Komponenten nichtnegativ sind) ergibt sich somit für $t = 0$, wozu die spezielle Lösung $\hat{x} = \left(\tfrac{8}{5}, 0, 3, 0\right)^\top$ gehört, bei der der Patient am Montag 1,6 und am Mittwoch 3 Portionen zu essen bekommt, wohingegen es am Dienstag und am Donnerstag nichts zu essen gibt.

c) Verschiedene Patienten bekommen i. Allg. unterschiedliche Diät verordnet. Folglich muss Paul die Aufgabe 100-mal für verschiedene rechte Seiten lösen **oder** ein Programm zur Lösung linearer Gleichungssysteme schreiben (und dieses 100-mal laufen lassen) **oder** nach Aufteilung von A in $A = (B|C)$ die aus den ersten 3 Spalten bestehende Basismatrix B invertieren und das gegebene LGS umformen in $x_B = B^{-1}b - B^{-1}Cx_C$, wobei $x_C \in \mathbb{R}$ eine beliebige Zahl darstellt (sodass die Lösung also nicht eindeutig ist). Daraus kann für beliebige rechte Seiten b leicht eine Lösung berechnet werden (wofür nur Matrizenmultiplikationen auszuführen sind). Eine nichtnegative Lösung muss dabei nicht in jedem Fall existieren.

L 1.22

a) Die allgemeine Lösung lautet

$$
x = \frac{1}{3} \cdot \begin{pmatrix} 8 \\ 2 \\ 0 \\ 0 \end{pmatrix} + t_1 \cdot \begin{pmatrix} -1 \\ 0 \\ 1 \\ 0 \end{pmatrix} + t_2 \cdot \begin{pmatrix} -2 \\ -2 \\ 0 \\ 3 \end{pmatrix}.
$$

b) Der Vektor $\hat{x} = (1, 1, 1, 0)^\top$ ist keine Lösung des LGS, da für ihn z. B. die zweite Gleichung nicht erfüllt ist.

c) Der Vektor $\overline{x} = (-2, 0, 2, 0)^\top$ ist eine Lösung des zugehörigen homogenen Systems, denn setzt man ihn in die auf der linken Seite des betrachteten LGS stehenden Ausdrücke ein, so ergibt sich in jeder Zeile der Wert null. Andere Begründung: $\overline{x}$ ist das Doppelte des in der allgemeinen Lösung beim Parameter t_1 stehenden Vektors und somit eine spezielle Lösung des homogenen Systems.

L 1.23

a) Damit die (3×2)-Matrix A mit X verkettbar ist und das Produkt dieselbe Dimension $(3, 2)$ wie B besitzt, muss X vom Typ $(2, 2)$ sein.

b) Setzt man $X = \begin{pmatrix} a & b \\ c & d \end{pmatrix}$ in die Matrizengleichung $AX = B$ ein, so ergibt sich das folgende lineare Gleichungssystem mit vier Gleichungen und vier Unbekannten:

$$
\begin{array}{rcrcrcrcl}
a & & & + & 2c & & & = & 2 \\
3a & & & + & 2c & & & = & 4 \\
& & b & & & + & 2d & = & 10 \\
& & 3b & & & + & 2d & = & 14.
\end{array}
$$

Dieses zerfällt in zwei Teile und besitzt die Lösungen $a = 1$, $b = 2$, $c = \frac{1}{2}$ und $d = 4$. Da auch die restlichen beiden Beziehungen $4a + c = \frac{9}{2}$ und $4b + d = 12$ für diese Werte erfüllt sind, lautet die gesuchte Matrix $X = \begin{pmatrix} 1 & 2 \\ \frac{1}{2} & 4 \end{pmatrix}$.

c) Weitere Lösungen gibt es nicht, da das LGS aus b) eindeutig lösbar ist.

d) Nein, die Matrizengleichung kann widersprüchlich sein. Hinreichend für die Existenz einer Lösung ist die Regularität (Invertierbarkeit) von C.

L 1.24

a) Allgemeine Lösung: $(x, y, z, w) = (6, 5, 3, 0) + t \cdot (-1, 0, 0, 1)$; hierbei ist $t \in \mathbb{R}$ ein beliebiger Parameter.

b) Eine spezielle Lösung, in der alle Komponenten größer oder gleich 2 sind, muss den folgenden Bedingungen genügen:

$$
\begin{array}{rclcll}
6 - t & \geq & 2 & \Longrightarrow & t \leq 4 & \text{(1. Komponente)} \\
0 + t & \geq & 2 & \Longrightarrow & t \geq 2 & \text{(4. Komponente).}
\end{array}
$$

(Die 2. und die 3. Komponente sind automatisch größer als 2.) Damit genügen alle Lösungen mit Parameterwerten $2 \leq t \leq 4$ der geforderten Bedingung.

Zusatz. Setzt man die allgemeine Lösung $x = 6 - t$, $y = -5$, $z = -3$ und $w = t$ in die Funktion $f(x, y, z, w) = x^2 + 2y^2 - z^2 + 3w^2$ ein, ergibt sich die (nur von t abhängige) Funktion einer Veränderlichen

$$\tilde{f}(t) = (6 - t)^2 + 2(-5)^2 - (-3)^2 + 3t^2 = 4t^2 - 12t + 77.$$

Die notwendige Minimumbedingung $\tilde{f}'(x) = 0$ führt auf die Gleichung $8t - 12 = 0$, die die Lösung $t_E = \frac{3}{2}$ besitzt. Wegen $\tilde{f}''(t) = \tilde{f}''(t_E) = 8 > 0$ handelt es sich wirklich um ein Minimum. Die zur Lösung t_E gehörigen Werte lauten: $x_E = \frac{9}{2}$, $y_E = -5$, $z_E = -3$, $w_E = \frac{3}{2}$.

L 1.25

a) Aus dem Ansatz

$$
\begin{array}{rcrcrcr}
100x_1 & + & 50x_2 & + & 50x_3 & = & 1100 \\
50x_1 & + & 10x_2 & + & 20x_3 & = & 470 \\
50x_1 & + & 10x_2 & + & 10x_3 & = & 370
\end{array}
$$

resultiert die eindeutige Lösung $x^* = (x_1, x_2, x_3)^\top = (5, 2, 10)^\top$. Es befanden sich also fünf Schachteln der Sorte S_1, zwei Schachteln von S_2 und zehn Schachteln von S_3 in der Kiste.

b) Diese Aufgabe ist nicht immer lösbar. Für andere rechte Seiten treten evtl. negative oder gebrochene Anzahlen auf, was nicht sinnvoll ist; bei anderer Verteilung der Zahl an Nägeln je Schachtel (woraus eine andere Matrix resultiert) ist das System evtl. widersprüchlich oder besitzt unendlich viele Lösungen.

L 1.26 Wir wissen, dass $\bar{x}$ und x^* als Lösungen des homogenen LGS den Beziehungen $A\bar{x} = 0$, $Ax^* = 0$ genügen. Ferner sei $z = \lambda_1 \bar{x} + \lambda_2 x^*$ mit $\lambda_1, \lambda_2 \in \mathbb{R}$ eine (beliebige) Linearkombination der Vektoren $\bar{x}$ und x^*. Dann gilt entsprechend den Rechenregeln für Matrizen und Vektoren die folgende Gleichungskette:

$$
\begin{aligned}
Az &= A\left(\lambda_1 \bar{x} + \lambda_2 x^*\right) = A\left(\lambda_1 \bar{x}\right) + A\left(\lambda_2 x^*\right) \\
&= \lambda_1 A\bar{x} + \lambda_2 Ax^* = \lambda_1 \cdot \mathbf{0} + \lambda_2 \cdot \mathbf{0} = \mathbf{0},
\end{aligned}
$$

sodass z tatsächlich eine Lösung des homogenen LGS $Ax = \mathbf{0}$ ist.

L 1.27

a)

x	y	z	v	w	r.S.
3	1	-2	4	-1	7
1	-1	1	2	-3	0
2	0	0	-3	5	4
1	-1	1	2	-3	0
0	4	-5	-2	8	7
0	2	-2	-7	11	4

x	y	z	v	w	r.S.
1	0	$-\frac{1}{4}$	$\frac{3}{2}$	-1	$\frac{7}{4}$
0	1	$-\frac{5}{4}$	$-\frac{1}{2}$	2	$\frac{7}{4}$
0	0	$\frac{1}{2}$	-6	7	$\frac{1}{2}$
1	0	0	$-\frac{3}{2}$	$\frac{5}{2}$	2
0	1	0	$-\frac{31}{2}$	$\frac{39}{2}$	3
0	0	1	-12	14	1

Allgemeine Lösung:

$$
x = \begin{pmatrix} x \\ y \\ z \\ v \\ w \end{pmatrix} = \begin{pmatrix} 2 \\ 3 \\ 1 \\ 0 \\ 0 \end{pmatrix} + t_1 \begin{pmatrix} 3/2 \\ 31/2 \\ 12 \\ 1 \\ 0 \end{pmatrix} + t_2 \begin{pmatrix} -5/2 \\ -39/2 \\ -14 \\ 0 \\ 1 \end{pmatrix}, \quad t_1, t_2 \text{ beliebig}
$$

b) Damit x, y und w als Basisvariable gewählt werden können, muss die aus den zugehörigen Spalten gebildete Teilmatrix B eine Basismatrix sein, was bedeutet, dass die 3 Spalten von B linear unabhängig sind bzw. $\det B \neq 0$ gilt. Wegen $\begin{vmatrix} 3 & 1 & -1 \\ 1 & -1 & -a \\ 2 & 0 & 5 \end{vmatrix} = -2a - 22$ können x, y, w bei $a \neq -11$ als Basisvariable dienen.

c) Wir betrachten die aus den ersten drei Spalten gebildete Teilmatrix C. Wegen $\det C = \begin{vmatrix} 3 & 1 & -2 \\ 1 & -1 & 1 \\ 2 & 0 & 0 \end{vmatrix} = -2 \neq 0$ gilt die Beziehung $\operatorname{rang} C = 3$. Deshalb ist das vorliegende Gleichungssystem (für beliebige Werte a, b) stets lösbar.

L 1.28

a)

x	y	z	r.S.
1	1	−2	−3
2	−1	1	3
1	4	−7	−12
1	1	−2	−3
0	−3	5	9
0	3	−5	−9
1	0	−1/3	0
0	1	−5/3	−3
0	0	0	0

Die komplette Nullzeile kann gestrichen werden. Allgemeine Lösung:

$$\begin{pmatrix} x \\ y \\ z \end{pmatrix} = \begin{pmatrix} 0 \\ -3 \\ 0 \end{pmatrix} + t \cdot \begin{pmatrix} 1/3 \\ 5/3 \\ 1 \end{pmatrix}, \quad t \in \mathbf{R}$$

b) Für jeden Wert $a \neq 12$ entsteht in der letzten Zeile auf der rechten Seite eine von null verschiedene Zahl, sodass ein Widerspruch vorliegt. Man kann also z. B. $a = -13$ wählen.

L 1.29

a) Zur Erzeugung einer Einheitsmatrix mithilfe des Gauß'schen Algorithmus hat man in dieser Aufgabe einen Spaltentausch vorzunehmen:

x_1	x_2	x_3	x_4	r.S.
−1	−2	1	0	−15
1	2	3	2	21
6	12	12	9	117
1	2	−1	0	15
0	0	4	2	6
0	0	18	9	27

x_1	x_4	x_3	x_2	r.S.
1	0	−1	2	15
0	2	4	0	6
0	9	18	0	27
1	0	−1	2	15
0	1	2	0	3

Allgemeine Lösung:

$$x = \begin{pmatrix} x_1 \\ x_2 \\ x_3 \\ x_4 \end{pmatrix} = \begin{pmatrix} 15 \\ 0 \\ 0 \\ 3 \end{pmatrix} + t_1 \cdot \begin{pmatrix} 1 \\ 0 \\ 1 \\ -2 \end{pmatrix} + t_2 \cdot \begin{pmatrix} -2 \\ 1 \\ 0 \\ 0 \end{pmatrix}, t_1, t_2 \in \mathbb{R}.$$

b) Eine spezielle Lösung x^*, deren Komponenten in der Summe 10 ergeben, muss der Forderung

$$x_1 + x_2 + x_3 + x_4 = 18 - t_2 = 10$$

genügen. Hieraus folgt $t_2 = 8$ und damit $x^* = (-1, 8, 0, 3)^\top + t_1(1, 0, 1, -2)^\top$; es gibt also unendlich viele derartige Lösungen (da $t_1 \in \mathbb{R}$ beliebig ist).

L 1.30

a) Der Gauß'sche Algorithmus liefert:

x_1	x_2	x_3	x_4	r.S.
4	4	−24	−44	−24
−9	−3	18	30	15
−4	−2	10	16	8
0	−2	10	18	−10
1	1	−6	−11	−6
0	6	−36	−69	−39
0	2	−14	−28	−16
0	−2	10	18	−10

x_1	x_2	x_3	x_4	r.S.
1	0	0	0,5	0,5
0	1	−6	−11,5	−6,5
0	0	−2	−5	−3
0	0	−2	−5	−23
1	0	0	0,5	0,5
0	1	0	3,5	2,5
0	0	1	2,5	1,5
0	0	0	0	−20

Da die letzte Zeile einen Widerspruch darstellt, gibt es keine Lösung des vorgelegten LGS.

b) Wenn es überhaupt keine Lösung gibt, kann es erst recht keine spezielle Lösung mit bestimmten Eigenschaften geben. (Bemerkung: Bedingt durch einen bedauerlichen Schreibfehler ist die Aufgabe etwas „unfair" geworden, denn der Aufgabentext legt die Existenz einer Lösung nahe.)

c) Ändert man die letzte Zahl auf der rechten Seite von -10 auf 10 ab, so ergeben sich bei gleichen Umformungen des Systems wie in a) in der jeweils letzten Zeile der rechten Seite folgende Werte: 1. Tabelle: 10; 2. Tabelle: 10; 3. Tabelle: -3; 4. Tabelle: 0. Damit entstehen in der 3. Tabelle zwei gleiche Zeilen und folglich in der 4. Tabelle eine Null-zeile (die wegfällt). Die allgemeine Lösung lautet dann:

$$x = \begin{pmatrix} x_1 \\ x_2 \\ x_3 \\ x_4 \end{pmatrix} = \begin{pmatrix} 0{,}5 \\ 2{,}5 \\ 1{,}5 \\ 0 \end{pmatrix} + t_1 \cdot \begin{pmatrix} -0{,}5 \\ -3{,}5 \\ -2{,}5 \\ 1 \end{pmatrix}, \quad t_1 \in \mathbb{R}.$$

Aus den Beziehungen $x_i > 0$, $i = 1, \ldots, 4$, resultieren die Ungleichungen $t_1 < 1$, $t_1 < \frac{5}{7}$, $t_1 < \frac{3}{5}$, $t_1 > 0$, sodass gilt: Für $0 < t_1 < \frac{3}{5}$ sind alle Komponenten der Lösung positiv.

L 1.31 Löst man die 2. und die 3. Gleichung nach x_3 bzw. x_2 auf und setzt das Resultat in die 1. Gleichung ein, so erhält man die Beziehungen $x_3 = a_2 - x_1$, $x_2 = a_3 - x_1$ sowie $3x_1 + 4(a_3 - x_1) + (a_2 - x_1) = a_1$, woraus $x_1 = \frac{1}{2}(4a_3 + a_2 - a_1)$ folgt. Der kleinste x_1-Wert ergibt sich für $a^{(2)}$; die zugehörige Lösung lautet $x = (x_1, x_2, x_3)^\top = (3, -2, 0)^\top$.

L 1.32

a) Man berechne zunächst die zu A inverse Matrix A^{-1} und finde dann (den eindeutig bestimmten Liefervektor) x aus der Beziehung $x = A^{-1}b$.

b) Nach Umformung erhält man die Gleichung $(B - E)X = c - a$ und hieraus $X = (B - E)^{-1}(c - a)$ (sofern – wie im vorliegenden Fall – die Matrix $(B - E)$ invertierbar ist). Konkret ergibt sich:

$$B - E = \begin{pmatrix} 2 & 1 & 1 \\ 2 & 3 & 2 \\ 3 & 3 & 3 \end{pmatrix}, \quad (B - E)^{-1} = \begin{pmatrix} 1 & 0 & -\frac{1}{3} \\ 0 & 1 & -\frac{2}{3} \\ -1 & -1 & \frac{4}{3} \end{pmatrix}, \quad X = \begin{pmatrix} \frac{4}{3} \\ \frac{2}{3} \\ -\frac{1}{3} \end{pmatrix}.$$

L 1.33 Von verschiedenen Lösungsmöglichkeiten sollen zwei gezeigt werden:

1. Möglichkeit:

a) Vier Vektoren im $\mathbb{R}^3$ sind stets linear abhängig.

b) Wir fassen die gegebenen Vektoren als Spalten einer Matrix A auf und bestimmen mit-hilfe von Determinanten deren Rang. Zunächst betrachten wir z. B. die Determinante der Teilmatrix 2. Ordnung, die aus den letzten beiden Spalten und den ersten beiden

Zeilen gebildet wird. Wegen

$$\begin{vmatrix} 1 & 0 \\ -1 & -3 \end{vmatrix} = 1 \cdot (-3) - 0 \cdot (-1) = -3 \neq 0$$

sind die letzten beiden Vektoren linear unabhängig. Sowohl der erste als auch der zweite Vektor sind von den letzten beiden linear abhängig, denn die Determinanten der entsprechenden Teilmatrizen 3. Ordnung sind gleich null (wie man zum Beispiel mittels der Regel von Sarrus erkennt):

$$\begin{vmatrix} 1 & 1 & 0 \\ 2 & -1 & -3 \\ -1 & 1 & 2 \end{vmatrix} = \begin{vmatrix} 1 & 1 & 0 \\ -4 & -1 & -3 \\ 3 & 1 & 2 \end{vmatrix} = 0.$$

Damit ist der Rang der Matrix A und mithin auch die maximale Anzahl linear unabhängiger Vektoren gleich 2.

c) Angenommen, der Vektor $(0, -1, 1)^\top$ sei als Linearkombination der gegebenen Vektoren darstellbar. Dann ist er wegen b) auch als Linearkombination von zwei linear unabhängigen dieser Vektoren darstellbar, sodass z. B. gelten müsste

$$(0, -1, 1)^\top = \lambda_1 \cdot (1, -1, 1)^\top + \lambda_2 \cdot (0, -3, 2)^\top.$$

Da dieses LGS widersprüchlich ist, lässt sich der Vektor $(0, -1, 1)^\top$ nicht als Linearkombination der gegebenen Vektoren darstellen.

2. Möglichkeit: Wir lösen zunächst die Teilaufgabe c). Dabei fallen die Ergebnisse für a) und b) mit ab. Nimmt man an, der Vektor $(0, -1, 1)^\top$ wäre als Linearkombination der gegebenen Vektoren darstellbar, so müsste gelten

$$\lambda_1 \begin{pmatrix} 1 \\ 2 \\ -1 \end{pmatrix} + \lambda_2 \begin{pmatrix} 1 \\ -4 \\ 3 \end{pmatrix} + \lambda_3 \begin{pmatrix} 1 \\ -1 \\ 1 \end{pmatrix} + \lambda_4 \begin{pmatrix} 0 \\ -3 \\ 2 \end{pmatrix} = \begin{pmatrix} 0 \\ -1 \\ 1 \end{pmatrix}.$$

Dieses LGS wird mit dem Gauß'schen Algorithmus umgeformt:

$$\begin{pmatrix} 1 & 1 & 1 & 0 & | & 0 \\ 2 & -4 & -1 & -3 & | & -1 \\ -1 & 3 & 1 & 2 & | & 1 \end{pmatrix} \Longrightarrow \dots \Longrightarrow \begin{pmatrix} 1 & 0 & 1/2 & -1/2 & | & -1/6 \\ 0 & 1 & 1/2 & 1/2 & | & 1/6 \\ 0 & 0 & 0 & 0 & | & 1/12 \end{pmatrix}.$$

Aus dem letzten Tableau kann man sofort ablesen, dass der Rang der Koeffizientenmatrix gleich zwei und das zu lösende Gleichungssystem in sich widersprüchlich ist und folglich keine Lösung besitzt. Damit ergeben sich folgende Antworten:

a) Die gegebenen Vektoren sind linear abhängig.

b) Es gibt maximal zwei linear unabhängige Vektoren unter den gegebenen; dies sind zum Beispiel die ersten beiden.

c) Der Vektor $(0, -1, 1)^\top$ ist nicht als Linearkombination der vier gegebenen Vektoren darstellbar.

L 1.34 Im dreidimensionalen Raum (der Spaltenvektoren) sind höchstens drei Vektoren linear unabhängig, sodass $\operatorname{rang} A \leq 3$. Wegen $\begin{vmatrix} 1 & 1 \\ 2 & -4 \end{vmatrix} = -6 \neq 0$ sind mindestens zwei Vektoren linear unabhängig, d. h. $\operatorname{rang} A \geq 2$.

Zur Beantwortung der Frage, ob es drei oder vier Spaltenvektoren gibt, die linear unabhängig sind, untersuchen wir alle Unterdeterminanten dritter Ordnung:

$$\begin{vmatrix} 1 & 1 & 1 \\ 2 & -4 & -1 \\ -1 & 3 & 1 \end{vmatrix} = \begin{vmatrix} 1 & 1 & 0 \\ 2 & -4 & -3 \\ -1 & 3 & 2 \end{vmatrix} = \begin{vmatrix} 1 & 1 & 0 \\ 2 & -1 & -3 \\ -1 & 1 & 2 \end{vmatrix} = \begin{vmatrix} 1 & 1 & 0 \\ -4 & -1 & -3 \\ 3 & 1 & 2 \end{vmatrix} = 0.$$

Es gibt somit keine drei linear unabhängigen Vektoren, d. h. $\operatorname{rang} A = 2$ (es gibt mindestens eine Determinante 2. Ordnung mit von null verschiedenem Wert).

Anderer Lösungsweg: Entsprechend der Definition der linearen Unabhängigkeit löse man das LGS

$$\begin{array}{rcrcrcrcl} \lambda_1 & + & \lambda_2 & + & \lambda_3 & & & = & 0 \\ 2\lambda_1 & - & 4\lambda_2 & - & \lambda_3 & - & 3\lambda_4 & = & 0 \\ -\lambda_1 & + & 3\lambda_2 & + & \lambda_3 & + & 2\lambda_4 & = & 0. \end{array}$$

Bei Anwendung des Gauß'schen Algorithmus entsteht eine Einheitsmatrix der Ordnung zwei, sodass auch der Rang von A gleich zwei ist.

L 1.35 Aufgrund der Beziehungen $A \cdot A^{-1} = E$ sowie $|A \cdot B| = |A| \cdot |B|$ und wegen $|E| = 1 \neq 0$ gilt $|E| = |A \cdot A^{-1}| = |A| \cdot |A^{-1}| = 1 \neq 0$. Demzufolge muss $|A^{-1}| \neq 0$ gelten.

L 1.36

a) $\operatorname{rang} A = 2$, denn die Umformung mittels Gauß'schem Algorithmus liefert

$$A \Longrightarrow \begin{pmatrix} 1 & 4 & 1 \\ 0 & -3 & 3 \\ 0 & -6 & 6 \end{pmatrix} \Longrightarrow \begin{pmatrix} 1 & 4 & 1 \\ 0 & 1 & -1 \\ 0 & 0 & 0 \end{pmatrix}$$

(hierbei wird der Rang der Matrix nicht verändert). Da die letzte Matrix eine Nullzeile enthält und andererseits die Determinante der aus den ersten beiden Zeilen und Spalten gebildeten Teilmatrix von null verschieden ist, gilt $\operatorname{rang} A = 2$.

b) Die Inverse zu

$$C = E - B = \begin{pmatrix} 0{,}9 & 0 & -0{,}5 \\ 0 & 0{,}96 & 0 \\ -0{,}06 & 0 & 0{,}97 \end{pmatrix}$$

kann beispielsweise mithilfe des Gauß'schen Algorithmus berechnet werden:

$$\left(\begin{array}{ccc|ccc} 0{,}9 & 0 & -0{,}5 & 1 & 0 & 0 \\ 0 & 0{,}96 & 0 & 0 & 1 & 0 \\ -0{,}06 & 0 & 0{,}97 & 0 & 0 & 1 \end{array} \right) \Longrightarrow \left(\begin{array}{ccc|ccc} 1 & 0 & -0{,}5555 & 1{,}1111 & 0 & 0 \\ 0 & 1 & 0 & 0 & 1{,}0417 & 0 \\ 0 & 0 & 0{,}9367 & 0{,}0667 & 0 & 1 \end{array} \right)$$

$$\Longrightarrow \underbrace{\left(\begin{array}{ccc|ccc} 1 & 0 & 0 & 1{,}1506 & 0 & 0{,}5931 \\ 0 & 1 & 0 & 0 & 1{,}0417 & 0 \\ 0 & 0 & 1 & 0{,}0712 & 0 & 1{,}0676 \end{array} \right)}_{C^{-1}}.$$

c) $x - Bx = y \Longrightarrow (E - B)x = y \Longrightarrow Cx = y \Longrightarrow x = C^{-1}y = \begin{pmatrix} 366{,}5 \\ 270{,}8 \\ 259{,}8 \end{pmatrix}.$

L 1.37 Die Determinante der Matrix A und die entstehenden Unterdeterminanten werden jeweils nach der 1. Spalte entwickelt:

$$\det A = a_{11} \cdot \det \begin{pmatrix} a_{22} & \dots & a_{2,n-1} & a_{2n} \\ & \dots\dots\dots & \\ 0 & \dots & 0 & a_{nn} \end{pmatrix} - 0 + 0 - \dots$$

$$= a_{11} \cdot a_{22} \cdot \det \begin{pmatrix} a_{33} & \dots & a_{3n} \\ & \dots\dots & \\ 0 & \dots & a_{nn} \end{pmatrix} = a_{11} \cdot a_{22} \cdot a_{33} \cdot \dots \cdot a_{nn}.$$

13.2   Lösungen zu Kapitel 2

L 2.1 $f(x) = e^{-2x+3} + ax; \quad f'(x) = -2e^{-2x+3} + a; \quad f''(x) = 4e^{-2x+3}.$

a) $f'(x) \overset{!}{=} 0 \Longrightarrow 2e^{-2x+3} = a \Longrightarrow -2x + 3 = \ln \dfrac{a}{2} \Longrightarrow x_E = \dfrac{3}{2} - \dfrac{1}{2} \ln \dfrac{a}{2}.$

Diese Lösung ist nur für $a > 0$ definiert. Wegen $f''(x) = 4e^{-2x+3} > 0 \forall x$ liegt bei $a > 0$ in x_E ein lokales Minimum vor.

b) Für $a = 2$ ergibt sich aus Teil a) sofort $x_E = \frac{3}{2}$.

c) Ist $a < 0$, so sieht man aus $f'(x) = -2e^{-2x+3} + a < 0$, dass die Funktion f monoton fallend über der gesamten Zahlengeraden ist.

d) Wegen $f''(x) = 4e^{-2x+3} > 0$ für beliebiges x handelt es sich bei f (unabhängig vom Parameter a) um eine konvexe Funktion.

e) Zu zeigen ist: $\lim\limits_{x \to \infty} [f(x) - g(x)] = 0$. Wegen $f(x) - g(x) = e^{-2x+3}$ und $\lim\limits_{x \to \infty} e^{-2x+3} = 0$ ist dies erfüllt, d. h., die Funktion $g(x) = ax$ ist Asymptote der Funktion $f(x)$.

L 2.2 Es gilt

$$f(x) = \ln(7 + x - x^2), \quad f'(x) = \frac{1 - 2x}{-x^2 + x + 7}, \quad f''(x) = \frac{-2x^2 + 2x - 15}{(-x^2 + x + 7)^2}.$$

Definitionsbereich: Die Funktion ist zwischen den Nullstellen der Funktion $g(x) = 7 + x - x^2$ definiert (da dort $g(x) > 0$ gilt), folglich gilt die Beziehung $D(f) = \{x | \frac{1}{2}(1 - \sqrt{29}) < x < \frac{1}{2}(1 + \sqrt{29})\}$; dies ist das Intervall $(-2{,}193; 3{,}193)$.

Nullstellen: Die Gleichung $\ln(7 + x - x^2) = 0 \iff 7 + x - x^2 = 1$ führt auf $x_{1,2} = \frac{1}{2}(1 \pm \sqrt{25})$, d. h. $x_1 = -2$ und $x_2 = 3$.

Extrema: $f'(x) \overset{!}{=} 0$ liefert den stationären Punkt $x_E = \frac{1}{2}$. Wegen der Beziehung $f''(x_E) = \frac{-14{,}5}{7{,}25^2} < 0$ ist dies eine lokale (und sogar globale, s. Abb.) Maximumstelle mit $f(x_E) = \ln 7{,}25 \approx 1{,}981$.

Wendepunkte: $f''(x) \overset{!}{=} 0 \iff -2x^2 + 2x - 15 = 0 \iff x^2 - x + 7{,}5 = 0$. Da letztere Gleichung keine reelle Lösung hat, besitzt f keine Wendepunkte.

Grenzverhalten: $\lim\limits_{x \to -2{,}193} f(x) = -\infty$, $\lim\limits_{x \to 3{,}193} f(x) = -\infty$.

Symmetrie: Die Funktion ist symmetrisch zur Vertikalen $x = \frac{1}{2}$.

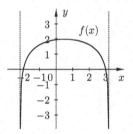

L 2.3

a) Gesamtkostenfunktion: $K(x) = 1247 + 130x + 30x \cdot \ln x + 12x^2$; Durchschnittskostenfunktion: $k(x) = \frac{K(x)}{x} = \frac{1247}{x} + 130 + 30 \ln x + 12x$

b) Zunächst gilt $k'(x) = -\frac{1247}{x^2} + \frac{30}{x} + 12$, $k''(x) = \frac{2494}{x^3} - \frac{30}{x^2}$. Aus der Bedingung $k'(x) \overset{!}{=} 0$ ergibt sich die quadratische Gleichung $12x^2 + 30x - 1247 = 0$ mit den beiden Lösungen $x_1 = 9{,}02$ und $x_2 = -11{,}52$, von denen die negative als für die Aufgabenstellung nicht sinnvoll sofort ausscheidet. Wegen $f''(x_1) \approx 3{,}03 > 0$ handelt es sich bei der positiven Lösung wirklich um ein (lokales) Minimum. aufgrund der Kurvengestalt bzw. infolge dessen, dass x_1 der einzige stationäre Punkt (im betrachteten Bereich) ist, liegt sogar eine globale Minimumstelle vor. Die Nebenbedingung $x_1 \geq 1$ ist offensichtlich erfüllt.

Es sind also jährlich ca. 9000 Kilometer zu fahren, damit die Kosten pro Kilometer minimal werden.

L 2.4

a) Der Gewinn ergibt sich als Differenz von Umsatz und Kosten, wobei der Umsatz (oder Erlös) das Produkt von Menge und (mengenabhängigem) Preis ist. Aus der Gleichung $x = c - dp$ ergibt sich $p = \frac{c-x}{d}$. Unter Verwendung dieser Beziehung kann man den Gewinn in Abhängigkeit von der abgesetzten Menge x darstellen:

$$G(x) = U(x) - K(x) = x \cdot p(x) - K(x) = \frac{c}{d}x - \frac{1}{d}x^2 - ax - b.$$

b) Es gilt $G'(x) = \frac{c}{d} - \frac{2}{d}x - a = 0$. Die notwendige Maximumbedingung $G'(x) \overset{!}{=} 0$ liefert dann $\tilde{x} = \frac{c-ad}{2}$, woraus $\tilde{p} = \frac{c+ad}{2d}$ folgt. Wegen $G''(x) = G''(\tilde{x}) = -\frac{2}{d} < 0$ (man beachte, dass $d > 0$ gilt) handelt es sich tatsächlich um ein Maximum.

c) Der maximale Gewinn beträgt $G(\tilde{x}) = \frac{a^2d^2 + c^2 - 2acd - 4bd}{4d}$.

d) Für $b = 20$, $c = 10$, $d = 1$ ergibt sich $G(\tilde{x}) = \frac{a^2 - 20a + 20}{4}$. Die Forderung $G(\tilde{x}) \geq 0$ führt auf die (quadratische) Ungleichung $a^2 - 20a + 20 \geq 0$.

Da die Gleichung $a^2 - 20a + 20 = 0$ die beiden Nullstellen $a_1 = 18{,}944$ und $a_2 = 1{,}056$ besitzt und der links stehende Ausdruck für dazwischenliegende Werte negativ wird (siehe Abb.), ist die Ungleichung für $0 < a \leq 1{,}056$ erfüllt. Sie ist ebenfalls erfüllt für $a \geq 18{,}944$; dieser Fall scheidet aber aus, da a im Kontext der Aufgabe als Stückkostenpreis möglichst klein sein muss.

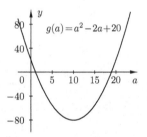

L 2.5

a) Wegen $f(0) = 5$ waren 5 % der Zimmer zur Zeit $t = 0$ modern ausgestattet.

b) Soll die 1. Ableitung der Funktion f ihr Maximum erreichen, so muss deren 1. Ableitung, also die 2. Ableitung von f, null werden. Es ist also die Bestimmungsgleichung $f''(t) = -\frac{7600 \cdot e^{-2t}[1 - 19e^{-2t}]}{(1 + 19e^{-2t})^3} \overset{!}{=} 0$ zu betrachten. Deren Lösung lautet $t = \frac{1}{2} \cdot \ln 19 \approx 1{,}472$. (Die notwendigen Bedingungen für maximalen Anstieg oder steilstes Fallen einer Funktion fallen mit den notwendigen Bedingungen für einen Wendepunkt zusammen. Das ist auch plausibel, wenn man sich klar macht, dass der steilste (positive) Anstieg in einem Punkt $\tilde{t}$ gerade dort vorliegt, wo links von $\tilde{t}$ und rechts von $\tilde{t}$ der Anstieg geringer ist (analog bei negativem Anstieg). Ein solcher Punkt $\tilde{t}$ charakterisiert aber gerade einen Wechsel im Krümmungsverhalten der Kurve und damit einen Wendepunkt.)

c), d) Aus dem Grenzverhalten $\lim\limits_{t \to \infty} f(t) = 100$, $\lim\limits_{t \to -\infty} f(t) = 0$ sowie der Stetigkeit und

dem streng monotonen Wachstum von f (wegen $f'(t) = \frac{3800e^{-2t}}{(1+19e^{-2t})^2} > 0$) folgt $0 < f(t) <$ 100.

L 2.6 Es gilt: $f(x) = \frac{x^2-2}{x^2-4}$, $f'(x) = \frac{-4x}{(x^2-4)^2}$, $f''(x) = \frac{12x^2+16}{(x^2-4)^3}$.

Definitionsbereich: $D(f) = \mathbb{R} \smallsetminus \{2, -2\}$

Nullstellen: $x_{01} = \sqrt{2}$, $x_{02} = -\sqrt{2}$ (für diese Werte ist der Zähler gleich null, der Nenner aber ungleich null)

Extremwerte: Aus $f'(x) = 0$ folgt $x_E = 0$ mit $f(0) = \frac{1}{2}$ und $f''(0) = -\frac{1}{4} < 0$, sodass ein lokales Maximum vorliegt.

Wendepunkte: Es gibt keine, denn aus $f''(x) = 0$ folgt $x^2 = -\frac{4}{3}$.

Polstellen: $x_{P_1} = 2$, $x_{P_2} = -2$.

Grenzverhalten: $\lim\limits_{x \to \pm\infty} f(x) = 1$.

Wertetabelle:

x	$\pm 1{,}8$	$\pm 2{,}2$	± 3	± 4
y	$-1{,}63$	$3{,}38$	$1{,}40$	$1{,}17$

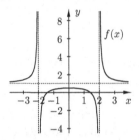

L 2.7

a) Eine grobe Wertetabelle im Bereich $p \in [0, 8]$ macht das folgende Kurvenverhalten deutlich:

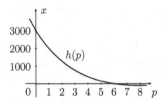

b) Umsatzfunktion: $U(p) = x \cdot p = \frac{100.800p}{p+8} + 400p^2 - 9600p$;

Kostenfunktion (in Abhängigkeit von p): $\tilde{K}(p) = \frac{151.200}{p+8} + 600p - 14.300$;

Gewinnfunktion: $G(p) = U(p) - \tilde{K}(p) = \frac{100.800p-151.200}{p+8} + 400p^2 - 10.200p + 14.300$.

c) Die notwendige Bedingung $G'(p) = \frac{957.600}{(p+8)^2} + 800p - 10.200 \stackrel{!}{=} 0$ für ein Gewinnmaximum führt auf die Gleichung $p^3 + 3{,}25p^2 - 140p + 381 = 0$, die mithilfe eines Näherungsverfahrens gelöst werden soll.

Mit $F(p) = p^3 + 3{,}25p^2 - 140p + 381$ und $F'(p) = 3p^2 + 6{,}5p - 140$ ergibt sich folgender Verlauf des Newtonverfahrens $p_{k+1} = p_k - \frac{F(p_k)}{F'(p_k)}$:

k	p_k	$F(p_k)$	$F'(p_k)$
0	2	122	−115
1	3,06	11,68	− 92
2	3,19	− 0,0659	− 88,74
3	3,19		

Der optimale Preis beträgt folglich 3,19 [€], der zugehörige maximale Gewinn $G(3{,}19) = 1056$ [€] bei $x(3{,}19) = 684$ verkauften Portionen.

d) Die betrachtete Preis-Absatz-Funktion erscheint brauchbar, da sie das typische Verhalten aufweist: Für abnehmenden Preis (nur nichtnegative Preise sind sinnvoll!) erhöht sich der Absatz, bleibt aber endlich. Wird der Preis größer, geht der Absatz gegen null (und wird sogar negativ, was ökonomisch nicht sinnvoll interpretierbar ist). Die Funktion ist nichtlinear, sodass sie mathematisch schwieriger ist als eine lineare Funktion. Deshalb muss sie ggf. in der Nähe eines interessierenden Punktes durch eine lineare Funktion approximiert werden.

L 2.8

a) Es gilt: $f(x) = x^4 + 10x^3 + 1100$, $f'(x) = 4x^3 + 30x^2$, $f''(x) = 12x^2 + 60x$, $f'''(x) = 24x + 60$.

Extremwerte: Aus $f'(x) = 4x^2(x+7{,}5) = 0$ folgt $x_{E_{1,2}} = 0$, $x_{E_3} = -7{,}5$. Wegen $f''(x_{E_{1,2}}) = 0$ ist zunächst keine Aussage für $x_{E_{1,2}}$ möglich. Für x_{E_3} gilt $f''(x_{E_3}) = 12 \cdot (-7{,}5)^2 - 60 \cdot 7{,}5 = 225 > 0$, d. h., es handelt sich um eine lokale Minimumstelle.

Wendepunkte: $f''(x) = 0$ führt auf $12x(x + 5) = 0$ mit den beiden Lösungen $x_{W_1} = 0$ und $x_{W_2} = -5$. Wegen $f'''(x_{W_1}) = 60 \neq 0$ und $f'''(x_{W_2}) = -60 \neq 0$ liegt in beiden Fällen tatsächlich ein Wendepunkt vor; dabei ist x_{W_1} (wegen $f'(x_{W_1}) = 0$) ein Horizontalwendepunkt.

Grenzverhalten: $\lim\limits_{x \to \pm\infty} f(x) = \lim\limits_{x \to \pm\infty} x^4 \left(1 + \frac{10}{x} + \frac{1100}{x^4}\right) = \infty$

Wertetabelle:

x	−10	−8	−7,5	−5	0	5
$f(x)$	1100	76	45,3	475	1100	2975

Skizze:

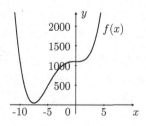

b) Da für $x = -7,5$ die einzige Minimumstelle vorliegt, die aufgrund des Grenzverhaltens ein globales Minimum liefert und deren Funktionswert 45,3 beträgt, gilt für beliebiges x die Beziehung $f(x) \geq 45,3 > 0$.

c) Monotonie der Funktion $f(x)$ für $x \geq 0$ liegt vor, da in diesem Bereich sowohl x^4 als auch x^3 monoton wachsend sind.

Andere Begründung: $f'(x) = 4x^3 + 30x^2 \geq 0 \forall x \geq 0$, was (streng) monoton wachsendes Verhalten von f in diesem Bereich zur Folge hat.

L 2.9

a)
$$f(t) = \frac{1000}{23 + 2e^{-t}}, \quad f'(t) = \frac{2000e^{-t}}{(23 + 2e^{-t})^2}, \quad f''(t) = \frac{2000e^{-t}(2e^{-t} - 23)}{(23 + 2e^{-t})^3}.$$

Definitionsbereich: $D(f) = \mathbb{R}$, da Nenner $\neq 0 \forall t$.

Schnittpunkt mit der y-Achse: $f(0) = 40$.

Nullstellen: Da der Zähler nicht null werden kann, existieren keine.

Extremstellen: Wegen $2000e^{-t} \neq 0 \forall t$ existieren keine.

Wendepunkte: Aus der Beziehung $2000e^{-t}(2e^{-t} - 23) = 0$ ergibt sich wegen $2000e^{-t} \neq 0 \forall t$ die Forderung $2e^{-t} - 23 = 0$ mit der Lösung $t_W = -2,44$, wobei $f(t_W) = 21,76$.

Grenzverhalten: $\lim\limits_{t \to \infty} f(t) = \frac{1000}{23} \approx 43,5$, $\lim\limits_{t \to -\infty} f(t) = 0$.

Wertebereich: $W(f) = \left(0, \frac{1000}{23}\right)$.

b) Aus $f(t) = \frac{1000}{23 + 2e^{-t}} = 42$ folgt $23 + 2e^{-t} = 23,809524$, d. h. $2e^{-t} = 0,809524$ und folglich $t = 0,9045$.

L 2.10 Die Funktion ist stetig im gesamten Bereich $\mathbb{R}^+ = \{x | x > 0\}$.

Nullstellen:

1) Falls $a \neq 0$, so folgt aus $a = \frac{b}{x}$ die Beziehung $x = \frac{b}{a}$.

2) Für $a = 0$ gibt es keine Nullstelle, falls $b \neq 0$.

3) Bei $a = b = 0$ ist $f \equiv 0$.

Monotonie: Im Falle $b = 0$ ist f konstant, d. h. $f(x) \equiv$ const. Für $b > 0$ ist f streng monoton wachsend: $x < y \implies \frac{b}{y} < \frac{b}{x} \implies f(x) = a - \frac{b}{x} < a - \frac{b}{y} = f(y)$. Andere Begründung: $f'(x) = \frac{b}{x^2} > 0$ für $b > 0$, woraus streng monotones Wachstum folgt.

Grenzverhalten:

$$\lim\limits_{x \to \infty} f(x) = a,$$

$$\lim\limits_{x \downarrow 0} f(x) = \begin{cases} -\infty, & b > 0 \\ a, & b = 0 \end{cases}$$

Alle erzielten Ergebnisse sind nochmals in einer Tabelle zusammengestellt:

	$a > 0$ $b > 0$	$a > 0$ $b = 0$	$a = 0$ $b > 0$	$a = 0$ $b = 0$
Nullstellen	$x_0 = \frac{b}{a}$	keine	keine	$\mathbb{R}^+$
Extremstellen	keine	$\mathbb{R}^+$	keine	$\mathbb{R}^+$
Wendepunkte	keine	keine	keine	keine
$\lim\limits_{x \downarrow 0} f(x)$	$-\infty$	a	$-\infty$	0
$\lim\limits_{x \to \infty} f(x)$	a	a	a	a

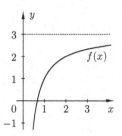

Aus der Lösung geht hervor, dass f nach unten unbeschränkt und nach oben durch a beschränkt ist.

L 2.11

a) Die Ableitungen lauten:

Gesamtkostenfunktion:	Durchschnittskostenfunktion:
$K(x) = 0{,}0025x^3 - 0{,}3x^2 + 15x + 80$	$k(x) = 0{,}0025x^2 - 0{,}3x + 15 + \frac{80}{x}$
$K'(x) = 0{,}0075x^2 - 0{,}6x + 15$	$k'(x) = 0{,}005x - 0{,}3 - \frac{80}{x^2}$
$K''(x) = 0{,}015x - 0{,}6$	$k''(x) = 0{,}005 + \frac{160}{x^3}$
$K'''(x) = 0{,}015$	$k'''(x) = -\frac{480}{x^4}$

Extrempunkte:

1) Die notwendige Bedingung $K'(x) = 0$ führt auf die quadratische Gleichung $x^2 - 80x + 2000 = 0$, die keine reellen Nullstellen besitzt, sodass K keine Extrempunkte hat.

2) $k'(x) = 0$ führt auf die Gleichung 3. Grades $0{,}005x^3 - 0{,}3x^2 - 80 = 0$, die bei $x_E \approx 64$ eine Nullstelle hat. Wegen $k''(x_E) = 0{,}05 + \frac{160}{64^3} > 0$ handelt es sich um ein (lokales) Minimum.

Wendepunkte:

1) Aus $K''(x) = 0$ folgt unmittelbar $x_W = 40$. Dies ist wegen $K'''(x) \neq 0$ tatsächlich ein Wendepunkt.

2) Aus $k''(x) = 0$ folgt die Beziehung $x^3 = -\frac{160}{0{,}05}$, aus der ersichtlich ist, dass es im Bereich $x > 0$ keine Wendepunkte gibt.

Monotonie:

1) Da $K'(x)$ keine Nullstelle besitzt und beispielsweise $K'(0) > 0$ gilt, ist $K'(x) > 0$ $\forall x > 0$; somit ist K streng monoton wachsend auf $\mathbb{R}^+$.

2) Für $x < x_E \approx 64$ ist $k'(x) < 0$ und folglich k monoton fallend; für $x > x_E$ ist $k'(x) > 0$ und demzufolge k monoton wachsend.

Grenzverhalten:

$$\lim_{x \to \infty} K(x) = \lim_{x \to \infty} x^3 \left(0{,}0025 - \frac{0{,}3}{x} + \frac{15}{x^2} + \frac{80}{x^3}\right) = \infty,$$

$$\lim_{x \to \infty} k(x) = \lim_{x \to \infty} x^2 \left(0{,}0025 - \frac{0{,}3}{x} + \frac{15}{x^2} + \frac{80}{x^3}\right) = \infty,$$

$$\lim_{x \to 0^+} K(x) = 80, \qquad \lim_{x \to 0^+} k(x) = \infty.$$

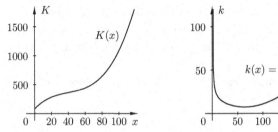

b) Eine (grobe) Wertetabelle sowie die Abbildungen zeigen, dass es im Bereich $x > 0$ keine Nullstellen von K und k gibt.

c) Die relative Veränderung der Gesamtkosten (in Prozent) bei Vergrößerung der Produktionsmenge um 1 % lässt sich wie folgt beschreiben:

$$\varepsilon = K'(x) \cdot \frac{x}{K(x)} = \frac{0{,}0075x^3 - 0{,}6x^2 + 15x}{0{,}0025x^3 - 0{,}3x^2 + 15x + 80}.$$

L 2.12

a) $k(x) = \frac{K(x)}{x} = \frac{x^2 + 2x + 36}{2x} = x + 2 + \frac{36}{x}$.

b) Es gilt: $k'(x) = 1 - \frac{36}{x^2}$, $k''(x) = \frac{72}{x^3}$. Aus $k'(x) = 0$ folgt $x_E = 6$ (die zweite Lösung $x_E = -6$ entfällt, da nur Werte $x \geq 0$ sinnvoll sind). Wegen $k''(x_E) = \frac{72}{216} > 0$ handelt es sich um ein (lokales bzw. sogar globales) Minimum. Die minimalen Kosten pro Tag betragen $k(6) = 6 + 2 + \frac{36}{6} = 14$ [GE].

L 2.13

a) Aus $f(1) = \frac{2}{1 + e^{-a}} = 1{,}5$ folgt nach kurzer Umformung $e^{-a} = \frac{1}{3}$ bzw. $a = \ln 3 \approx 1{,}0986$.

b) Wegen $\lim_{t \to \infty} e^{-at} = 0$, $\lim_{t \to -\infty} e^{-at} = \infty$ gilt $\lim_{t \to \infty} f(t) = 2$ sowie $\lim_{t \to -\infty} f(t) = 0$.

c) $f'(t) = \frac{2ae^{-at}}{(1 + e^{-at})^2} > 0 \,\forall t$, sodass streng monotones Wachstum von f vorliegt. Damit kann auch für keinen Punkt x die Beziehung $f'(x) = 0$ gelten.

Andere Begründung: Nach Definition der Monotonie ist zu zeigen, dass für $t < s$ die Ungleichung $f(t) = \frac{2}{1 + e^{-at}} < \frac{2}{1 + e^{-as}}$ gilt. Letztere ist gleichbedeutend mit $1 + e^{-as} < 1 + e^{-at}$, und diese ist aufgrund der Eigenschaften der Funktion e^{-x} offensichtlich erfüllt.

d) Aus $\frac{2}{1+e^{-t\ln 3}} = 1{,}8$ ergibt sich nach Umformung $\frac{1}{9} = e^{-t\ln 3}$ bzw. $t = 2$.

L 2.14

a) $f(x) = e^x + ax, a \in \mathbb{R}$; $f'(x) = e^x + a$; $f''(x) = e^x$

Extremwerte: Aus $f'(x) = 0$ folgt $e^x = -a$.

(1) Für $a \geq 0$ gibt es keine Lösung.

(2) Für $a < 0$ gibt es die einzige Lösung $x_E = \ln(-a)$. Wegen $f''(x_E) = -a > 0$ handelt
es sich um eine lokale (und sogar globale) Minimumstelle, nämlich den Punkt
$P_{\min}(\ln(-a), -a + a\ln(-a))$.

Wendepunkte: Wegen $f''(x) = e^x > 0$ für beliebiges x besitzt $f''(x) = 0$ keine Lösung,
sodass es (für beliebiges $a \in \mathbb{R}$) keine Wendepunkte gibt.

Monotonie:

(1) $a \geq 0$: $f'(x) > 0$ für beliebiges x, also monoton wachsend

(2) $a < 0$: Da in $x_e = \ln(-a)$ ein Minimum vorliegt, ist dort $f'(x_E) = 0$. Für $x < x_E$
ist $f'(x) < 0$, also die Funktion monoton fallend; für $x > x_E$ ist $f'(x) > 0$, also die
Funktion monoton wachsend.

Krümmungsverhalten: Wegen $f''(x) = e^x > 0$ für beliebiges x ist die Funktion auf ganz
$\mathbb{R}$ konvex (bei beliebigem $a \in \mathbb{R}$).

b)

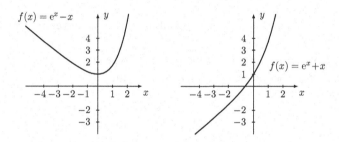

L 2.15

a) Die zu minimierende Gesamtzeit beträgt $t = f(x) = \frac{100}{x} + \frac{x^2}{160}$. Aus $f'(x) = -\frac{100}{x^2} + \frac{x}{80} \overset{!}{=} 0$
folgt $x_s = 20$ [km/h]. Dieser Wert liefert wegen $f''(x_s) = \frac{200}{x^3} + \frac{1}{80} > 0$ tatsächlich ein
Minimum.

b) $t = \frac{100}{20} + \frac{20^2}{160} = 7{,}5$ [h]

L 2.16

a) Zunächst gilt $f(x) = Ax^2 + Bx + C$, $f'(x) = 2Ax + B$, $f''(x) = 2A$. Für die Minimumstelle $x_{\min}$ muss $f'(x_{\min}) = 0$ gelten, woraus $x_{\min} = -\frac{B}{2A}$ folgt. Die für eine
(eindeutige) Minimumstelle zu erfüllende Forderung $f''(x_{\min}) > 0$ führt auf die Bedingung $A > 0$, während die verlangte Positivität des Funktionswertes im Minimumpunkt
auf $f(x_{\min}) = -\frac{B^2}{4A} + C > 0$ führt, weshalb $C > \frac{B^2}{4A}$ gefordert werden muss. Der Koeffi-
zient B ist beliebig wählbar.

b)

$$f(x) = ax^3 + bx^2 + cx + d$$
$$f'(x) = 3ax^2 + 2bx + c$$
$$f''(x) = 6ax + 2b$$
$$f'''(x) = 6a$$

Aus $f'(x) = 0$ folgt $x^2 + \frac{2b}{3a}x + \frac{c}{3a} = 0$ mit $x_{1,2} = -\frac{b}{3a} \pm \sqrt{\frac{b^2 - 3ac}{9a^2}}$, sodass bei $b^2 - 3ac \geq 0$ Extremwerte existieren.

Aus $f''(x) = 0$ folgt: $6ax + 2b = 0$, d. h. $x = -\frac{2b}{6a}$. Damit gibt es immer einen Wendepunkt.

L 2.17

a) Es gilt $\overline{VC} = a - x$, $\overline{VB} = \overline{VD} = \sqrt{(a-x)^2 + b^2}$, woraus man unschwer die Kostenfunktion $K(x) = 2px + p\left(a - x + 2\sqrt{(a-x)^2 + b^2}\right) = p\left(a + x + 2\sqrt{(a - x9^2 + b^2}\right)$ erhält.

b) Aus $K'(x) = p - \frac{2(a-x)p}{\sqrt{(a-x)^2+b^2}} \overset{!}{=} 0$ folgt $x_E = a - \frac{1}{3}\sqrt{3}b$. Wegen $K''(x_E) > 0$ handelt es sich (wie gesucht) um eine Minimumstelle.

Bemerkung: Da für x_E die Ungleichungskette $0 \leq x_E \leq a$ gelten muss, hat man für die Größen a und b die Beziehung $a \geq \frac{1}{3}\sqrt{3}b$ zu fordern. Ist letztere nicht erfüllt, so liefert der „Randpunkt" $x = 0$ das Minimum.

L 2.18

a)
$$g(x) = \begin{cases} 0{,}1x & 0 \leq x \leq 30 \quad \text{(speziell: } g(30) = 3) \\ 3 + 0{,}4(x - 30) & 30 < x \end{cases}$$

b)
$$d(x) = \begin{cases} 10 & 0 \leq x \leq 30 \\ 40 - \frac{900}{x} & 30 < x \end{cases}$$

Für die konkreten Werte an zu versteuerndem Einkommen ergibt sich:

$g(25) = 2{,}5$ (entspricht 2500 € Steuern),	$d(25) = 10$	(10 % Steuern)	
$g(55) = 13$ (entspricht 13.000 € Steuern),	$d(55) = 23{,}64$	(23,64 % Steuern).	

L 2.19 $K(x) = K_1(x) + K_2(x) = \frac{A}{2}x + \frac{B}{x^2}$, $A, B > 0$

a)

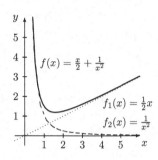

b) $K'(x) = \frac{A}{2} - \frac{2B}{x^3} \overset{!}{=} 0 \Longrightarrow x_{\min} = \sqrt[3]{\frac{4B}{A}}$.

Wegen $K''(x_{\min}) = \frac{6B}{x_{\min}^4} > 0$ liegt ein Minimum vor.

c) $K_1(x_{\min}) = \frac{A}{2} \cdot \sqrt[3]{\frac{4B}{A}} = \sqrt[3]{\frac{A^2 B}{2}}$, $K_2(x_{\min}) = \frac{B}{\sqrt[3]{\frac{16B^2}{A^2}}} = \frac{1}{2}\sqrt[3]{\frac{A^2 B}{2}}$.

Damit gilt: $K_1(x_{\min}) = 2K_2(x_{\min})$.

d) In a) wurde festgestellt, dass $K'(x) = 0$ für $x = x_{\min}$ gilt und dies die einzige Nullstelle ist. Wegen $K'(0) > 0$ für große x ist somit die Funktion K monoton wachsend für $x > x_{\min}$ und monoton fallend für $x < x_{\min}$ (vgl. Abbildung).

L 2.20

a)
$$f(x) = x \ln x, \quad f'(x) = 1 \cdot \ln x + x \cdot \frac{1}{x} = 1 + \ln x, \quad f''(x) = \frac{1}{x}.$$

Aus $f'(x) = 0$ ergibt sich $\ln x = -1$, d. h. $x_E = e^{-1} = 0{,}368$ mit $f(x_E) = -0{,}368$. Wegen $f''(x_E) = e > 0$ ist dies ein lokales Minimum.

Die Beziehung $f''(x) = 0$ besitzt keine Lösung, sodass es keinen Wendepunkt gibt.

b) $f(x) = x \cdot e^x$

Nullstellen: $f(x) = 0 \Longrightarrow x = 0$

Extremstellen: $f'(x) = 0 \Longrightarrow x = -1$ (wegen $f''(-1) > 0$ Minimum)

Wendepunkte: $f''(x) = 0 \Longrightarrow x = -2$ (wegen $f'''(-2) \neq 0$ wirklich WP)

Verhalten im Unendlichen: $\lim\limits_{x \to \infty} f(x) = \infty$,

$\lim\limits_{x \to -\infty} f(x) = 0$ (da e^{-x} „schneller" gegen null geht als x gegen $-\infty$).

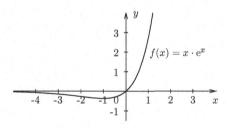

L 2.21

a, b) Aus den Beziehungen $f'(p) = -4000(2p - 3)^{-2}$, $\overline{p} = 3{,}5$, $f(\overline{p}) = 500$ sowie $f'(\overline{p}) = -250$ resultiert die lineare Approximationsfunktion $l(p) = 1375 - 250p$, deren Graph die Tangente an die Funktionskurve von $f(x)$ darstellt.

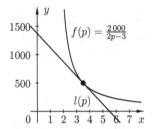

c) In der Umgebung des Wertes $p = 3{,}5$ ist die Approximation der Kurve durch ihre Tangente (d. h. der nichtlinearen Funktion durch eine lineare) recht gut. So beträgt für $p = 3$ die Funktionswertabweichung zwischen f und l nur 42, für $p = 4$ lautet sie 25, dazwischen ist sie noch geringer und wird (nach Konstruktion) null für $p = 3{,}5$.

L 2.22 Der Vergleich der beiden Funktionswerte in den Intervallendpunkten $f(0) = 4$, $f(1) = -1$ führt gemäß der Formel der linearen Interpolation auf den Startwert $x_0 = 0{,}8$. Weiter verwenden wir das Newtonverfahren, dem die Vorschrift

$$x_{k+1} = x_k - \frac{f(x_k)}{f'(x_k)}, k = 0,1, \dots$$

zugrunde liegt:

k	x_k	$f(x_k)$	$f'(x_k)$
0	0,800	0,672	−7,68
1	0,888	−0,031	−8,29
2	0,884	0,002	−8,26
3	0,884		

Um zwei sichere Nachkommastellen zu ermitteln, rechnen wir mit einer Genauigkeit von drei Stellen nach dem Komma. Bei dieser Genauigkeit lautet also die Lösung $x = 0{,}88$.

L 2.23 Die vorgelegte Gleichung führt auf $q \cdot \frac{q^7 - 1}{q - 1} = 8{,}538$. Setzt man $f(q) = q \cdot \frac{q^7 - 1}{q - 1} - 8{,}538$, so ist eine Nullstelle von $f(q)$ (die sinnvollerweise im Intervall $(1,2)$ liegen muss) auf mindestens vier Nachkommastellen genau mit einem beliebigen numerischen Näherungsverfahren (Newtonverfahren, lineare Interpolation, ...) zu finden: $q^* = 1{,}0497$. Hieraus folgt $i_{\text{eff}} = 4{,}97\,\%$.

Bemerkung: Selbstverständlich kann man die obige Beziehung auch in anderer Weise umformen, indem man etwa noch mit dem Nenner $q - 1$ multipliziert. Man erhält dann

$F(q) = q^8 - 9{,}538q + 8{,}538$ und hat die Gleichung $F(q) = 0$ zu lösen. Als Startwert nimmt man einen möglichst günstigen Wert, z. B. $q = 1{,}06$ oder $q = 1{,}07$, was einer Verzinsung mit 6 oder 7 Prozent entsprechen würde.

L 2.24

a, b) Aus $F(x) = 0$ folgt $f(x) = g(x)$, sodass die Nullstellen von F den x-Werten entsprechen, bei denen sich die Graphen von f und g schneiden. Aus der Skizze kann man ungefähr folgende Werte ablesen: $x_1 \approx -3{,}1$, $x_2 \approx 0{,}7$, $x_3 \approx 2{,}1$.

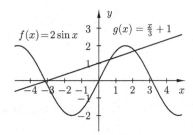

c)   Mit $F(x) = 2\sin x - \frac{x}{3} - 1$ und der Ableitung $F'(x) = 2\cos x - \frac{1}{3}$ ergeben sich, beginnend mit $x_0 = 0{,}7$, im Newtonverfahren $x_{k+1} = x_k - F(x_k)/F'(x_k)$ die nachstehenden Iterationswerte:

k	x_k	$F(x_k)$	$F'(x_k)$
0	0,7	0,05510	1,19635
1	0,654	−0,00127	1,25398
2	0,655	−0,00001	1,25276
3	0,655	÷	÷

Die im Intervall $[0,1]$ liegende Lösung lautet demzufolge $x^* \approx 0{,}66$.

d)   Aus $F'(x) \overset{!}{=} 0$ folgt $\cos x = \frac{1}{6}$ mit den beiden Lösungen $x_{E_1} = 1{,}403$ und $x_{E_2} = -1{,}403$. Unter Beachtung von $F''(x) = -2\sin x$ ergibt sich $F''(x_{E_1}) = -1{,}972 < 0$, sodass x_{E_1} eine lokale Maximumstelle ist, sowie $F''(x_{E_2}) = 1{,}972 > 0$, woraus man erkennt, dass x_{E_2} eine lokale Minimumstelle ist.

L 2.25

a) $\lim\limits_{x \to \infty} f(x) = 63{,}41 \cdot e^{0{,}59} = 114{,}39$ [€/Monat]; $\lim\limits_{x \downarrow 0} f(x) = 0$

b) $f'(x) = \frac{124473{,}83}{x^2} \cdot e^{-\frac{1963}{x}+0{,}59}$;

$$\varepsilon_{f,x}(x) = f'(x) \cdot \frac{x}{f(x)} = \frac{124473{,}83}{x^2} \cdot e^{-\frac{1963}{x}+0{,}59} \cdot \frac{x}{63{,}41 \cdot e^{-\frac{1963}{x}+0{,}59}} = \frac{1963}{x}.$$

c) $f(4500) = 73{,}95$ [€/Monat]

d) Mit $\varepsilon_{f,x}(4500) = \frac{1963}{4500}$ ergibt sich für die näherungsweise Änderung des Verbrauchs $\frac{\Delta f}{f} \approx \varepsilon_{f,x} \cdot \frac{\Delta x}{x} = \frac{1963}{4500} \cdot 2\% \approx 0{,}87\%$.
Dies entspricht einem Anstieg von 73,95 € um etwa 0,64 € auf 74,59 €.

L 2.26 Das Newtonverfahren erzeugt bekanntlich Iterationspunkte nach der Vorschrift $x_{k+1} = x_k - \frac{f(x_k)}{f'(x_k)}$, wobei die konkreten Funktionen $f(x) = e^x - x - \frac{3}{2}$ und $f'(x) = e^x - 1$ einzusetzen sind. Aus der Skizze erkennt man als Nullstelle $x \approx 1$, sodass man z. B. als Startwert $x_0 = 1$ wählen kann. Nach 3 oder 4 Iterationen erhält man die gesuchte Lösung, die (bei einer Genauigkeit von zwei Nachkommastellen) $x^* = 0{,}86$ lautet.

L 2.27 Allgemein gilt die Formel $f(x) = \sum\limits_{n=0}^{\infty} \frac{f^{(n)}(\bar{x})}{n!} (x - \bar{x})^n$. Mittels dieser Taylorreihe wird die Funktion f durch eine Folge von Polynomfunktionen angenähert (deren Grad davon abhängt, nach welchem Glied die Reihe abgebrochen wird). Für die n-te Näherung stimmen an der Stelle $\bar{x}$ sowohl der Funktionswert als auch die ersten n Ableitungen mit denen von f überein.

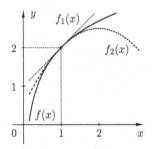

Es gilt $f(x) = 2 + \ln x$, $f'(x) = \frac{1}{x}$, $f''(x) = -\frac{1}{x^2}$, $f'''(x) = \frac{2}{x^3}$ und folglich $f(\bar{x}) = 1$, $f'(\bar{x}) = 1$, $f''(\bar{x}) = -1$, $f'''(\bar{x}) = 2$. Daraus ergibt sich:

$$f(x) \approx 2 + \frac{1}{1!}(x - 1) - \frac{1}{2!}(x - 1)^2 + \frac{2}{3!}(x - 1)^3 + \dots$$

Bricht man nach dem 2. oder 3. Summanden ab, erhält man die Funktionen $g_1(x) = x + 1$ (lineare) und $g_2(x) = -\frac{1}{2}x^2 + 2x + \frac{1}{2}$ (quadratische Approximation), die gemeinsam mit f in der obigen Abbildung dargestellt sind. Ein Vergleich der Funktionswerte im Punkt $\hat{x} = 1{,}01$ ergibt:

$f(\hat{x})$	$g_1(\hat{x})$	$g_2(\hat{x})$
2,0099503	2,0100000	2,0099500

c) Mit $f'(x) = \frac{1}{x}$ liefert das Newton-Verfahren gemäß der Iterationsvorschrift $x_{k+1} = x_k - \frac{f(x_k)}{f'(x_k)}$ die Lösung $x_0 = 0{,}14$. (Man kann auch ein anderes numerisches Verfahren anwenden.) Wichtig ist eine sorgfältige Wahl des Startpunktes. Die exakte Lösung lautet: $x = e^{-2} = 0{,}135335$.

d) $\varepsilon_{\bar{x}}(x) = f'(\bar{x}) \cdot \frac{\bar{x}}{f(\bar{x})} = \frac{1}{\bar{x}} \cdot \frac{\bar{x}}{2+\ln \bar{x}} = \frac{1}{2}$

Die Funktion f ist somit an der Stelle $\bar{x} = 1$ unelastisch.

L 2.28

a) $F(C,q) = 6{,}5(q^8 - 1) + 100(q - 1) - Cq^8(q - 1) = 0$

Bemerkungen zu häufig begangenen Fehlern bei dieser einfachen Umformung: Der Bruchstrich ersetzt eine Klammer; nach Multiplikation mit dem Nenner ist deshalb eine Klammer zu setzen. Dabei gilt $a(b - c) = ab - ac$ und nicht $ab - c$. Multipliziert man eine Gleichung mit einem Ausdruck, so hat man **jeden** Summanden mit dem Ausdruck zu multiplizieren: So liefert $\frac{a}{b} - c = 0$ nach Multiplikation mit b die Gleichung $a - bc = 0$ und nicht $a - c = 0$. Schließlich gilt $q^{11} - q^{10} = q^{10}(q - 1)$ und nicht etwa $q^{11} - q^{10} = q^1$.

b) Für $f(q) = F(98, q) = -98q^9 + 104{,}5q^8 + 100q - 106{,}5$ mit der Ableitung $f'(q) = -882q^8 + 836q^7 + 100$ erhält man (z. B. mithilfe des Newtonverfahrens) $q = 1{,}0683$ als Lösung der Gleichung $f(q) = 0$.

L 2.29

a) $f(2{,}5) = 60$

b) $\varepsilon_{x,p} = f'(p) \cdot \frac{p}{x} = \frac{-25p}{(2p+5)(10-p)}$; $\varepsilon_{60;2,5} = -\frac{5}{6}$.

Wenn sich der Preis von $\bar{p} = 2{,}5$ um 2% verringert, erhöht sich die Nachfrage näherungsweise um $\left(-\frac{5}{6}\right) \cdot (-2\%) \approx 1{,}67\%$. (Die exakte Änderung beträgt übrigens $1{,}6835\%$.)

L 2.30

a) $\frac{1}{x}$

b) $f(x) = \frac{1}{x}, f'(x) = -\frac{1}{x^2}, f''(x) = \frac{2}{x^3}; f(1) = 1, f'(1) = -1, f''(1) = 2$

Taylorapproximation: $f(x) = 1 - (x - 1) + \frac{2}{2}(x - 1)^2 = 3 - 3x + x^2$

c) $f(0{,}97) \approx 1 + 0{,}03 + 0{,}0009 = 1{,}0309, f(0{,}97)_{\text{exakt}} = \frac{1}{0{,}97} = 1{,}0309278$

Die Näherung ist recht gut.

d) Lineare Näherung: $f(x) \approx 1 - \Delta x; f(0{,}97) \approx 1{,}03$

e) Die Größe Δx muss „klein" sein.

L 2.31

a)

$$f(t) = a + bt + c \cdot \sin \frac{(t-9)\pi}{12}, \quad f(9) = a + 9b$$

$$f'(t) = b + c \cdot \frac{\pi}{12} \cdot \cos \frac{(t-9)\pi}{12}, \quad f'(9) = b + \frac{c\pi}{12}$$

$$f''(t) = -c \cdot \frac{\pi^2}{144} \cdot \sin \frac{(t-9)\pi}{12}, \quad f''(9) = 0$$

$$q(t) = f(9) + f'(9) \cdot (t-9) + \frac{1}{2}f''(9)(t-9)^2 = a - \frac{3}{4}c\pi + \left(b + \frac{c\pi}{12}\right)t.$$

b) $f(10) = 100 + 100 + \sin \frac{\pi}{12} = 200{,}25882$

$$q(10) = 100 - \frac{3}{4}\pi + \left(10 + \frac{\pi}{12}\right) \cdot 10 = 200 + \frac{\pi}{12} = 200{,}26180.$$

L 2.32

a)

$$f'(i) = \sum_{k=1}^{n} \frac{-k \cdot Z_k}{(1+i)^{k+1}} = \frac{-1}{1+i} \sum_{k=1}^{n} \frac{Z_k}{(1+i)^k}.$$

b)

$$\Delta P \approx f'(i) \cdot \Delta i;$$

c)

$$\varepsilon_{P,i} = f'(i) \cdot \frac{i}{f(i)} = \frac{-i \cdot \sum_{k=1}^{n} \frac{kZ_k}{(1+i)^{k+1}}}{\sum_{k=1}^{n} \frac{Z_k}{(1+i)^k}}.$$

Für $i = 0{,}05$ ergeben sich die Werte $P = \frac{6}{1{,}05} + \frac{6}{1{,}05^2} + \frac{106}{1{,}05}^{3} = 102{,}72$ sowie $P' = f'(0{,}05) = -\frac{6}{1{,}05^2} - \frac{2\cdot 6}{1{,}05^3} - \frac{3\cdot 106}{1{,}05^4} = -277{,}43$, woraus man die Größe $\varepsilon = -277{,}43 \cdot \frac{0{,}05}{102{,}72} = -0{,}1350$ erhält.

Interpretation: Wenn sich die Marktrendite i prozentual um 1 % (auf 5,05 %) erhöht, so fällt der Barwert des Zahlungsstroms um 0,135 % (auf 102,58).

d) Die Berechnung des Barwertes erfolgt durch das Einsetzen von $\bar{i} = 0{,}07$ in die Formel, während die Berechnung der Rendite durch das Umstellen der Formel (Multiplikation mit Hauptnenner) und die Anwendung eines numerischen Näherungsverfahrens (z. B. Newton-Verfahren) realisiert wird.

L 2.33

$$w = -\frac{b}{c} \cdot e^{-cx+d} \Big|_0^a = -\frac{b}{c}\left[e^{-ca+d} - e^d\right] = \frac{b}{c}\left[e^d - e^{d-ac}\right]$$

(Lineare) Substitution:

$$z = -cx + d, \Longrightarrow \frac{dz}{dx} = -c, \quad dx = -\frac{1}{c}dz.$$

L 2.34

a)

$$\int_1^\infty 3e^{-3x}\,dx = \lim_{B\to\infty} \int_1^B 3e^{-3x}\,dx = \lim_{B\to\infty}\left(-e^{-3x}\right)\Big|_1^\infty = e^{-3} \approx 0{,}0498.$$

b)

$$\int_{-\infty}^\infty f(x)\,dx = \int_{-\infty}^1 0\,dx + \int_1^3 \frac{1}{2}\,dx + \int_3^\infty 0\,dx = 0 + \frac{x}{2}\Big|_1^3 + 0 = \frac{3}{2} - \frac{1}{2} = 1.$$

Bemerkung: Die Gesamtfläche unter einer Dichtefunktion beträgt stets eins.

L 2.35
a)

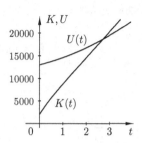

b)

$$K_{0,3} = \int_0^3 2000\left(1 + te^{-t} + 3t\right) dt = 2000\left[t - e^{-t}(t+1) + \frac{3}{2}t^2\right]_0^3 = 34.602 \text{ [GE]}$$

$$U_{0,3} = \int_0^3 13.000\left(\frac{2}{90}t^2 + \frac{1}{10}t + 1\right) dt = 13.000\left[\frac{2}{270}t^3 + \frac{1}{20}t^2 + t\right]_0^3 = 47.450 \text{ [GE]}$$

$$G = U - K = 12.848 \text{ [GE]}$$

L 2.36

$$\int_1^\infty \frac{1}{x}dx = \lim_{A\to\infty}\int_1^A \frac{1}{x}dx = \lim_{A\to\infty} \ln x\Big|_1^A = \infty \qquad \text{(Divergenz)};$$

$$\int_1^\infty \frac{1}{x\sqrt{x}}dx = \int_1^\infty x^{-\frac{3}{2}}dx = \lim_{A\to\infty}\left(-2x^{-\frac{1}{2}}\right)\Big|_1^A = \lim_{A\to\infty}\left(2 - \frac{2}{\sqrt{A}}\right) = 2.$$

L 2.37
a) Der größte Funktionswert im betrachteten Intervall $[2,5]$ liegt offensichtlich mit $f(2) = \frac{2}{2\ln 2} \approx 1,44$ vor, während der kleinste Funktionswert $f(5) = \frac{2}{5\ln 5} \approx 0,25$ beträgt; die Differenz der Integralgrenzen lautet $d = 3$. Damit gilt für die Fläche unter der Kurve $f(x)$ die Abschätzung $3 \cdot 0,25 = 0,75 \leq I \leq 3 \cdot 1,44 = 4,32$.

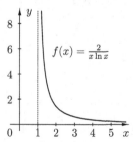

b) Mit der Substitution $z = \ln x$, d. h. $\frac{dz}{dx} = \frac{1}{x}$ bzw. $dx = x\,dz$ folgt

$$\int_2^5 \frac{2}{x \cdot \ln x}dx = \int_{z_1}^{z_2} \frac{2}{z}dz = 2\ln z\Big|_{z_1}^{z_2} = 2\ln(\ln x)\Big|_2^5 = 2[\ln(\ln 5) - \ln(\ln 2)] \approx 1,685.$$

L 2.38

a)
$$\int_2^\infty \frac{1}{x^2}dx = \lim_{B\to\infty}\int_2^B \frac{1}{x^2}dx = \lim_{B\to\infty}\left(-\frac{1}{x}\right)\Big|_2^B = \lim_{B\to\infty}\left(\frac{1}{2}-\frac{1}{B}\right) = \frac{1}{2}.$$

b)
$$\int_{-\infty}^{-2} \frac{1}{3-x}dx = \lim_{A\to-\infty}\left[-\ln(3-x)\right]_{-\infty}^{-2} = \lim_{A\to-\infty}\left[\ln(3-A)-\ln 5\right] = \infty$$

Bemerkungen:

1. Da in b) die Beziehung $x \in (-\infty, -2)$ gilt, ist der Ausdruck $z = 3 - x$ positiv, sodass $\ln(3-x)$ definiert ist.

2. Ein häufig begangener Fehler besteht darin, die innere Ableitung im Ausdruck $z = 3 - x$ zu vergessen, was zu einem Vorzeichenfehler führt. Allerdings wirkt sich dies hier nicht auf das Endergebnis (Divergenz) aus.

L 2.39

a) Es gilt $f(x) = e^{-\frac{x^2}{2}}$, $f'(x) = -xe^{-\frac{x^2}{2}}$, $f''(x) = (x^2-1)e^{-\frac{x^2}{2}}$ sowie $f(0) = 1$, $f'(0) = 0$, $f''(0) = -1$. Damit ergibt sich aus der Taylorentwicklung $f(x) = \sum_{n=0}^{\infty} \frac{f^{(n)}(\tilde{x})}{n!}(x-\tilde{x})^n$ mit $\tilde{x} = 0$ bei Abbruch nach dem 2. Glied die Funktion $g(x) = 1 - \frac{x^2}{2}$.

b) $\int_0^1 \left(1-\frac{x^2}{2}\right)dx = \left[x-\frac{x^3}{6}\right]_0^1 = \frac{5}{6} \approx 0{,}8333$

c) $f(0) = 1{,}0000$, $f(0{,}2) = 0{,}9802$, $f(0{,}4) = 0{,}9231$, $f(0{,}6) = 0{,}8353$, $f(0{,}8) = 0{,}7261$, $f(1) = 0{,}6065$; $I \approx \frac{1-0}{5}\left[\sum_{i=1}^{4} f(x_i) + \frac{f(a)+f(b)}{2}\right] = 0{,}8536$

Der exakte Wert lautet übrigens $I = 0{,}8556$.

d) Skizziert man die Funktion f oder untersucht man ihre Eigenschaften näher, so erkennt man, dass f im Intervall $[0,1]$ monoton fallend ist. Damit ist in diesem Intervall $f(0) = 1$ der größte und $f(1) \approx 0{,}607$ der kleinste Wert. Da ferner die Intervalllänge eins beträgt, stellt 0,607 eine untere und 1 eine obere Schranke für I dar.

L 2.40

$$\int_{-\infty}^{\infty} f(x)dx = \int_0^\infty be^{-x}dx = \lim_{A\to\infty}\int_0^A be^{-x}dx = \lim_{A\to\infty}\left[-b\cdot e^{-x}\right]_0^A = b \overset{!}{=} 1.$$

Es muss $b = 1$ gelten.

L 2.41

a) Aus $f(x) = e - e^{1-x}$ und $q(x) = -\frac{1}{2}x^2 + 2x + e - \frac{5}{2}$ folgt $f'(x) = e^{1-x}$, $f''(x) = -e^{1-x}$, $q'(x) = -x + 2$, $q''(x) = -1$ und daraus $f(1) = e - 1 = q(1)$, $f'(1) = 1 = q'(1)$, $f''(1) = -1 = q''(1)$.

b)

$$\int_{1/2}^{3/2} q(x)dx = \left[-\frac{x^3}{3} + x^2 + (e - \frac{5}{2})x\right]_{1/2}^{3/2} = \ldots = 1,6766$$

$$\int_{1/2}^{3/2} f(x)dx = \int_{1/2}^{3/2} \left(e - e^{1-x}\right) dx = \left[ex + e^{1-x}\right]_{1/2}^{3/2} = \ldots = 1,6761.$$

Die beiden erhaltenen Ergebnisse stimmen recht gut überein.

L 2.42

a) Im Intervall $[0,4]$ gilt wegen der Monotonie des Integranden $f(p)$ die Ungleichungskette $f(4) = 400 \le f(p) \le 3000 = f(0)$. Somit kann man das Integral wie folgt abschätzen:

$$400 \cdot 4 = 1600 \le \int_0^4 f(p)dp \le 12.000 = 3000 \cdot 4.$$

b)

$$\int_0^4 \left(\frac{100.800}{p+8} + 400p - 9600\right) dp = \left[100.800\ln(p+8) + 200p^2 - 9600p\right]_0^4$$

$$= 250.476,59 + 3200 - 38.400 - (209.607,7 + 0 - 0) = 5670,89.$$

L 2.43

a)

$$B = \int_a^b 2e^{-it}dt = \left[-\frac{2}{i}e^{-it}\right]_a^b = \frac{2}{i}\left[e^{-ia} - e^{-ib}\right].$$

b)

$$B = \frac{2}{0,06}\left[e^{-0,06} - e^{-0,18}\right] = 3,5498.$$

L 2.44 Wegen $f'(x) > 0$ für $x > x_E = e^{-1} = 0,368$ (vgl. Aufgabe 2.20) ist die Funktion f im betrachteten Intervall (streng) monoton wachsend. Deshalb liefert $f(a) \cdot (b - a)$ eine untere und $f(b) \cdot (b - a)$ eine obere Schätzung für die Fläche, sodass (wegen $f(a) = 1,386$ und $f(b) = 5,545$) gilt: $2,772 \le F \le 11,090$. Um die Fläche exakt zu berechnen, hat man die partielle Integration anzuwenden:

$$F = \int_2^4 x\ln x\,dx = \frac{x^2}{2}\cdot\ln x\Big|_2^4 - \int_2^4 \frac{x^2}{2}\cdot\frac{1}{x}dx = \left[\frac{x^2}{2}\ln x - \frac{x^2}{4}\right]_2^4 = 8\ln 4 - 4 - 2\ln 2 + 1 = 6,704.$$

L 2.45

a) Stützstellen:

$$x_0 = -1, \quad x_1 = -\frac{1}{2}, \quad x_2 = 0, \quad x_3 = \frac{1}{2}, \quad x_4 = 1.$$

Rechteckregel:

$$F_R = \frac{1}{2}\left[f\left(-\frac{3}{4}\right) + f\left(-\frac{1}{4}\right) + f\left(\frac{1}{4}\right) + f\left(\frac{3}{4}\right)\right]$$

$$= \frac{1}{2}\left[-0{,}3543 - 0{,}1947 + 0{,}3210 + 1{,}5878\right] = 0{,}6799.$$

Trapezformel:

$$F_T = \frac{2}{4}\left[\frac{f(-1) + f(1)}{2} + f\left(-\frac{1}{2}\right) + f(0) + f\left(\frac{1}{2}\right)\right] = \ldots = 0{,}8482.$$

Die Anwendung der partiellen Integration liefert:

$$\int\limits_{-1}^{1} xe^x\,dx = x \cdot e^x\Big|_{-1}^{1} - \int\limits_{-1}^{1} e^x\,dx = \left[xe^x - e^x\right]_{-1}^{1} = \left[e^x(x-1)\right]_{-1}^{1} = 0{,}7358.$$

L 2.46 Aus der Aufgabenstellung resultiert die gewöhnliche Differenzialgleichung $y'(t) = 1{,}65 \cdot y(t)$, die sich auch als $\frac{dy}{dt} = 1{,}65y(t)$ bzw. (nach Trennung der Variablen) als $\frac{dy}{y} = 1{,}65dt$ schreiben lässt. Integration beider Seiten (bezüglich y bzw. t) ergibt $\ln y = 1{,}65t + C_0$, woraus nach Potenzieren zur Basis e die Gleichung $y = C \cdot e^{1{,}65t}$ folgt. Wegen $y(0) = C \cdot e^{1{,}65 \cdot 0} = 2 \cdot 10^6$ ergibt sich endgültig $y(t) = 2 \cdot 10^6 \cdot e^{1{,}65t}$. Folglich wächst nach drei Wochen die Bakterienkultur auf $y(3) = 2 \cdot 10^6 \cdot e^{4{,}95} = 2{,}82 \cdot 10^8$ Individuen an.

L 2.47

$$y'(t) = 0{,}55 \cdot y(t) \iff \frac{dy}{dx} = 0{,}55y \implies \frac{dy}{y} = 0{,}55dt$$

$$\implies \ln y = 0{,}55t + c_1 \implies y = c \cdot e^{0{,}55t} \implies y(0) = 25 = c$$

$$\implies y(t) = 25 \cdot e^{0{,}55t} \implies y(2) = 25 \cdot e^{1{,}1} \approx 75$$

Etwa 75 Personen werden zum Zeitpunkt $t = 2$ Gericht 4 wählen.

13.3   Lösungen zu Kapitel 3

L 3.1 Zu untersuchen ist die Funktion $P(A, K) = A^{1/2} K^{1/2} = \sqrt{AK}$.

a) Für $\overline{A} = 4$ und $\overline{K} = 9$ lautet der Funktionswert $P(4, 9) = 6$.

b) Partielle Ableitungen 1. Ordnung:

$$\frac{\partial P}{\partial A} = \frac{1}{2} A^{-1/2} K^{1/2} = \frac{\sqrt{K}}{2\sqrt{A}}, \quad \frac{\partial P}{\partial K} = \frac{1}{2} A^{1/2} K^{-1/2} = \frac{\sqrt{A}}{2\sqrt{K}}.$$

Vollständiges Differenzial:

$$dP = \frac{\partial P}{\partial A} dA + \frac{\partial P}{\partial K} dK = \frac{1}{2\sqrt{AK}}(K dA + A dK).$$

c) Für $\overline{A} + \Delta A = 5$ und $\overline{K} + \Delta K = 11$ ergibt sich der (exakte) Funktionswert $P(5, 11) = \sqrt{55} = 7{,}4162$.

d) Vollständiges Differenzial im Punkt (4,9):

$$dP(4, 9) = \left. \frac{\partial P}{\partial A} \right|_{(4,9)} \Delta A + \left. \frac{\partial P}{\partial K} \right|_{(4,9)} \Delta K = \frac{\sqrt{9}}{2\sqrt{4}} \cdot 1 + \frac{\sqrt{4}}{2\sqrt{9}} \cdot 2 = 1{,}4167.$$

Damit beträgt der näherungsweise Funktionswertzuwachs $dP(4, 9) = 1{,}4167$.

e) Der exakte Funktionswertzuwachs lautet $\Delta P(4, 9) = P(5, 11) - P(4, 9) = 1{,}4162$. Die Differenz von beiden ist sehr gering und beträgt 0,0005, d. h., das vollständige Differenzial beschreibt den Funktionswertzuwachs für kleine Änderungen des Arguments tatsächlich sehr genau.

L 3.2

a) Die ersten partiellen Ableitungen lauten

$$f_x(x, y, z) = \frac{e^y + zye^{xy}}{2\sqrt{xe^y + ze^{xy}}},$$

$$f_y(x, y, z) = \frac{xe^y + zxe^{xy}}{2\sqrt{xe^y + ze^{xy}}},$$

$$f_z(x, y, z) = \frac{e^{xy}}{2\sqrt{xe^y + ze^{xy}}};$$

hieraus berechnet man den Gradienten

$$\nabla f(2, 0, -1) = \left(\frac{1}{2}, 0, \frac{1}{2} \right)^\top.$$

b) Partielle Ableitungen 1. Ordnung:

$$g_x(x, y, z) = 4xy^3z^4, \quad g_y(x, y, z) = 6x^2y^2z^4, \quad g_z(x, y, z) = 8x^2y^3z^3.$$

Partielle Ableitungen 2. Ordnung:

$$g_{xx} = 4y^3z^4, \qquad g_{xy} = g_{yx} = 12xy^2z^4, \qquad g_{xz} = g_{zx} = 16xy^3z^3,$$
$$g_{yy} = 12x^2yz^4, \qquad g_{yz} = g_{zy} = 24x^2y^2z^3, \qquad g_{zz} = 24x^2y^3z^2.$$

Gradient und Hesse-Matrix:

$$\nabla g(2, 0, -1) = \begin{pmatrix} 0 \\ 0 \\ 0 \end{pmatrix}, \qquad H_g(2, 0, -1) = \begin{pmatrix} 0 & 0 & 0 \\ 0 & 0 & 0 \\ 0 & 0 & 0 \end{pmatrix}.$$

L 3.3

a) Definitionsbereich: $D(f) = \mathbb{R}^2$;

Wertebereich: Da Quadratzahlen stets nichtnegativ sind, gilt $2x^2 + 8y^2 \geq 0$ für beliebige x, y und folglich $W(f) = \{z | z \geq 4\}$.

b) Setzt man den Funktionswert konstant gleich 36, ergibt sich $2x^2 + 8y^2 + 4 = 36$ und somit $F(x, y) = x^2 + 4y^2 - 16 = 0$.

c) Gemäß dem Satz über die implizite Funktion ist Auflösbarkeit gewährleistet, sofern $F_y \neq 0$ gilt, was wegen $F_y(\sqrt{12}, 1) = 8y\big|_{y=1} = 8 \neq 0$ gesichert ist.

d) Es gilt $\varphi(x) = f(x, 2) = 2x^2 + 36$, $\varphi'(x) = 4x$, $\varphi'(3) = 12$. Zur Ermittlung der Tangentengleichung setzen wir $g(x) = mx + n$ und suchen die Größen m und n. Da m den Anstieg der Tangente darstellt, gilt $m = \varphi'(3) = 12$. Da außerdem die Tangente durch den Punkt $(3, \varphi(3)) = (3, 54)$ verläuft, kann das Absolutglied n aus der Beziehung $g(3) = 12 \cdot 3 + n = 54$ gewonnen werden, sodass $n = 18$ ist. Damit lautet die Tangentengleichung: $g(x) = 12x + 18$.

Zusatz. Mit $\nabla f(x, y) = \begin{pmatrix} 4x \\ 16y \end{pmatrix}$ bzw. $\nabla f(3, 2) = \begin{pmatrix} 12 \\ 32 \end{pmatrix}$ gilt für die Gleichung der Tangentialebene

$$\left\langle \begin{pmatrix} \nabla f(\bar{x}, \bar{y}) \\ -1 \end{pmatrix}, \begin{pmatrix} x \\ y \\ z \end{pmatrix} - \begin{pmatrix} 3 \\ 2 \\ 54 \end{pmatrix} \right\rangle = 0 \implies \left\langle \begin{pmatrix} 12 \\ 32 \\ -1 \end{pmatrix}, \begin{pmatrix} x - 3 \\ y - 2 \\ z - 54 \end{pmatrix} \right\rangle = 0,$$

was umgeformt $z = 12x + 32y - 46$ ergibt.

L 3.4

a) Partielle Ableitungen 1. Ordnung:

$$f_x = 2xe^y + 3^z - \frac{2}{x^2}, \quad f_y = x^2e^y, \quad f_z = 3^z(\ln 3)x.$$

Hesse-Matrix im Punkt $w = (x, y, z)$ bzw. $\overline{w} = (1, 0, 0)$:

$$H_f(w) = \begin{pmatrix} 2e^y + \frac{4}{x^3} & 2xe^y & 3^z \ln 3 \\ 2xe^y & x^2 e^y & 0 \\ 3^z \ln 3 & 0 & 3^z (\ln 3)^2 x \end{pmatrix}, \quad H_f(\overline{w}) = \begin{pmatrix} 6 & 2 & \ln 3 \\ 2 & 1 & 0 \\ \ln 3 & 0 & (\ln 3)^2 \end{pmatrix}.$$

b) Ja, die Hesse-Matrix $H = H_f(\overline{w})$ ist wegen $\det H \neq 0$ invertierbar.

L 3.5

a) Mit $f(x, y) = 2x^{\frac{1}{3}} y^{\frac{2}{3}}$ gilt $f(300, 700) = 1055{,}5263$.

b) Die näherungsweise Veränderung des Funktionswertes lässt sich mithilfe des vollständigen Differenzials beschreiben ($\Delta x = x - \bar{x}$, $\Delta y = y - \bar{y}$):

$$\Delta f(\bar{x}, \bar{y}) = f(x, y) - f(\bar{x}, \bar{y}) \approx \frac{\partial f}{\partial x}(\bar{x}, \bar{y}) \Delta x + \frac{\partial f}{\partial y}(\bar{x}, \bar{y}) \Delta y = \mathrm{d}f(\bar{x}, \bar{y}).$$

Aus $\frac{\partial f}{\partial x}(x, y) = \frac{2}{3} x^{-\frac{2}{3}} y^{\frac{2}{3}}$ und $\frac{\partial f}{\partial y}(x, y) = \frac{4}{3} x^{\frac{1}{3}} y^{-\frac{1}{3}}$ ergeben sich die Werte $\frac{\partial f}{\partial x}(\bar{x}, \bar{y}) = \frac{2}{3} \cdot 300^{-\frac{2}{3}} \cdot 700^{\frac{2}{3}} = 1{,}1728$, $\frac{\partial f}{\partial y}(\bar{x}, \bar{y}) = 1{,}0053$, woraus man $\Delta f(\bar{x}, \bar{y}) \approx 1{,}1728 \Delta x + 1{,}0053 \Delta y$ erhält.

L 3.6

a) $f(\bar{p}_1, \bar{p}_2) = 1000$

b) Partielle Ableitungen:

$$f_{p_1}(p_1, p_2) = f_{p_1}(p_1, p_2)\big|_{(10,12)} = -10,$$

$$f_{p_2}(p_1, p_2) = \frac{25}{18} p_2,$$

$$f_{p_2}(p_1, p_2)\big|_{(10,12)} = 16{,}667;$$

vollständiges Differenzial im Punkt $(\bar{p}_1, \bar{p}_2)$:

$$\mathrm{d}x_2 = -10 \Delta p_1 + 16{,}667 \Delta p_2 = -10 \cdot 1 + 16{,}667 \cdot 1 = 6{,}667.$$

Zum Vergleich: die exakte Funktionswertänderung beträgt $\Delta x_2 = 7{,}361$.

c) Tangentialebene: $y = 1000 - 10(x_1 - 10) + \frac{50}{3}(x_2 - 12) = -10 x_1 + \frac{50}{3} x_2 + 900$.

(Den in b) mittels des vollständigen Differenzials berechneten näherungsweisen Funktionswertzuwachs erhält man durch Einsetzen von $(11, 13)$ in die Gleichung der Tangentialebene und Differenzbildung zum Wert $f(10, 12) = 1000$.)

L 3.7

a) 1. Die Funktion f ist homogen vom Grade 3, denn es gilt die Beziehung

$$f(\lambda x_1, \lambda x_2, \lambda x_3) = (\lambda_1 x_1)^3 + 5(\lambda x_1)(\lambda x_2)^2 - (\lambda x_2)^2(\lambda x_3) = \lambda^3 f(x_1, x_2, x_3).$$

2. Wegen

$$g(\lambda x_1, \lambda x_2) = c(\lambda x_1)^{\alpha}(\lambda x_2)^{1-\alpha} = c\lambda^{\alpha+(1-\alpha)}x_1^{\alpha}x_2^{1-\alpha} = \lambda g(x_1, x_2)$$

ist die Funktion g homogen vom Grade 1.

3. Aufgrund der Beziehung

$$h(\lambda x, \lambda y) = \lambda^{3/2}x^{3/2} + \lambda^{5/4}y^{5/4}$$

ist die Funktion h nicht homogen (denn es lässt sich kein einheitlicher Faktor ausklammern).

b) 1. f erhöht sich um den Faktor $1{,}05^3 = 1{,}157625$ (wächst also um 15,76 %), denn
$f(1{,}05x_1; 1{,}05x_2; 1{,}05x_3) = 1{,}05^3 f(x_1, x_2, x_3)$;

2. g wächst auf das 1,05-Fache;

3. die Erhöhung von h hängt von den konkreten Werten der Größen x und y ab, denn
$h(1{,}05x; 1{,}05y) = 1{,}07593x^{3/2} + 1{,}1025y^{5/4}$.

c) Allgemeine Definition partieller Elastizitäten: $\varepsilon_{f,x_i} = f_{x_i}(x)\frac{x_i}{f(x)}$

1. $\varepsilon_{f,x_1} = \frac{3x_1^3 + 5x_1 x_2^2}{x_1^3 + 5x_1 x_2^2 - x_2^2 x_3}$, $\varepsilon_{f,x_2} = \frac{10x_1 x_2^2 - 2x_2^2 x_3}{f(x)}$, $\varepsilon_{f,x_3} = \frac{-3x_2^2 x_3}{f(x)}$, $\sum\limits_{i=1}^{3}\varepsilon_{f,x_i} = 3$;

2. $\varepsilon_{g,x_1} = \frac{\alpha c x_1^{\alpha} x_2^{1-\alpha}}{c x_1^{\alpha} x_2^{1-\alpha}} = \alpha$, $\varepsilon_{g,x_2} = 1 - \alpha$, $\sum\limits_{i=1}^{2}\varepsilon_{g,x_i} = 1$.

Für homogene Funktionen vom Grad r gilt $\sum\limits_{i=1}^{n}\varepsilon_{f,x_i} = r$ (*Euler'sche Homogenitätsrelation*).

3. $\varepsilon_{h,x} = \frac{1}{h(x)}\cdot\frac{3}{2}x_1^{3/2}$, $\varepsilon_{h,y} = \frac{1}{h(x)}\cdot\frac{5}{4}y^{5/4}$; die Euler'sche Relation gilt nicht.

L 3.8

a) $f(6,8) = 61{,}821$, $g(6,8) = 19{,}321$ [ME];

b) Partielle Ableitungen:

$$f_{p_1} = -2000\frac{e^{p_2/10}}{p_1^3}, \qquad\qquad f_{p_1}\Big|_{(6,8)} = -20{,}607;$$

$$f_{p_2} = 100\frac{e^{p_2/10}}{p_1^2}, \qquad\qquad f_{p_2}\Big|_{(6,8)} = 6{,}182$$

Aus dem vollständigen Differenzial $dx_1 = -20{,}607\Delta p_1 + 6{,}182\Delta p_2 = -20{,}607\cdot 0 + 6{,}182\cdot$
$0{,}5 = 3{,}091$ kann man ablesen, dass sich die Nachfrage nach G_1 um ca. 3,1 ME erhöhen würde.

c) Um die für gleichbleibende Nachfrage notwendige Veränderung von p_1 zu berechnen, gehen wir vom Ansatz $dx_1 = f_{p_1}(\bar{p}_1, \bar{p}_2)\Delta p_1 + f_{p_2}(\bar{p}_1, \bar{p}_2)\Delta p_2 = 0$ aus (die partiellen Ableitungen jeweils im Punkt $(\bar{p}_1, \bar{p}_2) = (6,8)$ berechnet). Daraus folgt die Forderung $\Delta p_1 = -\frac{f_{p_1}(\bar{p}_1,\bar{p}_2)}{f_{p_2}(\bar{p}_1,\bar{p}_2)} \cdot \Delta p_2$, und für die konkreten Werte aus a) und b) ergibt sich $\Delta p_1 = 0{,}150$.

d) Allgemein gelten die Beziehungen $\varepsilon_{g,p_i}(p_1, p_2) = g_{p_i}(p_1, p_2) \cdot \frac{p_i}{g(p_1,p_2)}$, $i = 1, 2$, woraus sich $\varepsilon_{g,p_1} = \frac{p_1}{12}$ und $\varepsilon_{g,p_2} = -3$ ergibt. Interpretation: Erhöht sich der Preis p_1 (bzw. p_2) um 1 %, so verändert sich die Nachfrage nach G_2 näherungsweise um $\frac{p_1}{12}$ Prozent (bzw. um −3 %).

L 3.9

a) Aus den partiellen Ableitungen $F_C(C, q) = -q^{10}(q - 1)$ und $F_q(C, q) = 70q^9 + 100 - 11Cq^{10} + 10Cq^9$ lässt sich die Ableitung der impliziten Funktion f wie folgt berechnen:

$$f'(C) = -\frac{F_C(C, q)}{F_q(C, q)} = \frac{q^{10}(q-1)}{70q^9 + 100 - 11Cq^{10} + 10Cq^9}.$$

b) Mit Hilfe eines beliebigen numerischen Verfahrens findet man für $C = 99$ den Wert $q = 1{,}0714$.

c) Setzt man $C = 99$ in die in a) gewonnene Formel ein, erhält man $f'(99) = -0{,}00144$, sodass die durch das Differenzial näherungsweise beschriebene Änderung $df(99) = f'(99) \cdot \Delta C = -0{,}00288$ beträgt, d. h., q verringert sich (näherungsweise) von $q = 1{,}0714$ auf $q = 1{,}0685$. (Übrigens beträgt der exakte Wert $q = f(101) = 1{,}0686$.)

L 3.10

a) $F(x, y) = x + y^3 + y^7$, $F_x(x, y) = 1$, $F_y(x, y) = 3y^2 + 7y^6$

a) Für $x_0 = 1$ ist die Nullstelle von $g(y) = 1 + y^3 + y^7$ z. B. mittels Newton-Verfahren zu bestimmen. Mit $g'(y) = 3y^2 + 7y^6$ ergibt sich gemäß der Vorschrift $y_{k+1} = y_k - \frac{g(y_k)}{g'(y_k)}$:

k	y_k	$g(y_k)$	$g'(y_k)$
0	−1	−1	10
1	−0,9	−0,2073	6,15
2	−0,8663	−0,0163	5,21
3	−0,8632		

Die Nullstelle y_0 liegt also bei etwa −0,9.

b) Nach dem Satz über die implizite Funktion gilt:

$$f'(x_0) = -\frac{F_x(x_0, y_0)}{F_y(x_0, y_0)} = -\frac{1}{3y_0^2 + 7y_0^6} \approx -0{,}16.$$

(Wird mit dem exakteren Wert $y_0 = -0{,}86$ gerechnet, ergibt sich −0,19.)
Damit erhält man für die Tangente folgende Gleichung:

$$t(x) = f(x_0) + f'(x_0)(x - x_0) = -0{,}9 - 0{,}16(x - 1) = -0{,}16x - 0{,}74.$$

c)

$$\Delta F(\bar{x}, \bar{y}) \approx dF(\bar{x}, \bar{y}) = F_x(\bar{x}, \bar{y}) \cdot \Delta x + F_y(\bar{x}, \bar{y}) \cdot \Delta y.$$

Wegen $dF(3,1) = 1 \cdot 0 + 10 \cdot \varepsilon = 10\varepsilon$ beträgt die Änderung etwa 10ε.

L 3.11

a) $df = \frac{\partial f}{\partial i}(\bar{i}, \bar{n}) \cdot \Delta i + \frac{\partial f}{\partial n}(\bar{i}, \bar{n}) \cdot \Delta n.$

Das vollständige Differenzial stellt eine Näherung für die Änderung des Funktionswertes (bei Änderung von $\bar{i}$ um Δi und von $\bar{n}$ um Δn) dar.

b) Barwertfunktion:

$$P = g(i,n) = \frac{1}{(1+i)^n}\left[4 \cdot \frac{(1+i)^n - 1}{i} + 100\right]$$

$$\frac{\partial g}{\partial i}(i,n) = \frac{-n}{(1+i)^{n+1}}\left[4 \cdot \frac{(1+i)^n - 1}{i} + 100\right]$$

$$+ \frac{1}{(1+i)^n}\left[4 \cdot \frac{in(1+i)^{n-1} - [(1+i)^n - 1]}{i^2}\right]$$

$$\frac{\partial g}{\partial n}(i,n) = \frac{-1}{(1+i)^n}\ln(1+i)\left[4 \cdot \frac{(1+i)^n - 1}{i} + 100\right]$$

$$+ \frac{1}{(1+i)^n} \cdot \frac{4}{i}(1+i)^n \ln(1+i)$$

$$\frac{\partial g}{\partial i}(\bar{i}, \bar{n}) = \ldots = -491{,}34;$$

$$\frac{\partial g}{\partial n}(\bar{i}, \bar{n}) = \ldots = -0{,}728$$

c) $dP = -491{,}34 \cdot 0{,}0001 - 0{,}728 \cdot \left(-\frac{7}{360}\right) = -0{,}0350$

Diese Größe stellt die näherungsweise Änderung des Barwertes der Anleihe bei Marktzinsänderung und Restlaufzeitverkürzung dar.

L 3.12 $p(x; y) = \sqrt{xy}$

a) $p(\lambda x, \lambda y) = \sqrt{\lambda x \cdot \lambda y} = \lambda\sqrt{xy} = \lambda \cdot p(x, y)$
b) $p(x, y) = \sqrt{xy} = 2$
c) $\sqrt{2 \cdot 2} = 2$
d) $xy = 4 \Longrightarrow y = f(x) = \frac{4}{x} \Longrightarrow f'(x) = -\frac{4}{x^2} \Longrightarrow f'(2) = -1$

Tangentengleichung: $t(x) = f(2) + f'(2)(x - 2) = 2 + (-1)(x - 2) = 4 - x$

Bemerkung: Der Anstieg der Tangente kann auch mithilfe des Satzes über die implizite Funktion berechnet werden, was aber hier wegen der expliziten Auflösbarkeit nach y nicht erforderlich ist.

L 3.13 Aus $p(x) = a - bx$ ergibt sich $x(p) = \frac{a-p}{b}$. Folglich berechnet sich der Gewinn in Abhängigkeit von der abgesetzten Menge zu

$$
\begin{aligned}
G(x) &= U(x) - K(x) = p(x) \cdot x - (cx + d) \\
&= (a - bx)x - cx - d = -bx^2 + (a - c)x - d.
\end{aligned}
$$

Diese quadratische Funktion nimmt für die Absatzmenge $x^* = \frac{a-c}{2b}$ ihr globales Maximum $G(x^*) = \frac{(a-c)^2}{4b} - d$ (maximal erzielbarer Gewinn) an. (Geometrischer Nachweis: Scheitelpunkt einer Parabel; analytischer Nachweis: Auflösen der Gleichung $G'(x) = 0$ und Überprüfen der Beziehung $G''(x^*) < 0$.) Der zugehörige Monopolpreis beträgt $p^* = p(x^*) = \frac{a+c}{2}$.

L 3.14

a) Für die betrachtete Funktion $f(x, y) = 3x^2 - 3xy - 6x + \frac{3}{2}y^3 + 3y$ lauten die notwendigen Bedingungen für Extrema:

$$
\begin{aligned}
f_x(x, y) &= 6x - 3y - 6 &= 0 \\
f_y(x, y) &= -3x + \tfrac{9}{2}y^2 + 3 &= 0.
\end{aligned}
$$

Multipliziert man die zweite Beziehung mit 2 und addiert beide Gleichungen, erhält man $9y^2 - 3y = 3y(3y-1) = 0$. Ein Produkt ist null, wenn mindestens einer der Faktoren null ist. Dies führt zu einer Fallunterscheidung:

$$
\begin{aligned}
1) \quad & y_1 = 0 \implies x_1 = 1; \\
2) \quad & y_2 = \tfrac{1}{3} \implies x_2 = \tfrac{7}{6}.
\end{aligned}
$$

Damit gibt es zwei stationäre Punkte: $(\tilde{x}, \tilde{y}) = (1, 0)$, $(\tilde{x}, \tilde{y}) = (\frac{7}{6}, \frac{1}{3})$.
Hinreichende Bedingungen: Die zweiten partiellen Ableitungen $f_{xx} = 6$, $f_{xy} = -3$ und $f_{yy} = 9y$ liefern den Ausdruck

$$
\mathcal{A} = \det H_f(x, y) = f_{xx}(x, y)f_{yy}(x, y) - \left[f_{xy}(x, y)\right]^2 = 54y - 9.
$$

Einsetzen von $(\tilde{x}, \tilde{y})$: $\mathcal{A}\big|_{(\tilde{x}, \tilde{y})} = -9 \implies$ es liegt kein Extremum vor.

Einsetzen von $(\tilde{x}, \tilde{y})$: $\mathcal{A}\big|_{(\tilde{x}, \tilde{y})} = 18 - 9 > 0 \implies$ es liegt ein Extremum vor; wegen $f_{xx}(\tilde{x}, \tilde{y}) = 6 > 0$ handelt es sich um ein Minimum.

b) Die partiellen Ableitungen 1. und 2. Ordnung lauten:

$$
\begin{aligned}
f_{x_1} &= x_1^2 + 2x_2^2 + 4x_2, \quad f_{x_2} = 4x_1 x_2 + 4x_1, \\
f_{x_1 x_1} &= 2x_1, \quad f_{x_1 x_2} = 4x_2 + 4, \quad f_{x_2 x_2} = 4x_1.
\end{aligned}
$$

Das System $f_{x_1}(x) \overset{!}{=} 0$, $f_{x_2}(x) \overset{!}{=} 0$ zur Ermittlung stationärer Punkte ist nichtlinear (sodass z. B. der Gauß'sche Algorithmus nicht anwendbar ist). Aus der 2. Gleichung erhält man nach Ausklammern die Forderung $4x_1(x_2 + 1) = 0$. Ein Produkt ist dann null, wenn mindestens einer der Faktoren null ist.

1. Fall: $x_1 = 0$: Aus der 1. Gleichung folgt dann $2x_2(x_2+2) = 0$ mit den beiden Lösungen $x_2 = 0$ und $x_2 = -2$.

2. Fall: $x_2 = -1$: Aus der 1. Gleichung ergibt sich $x_1^2 = 2$ mit den beiden Lösungen $x_1 = \pm\sqrt{2}$.

Nach Berechnung der zugehörigen x_1- bzw. x_2-Werte resultieren die vier stationären Punkte $x_{s_1} = (0,0)$, $x_{s_2} = (0,-2)$, $x_{s_3} = (\sqrt{2},-1)$, $x_{s_4} = (-\sqrt{2},-1)$.

Aus den partiellen Ableitungen 2. Ordnung erhält man den Ausdruck

$$\mathcal{A} = \det H_f(x) = 8x_1^2 - 16(x_2 + 1)^2.$$

Wegen $\mathcal{A}\big|_{x_{s_1}} = \mathcal{A}\big|_{x_{s_2}} = 0 - 16 \cdot 1 < 0$ liegt in den ersten beiden stationären Punkten kein Extremum vor, während die Beziehungen $\mathcal{A}\big|_{x_{s_3}} = \mathcal{A}\big|_{x_{s_4}} = 16 - 0 > 0$ anzeigen, dass die letzten beiden Punkte Extremwerte liefern. Aus $f_{x_1 x_1} = 2\sqrt{2} > 0$ ersieht man, dass es sich bei x_{s_3} um eine lokale Minimumstelle handelt, wohingegen x_{s_4} wegen $f_{x_1 x_1} = -2\sqrt{2} < 0$ eine lokale Maximumstelle ist.

L 3.15

a) Die notwendigen Bedingungen $f_x = 3x^2 + 5a \overset{!}{=} 0$ und $f_y = -3y^2 \overset{!}{=} 0$ führen auf $y = 0$ sowie $x^2 = -\frac{5}{3}a$. Für $a > 0$ gibt es keinen stationären Punkt, für $a = 0$ den einzigen stationären Punkt $(0,0)$ und für $a < 0$ die beiden Punkte $\left(\pm\sqrt{-\frac{5a}{3}},0\right)$. Mit

$$H_f(x,y) = \begin{pmatrix} 6x & 0 \\ 0 & -6y \end{pmatrix}$$ folgt in allen angegebenen Fällen $\det H_f(x,y) = 0 \ \forall (x,y)$,

sodass keine Aussage hinsichtlich des Vorliegens von Extrempunkten getroffen werden kann. Tatsächlich liegt kein Extremum vor, da es in der Umgebung der berechneten stationären Punkte sowohl Punkte mit größerem als auch mit kleinerem Funktionswert gibt, was man sofort erkennt, wenn man den x-Wert fixiert und den y-Wert variiert ($y_s = 0$; ist y positiv, so gilt $-y^3 < 0$; ist y negativ, wird $-y^3 > 0$).

b) Es gilt $f_x = 3x^2 + 5ay$, $f_y = -3y^2 + 5ax$, $H_f = \begin{pmatrix} 6x & 5a \\ 5a & -6y \end{pmatrix}$.

Im Weiteren werden die beiden Fälle $a = 0$ und $a \neq 0$ unterschieden.

Fall 1: $a = 0$: Einziger stationärer Punkt ist $(x,y) = (0,0)$. Aufgrund von $\mathcal{A} = \det H_f = 0 \cdot 0 - 0^2 = 0$ kann zunächst keine Aussage über die Art des Extremums getroffen werden. Eine Untersuchung von benachbarten Punkten zeigt jedoch, daß im Punkt $(0,0)$ kein Extremum vorliegt, denn die Funktion f wächst in x-Richtung und fällt in y-Richtung.

Fall 2: $a \neq 0$: Aus $f_x = 0$ folgt $y = -\frac{3x^2}{5a}$. Nach Einsetzen in die Gleichung $f_y = 0$ ergibt sich $-3 \cdot \frac{9}{25} \cdot \frac{x^4}{a^2} + 5ax = 0$ bzw. $x \cdot \left(1 - \frac{27}{125a^3}x^3\right) = 0$. Hieraus erhält man die beiden stationären Punkte $(x_1, y_1) = (0,0)$ und $(x_2, y_2) = \left(\frac{5a}{3}, -\frac{5a}{3}\right)$.

Im Punkt (x_1, y_1) ist $\mathcal{A} = -25a^2 < 0$, sodass kein Extremum vorliegt. Für (x_2, y_2) ist $\mathcal{A} = 10a \cdot 10a - 25a^2 = 75a^2 > 0$, sodass ein Extremum vorliegt. Bei $a > 0$ ist dies wegen

$f_{xx} = 6 \cdot \frac{5a}{3} > 0$ ein lokales Minimum, bei $a < 0$ infolge $f_{xx} = 6 \cdot \frac{5a}{3} < 0$ ein lokales Maximum.

L 3.16

a) Die partiellen Ableitungen lauten:

$$f_x(x, y) = 3x^2 + 2y - 6x, \ f_{xx} = 6x - 6, \ f_{yx} = 2,$$
$$f_y(x, y) = 2y + 2x, \qquad f_{xy} = 2, \qquad f_{yy} = 2.$$

Aus $f_y(x, y) = 0$ folgt $x = -y$, und aus $f_x(x, y) = 0$ ergeben sich die beiden stationären Punkte $(x_1, y_1) = (0, 0)$ sowie $(x_2, y_2) = \left(\frac{8}{3}, -\frac{8}{3}\right)$. Mit $\mathcal{A} = \det H_f = f_{xx}f_{yy} - (f_{xy})^2 = 12x - 16$ ergibt sich Folgendes:

(a) (x_1, y_1) stellt keine Extremalstelle dar, denn $\mathcal{A}\big|_{(x_1, y_1)} = -16 < 0$.

(b) Da $\mathcal{A}\big|_{(x_2, y_2)} = \frac{96}{3} - 16 > 0$, liegt in (x_2, y_2) ein Extremum vor. Wegen $f_{xx}(x, y) = 6 \cdot \frac{8}{3} - 6 > 0$ handelt es sich um ein lokales Minimum.

b) Die partiellen Ableitungen lauten:

$$g_x = \mathrm{e}x - y\mathrm{e}^{xy}, g_y = \mathrm{e}y - x\mathrm{e}^{xy},$$
$$g_{xx} = \mathrm{e} - y^2\mathrm{e}^{xy}, \ g_{xy} = g_{yx} = -\mathrm{e}^{xy}(1 + xy), \quad g_{yy} = \mathrm{e} - x^2\mathrm{e}^{xy}.$$

Stationäre Punkte: Aus $g_x = 0, g_y = 0$ resultiert das (nichtlineare) System

$$
\begin{array}{ll}
\mathrm{e}x - y\mathrm{e}^{xy} = 0 & | \cdot x \\
\mathrm{e}y - x\mathrm{e}^{xy} = 0 & | \cdot y
\end{array}
\implies
\begin{array}{l}
\mathrm{e}x^2 - xy\mathrm{e}^{xy} = 0 \\
\mathrm{e}y^2 - xy\mathrm{e}^{xy} = 0.
\end{array}
$$

Subtrahiert man die zweite Gleichung von der ersten, ergibt sich $\mathrm{e}\left(x^2 - y^2\right) = 0$, woraus wegen $\mathrm{e} \neq 0$ die Beziehung $x^2 = y^2$ bzw. $y = \pm x$ folgt.

Fall 1: $y = x$: Aus der ersten oben abgeleiteten Stationaritätsbedingung ergibt sich $x(\mathrm{e} - \mathrm{e}^{x^2}) = 0$; hieraus erhält man zunächst den stationären Punkt $(0, 0)$; ferner ergibt sich aus $\mathrm{e} = \mathrm{e}^{x^2}$ die Gleichung $x^2 = 1$, woraus die beiden stationären Punkte $(1, 1)$ und $(-1, -1)$ resultieren.

Fall 2: $y = -x$: Die aus der ersten Stationaritätsbedingung abgeleitete Beziehung $x(\mathrm{e} + \mathrm{e}^{-x^2}) = 0$ liefert den einzigen stationären Punkt $(0, 0)$ (vgl. Fall 1), da der in der Klammer stehende Ausdruck stets positiv ist.

Hinreichende Bedingungen:

1) $\mathcal{A}\big|_{(0,0)} = \mathrm{e} \cdot \mathrm{e} - (-1)^2 > 0$ (Extremum liegt vor), $f_{xx} = \mathrm{e} > 0$ (lokales Minimum)

2) $\mathcal{A}\big|_{(1,1)} = (\mathrm{e} - \mathrm{e}) \cdot (\mathrm{e} - \mathrm{e}) - (-2\mathrm{e})^2 < 0$ (kein Extremum)

3) $\mathcal{A}\big|_{(-1,-1)} = (\mathrm{e} - \mathrm{e}) \cdot (\mathrm{e} - \mathrm{e}) - (-2\mathrm{e})^2 < 0$ (kein Extremum)

c)

$$h(x, y) = 10(x - 1)^2 - 5y^3 - 5y^2;$$
$$h_x(x, y) = 20(x - 1) \overset{!}{=} 0$$
$$h_y(x, y) = -15y^2 - 10y \overset{!}{=} 0$$

Aus der ersten Beziehung folgt $x_E = 1$, während aus der zweiten die Gleichung $y(3y + 2) = 0$ resultiert, die die beiden Lösungen $y_{E1} = 0$ und $y_{E2} = -\frac{2}{3}$ besitzt.
Damit gibt es zwei stationäre Punkte: $\mathbf{x}_1 = (1, 0)$, $\mathbf{x}_2 = (1, -\frac{2}{3})$.
Partielle Ableitungen 2. Ordnung: $h_{xx} = 20$, $h_{xy} = 0$, $h_{yx} = 0$, $h_{yy} = -30y - 10$,
Determinante der Hesse-Matrix: $\mathcal{A} = h_{xx}h_{yy} - (h_{xy})^2 = -200(3y + 1) - 0^2$.
Wegen $\mathcal{A}(\mathbf{x}_1) = -200 < 0$ liegt in $\mathbf{x}_1$ kein Extremum vor.
Wegen $\mathcal{A}(\mathbf{x}_2) = 200 > 0$ liegt in $\mathbf{x}_2$ ein Extremum vor, das wegen $h_{xx}(\mathbf{x}_2) = 20 > 0$ ein lokales Minimum darstellt.

L 3.17

a) $f_{x_1} = 2x_1 \sin x_2$, $f_{x_2} = x_1^2 \cos x_2 - x_3^2 \sin x_2 + 1$, $f_{x_3} = 2x_3 \cos x_2$

Wäre $x^0 = \left(0, \frac{\pi}{2}, 1\right)^\top$ ein stationärer Punkt, so müsste er die drei Gleichungen $f_{x_i}(x^0) = 0$, $i = 1, 2, 3$, erfüllen. Dies ist auch tatsächlich der Fall. (Es ist nicht notwendig, alle stationären Punkte zu berechnen; gefordert ist lediglich die Überprüfung des einen vorgegebenen Punktes.)

b) Die Nebenbedingung wird durch x^0 nicht erfüllt. Ein nicht zulässiger Punkt kann aber nicht stationär sein.

L 3.18 Die partiellen Ableitungen lauten:

$$f_x(x, y) = xy - x, \quad f_y(x, y) = \tfrac{1}{2}x^2 + ay - 3,$$
$$f_{xx}(x, y) = y - 1, \quad f_{xy}(x, y) = f_{yx}(x, y) = x, f_{yy}(x, y) = a.$$

a) Aus $f_x = 0$ folgt die Beziehung $x(y-1) = 0$, die mithilfe einer Fallunterscheidung weiter untersucht werden kann.

Fall 1: $x = 0$: Aus $f_y = 0$ ergibt sich dann $ay = 3$ bzw. $y = \frac{3}{a}$ (wegen $a < -1$ gilt $a \neq 0$). Wir erhielten den stationären Punkt $x_{s_1} = \left(0, \frac{3}{a}\right)$.

Fall 2: $y = 1$: Aus $f_y = 0$ folgt $x^2 = 2(3 - a)$. Da aufgrund der Voraussetzung $a < -1$ die Ungleichung $3 - a > 0$ gilt, ergeben sich noch zwei weitere stationäre Punkte: $x_{s_2} = \left(\sqrt{2(3 - a)}, 1\right)$, $x_{s_3} = \left(-\sqrt{2(3 - a)}, 1\right)$.

b) Zunächst ist $\mathcal{A} = \det H_f = a(y - 1) - x^2$. Der erste stationäre Punkt x_{s_1} erweist sich wegen $\mathcal{A}\big|_{x_{s_1}} = a(\frac{3}{a} - 1) = 3 - a > 0$ als Extremalstelle und liefert infolge von $f_{xx}(x_{s_1}) = \frac{3}{a} - 1 < 0$ ein lokales Maximum. Die anderen beiden stationären Punkte stellen wegen $\mathcal{A}\big|_{x_{s_2}} = \mathcal{A}\big|_{x_{s_3}} = 0 - 2(3 - a) < 0$ keine Extremalstellen dar.

L 3.19

a) Die notwendigen Minimumbedingungen $K_{x_1} = 5 - 2(10 - x_1) = 0$, $K_{x_2} = 10 - 10(20 - x_2) = 0$ sowie $K_{x_3} = 3 - 4(30 - x_3) = 0$ liefern $x_1 = 7,5$, $x_2 = 19$ und $x_3 = 29,25$. Ein Minimum liegt vor, da die drei Teilkostenfunktionen (die jeweils nur von x_1, x_2 bzw. x_3 abhängen) quadratisch sind. Es lässt sich auch leicht die positive Definitheit der Hesse-Matrix nachweisen.

b) Die Variable x_2 ist bereits ganzzahlig. Bei x_1 ist es gleichgültig, ob man auf 7 ab- oder auf 8 aufrundet, während ein Vergleich der Funktionswerte $K_3(29) = 89$ und $K_3(30) = 90$ zeigt, dass es günstiger ist, die Variable x_3 abzurunden.

L 3.20 Lagrange-Funktion: $L(x_1, x_2, x_3, \lambda_1, \lambda_2) = (x_1 - 2)^2 + (x_2 - 3)^2 - x_3^2 + \lambda_1(x_1 + x_2 + x_3 - 2) + \lambda_2(3x_1 + x_2 - x_3 - 2)$

Notwendige Bedingungen:

$$
\begin{aligned}
L_{x_1} &= 2(x_1 - 2) + \lambda_1 + 3\lambda_2 &\overset{!}{=}& \ 0 \\
L_{x_2} &= 2(x_2 - 3) + \lambda_1 + \lambda_2 &\overset{!}{=}& \ 0 \\
L_{x_3} &= -2x_3 + \lambda_1 - \lambda_2 &\overset{!}{=}& \ 0 \\
L_{\lambda_1} &= x_1 + x_2 + x_3 - 2 &\overset{!}{=}& \ 0 \\
L_{\lambda_2} &= 3x_1 + x_2 - x_3 - 2 &\overset{!}{=}& \ 0
\end{aligned}
$$

Hier handelt es sich um ein lineares Gleichungssystem, das zum Beispiel mit dem Gauß'schen Algorithmus gelöst werden kann (Lösung mittels Taschenrechner möglich). Seine eindeutige Lösung ist

$$
x_1 = 0, \quad x_2 = 2, \quad x_3 = 0, \quad \lambda_1 = 1, \quad \lambda_2 = 1,
$$

sodass es also nur einen stationären Punkt $(0,2,0)$ gibt.

b) Ändert sich b_i um Δb_i, so ändert sich der optimale Zielfunktionswert um (näherungsweise) $-\lambda_i \cdot \Delta b_i$. Hier: $\Delta f \approx -\lambda_2 \cdot \Delta b_2 = -1 \cdot (-0{,}1) = 0{,}1$. Der optimale Zielfunktionswert vergrößert sich näherungsweise um 0,1. Zum Vergleich: Der exakte neue optimale ZF-Wert beträgt 5,099375; während der alte optimale ZF-Wert 5 betrug.

L 3.21 1. Weg: (Eliminationsmethode) Auflösen der Nebenbedingung nach $y = 2x - 3$ und Einsetzen in die Zielfunktion führt auf

$$
\tilde{f}(x) = f(x, 2x - 3) = e^{-x(2x-3)} = e^{-2x^2 + 3x}
$$

mit $\tilde{f}'(x) = (-4x + 3)e^{-2x^2 + 3x}$ und $\tilde{f}''(x) = \left[-4 + (-4x + 3)^2\right]e^{-2x^2 + 3x}$.

Bestimmung stationärer Punkte: $\tilde{f}'(x) \overset{!}{=} 0$. Da e^{-z} stets größer als null ist, muss gelten $-4x + 3 = 0$, also $\bar{x} = \frac{3}{4}$, wozu $\bar{y} = 2\bar{x} - 3 = -\frac{3}{2}$ gehört. Damit gibt es als einzigen stationären Punkt $(\bar{x}, \bar{y}) = \left(\frac{3}{4}, -\frac{3}{2}\right)$. Wegen $\tilde{f}''(\bar{x}) < 0$ handelt es sich hierbei um eine lokale Maximumstelle.

2. Weg: (Lagrange-Methode) Die Lagrange-Funktion zur betrachteten Aufgabe lautet $L(x, y, \lambda) = e^{-xy} + \lambda(2x - y - 3)$. Zur Bestimmung stationärer Punkte ist das Gleichungssystem

$$
\begin{aligned}
L_x &= -ye^{-xy} + 2\lambda &\overset{!}{=}& \ 0 \\
L_y &= -xe^{-xy} - \lambda &\overset{!}{=}& \ 0 \\
L_\lambda &= 2x - y - 3 &\overset{!}{=}& \ 0
\end{aligned}
$$

zu untersuchen. Aus der 2. Gleichung erhält man $\lambda = -xe^{-xy}$, was nach Einsetzen in die 1. Gleichung auf die Beziehung $e^{-xy}(-y - 2x) = 0$ mit der Lösung $y = -2x$ führt. Zusammen mit der 3. Gleichung folgt hieraus $(x, y) = (\frac{3}{4}, -\frac{3}{2})$, also derselbe stationäre Punkt, der auch mittels der Eliminationsmethode gefunden wurde. Um hinreichende Bedingungen zu überprüfen (vgl. z. B. Luderer/Würker), hat man zunächst „kritische" Richtungen T aus der Gleichung $\left\langle \nabla g\left(\frac{3}{4}, -\frac{3}{2}\right), z \right\rangle = \left\langle \begin{pmatrix} 2 \\ -1 \end{pmatrix}, \begin{pmatrix} z_1 \\ z_2 \end{pmatrix} \right\rangle = 2z_1 - z_2 = 0$ zu berechnen, was auf $T = \{z \mid z_2 = 2z_1, z_1 \text{beliebig}\}$ führt. Bezeichnet man $w = (x, y)$, so lautet der w-Anteil der Hesse-Matrix von L allgemein $\nabla^2_{ww}L = e^{-xy}\begin{pmatrix} y^2 & xy - 1 \\ xy - 1 & x^2 \end{pmatrix}$ und hat im Punkt $\left(\frac{3}{4}, -\frac{3}{2}\right)$ die Gestalt $\nabla^2_{ww}L = \frac{1}{16} \cdot e^{\frac{9}{8}} \cdot \begin{pmatrix} 36 & -34 \\ -34 & 9 \end{pmatrix}$, sodass für die Richtungen $z = (z_1, z_2)^\top \in T$ die Beziehung $\left\langle \nabla^2_{ww}Lz, z \right\rangle = -64z_1^2 < 0$ gilt (negative Definitheit über T). Damit liegt ein Maximum vor.

L 3.22
$$F = 2ar + \frac{\pi}{2}r^2 \to \max$$
$$U = 2a + \pi r \leq 200$$
$$a \geq 0, r \geq 0$$

Während die Zielfunktion die zu maximierende Fläche beschreibt, wird durch die Nebenbedingung der begrenzte Umfang charakterisiert. Nicht vergessen werden dürfen die (nicht im Aufgabentext auftauchenden) Nichtnegativitätsforderungen an die eingehenden Variablen a und r. Damit die Extremwertaufgabe gelöst werden kann, wird die Ungleichungsnebenbedingung in eine Gleichung umgewandelt, und die Nichtnegativitätsbedingungen werden (zunächst) nicht beachtet. Optimale Lösung: $a = 0$, $r = 200/\pi$.

L 3.23 Die zu lösende Extremwertaufgabe (mit Nebenbedingung) lautet:
$$z = f(x, y) = 2x^{\frac{1}{3}}y^{\frac{2}{3}} \to \max$$
$$x + y = C.$$

a) Setzt man die Beziehung $x = C - y$ in f ein, entsteht die freie Extremwertaufgabe $\tilde{f}(y) = 2(C - y)^{\frac{1}{3}}y^{\frac{2}{3}} \to \max$, für die die notwendige Maximumbedingung
$$\tilde{f}'(y) = -\frac{2}{3}(C - y)^{-\frac{2}{3}}y^{\frac{2}{3}} + \frac{4}{3}(C - y)^{\frac{1}{3}}y^{-\frac{1}{3}} \overset{!}{=} 0$$

lautet. Nach Multiplikation mit $y^{\frac{1}{3}}(C - y)^{\frac{2}{3}}$ ergibt sich $-\frac{2}{3}y + \frac{4}{3}(C - y) = 0$ mit der eindeutigen Lösung $y_E = \frac{2}{3}C$. Durch Einsetzen in die Nebenbedingung ermittelt man $x_E = \frac{1}{3}C$ als zugehörigen Wert. Die Fördermittel sind im Verhältnis $1, 2$ aufzuteilen (was gerade dem Verhältnis der Exponenten entspricht).

b) Die 2. Ableitung von $\tilde{f}$ lautet
$$\tilde{f}''(y) = -\frac{4}{9}(C - y)^{-\frac{5}{3}}y^{\frac{2}{3}} - \frac{8}{9}(C - y)^{-\frac{2}{3}}y^{-\frac{1}{3}} - \frac{4}{9}(C - y)^{\frac{1}{3}}y^{-\frac{4}{3}},$$

woraus man wegen $\tilde{f}''(\tfrac{2}{3}C) < 0$ (alle Summanden sind negativ!) schließen kann, dass es sich um ein Maximum handelt.

c) Für $C = 1000$ ergeben sich die Werte $x = 333,33$, $y = 666,67$ sowie der Zielfunktionswert $z = 2 \cdot \left(\tfrac{1000}{3}\right)^{\frac{1}{3}} \left(\tfrac{2000}{3}\right)^{\frac{2}{3}} = 1058,267$.

d) Wir benötigen den zum Optimalpunkt gehörigen Multiplikator und wenden deshalb die Lagrange-Methode zum Finden stationärer Punkte an. Dazu stellen wir zunächst die Lagrange-Funktion $L = 2x^{\frac{1}{3}}y^{\frac{2}{3}} + \lambda(x+y-C)$ auf, leiten diese z. B. nach der Variablen x partiell ab und setzen sie gleich null: $L_x = \tfrac{2}{3}x^{-\frac{2}{3}}y^{\frac{2}{3}} + \lambda = 0$. Mit $x_E = \tfrac{C}{3}$ und $y_E = \tfrac{2C}{3}$ ergibt sich hieraus für den Lagrange-Multiplikator der Wert $\lambda = \tfrac{2}{3} \cdot 2^{\frac{2}{3}} = -1,058267$. Dieser besagt, dass eine Erhöhung von $C = 1000$ um ΔC eine Erhöhung des optimalen Zielfunktionswertes um $-\lambda \cdot \Delta C = 1,05826\Delta C$ bewirkt. Diese Aussage gilt i. Allg. nur näherungsweise, hier sogar exakt (was damit zusammenhängt, dass sich in der Funktion $z = f(x,y)$ die Summe der Exponenten gerade zu eins ergänzt, sodass f homogen 1. Grades ist).

L 3.24

a) Als Erstes ist die Gleichung der Geraden zu finden, auf der P_3 liegt (woraus die Nebenbedingung des Problems resultiert). Diese Gerade verläuft durch die Punkte $(b, 0)$ und $(0, a)$ und besitzt somit die Gleichung $y = a - \tfrac{a}{b}x$. Damit ergibt sich die Extremwertaufgabe mit Nebenbedingungen

$$
\begin{aligned}
f(x,y) &= x \cdot y & \longrightarrow \quad \text{max} \\
g(x,y) &= y - a + \tfrac{a}{b}\cdot x &= \quad 0,
\end{aligned}
$$

wobei die zu bestimmenden optimalen Größen x und y sinnvollerweise nichtnegativ sein müssen. Einsetzen der nach y aufgelösten Nebenbedingung in die Zielfunktion liefert $\tilde{f}(x) = x \cdot \left(a - \tfrac{a}{b}x\right) = ax - \tfrac{a}{b}x^2$ mit $\tilde{f}'(x) = a - \tfrac{2a}{b}x$. Aus der Forderung $\tilde{f}' \stackrel{!}{=} 0$ folgt $x_E = \tfrac{b}{2}$, $y_E = \tfrac{a}{2}$. Aufgrund der Beziehung $\tilde{f}''(x_E) = -\tfrac{2a}{b} < 0$ liegt ein Maximum vor.

b) Mit $a = 16\,\text{m}$ und $b = 24\,\text{m}$ ergibt sich $F_{\text{max}} = 96\,\text{m}^2$.

L 3.25

(1) Da $(0, \pi, 0)^\top$ nicht zulässig ist, kann er auch nicht stationär sein.

(2) Aus der zur vorliegenden Extremwertaufgabe gehörigen Lagrange-Funktion $L = e^x \sin y + y^3 + z + \lambda_1(x + 2y + 3z - 5) + \lambda_2(x^2 + y^2 + z^2 - 25)$ resultieren die Stationaritätsbedingungen

$$
\begin{aligned}
L_x &= e^x \sin y + \lambda_1 + 2\lambda_2 x & = 0 \\
L_y &= e^x \cos y + 3y^2 + 2\lambda_1 + 2\lambda_2 y & = 0 \\
L_z &= 1 + 3\lambda_1 + 2\lambda_2 z & = 0 \\
L_{\lambda_1} &= x + 2y + 3z - 5 & = 0 \\
L_{\lambda_2} &= x^2 + y^2 + z^2 - 25 & = 0.
\end{aligned}
$$

Der Punkt $(5, 0, 0)^\top$ ist zwar zulässig, aber nicht stationär, da bei Einsetzen in die Zeilen 2 und 3 des Systems notwendiger Extremalitätsbedingungen ein Widerspruch entsteht.

L 3.26 Die Nebenbedingungen lassen sich (z. B. mithilfe des Gauß'schen Algorithmus) nach x_1 und x_2 auflösen:

$$x_1 = -3 - 5t, \quad x_2 = 4 + 4t, \quad x_3 = t, \quad t \in \mathbb{R}.$$

Setzt man diese Beziehungen in die Zielfunktion ein, so ergibt sich

$$f(x_1, x_2, x_3) = \tilde{f}(t) = (-7 - 5t)^2 + (-1 + 4t)^2 + t^2 = 42t^2 + 62t + 50.$$

Aus $\tilde{f}'(t) = 84t + 62 \overset{!}{=} 0$ berechnet man den extremwertverdächtigen Punkt $t_E = -\frac{31}{42}$, der wegen $\tilde{f}''(t) = 84 > 0$ eine lokale Minimumstelle bildet. Damit ist $(x_1, x_2, x_3) = \left(-\frac{281}{42}, \frac{292}{42}, -\frac{31}{42}\right)$ einziger stationärer Punkt der Funktion f und stellt eine lokale (und – da f quadratisch ist – sogar globale) Minimumstelle dar.

Eine geometrische Begründung könnte wie folgt gegeben werden: Die Nebenbedingungen beschreiben als Schnitt zweier Ebenen eine Gerade im Raum; die Zielfunktion stellt eine Kugel im dreidimensionalen Raum dar, deren Radius minimiert oder maximiert werden soll. Während die Maximumaufgabe keine Lösung besitzt ($r = +\infty$), wird der minimale Radius in einem Punkt auf der Geraden angenommen, in dem die Kugeloberfläche die Gerade berührt.

Bemerkung: Die Ermittlung des stationären Punktes kann auch mithilfe der Lagrange-Methode geschehen (vgl. 3.21).

L 3.27

a) Der von der Menge x abhängige Gewinn beträgt

$$G(x) = x \cdot p(x) - K(x) = \frac{m_1}{m_2}x - \frac{1}{m_2} \cdot x^2 - k_1 x - k_2.$$

Unter Ausnutzung der Beziehung $p(x) = \frac{m_1 - x}{m_2}$ ergibt sich daraus der vom Preis p abhängige Gewinn

$$G(p) = -m_2 p^2 + (m_1 + k_1 m_2)p - k_1 m_1 - k_2.$$

b) Aus der notwendigen Maximumbedingung $G'(p) \overset{!}{=} 0$ erhält man den Wert $p^* = \frac{m_1 + k_1 m_2}{2m_2}$, der wegen $G''(p^*) = -2m_2 < 0$ ein lokales (und aufgrund dessen, dass G quadratisch ist, auch globales) Maximum darstellt. Der maximale Gewinn beläuft sich auf $G(p^*) = \frac{(m_1 + k_1 m_2)^2}{4m_2} - k_1 m_1 - k_2$.

c) Die Forderung $G(p^*) \stackrel{\text{def}}{=} f(k_1) \geq 0$ führt mit den Werten $m_1 = 4$, $m_2 = 2$ und $k_2 = \frac{1}{32}$ auf die Ungleichung $k_1^2 - 4k_1 + \frac{63}{16} \geq 0$. Da die zugehörige Gleichung die Nullstellen $k_{1,1} = \frac{7}{4}$ und $k_{1,2} = \frac{9}{4}$ besitzt und dazwischen die Funktion $f(k_1)$ negativ ist (denn die zugehörige Parabel ist nach oben geöffnet), gilt $G(p^*) \geq 0$ für $k_1 \in \left[0, \frac{7}{4}\right]$. Die Werte $k_1 \geq \frac{9}{4}$ scheiden aus, da aus der Nichtnegativitätsbedingung $x \geq 0$ die Forderung $p \leq 2$ und daraus wiederum die Bedingung $k_1 \leq 2$ resultiert.

L 3.28

a) Die Ratschläge der drei führen zu folgenden Ergebnissen:

Vater:	$f(\frac{1}{2}, \frac{1}{2}) = 0,5$;
Unternehmensberater:	$f(\frac{3}{4}, \frac{1}{4}) = 0,3290$;
Wiwi–Absolvent:	$f(\frac{1}{4}, \frac{3}{4}) = 0,5699$.

Das beste Ergebnis wird erzielt, folgt man dem Rat des Chemnitzer Absolventen der Wirtschaftswissenschaften.

b) Zu lösen ist die Extremwertaufgabe

$$P = f(A, K) = A^{1/4} K^{3/4} \longrightarrow \min$$
$$A + K = 1.$$

Eliminiert man A durch Auflösen der Nebenbedingung nach $A = 1 - K$, so ergibt sich die neue Zielfunktion $P = \tilde{f}(K) = (1-K)^{1/4} K^{3/4}$, die nur noch von K abhängt. Aus der notwendigen Maximumbedingung

$$\tilde{f}'(K) = -\frac{1}{4}(1-K)^{-3/4} K^{3/4} + \frac{3}{4}(1-K)^{1/4} K^{-1/4} \stackrel{!}{=} 0$$

erhält man (nach Multiplikation mit $K^{1/4}(1-K)^{3/4}$ und kurzer Umformung) die extremwertverdächtigen Werte $K = \frac{3}{4}$ und $A = \frac{1}{4}$. Wegen

$$\tilde{f}''(x) = -\frac{3}{16}\left[(1-K)^{-\frac{7}{4}}K^{\frac{3}{4}} + 2(1-K)^{-\frac{3}{4}}K^{-\frac{1}{4}} + (1-K)^{\frac{1}{4}}K^{-\frac{5}{4}}\right]$$

ergibt sich $\tilde{f}''(\frac{3}{4}) < 0$ (denn jeder Summand in der eckigen Klammer ist positiv), sodass ein Maximum vorliegt. Der Vorschlag des Chemnitzer Wiwi-Absolventen liefert also die optimale Lösung.

Bemerkung: Man beachte, dass die Aufteilung des Kapitals gerade in dem Verhältnis zu erfolgen hat, in dem die Exponenten zueinander stehen.

L 3.29

a) Aus $L(x_1, x_2, \lambda) = x_1^2 + x_1 x_2 - 2x_2^2 + \lambda(2x_1 + x_2 - 8)$ resultiert das (lineare) System von Stationaritätsbedingungen

$$\begin{aligned}
L_{x_1} &= 2x_1 + x_2 + 2\lambda && \stackrel{!}{=} 0 \\
L_{x_2} &= x_1 - 4x_2 + \lambda && \stackrel{!}{=} 0 \\
L_\lambda &= 2x_1 + x_2 \quad\;\; - 8 && \stackrel{!}{=} 0
\end{aligned}$$

mit der eindeutigen Lösung $x_1 = 4, x_2 = 0, \lambda = -4$. Es gibt also nur den einen stationären Punkt $x_s = (4, 0)$.

b) Aus der Lagrange-Funktion $L(x, y, z, \lambda) = x^2 + xy + yz + \lambda(x + y^2 + z - 3)$ erhält man das nichtlineare System notwendiger Extremalitätsbedingungen

$$
\begin{aligned}
L_x &= 2x + y + \lambda &&= 0 \\
L_y &= x + z + 2y\lambda &&= 0 \\
L_z &= y + \lambda &&= 0 \\
L_\lambda &= x + y^2 + z - 3 &&= 0.
\end{aligned}
$$

Subtrahiert man die 3. von der 1. Gleichung, ergibt sich sofort $x = 0$. Aus dem Auflösen der 3. Gleichung nach y folgt $y = -\lambda$, woraus man zusammen mit der 2. und 4. Gleichung $z = 2y^2$ bzw. $y^2 = 1$ erhält. Somit gibt es zwei stationäre Punkte: $x_{s_1} = (0, 1, 2; -1)$, $x_{s_2} = (0, -1, 2; 1)$.

L 3.30 1. Weg: (Eliminationsmethode) Auflösen der Nebenbedingung nach y, d. h. $y = \frac{-3x}{x-1}, x \neq 1$, oder Umformen gemäß $xy - y = 3x$ und Einsetzen in die Zielfunktion führt auf

$$
\tilde{f}(x) = 4x^3 - 3x + 2
$$

mit $\tilde{f}'(x) = 12x^2 - 3$ und $\tilde{f}''(x) = 24x$.

Bestimmung stationärer Punkte: $\tilde{f}'(x) \overset{!}{=} 0$. Es gibt die beiden stationären Punkte $(x_1, y_1)^\top = (\frac{1}{2}, 3)^\top$ und $(x_2, y_2)^\top = (-\frac{1}{2}, -1)^\top$. Wegen $\tilde{f}''(x_1) > 0$ handelt es sich bei $(x_1, y_1)^\top$ um eine lokale Minimumstelle und wegen $\tilde{f}''(x_2) < 0$ bei $(x_2, y_2)^\top$ um eine lokale Maximumstelle.

Im oben ausgeschlossenen Fall $x = 1$ ergäbe sich als Nebenbedingung $y = y + 3$, die aber für keinen Wert von y erfüllt ist. Demnach gibt es keine zulässigen Werte und auch keine Lösungen der Extremalaufgabe mit $x = 1$.

2. Weg: (Lagrange-Methode) Die Lagrange-Funktion zur betrachteten Aufgabe lautet $L(x, y, \lambda) = 4x^3 + xy - y + 2 + \lambda(xy - y + 3x)$. Zur Bestimmung stationärer Punkte ist das Gleichungssystem

$$
\begin{aligned}
L_x &= 12x^2 + y + \lambda y + 3\lambda &&\overset{!}{=} 0 \\
L_y &= x - 1 + \lambda x - \lambda &&\overset{!}{=} 0 \\
L_\lambda &= xy - y + 3x &&\overset{!}{=} 0
\end{aligned}
$$

zu untersuchen. Aus der 2. Gleichung erhält man $\lambda = \frac{-x+1}{x-1} = -1$, was nach Einsetzen in die 1. Gleichung auf die Beziehung $12x^3 - 3 = 0$ mit den Lösungen $x_{1/2} = \pm\frac{1}{2}$ führt. Zusammen mit der 3. Gleichung ergeben sich die stationären Punkte $(x_1, y_1, \lambda)^\top = (\frac{1}{2}, 3, -1)^\top$ und $(x_2, y_2, \lambda)^\top = (-\frac{1}{2}, -1, -1)^\top$. Dies sind also dieselben stationären Punkte, die mittels der Eliminationsmethode gefunden wurden.

Die Überprüfung hinreichender Bedingungen ist relativ kompliziert und deshalb meist nicht Gegenstand der Klausur. Trotzdem wird nachfolgend der ausführliche Lösungsweg angegeben.

Um hinreichende Bedingungen für den Punkt $(x_1, y_1)^\top$ zu überprüfen, hat man zunächst „kritische" Richtungen $T(x_1, y_1)$ aus der Gleichung

$$\left\langle \nabla g\left(\frac{1}{2}, 3\right), z \right\rangle = \left\langle \begin{pmatrix} 6 \\ -\frac{1}{2} \end{pmatrix}, \begin{pmatrix} z_1 \\ z_2 \end{pmatrix} \right\rangle = 6z_1 - \frac{1}{2}z_2 = 0$$

zu berechnen, was auf $T(x_1, y_1) = \{z | z_1 = \frac{1}{12}z_2, z_2\text{beliebig}\}$ führt. Verwendet man die Bezeichnung $w = (x, y)$, so lautet der w-Anteil der Hesse-Matrix von L allgemein $\nabla^2_{ww}L = \begin{pmatrix} 24x + \lambda & 1 + \lambda \\ 1 + \lambda & 0 \end{pmatrix}$. Im Punkt $\left(\frac{1}{2}, 3\right)$ hat er die Gestalt $\nabla^2_{ww}L = \begin{pmatrix} 12 & 0 \\ 0 & 0 \end{pmatrix}$, sodass für $z = (z_1, z_2)^\top \in T(x_1, y_1)$ die Beziehung $\left\langle \nabla^2_{ww}Lz, z \right\rangle = \frac{1}{12}z_2^2 > 0$ gilt (positive Definitheit über $T(x_1, y_1)$). Damit liegt ein Minimum in $(x_1, y_1)^\top = \left(\frac{1}{2}, 3\right)^\top$ vor.

Um schließlich noch hinreichende Bedingungen für $(x_2, y_2)^\top$ zu überprüfen, hat man zunächst wieder die „kritischen" Richtungen $T(x_2, y_2) = \ldots = \{z | z_1 = \frac{3}{4}z_2, z_2\text{beliebig}\}$ zu berechnen. Der w-Anteil der Hesse-Matrix von L hat im Punkt $\left(-\frac{1}{2}, -1\right)$ die Gestalt $\nabla^2_{ww}L = \begin{pmatrix} -12 & 0 \\ 0 & 0 \end{pmatrix}$, sodass für $z = (z_1, z_2)^\top \in T(x_2, y_2)$ die Beziehung $\left\langle \nabla^2_{ww}Lz, z \right\rangle = -\frac{27}{4}z_2^2 < 0$ gilt (negative Definitheit über $T(x_2, y_2)$). Damit ist $(x_2, y_2)^\top = \left(-\frac{1}{2}, -1\right)\top$ eine Maximumstelle.

L 3.31

a) Modell: $\quad A = \pi dl + \pi d^2 \longrightarrow \min$

$$V = \pi\frac{d^2}{4}l + \frac{4}{3}\pi\left(\frac{d}{2}\right)^3 = 36$$

Auflösen der Nebenbedingung nach l liefert $l = \frac{144}{\pi d^2} - \frac{2}{3}d$. Setzt man diesen Ausdruck in die Zielfunktion ein, erhält man

$$O = f(d) = \frac{144}{d} + \frac{1}{3}\pi d^2 \longrightarrow \min.$$

Aus der notwendigen Bedingung $f'(d) = -\frac{144}{d^2} + \frac{2}{3}\pi d \overset{!}{=} 0$ ergibt sich $d = \frac{6}{\pi}\sqrt[3]{\pi^2}$ und $l = 0$. Schließlich erkennt man aus $f''(d) = \frac{288}{d^3} + \frac{2}{3}\pi > 0$, dass für die berechneten Werte tatsächlich ein Minimum vorliegt. Der Tank besteht also nur aus einer Kugel, die aus den beiden zusammengeschobenen Halbkugeln entsteht, während es den zylindrischen Teil gar nicht gibt. Ob eine solche Form technisch günstig oder realisierbar ist, ist ein nichtmathematisches Problem, das u.U. Auswirkungen auf das Modell haben müsste (Mindestlänge des zylindrischen Teils: $l \geq l_{\min}$; siehe Teil b)).

b) Da das Minimum bei $l = 0$ liegt, wie man aus a) ersieht, muss l so klein wie möglich gewählt werden, d. h. $l = 2$. In diesem Fall ergibt sich aus der in Teil a) beschriebenen Nebenbedingung die (nicht explizit nach d auflösbare) Forderung $\pi d^2\left(1 + \frac{d}{3}\right) = 72$.

L 3.32

a) Aus der unter der Nebenbedingung $x_1 + x_2 = 1$ zu minimierenden Funktion $f(x_1, x_2) = 15x_1^2 + 5x_2^2$ entsteht nach der Substitution $x_1 = 1 - x_2$ die freie Extremwertaufgabe

$$K(x_2) = 15 - 30x_2 + 20x_2^2 \longrightarrow \min,$$

deren eindeutige optimale Lösung $x_2 = \frac{3}{4}$ lautet, wozu $x_1 = \frac{1}{4}$ gehört. Wegen $K''(\frac{3}{4}) = 40 > 0$ liegt wirklich ein Minimum vor.

b) Analog zu Teil a) folgt aus der notwendigen Bedingung $K'(x_2) = 0$ sowie der Forderung $x_2 = \frac{1}{2}$ die Beziehung $k_1 = k_2$, d. h., die beiden Kostenkoeffizienten müssen gleich groß sein.

L 3.33

a)   Ein linearer Ansatz ist der Form der Punktwolke wohl am angemessensten, zumindest für mittelfristige Prognosen. Der zweite (hyperbolische) Ansatz $f_2(x) = a - \frac{b}{x}$ drängt sich auch auf, weil Rekorde im Laufe der Zeit „abflachen"; allerdings ist mit dem Parameter a eine absolute Obergrenze vorgegeben, die keiner kennt („Schallmauern" werden immer wieder durchbrochen). Selbst ein quadratischer Ansatz (mit negativem Koeffizienten beim quadratischen Glied) könnte der Form der Punktwolke gut entsprechen, allerdings nur, solange man sich auf dem „aufsteigenden" Ast befindet. Ist der Scheitelpunkt der Parabel erreicht, geht es wieder abwärts, was im Kontext der Aufgabe nicht sein kann, da Weltrekorde eine monoton wachsende Folge bilden.

b–d) Für den linearen und den quadratischen Ansatz wenden wir zur Rechenvereinfachung bei den x-Werten die Transformation $x' = \frac{2}{5}(x - 1975,5)$ an, d. h. der Wert $x = 1968$ entspricht $x' = -3$, das Jahr $x = 1973$ wird $x' = -1$ zugeordnet usw. Diese Transformation hat den Effekt, dass die Größen $\sum x_i'$ und $\sum x_i'^3$ jeweils gleich null werden, wodurch sich das entstehende Gleichungssystem vereinfacht. Bei den y-Werten berücksichtigen wir nur die Zentimeter über 5m, sodass anstelle der in Metern gemessenen Variablen y die neue Variable $y' = 100 \cdot (y - 5)$ (mit der Maßeinheit Zentimeter) verwendet wird. Diese Umformung führt auf relativ kleine Zahlenwerte. Andererseits bleibt man bei beiden Transformationen in der Klasse der linearen bzw. der quadratischen Funktionen. (Natürlich müssen diese Transformationen nicht unbedingt erfolgen.)

Die beim linearen und quadratischen Ansatz benötigten Werte sind in der nachstehenden Tabelle zusammengestellt:

x_i'	y_i'	$x_i'^2$	$x_i'^3$	$x_i'^4$	$x_i' y_i'$	$x_i'^2 y_i$
-3	41	9	-27	81	-123	369
-1	63	1	-1	1	-63	63
1	70	1	1	1	70	70
3	83	9	27	81	249	747
$\sum:$	0	257	20	0	164	133	1249

Linearer Ansatz: Das Normalgleichungssystem

$$4 \cdot a_0 + \left(\sum_{i=1}^{4} x_i'\right) \cdot a_1 = \sum_{i=1}^{4} y_i'$$

$$\left(\sum_{i=1}^{4} x_i'\right) \cdot a_0 + \left(\sum_{i=1}^{4} x_i'^2\right) \cdot a_1 = \sum_{i=1}^{4} x_i' y_i'$$

geht für die aus der Tabelle entnommenen konkreten Zahlenwerte in die beiden Beziehungen $20a_1 = 133$ und $4a_0 = 257$ über, sodass gilt $a_1 = 6{,}65$, $a_0 = 64{,}25$; hieraus ermittelt man die Trendfunktion $\tilde{f}_3(x') = 6{,}65x' + 64{,}25$. Aus letzterer resultieren die Schätzungen

$$
\begin{aligned}
1970: \quad &\tilde{f}_3(-2{,}2) &=& \quad 49{,}6 \,[\text{cm}] &\;\hat{=}\;& 5{,}50 \,[\text{m}], \\
1988: \quad &\tilde{f}_3(5) &=& \quad 97{,}5 \,[\text{cm}] &\;\hat{=}\;& 5{,}98 \,[\text{m}], \\
1993: \quad &\tilde{f}_3(7) &=& \quad 110{,}8 \,[\text{cm}] &\;\hat{=}\;& 6{,}11 \,[\text{m}].
\end{aligned}
$$

Erstere zeigt eine gute Übereinstimmung mit dem statistischen Wert (was meist bei Interpolation der Fall ist), die zweite stellt eine noch annehmbare Näherung dar. (Da aber S. Bubkas Sprünge praktisch eine neue Qualität darstellen, andererseits keinen Eingang in die Ausgangsdaten fanden, erhält man hier eine etwas zu kleine Schätzung.) Schließlich ist der Prognosewert für 1993 (die Aufgabe wurde 1991 gestellt) gar nicht schlecht, denn wie wir inzwischen wissen, lag der 1993er Weltrekord bei 6,13m, (aufgestellt 19.9.1992 in Tokio); 1995 lautete der Weltrekord 6,14m (erzielt am 31.7.1994 in Sestriere, beide von S. Bubka).

Übrigens kann man auch direkt eine Rücktransformation von x' und y' in x und y gemäß $x = \frac{5}{2}x' + 1975{,}5$ bzw. $y = \frac{1}{100}y' + 5$ vornehmen und dann die entsprechenden x-Werte wie z. B. $x = 1993$ einsetzen. Was einfacher ist, muß jeder selbst entscheiden.

Quadratischer Ansatz: Wir verwenden dieselbe Transformation wie beim linearen Ansatz. Die entsprechend dem bekannten Vorgehen bei der Methode der kleinsten Quadratsumme zu minimierende Funktion lautet

$$F(a_0, a_1, a_2) = \sum_{i=1}^{4} \left(a_2 x_i^2 + a_1 x_i + a_0 - y_i\right)^2.$$

Die für ein Minimum notwendigen Bedingungen $F_{a_0} = 0$, $F_{a_1} = 0$, $F_{a_2} = 0$ führen auf das lineare Gleichungssystem

$$
\begin{aligned}
a_0 \cdot 4 &+ a_1 \cdot \sum x_i &+ a_2 \cdot \sum x_i^2 &= \sum y_i \\
a_0 \cdot \sum x_i &+ a_1 \cdot \sum x_i^2 &+ a_2 \cdot \sum x_i^3 &= \sum x_i y_i \\
a_0 \cdot \sum x_i^2 &+ a_1 \cdot \sum x_i^3 &+ a_2 \cdot \sum x_i^4 &= \sum x_i^2 y_i,
\end{aligned}
$$

wobei die Summierung jeweils von $i = 1$ bis $i = 4$ erfolgt. Setzt man die konkreten Werte aus obiger Tabelle (für die transformierten Variablen) ein, erhält man das

Gleichungssystem

$$
\begin{array}{rcrcl}
4a_1 & & + & 20a_3 & = & 257 \\
& 20a_2 & & & = & 133 \\
20a_1 & & + & 164a_3 & = & 1249.
\end{array}
$$

Dessen Lösungen lauten: $a_3 = -0{,}5625$, $a_2 = 6{,}65$, $a_1 = 67{,}06$. Somit ergibt sich die quadratische Trendfunktion $\tilde{f}_1(x') = -0{,}5625x'^2 + 6{,}65x' + 67{,}06$. Als Schätzungen erhalten wir in diesem Fall:

$$
\begin{array}{lllll}
1970: & \tilde{f}_1(-2{,}2) & = 49{,}7\,[\text{cm}] & \stackrel{\triangle}{=} 5{,}50\,[\text{m}] & \text{(gute Übereinstimmung)}; \\
1988: & \tilde{f}_1(5) & = 86{,}2\,[\text{cm}] & \stackrel{\triangle}{=} 5{,}86\,[\text{m}] & \text{(schlechte Näherung)}; \\
1993: & \tilde{f}_1(7) & = 86{,}0\,[\text{cm}] & \stackrel{\triangle}{=} 5{,}86\,[\text{m}] & \text{(sehr schlechte Prognose)}.
\end{array}
$$

Der letzte Wert liegt bereits auf dem absteigenden Parabelast. Der entsprechende Schätzwert ist demzufolge vermutlich unzutreffend, und alle in der weiteren Zukunft liegenden Schätzwerte müssen falsch sein, da Weltrekorde monoton nicht-fallend sind. Allgemein kann man sagen, dass der quadratische Ansatz für das betrachtete Beispiel nicht besonders gut geeignet ist bzw. nur in einem kleinen Bereich angewendet werden kann (etwa zur Interpolation).

Hyperbolischer Ansatz: Aus dem Ansatz $f_2(x) = a - \frac{b}{x}$ entsteht die Extremwertaufgabe $F(a, b) = \sum_{i=1}^{N} \left(a - \frac{b}{x_i} - y_i \right)^2 \longrightarrow \min$, für die die notwendigen Minimumbedingungen $F_a = 0$ und $F_b = 0$ (bei vier x-Werten) auf das lineare Gleichungssystem

$$
\begin{array}{rcrcr}
4a & - & b\sum_{i=1}^{4}\frac{1}{x_i} & = & \sum_{i=1}^{4} y_i \\
-a\sum_{i=1}^{4}\frac{1}{x_i} & + & b\sum_{i=1}^{4}\frac{1}{x_i^2} & = & -\sum_{i=1}^{4}\frac{y_i}{x_i}
\end{array}
$$

führen. Mit den Transformationen $x_i' = x_i - 1900$ und $y_i' = 100(y - 5)$ (sodass das Jahr 1968 dem Wert $x = 68$ entspricht und bei den y-Werten nur die Zentimeter oberhalb von 5 m berücksichtigt werden) erhalten wir folgende Ausgangsdaten:

x_i'	y_i'	$\frac{1}{x_i'}$	$\frac{1}{x_i'^2}$	$\frac{y_i'}{x_i'}$
68	41	0,014706	0,000216	0,602941
73	63	0,013699	0,000188	0,863014
78	70	0,012821	0,000164	0,897436
83	83	0,012048	0,000145	1,000000
$\sum$: 302	257	0,053274	0,000713	3,363391

Daraus ergibt sich das System

$$
\begin{array}{rcrcr}
4a & - & 0{,}053274b & = & 257 \\
-0{,}053274a & + & 0{,}000713b & = & -3{,}363391
\end{array}
$$

mit den Lösungen $a = 290{,}5$ und $b = 16.990$. Hieraus resultiert die Trendfunktion
$\tilde{f}_2(x) = 290{,}5 - \frac{16.990}{x}$.
Als Schätzungen erhält man

$$
\begin{aligned}
1970: \quad f_2(70) &= 47{,}8 \;\; \hat{=} \;\; 5{,}48 \,[\mathrm{m}] \quad (\text{gut}); \\
1988: \quad f_2(88) &= 97{,}4 \;\; \hat{=} \;\; 5{,}97 \,[\mathrm{m}] \quad (\text{nicht besonders}); \\
1993: \quad f_2(93) &= 107{,}8 \;\; \hat{=} \;\; 6{,}08 \,[\mathrm{m}] \quad (\text{nicht schlecht}).
\end{aligned}
$$

Insgesamt ergeben sich recht gute Werte, wobei auch hier zu beachten ist, dass Sergej Bubkas Resultate quasi eine neue Qualität darstellen.

Bemerkungen:

(a) Beim Ansatz f_2 darf man eigentlich die x-Koordinate **nicht** transformieren, da sich dadurch ein anderes Kurvenverhalten ergibt, denn durch eine lineare Transformation der Abszissenwerte erhält man eine andere Funktionenklasse. In gewissen Grenzen ist eine Transformation aber dennoch möglich, was die recht guten Ergebnisse bestätigen. Auf gar keinen Fall darf man zu negativen transformierten x-Werten kommen, da die Funktion $f(x) = \frac{1}{x}$ bei $x = 0$ eine Polstelle besitzt.

(b) Bedingt durch die großen Zahlen, ist die Rechnung sehr empfindlich und muss sehr exakt (ohne Rundung der Zwischenergebnisse) ausgeführt werden.

Fazit: Im vorliegenden Beispiel führen der lineare Ansatz f_1 sowie der hyperbolische Ansatz f_2 auf die besten Prognosewerte.

Abschließend sollen für die Ansatzfunktion f_2, aber eine andere Transformation der x-Werte die dabei erzielten Ergebnisse zum Vergleich angegeben werden, um die Auswirkungen verschiedener Transformationen auf die Schätzungen zu zeigen. Wir verwenden die Variablen $x' = \frac{x - 1963}{5}$, sodass das Jahr 1968 dem Wert $x' = 1$, das Jahr 1973 dem Wert $x' = 2$ usw. entspricht. Damit ergeben sich die Trendfunktion $f_2(x) = 90{,}5 - \frac{50{,}6}{x}$ sowie die Vorhersagen

$$
1970: 5{,}54 \,\mathrm{m}; \qquad 1988: 5{,}80 \,\mathrm{m}; \qquad 1993: 6{,}08 \,\mathrm{m} \,,
$$

die (bis auf den letzten Wert) schlechter als bei der anderen Transformation sind. Insbesondere kann der zweite Wert nicht richtig sein, da bereits 1983 der Weltrekord bei 5,83 m stand. Ferner erhält man hier wegen $a = 90{,}5$ als maximalen Wert für den Weltrekord („Schallmauer") lediglich 5,90 m, ein Wert, der bereits im Jahre 1984 überschritten war.

L 3.34 An dieser Stelle sollen nur die Lösungen für den linearen und den quadratischen Ansatz gegeben werden.

Ordnet man dem Monat November den Variablenwert $x = -1$ zu und bezeichnet man mit y den Kontostand minus 900 €, so kann folgende Wertetabelle aufgestellt werden (man beachte, dass die Stützstellen nicht äquidistant sind!):

Monat	x_i'	y_i	$x_i'^2$	$x_i' y_i$	$x_i'^3$	$x_i'^4$	$x_i'^2 y_i$
November 2001	−1	−76,29	1	76,29	−1	1	−76,29
Januar 2002	1	38,46	1	38,46	1	1	38,46
Februar 2002	2	89,23	4	178,46	8	16	356,92
$\sum$:	2	51,40	6	293,21	8	18	319,09

Linearer Ansatz: Wir erhalten das folgende Normalgleichungssystem für die Ansatzfunktion $y = a_2 x + a_1$ bei $N = 3$ Messwerten:

$$a_2 \sum_{i=1}^{N} x_i^2 + a_1 \sum_{i=1}^{N} x_i = \sum_{i=1}^{N} x_i y_i \implies 6a + 2b = 293,21$$

$$a_2 \sum_{i=1}^{N} x_i + a_1 \cdot N = \sum_{i=1}^{N} y_i \implies 2a + 3b = 51,40.$$

Die Lösung dieses Systems ist $a_2 = 55,49$ und $a_1 = -19,86$. Mithin lautet die gesuchte Trendfunktion $y = f(x) = 55,49x - 19,86$. Der prognostizierte Kontostand für Juni 2002 ($x = 6$) beträgt 1213,08 €, sodass sich Paul unter Berücksichtigung der „eisernen Reserve" das Geschenk leisten kann.

Quadratischer Ansatz: Für $y = a_3 x^2 + a_2 x + a_1$ ergibt sich:

$$a_3 \sum x_i^4 + a_2 \sum x_i^3 + a_1 \sum x_i^2 = \sum x_i^2 y_i \implies 18a_3 + 8a_2 + 6a_1 = 319,09$$
$$a_3 \sum x_i^3 + a_2 \sum x_i^2 + a_1 \sum x_i = \sum x_i y_i \implies 8a_3 + 6a_2 + 2a_1 = 293,21$$
$$a_3 \sum x_i^2 + a_2 \sum x_i + a_1 \cdot N = \sum y_i \implies 6a_3 + 2a_2 + 3a_1 = 51,40.$$

Dieses besitzt die Lösung $a_3 = 2,20$, $a_2 = 57,38$, $a_1 = 16,71$. Hieraus resultiert die gesuchte Trendfunktion: $y = f(x) = -2,20x^2 + 57,38x - 16,71$. Entsprechend diesem Ansatz wird der Kontostand im Juni voraussichtlich 1148,37 € betragen. Paul könnte sich die Ausgabe also nicht leisten.

In Anbetracht der geringen Anzahl ausgewerteter Daten und des verhältnismäßig langen Prognosezeitraumes sind die erhaltenen Prognosen als wenig zuverlässig einzuschätzen. Um verlässlichere Aussagen zu gewinnen, müssten mehr Daten, die näher an den Prognosezeitpunkt heranreichen, betrachtet werden.

L 3.35 Da die Stützstellen äquidistant sind, bietet sich zur Rechenvereinfachung die Transformation $t' = t - 2005$ an. Damit ergeben sich die nachstehenden Werte:

	t'_i	y_i	t'^2_i	$t'_i y_i$	t'^3_i	t'^4_i	$t'^2_i y_i$
	-2	50	4	-100	-8	16	200
	-1	51	1	-51	-1	1	51
	0	52	0	0	0	0	0
	1	54	1	54	1	1	54
	2	58	4	116	8	16	232
$\sum$	0	265	10	19	0	34	537

a) Beim linearen Ansatz $y_1 = f(t) = a_2 t + a_1$ hat man zur Bestimmung der Parameter a_1 und a_2 das Normalgleichungssystem

$$10a_2 \quad\quad = \quad 19$$
$$5a_1 = 265$$

zu betrachten, das die Lösung $a_2 = \frac{19}{10}$, $a_1 = 53$ besitzt. Hieraus resultiert die lineare Approximationsfunktion $y_1 = f(t) = \frac{19}{10} \cdot (t - 2005) + 53$, mit der man für 2008 den Wert $y = f(2008) = 58{,}7$ und für 2010 den Wert 62,5 [Mio. €] voraussagen kann.

b) Der quadratische Ansatz $y_2 = a_3 t^2 + a_2 t + a_1$ erfordert das Lösen des LGS

$$34a_3 \quad\quad + \quad 10a_1 = 537$$
$$10a_2 \quad\quad\quad = 19$$
$$10a_3 \quad\quad + \quad 5a_1 = 265.$$

Aus dessen eindeutiger Lösung $a_3 = \frac{1}{2}$, $a_2 = \frac{19}{10}$, $a_1 = 52$ resultiert die Approximationsfunktion $y_2 = f(t) = \frac{1}{2} \cdot (t - 2005)^2 + \frac{19}{10} \cdot (t - 2005) + 52$, mit deren Hilfe man die Prognosewerte 62,2 (für 2008) bzw. 74,0 [Mio. €] (für 2010) gewinnt.

c) Die aus dem quadratischen Ansatz resultierende Schätzung ist optimistischer als die zum linearen Ansatz gehörige. Die Form der „Punktwolke" (und damit der ökonomische Hintergrund) lässt aber eher die lineare Approximation angeraten erscheinen.

d) Für das Jahr 2016 erhält man als Prognosewerte 73,9 und 133,4 [Mio. €] bei linearem bzw. quadratischem Ansatz. Diese Werte differieren sehr stark und unterstreichen die Unzuverlässigkeit bei relativ großen Vorhersagezeiträumen, wenigen statistischen oder Messdaten und fehlenden (Hintergrund-)Informationen über die Art der zukünftigen Entwicklung.

L 3.36 Wir bezeichnen mit d die Nummer des Tages im Jahr, setzen $x = \frac{d-81}{10}$ und wählen als y die Differenz der Sonnenaufgangszeit zu $6^{\underline{00}}$. Mit diesen Bezeichnungen erhalten wir die angegebene Wertetabelle (bei Verwendung der ursprünglichen y-Werte ergibt sich selbstverständlich eine andere Tabelle):

	x_i	y_i	x_i^2	$x_i y_i$
	−2	67	4	−134
	−1	45	1	−45
	0	22	0	0
	1	−1	1	−1
	2	−23	4	−46
$\sum$:	0	110	10	−226

a) Das beim linearen Ansatz $f(x) = a_1 + a_2 x$ zu lösende allgemeine Normalgleichungs-system geht nach Einsetzen der aus der Tabelle entnommenen konkreten Werte über in das System $5a_1 = 110$, $10a_2 = -226$, das $a_1 = 22$, $a_2 = -22{,}6$ als Lösung besitzt. Somit erhalten wir die Trendfunktion $y = f(x) = -22{,}6x + 22$.

b) Die Prognose für den 20.4. ergibt $y(3) = -22{,}6 \cdot 3 + 22 = -45{,}8 \; \hat{=} \; 5^{\underline{14}}$. Der prognosti-zierte Wert weicht um zwei Minuten vom exakten Wert ab und ist aus diesem Grund als sehr zuverlässig einzuschätzen. Das liegt zum einen daran, dass sich die Sonnenauf-gangszeiten in der Nähe des Frühlingsanfanges (21.3.) annähernd linear verhalten, zum anderen am kurzen Vorhersagezeitraum.

c) Die Prognose für den 7.10. liefert mit $y(20) = -22{,}6 \cdot 20 + 22 = -430 \; \hat{=} \; 22^{\underline{50}}$ des Vortages einen sinnlosen Wert, weil der lineare Ansatz hier ungeeignet ist.

d) Periodische Zusammenhänge werden beispielsweise durch die Sinusfunktion beschrie-ben. Berücksichtigt man des weiteren, dass die Nullstelle zum Zeitpunkt der Frühlings-Tagundnachtgleiche (21.3.) liegt und die Periode 1 Jahr, also 365 Tage, beträgt, so erhält man

$$y = f(d) = a + b \sin \frac{2\pi(d - 81)}{365}$$

als Ansatzfunktion (d ist wie oben die Nummer des Tages im Jahr). Wie eine detaillierte (hier aber nicht ausgeführte) Rechnung zeigt, beschreibt dieser Ansatz das Verhalten sehr gut, und man erhält als optimale Parameterwerte $a = 22$ und $b = -133{,}52$.

L 3.37

a) In der grafischen Darstellung sind neben den statistischen Werten die aus dem quadra-tischen sowie dem hyperbolischen Ansatz resultierenden Trendfunktionen $q(t)$ bzw. $h(t)$ eingezeichnet. Das Jahr 1998 entspricht dem Zeitpunkt $t = 0$.

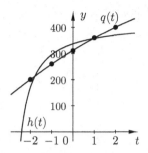

b) Wir erstellen die folgende Tabelle zur Berechnung der bei den verschiedenen Ansätzen benötigten Zahlenwerte:

t_i	y_i	t_i^2	$t_i y_i$	$\frac{1}{t_i+3}$	$\frac{1}{(t_i+3)^2}$	$\frac{y_i}{t_i+3}$	t_i^3	t_i^4	$y_i t_i^2$
−2	200	4	−400	1,00000	1,0000	200	−8	16	800
−1	260	1	−260	0,50000	0,25000	130	−1	1	260
0	310	0	0	0,33333	0,11111	$103,\overline{3}$	0	0	0
1	360	1	360	0,25000	0,06250	90	1	1	360
2	400	4	800	0,20000	0,04000	80	8	16	1600
$\sum$:	0	1530	10	500	2,28333	1,46361	$603,\overline{3}$	0	34	3020

Linearer Ansatz: Als Lösung des entstehenden Normalgleichungssystems (vgl. z. B. Luderer/Nollau/Vetters) erhält man $a_1 = 306$, $a_2 = 50$ sowie die Approximationsfunktion $l(t) = 306 + 50t$. Für 2003 ($t = 5$) liefert diese die Vorhersage $l(5) = 556$.

Hyperbolischer Ansatz: Aus dem Nullsetzen der partiellen Ableitungen von $h(t) = a + \frac{b}{t+3}$ nach a und b ergibt sich das Normalgleichungssystem

$$
\begin{aligned}
5a \quad + \quad b \cdot \sum \tfrac{1}{t_i+3} &= \sum y_i \\
a \cdot \sum \tfrac{1}{t_i+3} + b \cdot \sum \tfrac{1}{(t_i+3)^2} &= \sum \tfrac{y_i}{t_i+3}
\end{aligned}
$$

mit den Lösungen $a = 409{,}473$, $b = -226{,}584$, woraus man die Approximationsfunktion $h(t) = 409{,}473 - \frac{226{,}584}{t+3}$ erhält. Für 2003 ($t = 5$) liefert diese $h(5) = 381{,}15$, einen nicht sehr sinnvollen Wert, der kleiner als y_{2000} ist.

Quadratischer Ansatz: Bezüglich des benötigten Normalgleichungssystems siehe z. B. Luderer/Nollau/Vetters. Dessen Lösungen sind $a_3 = -\frac{20}{7}$, $a_2 = 50$, $a_1 = \frac{10910}{35}$, woraus man die Approximationsfunktion $q(t) = -2{,}857 t^2 + 50t + 311{,}71$ erhält. Für 2003 ($t = 5$) liefert diese $q(5) = 490{,}3$.

c) Ein quadratischer Ansatz ist dann angemessen, wenn sich in einem bestimmten Zeitraum der Bücherbestand überlinear erhöht (nach oben geöffnete Parabel) oder – umgekehrt – die Bestandsgröße sich im Laufe der Zeit abflacht oder gar zurückgeht (nach unten geöffnete Parabel). Der hyperbolische Ansatz ist dann angebracht, wenn – z. B. aus räumlichen, finanziellen oder personellen Gründen – eine Sättigungsgrenze abzusehen ist. (Die Rechnungen müssen allerdings relativ genau ausgeführt werden.)

Bemerkung: Ein Vergleich der bei den verschiedenen Ansätzen erzielten Quadratsummen (als Maß für die Güte der Approximation) zeigt übrigens folgendes:

$$S_{\text{lin}} = 120; \qquad S_{\text{hyp}} = 3742{,}5; \qquad S_{\text{quad}} = 41{,}6.$$

Damit weist die quadratische Trendfunktion die besten Approximationseigenschaften auf.

L 3.38

a) Wir ordnen dem Monat März den Variablenwert $x = 0$ zu und erhalten $y = f(x) = 0{,}4857x^2 - 6{,}48x + 25{,}649$.

b) Dem Monat September entspricht der Wert $x = 6$. Damit ergibt sich die Prognose $f(6) = 4{,}25$. Der quadratische Ansatz approximiert die gegebenen Werte hinreichend gut. Ein linearer Ansatz hingegen würde (da der Anstieg offensichtlich negativ ist) nach einer gewissen Zeit einen negativen Absatz liefern, was ökonomisch wenig sinnvoll erscheint.

c) Aus $f'(x) = 0$ folgt $x = 6{,}671 \approx 7$, sodass also die Talsohle vermutlich im Oktober erreicht sein wird. Aus der Forderung

$$0{,}4857x^2 - 6{,}48x + 25{,}649 = 40{,}4$$

ergibt sich als einzige positive (und damit für die Zukunft relevante) Lösung $x = 15{,}324 \approx 15$. Der Produktionsstand vom Januar dürfte mithin im Juni des nächsten Jahres wieder erreicht werden. Dieser Wert ist jedoch sehr unzuverlässig, da der Vorhersagezeitraum relativ lang ist.

L 3.39

a) Mit dem Ansatz $z = g(x, y) = a + bx + cy$ (Achtung: hier ist die Ansatzfunktion von zwei Variablen abhängig!) und der zu lösenden Extremwertaufgabe

$$\sum_{i=1}^{N} (a + bx_i + cy_i - z_i)^2 \to \min$$

ergibt sich aus den notwendigen Bedingungen $F_a = 0$, $F_b = 0$ und $F_c = 0$ das lineare Gleichungssystem

$$
\begin{array}{rcrcrcl}
a \cdot N & + & b \cdot \sum x_i & + & c \cdot \sum y_i & = & \sum z_i \\
a \cdot \sum x_i & + & b \cdot \sum x_i^2 & + & c \cdot \sum x_i y_i & = & \sum x_i z_i \\
a \cdot \sum y_i & + & b \cdot \sum x_i y_i & + & c \cdot \sum y_i^2 & = & \sum y_i z_i,
\end{array}
$$

wobei im vorliegenden Fall die Summierung jeweils von 1 bis $N = 4$ erfolgt.

	x_i	y_i	z_i	x_i^2	$x_i y_i$	$x_i z_i$	y_i^2	$y_i z_i$
	1	1	6	1	1	6	1	6
	1	0	3	1	0	3	0	0
	0	1	4	0	0	0	1	4
	0	0	2	0	0	0	0	0
$\sum:$	2	2	15	2	1	9	2	10

Setzt man die aus der Tabelle erhaltenen Werte in das obige LGS ein, so ergibt sich die eindeutige Lösung $a = \frac{7}{4}$, $b = \frac{3}{2}$, $c = \frac{5}{2}$, woraus man die Bestapproximationsfunktion $g(x, y) = \frac{7}{4} + \frac{3}{2}x + \frac{5}{2}y$ aufstellt.

b) Der Schätzwert lautet $\bar{z} = g(\frac{1}{2}, \frac{1}{2}) = \frac{7}{4} + \frac{3}{4} + \frac{5}{4} = \frac{15}{4}$.

Zusatz. Aus der zu minimierenden Funktion $F(a_1, a_2) = \sum (a_1 + a_2 x_i - z_i)^2$ ergeben sich die partiellen Ableitungen 1. und 2. Ordnung

$$F_{a_1} = 2 \cdot \sum (a + bx_i - z_i) \cdot 1, \quad F_{a_2} = 2 \sum (a + bx_i - z_i) \cdot x_i,$$
$$F_{a_1 a_1} = 2 \cdot 2, \quad F_{a_1 a_2} = F_{a_2 a_1} = \sum x_i, \quad F_{a_2 a_2} = 2 \sum x_i^2,$$

wobei die Summierung jeweils von $i = 1$ bis $i = 2$ erfolgt. Damit gilt

$$\begin{aligned} \mathcal{A} &= 8 \sum x_i^2 - 4 \cdot \left(\sum x_i \right)^2 = 8x_1^2 + 8x_2^2 - 4(x_1^2 + 2x_1 x_2 + x_2^2) \\ &= 4x_1^2 + 4x_2^2 - 8x_1 x_2 = 4(x_1 - x_2)^2 > 0, \end{aligned}$$

sodass ein Extremum vorliegt. Die strenge Ungleichung gilt wegen der Voraussetzung $x_1 \neq x_2$. Aus $F_{a_1 a_1} = 4 > 0$ ersieht man schließlich, dass es sich um ein lokales Minimum handelt (welches sogar ein globales ist, da F quadratisch ist).

L 3.40 Um $F(a, b) = \sum_{i=1}^{3} \left(at_i^2 + b - z_i \right)^2$ zu minimieren, hat man die notwendigen Bedingungen $F_a = 0$ und $F_b = 0$, die auf das LGS

$$\begin{aligned} a \cdot \sum t_i^4 \quad &+ \quad b \cdot \sum t_i^2 \quad = \quad \sum z_i t_i^2 \\ a \cdot \sum t_i^2 \quad &+ \quad b \cdot 3 \quad = \quad \sum z_i, \end{aligned}$$

führen, auszuwerten. Nach Einsetzen der konkreten Werte $\sum t_i^4 = 17$, $\sum t_i^2 = 5$, $\sum z_i t_i^2 = 26$, $\sum z_i = 9$ errechnet man die optimalen Parameter $a = \frac{33}{26}$ und $b = \frac{23}{26}$. Damit lautet die Approximationsfunktion $\tilde{z} = \frac{33}{26} t^2 + \frac{23}{26}$.

13.4 Lösungen zu Kapitel 4

L 4.1 Die Variable $x_i \in \{0,1\}$ gibt an, ob die i-te Reise, $i = 1, \ldots, 5$ (s. Tabelle) durchgeführt werden soll (Wert $x_i = 1$) oder nicht ($x_i = 0$).

Zielfunktion: $5x_1 + 3x_2 + 4x_3 + 2x_4 + 9x_5 \longrightarrow \max$;

$$\begin{array}{lll} \text{NB:} & 3x_1 + x_2 + 2x_3 + x_4 + 2x_5 \leq 6 & \text{(Dauer)} \\ & 2300x_1 + 1200x_2 + 2100x_3 + 1300x_4 + 2700x_5 \leq 5000 & \text{(Kosten)} \\ & x_1 + x_4 + x_5 \leq 1 & \text{(Abenteuer)} \end{array}$$

Variablenbeschränkungen: $x_1, x_2, x_3, x_4, x_5 \in \{0,1\}$.

L 4.2

a) Mit der Variablendefinition

x_1 –	Anzahl an produzierten Bohrmaschinen (in Stück)
x_2 –	Anzahl an produzierten Fräsmaschinen (in Stück)
x_3 –	Menge an produziertem Kleinmaterial (in t)

ergibt sich folgendes Modell:

$$\begin{array}{rcrcrcl} 450x_1 & + & 410x_2 & + & 30x_3 & \longrightarrow & \min \\ 1{,}2x_1 & + & 1{,}5x_2 & + & 1{,}3x_3 & \leq & 100 \\ 5{,}8x_1 & + & 4{,}9x_2 & + & 3{,}0x_3 & \leq & 500 \\ 5{,}0x_1 & + & 6{,}5x_2 & & & \geq & 200 \\ -0{,}05x_1 & - & 0{,}025x_2 & + & x_3 & = & 2 \end{array}$$

$$x_1 \geq 20, \ x_2 \geq 25, \ x_3 \geq 0 \quad (x_1, x_2 \text{ ganzzahlig}).$$

b) Formt man die 4. Nebenbedingung in $x_3 = 2 + 0{,}05x_1 + 0{,}025x_2$ um und setzt anschließend x_3 in die restlichen Nebenbedingungen sowie in die Zielfunktion ein, so ergibt sich im Prinzip das zweite Modell. (Beachten Sie, dass die Nichtnegativitätsforderung $x_3 \geq 0$ bei Einhaltung der anderen Nebenbedingungen automatisch erfüllt ist!)

Falsch: Das Ungleichheitszeichen in der „Gewinn–Nebenbedingung" muss $\geq$ statt $\leq$ lauten. **Überflüssig** (aber nicht falsch): $x_1 \geq 0$, $x_2 \geq 0$ (diese Nichtnegativitätsbedingungen sind aufgrund der geforderten unteren Schranken automatisch erfüllt).

Der Chef soll **Ihnen** vertrauen (so muss es ja auch sein!).

c) Die nachstehende Abbildung lässt erkennen, dass der zulässige Bereich leer ist, was am falschen Ungleichheitszeichen in der 2. Nebenbedingung liegt (ansonsten würde das aus den Punkten $(20; 25)$, $(46{,}71; 25)$ und $(20; 47{,}05)$ gebildete Dreieck den zulässigen Bereich bilden; der Punkt $x^* = (20; 25)$ mit dem Zielfunktionswert $z^* = 19.298{,}75$ [Std.] wäre die optimale Lösung.

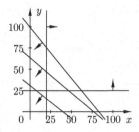

L 4.3 Variablendefinition:

x_1 – Menge an Champignons (in g)	x_4 – Menge an Butter (in g)
x_2 – Menge an saurer Sahne (in g)	x_5 – Menge an Zwiebeln (in g)
x_3 – Menge an süßer Sahne (in g)	x_6 – Menge an Gewürzen (in g)

Modell:

$$
\begin{array}{rcrcrcrcrcrclr}
5{,}5x_1 &+& 7{,}5x_2 &+& 8{,}5x_3 &+& 7{,}7x_4 &+& 1{,}4x_5 &+& 38x_6 & \longrightarrow & \min \\
x_1 & & & & & & & & & & & \geq & 120 \\
& & -\,x_2 &+& x_3 & & & & & & & \geq & 0 \\
& & & & & & x_4 &-& 2x_5 & & & = & 0 \\
& & & & & & x_4 &+& x_5 &+& x_6 & \geq & 20 \\
x_1 &+& x_2 &+& x_3 &+& x_4 &+& x_5 &+& x_6 & = & 200 \\
& & & & & & & & x_1 & ,\ldots, & x_6 & \geq & 0
\end{array}
$$

Bemerkung: Um den Preis in €/kg zu erhalten, hat man den Zielfunktionswert noch durch 1000 zu dividieren. Es sind auch andere Modelle möglich. So kann man etwa als Variable die prozentualen Anteile in der Mischung einführen, wodurch die letzte Nebenbedingung übergeht in $\sum x_i = 100$ bzw. $\sum x_i = 1$.

L 4.4 Es seien x_i, $i = 1, \ldots, 4$ die Mengen an gekauften Anleihen (Vielfaches des Nominalwertes 100). Dann ergibt sich das folgende Modell:

$$
\begin{array}{rcrcrcrclr}
101{,}20x_1 &+& 104{,}30x_2 &+& 97{,}90x_3 &+& 96{,}10x_4 & \longrightarrow & \min \\
5x_1 &+& 6x_2 &+& 4x_3 &+& 103x_4 & \geq & 1800 \\
105x_1 &+& 6x_2 &+& 4x_3 & & & \geq & 2700 \\
& & 106x_2 &+& 106x_3 & & & \geq & 2000 \\
& & & & x_1, x_2, x_3, x_4 & & & \geq & 0
\end{array}
$$

L 4.5 x_i – Anzahl, wie oft ein Blech nach Variante i zugeschnitten wird

$$
\begin{array}{lrcrcrcrclr}
\text{Materialverbrauch:} & x_1 &+& x_2 &+& x_3 &+& x_4 & \longrightarrow & \min \\
\text{Dreiecke:} & 2x_1 &+& 4x_2 &+& 4x_3 & & & \geq & 1380 \\
\text{Kreise:} & 3x_1 &+& x_2 & & &+& 3x_4 & \geq & 2110 \\
\text{Rechtecke:} & x_1 & & &+& x_3 &+& 3x_4 & \geq & 550 \\
& x_1, && x_2, && x_3, && x_4 & \geq & 0
\end{array}
$$

Alle Variablen x_1, x_2, x_3, x_4 müssen ganzzahlig sein.

L 4.6

$$
\begin{array}{rcrcrcrcrclll}
6x_1 &+& 2x_2 &+& 9x_3 &+& 4x_4 &+& x_5 &\longrightarrow& \max & [\text{Punkte}] \\
5x_1 &+& 6x_2 &+& 3x_3 &+& x_4 &+& 2x_5 &\leq& 14 & [\text{Monate}] \\
20x_1 &+& 100x_2 &+& 120x_3 &+& 20x_4 &+& 10x_5 &\leq& 210 & [\text{Tsd.€}] \\
x_1 & & &+& x_3 & & & & &\geq& 1 & \\
& & x_2 & & &+& x_4 &+& x_5 &\leq& 2 & \\
& & & & & & & & x_i &\in& \{0,1\} &
\end{array}
$$

Bemerkung: Die Beziehung $x_i = 1$ (bzw. $x_i = 0$) bedeutet, dass die Maßnahme durchgeführt bzw. nicht durchgeführt wird.

L 4.7 Bezeichnet man mit x_i, $i = 1, 2, 3, 4$ die herzustellenden Mengen an Ware A (in St.), B (in kg), C (in t) bzw. D (in St.), so ergibt sich:

$$
\begin{array}{rcrcrcrclr}
50x_1 &+& 10x_2 &+& 80x_3 & & &\longrightarrow& \max & \\
100x_1 &+& 300x_2 &+& 700x_3 &+& 200x_4 &\leq& 4000 & \\
20x_1 &+& 70x_2 &+& 10x_3 &+& 90x_4 &\leq& 1000 & \\
30x_1 &+& 70x_2 &+& 10x_3 &+& 90x_4 &\leq& 1000 & \\
-0{,}48x_1 & & &-& 13x_3 &+& x_4 &=& 2000 & \\
x_1 & & & & & & &\geq& 100 & \\
& & x_2 & & & & &\geq& 2000 & \\
& & & & x_3 & & &\geq& 2 & \\
& & & & & & x_4 &\geq& 0 &
\end{array}
$$

L 4.8 Bezeichnet man mit x_i den prozentualen Anteil von Sorte S_i im Cocktail, so ergibt sich folgendes Modell:

$$
\begin{array}{rcrcrcrcrclll}
& & 2{,}10x_1 &+& 1{,}80x_2 &+& 1{,}15x_3 &+& 1{,}50x_4 &\longrightarrow& \max & \\
38 \leq & & 50x_1 &+& 35x_2 &+& 38x_3 &+& 40x_4 &\leq& 45 & [\text{Vol.-}\%] \\
& & 5x_1 &+& 10x_2 &+& 20x_3 &+& 15x_4 &\leq& 15 & [\%] \\
& & x_1 & & & & & & &\leq& 20 & [\%] \\
& & & & & & x_3 & & &\leq& 25 & [\%] \\
& & & & & & & & x_4 &=& 45 & [\%] \\
& & & & x_2 & & & & &\geq& 10 & [\%] \\
& & x_1 &+& x_2 &+& x_3 &+& x_4 &=& 100 & [\%] \\
& & & & & & x_1, x_2, x_3, x_4 & & &\geq& 0 &
\end{array}
$$

Bemerkungen:

1. Die letzte Nebenbedingung wird bei der Modellierung gern vergessen, da sie aus den Angaben in der Problemstellung nicht direkt hervorgeht. Die Summe aller Teile (hier gemessen in Prozent) muss aber das Ganze (also 100 Prozent) ergeben!

2. Die Nichtnegativitätsbedingungen $x_2 \geq 0$, $x_4 \geq 0$ könnte man im Modell auch weglassen, da sie wegen $x_2 \geq 10$ und $x_4 = 45$ automatisch erfüllt sind.

3. Die Maßeinheit in der Zielfunktion lautet €/cl. Um den Verkaufspreis der Gesamtmenge des Spezialcocktails zu ermitteln, hat man also noch mit dem Volumen des Drinks $(2\,1 \stackrel{\wedge}{=} 200\text{cl})$ zu multiplizieren. Das ist aber nicht unbedingt notwendig, denn der maximale Preis lässt sich auch als relative Größe ausdrücken.

4. Man kann den Variablen auch eine andere Bedeutung und damit eine andere Maßeinheit zuordnen: x_i kann z. B. die absolute Menge (in cl oder in ml) des von der Sorte S_i im Drink enthaltenen Anteils bezeichnen. Dann lautet die letzte Nebenbedingung $x_1 + x_2 + x_3 + x_4 = 200$ [cl], und die anderen Nebenbedingungen ändern sich entsprechend.

L 4.9

a)
$$
\begin{array}{rcrcrcrcl}
120x_1 &+& 200x_2 &+& 100x_3 &+& 500x_4 &\longrightarrow& \max \\
3x_1 &+& 8x_2 &+& 7x_3 &+& 10x_4 &\leq& 5000 \\
x_1 &+& 2x_2 &+& 8x_3 &+& 35x_4 &\leq& 3000 \\
&&&& x_1, x_2, x_3, x_4 &\geq& 0
\end{array}
$$

b) Man ergänze die Beschränkungen $x_1 \geq 50$, $x_2 \geq 30$, $x_3 \geq 15$, $x_4 \geq 45$.

L 4.10 Bezeichnet man mit x_1 und x_2 den Anteil von Farbsorte I bzw. II in der Mischung (als dimensionslose Größe bzw. in Prozent), so ergibt sich:

$$
\begin{array}{rcrcl}
16x_1 &+& 13x_2 &\longrightarrow& \min \\
15x_1 &+& 60x_2 &\geq& 30 \\
50x_1 &+& 17x_2 &\geq& 25 \\
3x_1 &+& 9x_2 &\geq& 4 \\
x_1 &+& x_2 &=& 1 \\
&& x_1, x_2 &\geq& 0
\end{array}
$$

bzw.

$$
\begin{array}{rcrcl}
\frac{16}{100}x_1 &+& \frac{13}{100}x_2 &\longrightarrow& \min \\
15x_1 &+& 60x_2 &\geq& 3000 \\
50x_1 &+& 17x_2 &\geq& 2500 \\
3x_1 &+& 9x_2 &\geq& 400 \\
x_1 &+& x_2 &=& 100 \\
&& x_1, x_2 &\geq& 0
\end{array}
$$

Die Zielfunktion hat dabei die Maßeinheit €/kg. Bezeichnet man jedoch mit x_1 und x_2 den Anteil von Farbsorte I bzw. II in der Mischung (jeweils gemessen in Kilogramm), so ergibt sich:

$$
\begin{array}{rcrcl}
16x_1 &+& 13x_2 &\longrightarrow& \min \\
0{,}15x_1 &+& 0{,}6x_2 &\geq& 0{,}3K \\
0{,}5x_1 &+& 0{,}17x_2 &\geq& 0{,}25K \\
3x_1 &+& 9x_2 &\geq& 4K \\
x_1 &+& x_2 &=& K \\
&& x_1, x_2 &\geq& 0
\end{array}
$$

bzw.

$$
\begin{array}{rcrcl}
16x_1 &+& 13x_2 &\longrightarrow& \min \\
-0{,}15x_1 &+& 0{,}3x_2 &\geq& 0 \\
0{,}25x_1 &-& 0{,}08x_2 &\geq& 0 \\
-x_1 &+& 5x_2 &\geq& 0 \\
x_1 &+& x_2 &=& K \\
&& x_1, x_2 &\geq& 0
\end{array}
$$

Hierbei ist $K \neq 0$ eine beliebige Konstante (Gesamtmenge an Farbe), und die Zielfunktion besitzt die Maßeinheit Euro. Würde man im Modell die Bedingung $x_1 + x_2 = K$ weglassen, wäre $x_1 = x_2 = 0$ die (falsche) optimale Lösung.

L 4.11 Bezeichnen $x_1, \ldots, x_5$ die eingesetzten Mengen an Eis, Nüssen, Grenadillen, Mangos und Gummibärchen (jeweils in g), so ergibt sich das folgende lineare Optimierungsproblem:

$$
\begin{array}{rcll}
\frac{1}{1000} \cdot (2x_1 + 5x_2 + 6x_3 + 3x_4 + 4x_5) &\longrightarrow& \min & \\
12x_1 + 15x_2 + 3x_3 + 2x_5 &\leq& 17(x_1 + x_2 + x_3 + x_4 + x_5) & (\% \cdot g) \\
2x_1 + 8x_2 + 0{,}7x_3 + 0{,}4x_4 + 0{,}5x_5 &\leq& 900 & (kcal) \\
300 \leq x_1 + x_2 + x_3 + x_4 + x_5 &\leq& 400 & (g) \\
x_3 &=& 2x_2 & (g) \\
x_1 &\geq& x_2 + x_3 + x_4 + x_5 & (g) \\
x_1, x_2, x_3, x_4, x_5 &\geq& 0 &
\end{array}
$$

L 4.12 Die Menge aller zulässigen Aufteilungen der Arbeitszeit ist durch Schraffur hervorgehoben. Die optimale Lösung lautet $x^* = (120, 80)$, und der zugehörige optimale Zielfunktionswert beträgt $z^* = 5200$ [€].

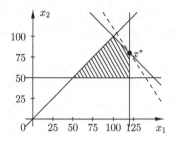

L 4.13 Der zulässige Bereich wird durch ein innerhalb der Quadernebenbedingungen gelegenes Dreieck gebildet.

Minimierung: $x^* = \frac{96}{13} \approx 7{,}38$; $y^* = \frac{34}{13} \approx 2{,}62$; $z^* = \frac{164}{13} \approx 12{,}62$

Maximierung: $x^* = 48$, $y^* = 50$, $z^* = 148$

L 4.14

a) Für $a = 3$ erhält man die nebenstehende grafische Darstellung, aus der sich die optimale Lösung $x^* = \frac{9}{2}$, $y^* = \frac{5}{2}$ ablesen bzw. als Schnittpunkt zweier Geraden über ein (2×2)-Gleichungssystem bestimmen lässt. Der zugehörige optimale Zielfunktionswert beträgt $z^* = 16$.

b) Beispielsweise für $a = 1$ gibt es unendlich viele optimale Lösungen, denn dann sind die Niveaulinien der Zielfunktion parallel zu der zur 1. Nebenbedingung gehörigen Geraden.

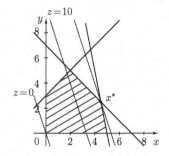

L 4.15

a) Der minimale Zielfunktionswert wird im Punkt $x^* = \left(\frac{1}{5}, \frac{14}{5}\right)$ angenommen und beträgt $z^* = \frac{16}{5}$.

b) In Maximierungsrichtung ist der Zielfunktionswert unbeschränkt.

c)

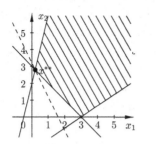 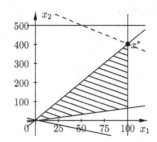

Bei Minimierung gibt es durch die hinzugekommenen Restriktionen keine Veränderungen, während bei Maximierung der optimale Zielfunktionswert jetzt endlich ist und $z^* = 602$ beträgt. Er wird für die optimale Lösung $(x_1^*, x_2^*) = (100, 402)$ angenommen. Die grafische Darstellung ist am besten in getrennten Koordinatensystemen mit unterschiedlichem Maßstab zu realisieren (s. obige Abbildungen), da man sonst „nichts sieht". Man kann sich allerdings auch überlegen, ob (bei Maximierung) die x_1-Beschränkung ($x_1 \leq 100$), die x_2-Beschränkung ($x_2 \leq 500$) oder beide, d. h. der Eckpunkt $(100, 500)$ des zulässigen Bereiches im Optimum aktiv sind.

L 4.16

a) Bei dieser Aufgabe ist die Besonderheit zu beachten, dass sie eine Gleichung enthält, die in der grafischen Darstellung auf eine Gerade führt, sodass der zulässige Bereich hier aus einem Streckenabschnitt besteht.

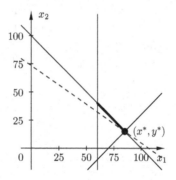

Die optimale Lösung kann aus der Abbildung nur ungefähr abgelesen werden, man erkennt aber klar, dass sie dort liegt, wo sich die der ersten und der dritten Nebenbedingung entsprechenden Geraden schneiden. Dies führt auf das lineare Gleichungssystem

$$x + y = 100$$
$$x - y = 70,$$

dessen Lösung $x^* = 85$, $y^* = 15$ mit $z^* = 587{,}5$ lautet.

b1) Rechnerische Lösung mittels Simplexmethode: Nach Einführung von Schlupfvariablen und künstlichen Variablen entsteht eine Aufgabe in Gleichungsform mit enthaltener Einheitsmatrix:

$$
\begin{array}{rrcl}
-5{,}5x & -\ 8y & \longrightarrow & \max \\
x & +\ y & = & 100 \\
x & & \geq & 60 \\
x & -\ y & \leq & 70 \\
& x, y & \geq & 0
\end{array}
\qquad\Longrightarrow\qquad
\begin{array}{l}
-5{,}5x - 8y \longrightarrow \max \\
x + y \qquad\qquad\quad +v_1 \quad\quad = 100 \\
x \qquad -u_1 \qquad\quad +v_2 = 60 \\
x - y \qquad\quad +u_2 \qquad\quad = 70 \\
x, y, u_1, u_2, v_1, v_2 \geq 0
\end{array}
$$

1. Phase:

Nr.	BV	c_B	x_B	x 0	y 0	u_1 0	u_2 0	v_1 -1	v_2 -1	Θ
1	v_1	-1	100	1	1	0	0	1	0	100
2	v_2	-1	60	[1]	0	-1	0	0	1	[60]
3	u_2	0	70	1	-1	0	1	0	0	70
			-160	[-2]	-1	1	0	0	0	
1	v_1	-1	40	0	[1]	1	0	1	-1	[40]
2	x	0	60	1	0	-1	0	0	1	÷
3	u_2	0	10	0	-1	1	1	0	-1	÷
			-40	0	[-1]	-1	0	0	2	
1	y	0	40	0	1	1	0	1	-1	
2	x	0	60	1	0	-1	0	0	1	
3	u_2	0	50	0	0	[2]	1	1	-2	
			0	0	0	[0]	0	1	1	

2. Phase:

Nr.	BV	c_B	x_B	x -11/2	y -8	u_1 0	u_2 0	Θ
1	y	-8	40	0	1	1	0	40
2	x	-11/2	60	1	0	-1	0	÷
3	u_2	0	50	0	0	[2]	1	[25]
			-650	0	0	[-5/2]	0	
1	y	-8	15	0	1	0	-1/2	
2	x	-11/2	85	1	0	0	1/2	
3	u_1	0	25	0	0	1	1/2	
			-1175/2	0	0	0	5/4	

Optimale Lösung: $x^* = 85$, $y^* = 15$, $z^* = 587{,}5$ (da die Zielfunktion mit -1 multipliziert wurde).

b2) Lösung mittels eines linearen Ungleichungssystems: Man eliminiert y aus der 1. Nebenbedingung: $y = 100 - x$. Somit verbleiben die beiden Restriktionen $x \geq 60$ und $x - y = 2x - 100 \leq 70$, d. h. $2x \leq 170$, sowie die aus der Nichtnegativitätsbedingung $y \geq 0$ resultierende Forderung $x \leq 100$. Da alle Ungleichungen gleichzeitig erfüllt sein müssen, hat x den Bedingungen $60 \leq x \leq 85$ zu genügen. Substituiert man y in der zu minimierenden Zielfunktion, erhält man $f(x) = 800 - 2{,}5x$. Damit ist x so groß wie möglich zu wählen, also $x^* = 85$, wozu $y^* = 15$ gehört.

L 4.17 Der zulässige Bereich ist unbeschränkt und liegt vollständig im 3. Quadranten. Er besitzt die Eckpunkte $(0, -3)$, $(-1, -1)$ und $(-2, 0)$. Es gibt unendlich viele optimale Lösungen, nämlich die gesamte Strecke zwischen den letzten beiden Eckpunkten. Der optimale Zielfunktionswert beträgt $z^* = 4$.

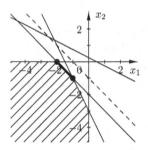

L 4.18

a) Da in der einzigen Nebenbedingung alle Variablen die gleichen Koeffizienten und damit die gleiche Wertigkeit haben und die Zielfunktion zu maximieren ist, hat man einfach den größten (positiven) Koeffizienten in der Zielfunktion zu suchen (hier: $c_3 = 4$) und die zugehörige Variable (also x_3) so groß wie möglich zu machen, d. h. $x_3 = 20$ zu setzen. Allen anderen Variablen wird der Wert null zugeordnet.

b) Ja, alle Variablen kommen nur in der ersten Potenz (d. h. linear) vor, außerdem besitzt sie die drei Bestandteile Zielfunktion, Nebenbedingungen, Nichtnegativitätsbedingungen. Noch offenkundiger ist das Vorliegen einer linearen Optimierungsaufgabe nach Umnummerierung der Variablen derart, dass sie anschließend nur **einen** Index besitzen: $x_{ij} \longrightarrow x_{(i-1)n+j}$. Sie ist prinzipiell mit der Simplexmethode lösbar, allerdings stellt diese kein effektives Lösungsverfahren für Aufgaben dieses Typs dar, da hierbei die Spezifik des Transportproblems (spezielle Struktur der Nebenbedingungen) ignoriert und im Algorithmus folglich nicht ausgenutzt wird; besser ist z. B. die Potentialmethode.

c) Nein, mithilfe der Simplexmethode kann man nur (klassische) lineare Optimierungsaufgaben mit einer Zielfunktion lösen. Allerdings gibt es Vorgehensweisen, um ein mehrkriterielles Problem in eine lineare Optimierungsaufgabe zu überführen, die dann mittels der Simplexmethode gelöst werden kann (z. B. die Wichtung der verschiedenen Zielfunktionen mittels skalarer Faktoren).

L 4.19

a) Grafische Lösung: Der zulässige Bereich der LOA ist ein unregelmäßiges Viereck, ge-
bildet aus den Eckpunkten $\begin{pmatrix} 1 \\ 0 \end{pmatrix}, \begin{pmatrix} 5 \\ 0 \end{pmatrix}, \begin{pmatrix} 22/5 \\ 6/5 \end{pmatrix}, \begin{pmatrix} -5/2 \\ 7/2 \end{pmatrix}$; $x^* = (-\frac{5}{2}, \frac{7}{2})$ ist die optimale
Lösung mit dem (optimalen) Zielfunktionswert $z^* = -\frac{75}{2}$.

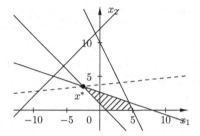

b) Rechnerische Lösung: Durch Einführung von Schlupfvariablen in jeder Nebenbedingung, Multiplikation der Zielfunktion mit -1 sowie der Ersetzung der nicht vorzeichen-
beschränkten Variablen x_1 durch $x_1 = x_1' - x_1''$, $x_1' \geq 0$, $x_1'' \geq 0$ und Einführung einer
künstlichen Variablen in der 4. Zeile kommt man zu folgender LOA in Gleichungsform:

$$
\begin{aligned}
&&&&&&& -v_1 &\longrightarrow& \text{max} \\
x_1' &-& x_1'' &+& 3x_2 + u_1 &&&&=& 8 \\
2x_1' &-& 2x_1'' &+& x_2 &+ u_2 &&&=& 10 \\
-x_1' &+& x_1'' &+& x_2 &&+ u_3 &&=& 12 \\
x_1' &-& x_1'' &+& x_2 &&& -u_4 + v_1 &=& 1 \\
&&&& x_1', x_1'', x_2, u_1, u_2, u_3, u_4, v_1 &&&&\geq& 0
\end{aligned}
$$

Phase 1:

Nr.	BV	c_B	x_1' 0	x_1'' 0	x_2 0	u_1 0	u_2 0	u_3 0	u_4 0	v_1 -1	x_B	Θ
1	u_1	0	1	−1	3	1	0	0	0	0	8	8
2	u_2	0	2	−2	1	0	1	0	0	0	10	5
3	u_3	0	−1	1	1	0	0	1	0	0	12	÷
4	v_1	−1	1	−1	1	0	0	0	−1	1	1	1
			−1	1	−1	0	0	0	1	0	−1	
1	u_1	0	0	0	2	1	0	0	1	−1	7	
2	u_2	0	0	0	−1	0	1	0	2	−2	8	
3	u_3	0	0	0	2	0	0	1	−1	0	13	
4	x_1'	0	1	−1	1	0	0	0	−1	1	1	
			0	0	0	0	0	0	0	1	0	

Phase 2:

Nr.	BV c_B	x_1' -1	x_1'' 1	x_2 10	u_1 0	u_2 0	u_3 0	u_4 0	x_B	Θ
1	u_1 0	0	0	2	1	0	0	1	7	7/2
2	u_2 0	0	0	-1	0	1	0	2	8	÷
3	u_3 0	0	0	2	0	0	1	-1	13	13/2
4	x_1' -1	1	-1	$\boxed{1}$	0	0	0	-1	1	$\boxed{1}$
		0	0	$\boxed{-11}$	0	0	0	1	-1	
1	u_1 0	-2	$\boxed{2}$	0	1	0	0	3	5	$\boxed{5/2}$
2	u_2 0	1	-1	0	0	1	0	1	9	÷
3	u_3 0	-2	2	0	0	0	1	1	11	11/2
4	x_2 10	1	-1	1	0	0	0	-1	1	÷
		11	$\boxed{-11}$	0	0	0	0	-10	10	
1	x_1'' 1	-1	1	0	1/2	0	0	3/2	5/2	
2	u_2 0	0	0	0	1/2	1	0	5/2	23/2	
3	u_3 0	0	0	0	-1	0	1	-2	6	
4	x_2 10	0	0	1	1/2	0	0	1/2	7/2	
		0	0	0	11/2	0	0	13/2	75/2	

Aus der optimalen Lösung $x_1' = 0$, $x_1'' = \frac{5}{2}$, $x_2 = \frac{7}{2}$ und $z = \frac{75}{2}$ ergibt sich nach der Rücktransformation die zur ursprünglichen LOA gehörige optimale Lösung $x_1 = -\frac{5}{2}$, $x_2 = \frac{7}{2}$ mit dem optimalen Zielfunktionswert $z^* = -\frac{75}{2}$.

L 4.20 Das Ungleichungssystem wird durch Einführung von zwei Schlupfvariablen in ein Gleichungssystem mit zusätzlichen Nichtnegativitätsbedingungen umgewandelt. Da die rechte Seite in der 2. Zeile negativ ist, wird diese Zeile mit -1 multipliziert; anschließend wird eine künstliche Variable v_1 eingeführt und die 1. Phase der Simplexmethode (die nach einer zulässigen Lösung sucht) gestartet:

Nr.	BV	c_B	x_1 0	x_2 0	x_3 0	u_1 0	u_2 0	v_1 -1	x_B	Θ
1	u_1	0	$\boxed{1}$	1	2	1	0	0	3	$\boxed{3}$
2	v_1	-1	2	2	2	0	-1	1	7	7/2
			$\boxed{-2}$	-2	-2	0	1	0	-7	
1	x_1	0	1	1	2	1	0	0	3	
2	v_1	-1	0	0	-2	-2	-1	1	1	
			0	$\boxed{0}$	2	2	1	0	-1	

Da es nicht gelingt, die künstliche Variable aus der Basis zu entfernen, gibt es keine zulässige Lösung des betrachteten Ungleichungssystems.

Eine andere Lösungsmöglichkeit besteht in der Betrachtung der folgenden Ungleichungskette, die aufgrund der Beziehung $x_3 \geq 0$ gültig ist:

$$7 \leq 2x_1 + 2x_2 + 2x_3 \leq 2x_1 + 2x_2 + 4x_3 \leq 6.$$

Wir erhielten einen Widerspruch. Man kann auch das Doppelte der 1. Ungleichung zur
2. Ungleichung addieren. Dann ergeben sich die einander widersprechenden Beziehungen
$2x_3 \leq -1$ und $x_3 \geq 0$.

L 4.21 Zu ändern sind gemeinsam mit den Koeffizienten der Zielfunktion die Einträge in
der Spalte c_B und folglich auch die Daten der letzten Zeile, die die Optimalitätsindikatoren
sowie den aktuellen Zielfunktionswert enthält. Es entsteht die folgende neue Tabelle:

Nr.	BV c_B	x_1 5	x_2 7	x_3 1	x_4 −1	x_B	Θ
1	x_1 5	1	0	2	1	6	6
2	x_2 7	0	1	−1	−1	4	÷
3		0	0	2	−1	58	
1	x_4 −1	1	0	2	1	6	
2	x_2 7	1	1	1	0	10	
3		1	0	4	0	64	

Die vorliegende Lösung ist nicht mehr optimal; die neue optimale Lösung lautet $x^* =
(0, 10, 0, 6)^\top$ mit dem Zielfunktionswert $z^* = 64$.

L 4.22 Nach Transformation ist folgende LOA zu lösen:

$$
\begin{array}{rcrcrcrcrcl}
x_1 & + & 3x_2 & - & x_3 & & & & & \longrightarrow & \max \\
x_1 & + & x_2 & - & x_3 & + u_1 & & & = & 3 \\
& & -2x_2 & + & 2x_3 & & + v_1 & & = & 2 \\
& & & & & & x_1, x_2, x_3, u_1, v_1 & \geq & 0, &
\end{array}
$$

wobei (wie üblich) die Ersatzzielfunktion in der 1. Phase $-v_1 \longrightarrow \max$ lautet.

In der 2. Phase erkennt man aus der 2. Spalte (mit Optimalitätsindikator $\Delta_2 = -2 < 0$
und nur nichtpositiven Spaltenelementen 0 bzw. −1), dass der Zielfunktionswert nach oben
unbeschränkt ist.

Nr.	BV	c_B	x_1 1	x_2 3	x_3 −1	u_1 0	x_B
1	u_1	0	1	0	0	1	4
2	x_3	−1	0	−1	1	0	1
3			−1	−2	0	0	−1

Ausgehend vom aktuellen Extremalpunkt $e = (x_1, x_2, x_3, u_1)^\top = (0, 0, 1, 2)^\top$ lässt sich auch eine Richtung angeben, in der alle Punkte zulässig bleiben und der Zielfunktionswert (unbeschränkt) wächst: $r = (r_1, r_2, r_3, r_4)^\top = (0, 1, 1, 0)^\top$. Diese Richtung erhält man wie folgt: $r_1 = 0$, weil x_1 Nichtbasisvariable ist, $r_2 = 1$, weil x_2 (wegen $\Delta_2 < 0$) zur Basisvariablen werden soll, $r_3 = 1$ und $r_4 = 0$ sind die in der 2. Spalte der Tabelle stehenden Koeffizienten mit umgekehrtem Vorzeichen (vgl. allgemeine Lösungsdarstellung eines LGS). Mit anderen Worten: Alle Punkte $x = x(t) = e + t \cdot r$, $t \in \mathbb{R}^+$ sind zulässig, und für den Zielfunktionswert gilt $z = z(t) = \langle c, x(t) \rangle \to \infty$ für $t \to \infty$.

L 4.23 Transformation: Durch Einführung einer künstlichen Variablen v_1 und einer Schlupfvariablen u_1 (die wegen des $\geq$-Zeichens zu subtrahieren ist) sowie nach der Substitution $x_1' = x_1 - 1$ (bzw. $x_1 = x_1' + 1$) gelangt man zu dem Modell

$$
\begin{array}{rcrcrcrcrclcl}
3x_1' & - & x_2 & & & & & & & [+ & 3] & \longrightarrow & \max \\
3x_1' & + & 6x_2 & & & + & v_1 & & & & = & & 12 \\
-x_1' & + & x_2 & + & x_3 & & & - & u_1 & & = & & 3 \\
& & & & & & x_1', x_2, x_3, u_1, v_1 & & & \geq & & & 0,
\end{array}
$$

dessen Zielfunktion in der 1. Phase durch $-v_1 \longrightarrow \max$ ersetzt wird.

Bemerkungen:

1. Man kann auch in der 2. Nebenbedingung noch eine künstliche Variable $v_2 \geq 0$ einführen; da aber zur Variablen x_3 bereits die aus den Koeffizienten gebildete Einheitsspalte $(0, 1)^\top$ gehört, kann man x_3 sofort als Basisvariable wählen und somit den Rechenaufwand verringern.
2. Die Variablenbeschränkung $x_1 \geq 1$ (untere Schranke) zieht automatisch die Nichtnegativitätsbedingung $x_1 \geq 0$ nach sich. Man kann sie wie eine normale Nebenbedingung behandeln, muss dann aber eine weitere Schlupfvariable und eine weitere künstliche Variable einführen, wodurch Variablenzahl und Rechenaufwand ansteigen. Verwendet man hingegen die Substitution $x_1' = x_1 - 1$, entfällt die Nebenbedingung $x_1 \geq 1$ (die in die Nichtnegativitätsbedingung $x_1' \geq 0$ übergeht).
3. Durch die Transformation $x_1 = x_1' + 1$ verändern sich die rechten Seiten der Nebenbedingungen, während der in der Zielfunktion auftretende Summand bei der Simplexmethode zunächst unberücksichtigt bleibt und erst nach Ende der Rechnung zum Zielfunktionswert addiert werden muss.

Wendet man die Simplexmethode auf die obige LOA an, so kommt man (nach den Phasen 1 und 2) zum optimalen Ergebnis $x_1'^* = 4$, $x_2^* = 0$, $x_3^* = 7$, $z^* = 12$, woraus sich für die Ausgangsaufgabe (nach der Rücktransformation $x_1 = x_1' + 1$ und unter Beachtung der zu addierenden Konstanten in der Zielfunktion) die Lösung $x_1^* = 5$, $x_2^* = 0$, $x_3^* = 7$, $z^* = 15$ ergibt. (Den Zielfunktionswert in der Ausgangsaufgabe kann man auch einfach durch Einsetzen der optimalen Lösung $(x_1^*, x_2^*, x_3^*)^\top$ ermitteln.)

Zusatz. Die berechnete Lösung ist nicht eindeutig; es gibt unendlich viele optimale Lösungen (Strahl). In der obigen transformierten LOA kann man zu $(x_1'^*, x_2^*, x_3^*, u_1^*)^\top$ ein beliebiges positives Vielfaches des Vektors $r = (0, 0, 1, 1)^\top$ addieren; dabei sind die Nebenbedingungen weiterhin erfüllt und der Zielfunktionswert ändert sich nicht. In der Ausgangsaufgabe bedeutet dies: x_3 kann beliebig vergrößert werden. Der Vektor r kann übrigens aus der letzten Simplextabelle abgelesen werden (vgl. die Ausführungen in L 4.22).

			x_1'	x_2	x_3	u_1	
Nr.	BV	c_B	3	-1	0	0	x_B
1	x_1	3	1	2	0	0	4
2	x_3	0	0	3	1	-1	7
3			0	7	0	0	12

L 4.24

a) Nach Einführung von künstlichen Variablen und Schlupfvariablen ergibt sich die folgende, zur 1. Phase gehörige Tabelle, aus der ersichtlich ist, dass es keine zulässige Lösung der ursprünglichen Optimierungsaufgabe gibt:

			x_1	x_2	u_1	u_2	v_1		
Nr	BV	c_B	0	0	0	0	-1	x_B	Θ
1	u_1	0	2	2	1	0	0	14	7
2	v_1	-1	3	4	0	-1	1	30	15/2
			-3	-4	0	1	0	-30	
1	x_2	0	1	1	1/2	0	0	7	
2	v_1	-1	-1	0	-2	-1	1	2	
			1	0	2	1	0	-2	

b) Ändert man die rechte Seite ab, so erhält man (nach Anwendung der beiden Phasen der Simplexmethode) die optimale Lösung $x^* = (12, 0)^\top$ mit dem (optimalen) Zielfunktionswert $z^* = 36$.

L 4.25

a) $x = (4, 0, 7)^\top$, $z^* = 5$;

b) $z^* = +\infty$, d. h., der Zielfunktionswert wächst unbeschränkt

L 4.26 Wir stellen die duale Aufgabe auf. Der Vektor $\hat{x} = (4, 0, 2, 0)^\top$ ist zulässig in der Ausgangsaufgabe und hat den Zielfunktionswert 28. Unter der Annahme, dass er optimal ist, müssen die Komplementaritätsbedingungen $\left(\sum\limits_{i=1}^{m} a_{ij} y_i - c_j \right) \hat{x}_j = 0, j = 1, \ldots, n$, gelten.

$$
\begin{array}{rclcr}
12 y_1 & + & 18 y_2 & \longrightarrow & \min \\
y_1 & + & 4 y_2 & \geq & 5 \\
3 y_1 & + & y_2 & \geq & 2 \\
4 y_1 & + & y_2 & \geq & 4 \\
4 y_1 & + & 3 y_2 & \geq & 1 \\
& & & & y_1, y_2 \text{ frei}
\end{array}
$$

Im Punkt $\hat{x}$ ist sowohl die 1. als auch die 3. Komponente positiv. Deshalb müssen in der dualen Aufgabe die 1. und die 3. Nebenbedingung als Gleichung erfüllt sein, was auf das lineare Gleichungssystem

$$
\begin{array}{rclcr}
y_1 & + & 4 y_2 & = & 5 \\
4 y_1 & + & y_2 & = & 4
\end{array}
$$

führt, das die Lösung $\hat{y} = (y_1, y_2)^\top = (\frac{11}{15}, \frac{16}{15})^\top$ besitzt. Mit diesen Werten sind auch die 2. und die 4. Nebenbedingung der Dualaufgabe erfüllt, wie man durch Einsetzen leicht überprüft. Ferner beträgt der Zielfunktionswert von $\hat{y}$ in der Dualaufgabe ebenfalls 28. Folglich ist $\hat{x}$ optimal in der ursprünglichen LOA (starker Dualitätssatz).

Bemerkung: Es ist wichtig, vor Beginn der Rechnung die Zulässigkeit des betrachteten Vektors zu überprüfen. Ist er nicht zulässig, kann er erst recht nicht optimal sein.

L 4.27 Der Vektor $\bar{x} = (0, 10, 0, 6)^\top$ ist zulässig, wie man durch Einsetzen überprüft; als Zielfunktionswert erhält man $f(\bar{x}) = 64$. Die duale Aufgabe zur gegebenen lautet:

$$
\begin{array}{rclcr}
6 y_1 & + 4 y_2 & \longrightarrow & \min \\
y_1 & & \geq & 5 \\
& y_2 & \geq & 7 \\
2 y_1 & - y_2 & \geq & 1 \\
y_1 & - y_2 & \geq & -1
\end{array}
$$

Die Variablen y_1 und y_2 sind aufgrund dessen, dass in der primalen Optimierungsaufgabe beide Nebenbedingungen in Gleichungsform gegeben sind, nicht vorzeichenbeschränkt. Die Lösung der Dualaufgabe ist entweder auf grafischem Wege oder durch Ausnutzung der Komplementaritätsbedingungen möglich.

(1) Grafische Lösung:

Aus der Skizze liest man die optimale Lösung $y^* = (6, 7)^\top$ mit dem Zielfunktionswert 64 ab. Die Übereinstimmung der Zielfunktionswerte von y^* in der dualen und $\bar{x}$ in der primalen Aufgabe zeigt die Optimalität von $\bar{x}$ in der ursprünglichen LOA.

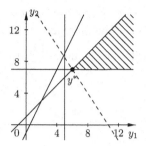

(2) Ausnutzung der Komplementarität:

Aufgrund der Beziehungen $\bar{x}_2 = 10 > 0$ und $\bar{x}_4 = 6 > 0$ müssen für eine optimale Duallösung y^* die 2. und die 4. Nebenbedingung als **Gleichung** erfüllt sein, was $y_2^* = 7$ und $y_1^* = 6$ impliziert. Da diese Lösung zulässig für die duale Aufgabe ist (wie man durch Einsetzen leicht nachprüft), sind $\bar{x}$ in der primalen und y^* in der dualen Aufgabe optimal. (Die Zielfunktionswerte stimmen nach Konstruktion überein.)

L 4.28   Die Lösung der nachstehenden dualen Aufgabe lässt sich unmittelbar ablesen, denn von den beiden Nebenbedingungen sowie der Nichtnegativitätsbedingung ist $y_1 \geq 2$ die „schärfste":

$$
\begin{aligned}
5y_1 &\longrightarrow & \min \\
2y_1 &\geq & 1 \\
y_1 &\geq & 2 \\
y_1 &\geq & 0
\end{aligned}
$$

Zusammen mit der zu minimierenden Zielfunktion ergibt sich die optimale Lösung $y_1^* = 2$ mit dem Zielfunktionswert $z_D^* = 10$. Aus der Komplementaritätsbedingung $(2x_1 + x_2 - 5) \cdot y_1^* = 0$ folgt die Beziehung $2x_1 + x_2 = 5$, und aus der Gleichheit der Optimalwerte der primalen und der dualen LOA folgt $x_1 + 2x_2 = 10$. Dieses (2×2)-Gleichungssystem besitzt die eindeutige Lösung $x_1^* = 0$, $x_2^* = 5$ (die auch der Nichtnegativitätsbedingung genügt). Letztere stellt folglich die optimale Lösung von (P) dar.

L 4.29

a) Ja, die beiden LOA sind dual zueinander. (Die Variable y_2 wäre wegen des Gleichheitszeichens in der 2. Nebenbedingung von (P) zwar eigentlich nicht vorzeichenbeschränkt, aus der zur 3. Spalte von (P) gehörigen Nebenbedingung von (D) folgt jedoch, dass y_2 nach unten durch 1 beschränkt ist.)

b) Der Funktionswert der gegebenen, in (D) zulässigen Lösung $\left(\frac{21}{10}, 1\right)^\top$ beträgt $\frac{21}{10} + 5 \cdot 1 = 7{,}1$ und stellt eine obere Schranke für den Optimalwert von (P) dar. Somit kann dieser nicht größer als 8 sein (schwacher Dualitätssatz).

L 4.30

a) Duale Aufgabe (D):

$$
\begin{aligned}
4y_1 &+ 2y_2 &\longrightarrow&\quad \min \\
y_1 &- y_2 &\geq&\quad 2 \\
y_1 &+ y_2 &\geq&\quad 0 \\
y_1 & &\geq&\quad 1 \\
& y_1 &\geq&\quad 0 \quad (y_2 \text{ frei})
\end{aligned}
$$

b) Die in (D) zulässige Lösung $(y_1^*, y_2^*) = (1, -1)$ (überprüfen!) hat in (D) den Zielfunktionswert $z_D^* = 2$, der mit dem primalen Zielfunktionswert $z = 2$ für die angegebene primal zulässige Lösung übereinstimmt. Entsprechend dem starken Dualitätssatz sind deshalb $(x_1, x_2, x_3) = (1, 3, 0)$ und $(y_1^*, y_2^*) = (1, -1)$ optimal in (P) bzw. (D).

c) Bei Änderung der rechten Seite in der 2. Zeile um $\Delta b_2 = 1$ ändert sich der optimale Zielfunktionswert in (P) um $\Delta z = y_2^* \cdot \Delta b_2 = (-1) \cdot 1 = -1$ auf $z = 1$.

13.5   Lösungen zu Kapitel 5

L 5.1

a) Aus der Zinseszinsformel $K_n = K_0 \cdot q^n$ folgt

$$
4 \cdot K_0 = K_0 \cdot q^{20} \implies q = \sqrt[20]{4} = 1{,}0718,
$$

woraus sich $i = q - 1 = 0{,}0718$, also eine Verzinsung von $7{,}18\,\%$ ergibt.

b) Aus der Barwertformel der Zinseszinsrechnung (für $n = 2$) folgt

$$
K_0 = \frac{K_2}{q^2} = \frac{2000}{1{,}0361^2} = 1863{,}06.
$$

Christin hat also $1863{,}06\,€$ zu zahlen.

L 5.2

a) Nach 5 Jahren besitzt Maria $K_5 = 2000 \cdot 1{,}045^5 = 2492{,}36\,€$.

b) Um auf einen Endbetrag von $2592{,}36 = 2492{,}36 + 100$ zu kommen, benötigt man einen (zur Rendite p) gehörigen Aufzinsungsfaktor $q = 1 + \frac{p}{100}$, der der Beziehung $K_5 = 2000 \cdot q^5 = 2592{,}36$ genügt, woraus $q = \sqrt[5]{\frac{2592{,}36}{2000}} = \sqrt[5]{1{,}2962} = 1{,}053254$ folgt. Die Rendite beträgt also $5{,}33\,\%$.

L 5.3 Bei einfacher Verzinsung ergibt sich $Z_8 = 32.500 \cdot 8 \cdot 0{,}045 = 11.700$ als Gesamtzinsbetrag, bei Zinseszins erhält man zunächst einen Endwert von $K_8 = 32.500 \cdot 1{,}045^8 = 46.218{,}27$, woraus man Zinsen in Höhe von $46.218{,}27 - 32.500 = 13.718{,}27$ ermittelt. Die gesuchte Zinsdifferenz lautet also $2018{,}27\,[€]$.

L 5.4

a) Ein Vergleich der Endwerte (bei K_0 als Startkapital) zeigt, dass das zweite Angebot günstiger ist: $E_1 = K_0 \cdot 1{,}06 \cdot 1{,}065 \cdot 1{,}075 = 1{,}2136 K_0$, $E_2 = K_0 \cdot 1{,}067^3 = 1{,}2148 K_0$.

b) $K_{18} = 100 \cdot 1{,}07^{18} = 3379{,}93$ [€]

c) Aus $K_n = K_0 \left(1 + \frac{p}{100}\right)^n$ ergibt sich $i = \sqrt[n]{\frac{K_n}{K_0}} - 1$, sodass man für $K_0 = 686{,}25$, $K_5 = 1000$ und $n = 5$ einen Zinssatz von $i = 7{,}82\,\%$ erhält.

L 5.5 Der ursprüngliche Betrag von $K_0 = 2$ GE muss, um nach 13 Jahren den neuen Preis zu ergeben, auf $K_{13} = 4000$ GE anwachsen. Gemäß der Endwertformel der Zinseszinsrechnung gilt dann:

$$K_n = K_0 \cdot q^n \implies K_{13} = K_0 \cdot q^{13} \implies 2000 = q^{13} \implies q = \sqrt[13]{2000} = 1{,}7944\,.$$

Dies entspricht einer durchschnittlichen jährlichen Inflationsrate von 79,44 %.

L 5.6

a) Aus dem Ansatz $K_n \overset{!}{=} 3K_0$ ergibt sich unter Verwendung der Endwertformel der Zinseszinsrechnung $K_n = K_0 \cdot q^n$ die Beziehung

$$q^n = 3 \implies n = \frac{\ln 3}{\ln q} = \frac{\ln 3}{\ln 1{,}06} = 18{,}85 \approx 19 \text{ [Jahre]}\,.$$

b) Bezeichnet man die monatlichen Einzahlungen mit s, so erhält man unter Berücksichtigung der unterschiedlich lange verzinsten Monatsraten folgenden Jahresendbetrag:

$$S = s \cdot \left(12 + \frac{12}{12} \cdot \frac{p}{100} + \frac{11}{12} \cdot \frac{p}{100} + \ldots + \frac{1}{12} \cdot \frac{p}{100}\right)$$
$$= s \cdot \left(12 + 6{,}5 \cdot \frac{p}{100}\right) = 20(12 + 6{,}5 \cdot 0{,}05) = 246{,}50 \text{ [€]}.$$

L 5.7

a) $E_7 = 5000 \cdot 1{,}04 \cdot 1{,}045 \cdot 1{,}05 \cdot \ldots \cdot 1{,}0625 = 7135{,}40$ [€]

b) Analog zu a) gilt $E_5 = 5000 \cdot 1{,}04 \cdot 1{,}045 \cdot 1{,}05 \cdot 1{,}0525 \cdot 1{,}055 = 6335{,}54$. Für das nächste halbe Jahr hat man die Zinsformel der einfachen Zinsrechnung (mit $t = \frac{1}{2}$) anzuwenden, was auf folgenden Endwert führt:

$$E_{5\frac{1}{2}} = E_5 \cdot \left(1 + \frac{1}{2} \cdot 0{,}06\right) = 6525{,}61 \text{ [€]}.$$

c) Aus dem Ansatz $E_7 = 5000 \cdot q^7$ zur Bestimmung des zur gesuchten Rendite p_{eff} gehörigen Aufzinsungsfaktors $q = 1 + \frac{p_{\text{eff}}}{100}$ resultiert die Beziehung

$$q = \sqrt[7]{\frac{7135{,}40}{5000}} = \sqrt[7]{1{,}42708} = 1{,}0521.$$

Dies entspricht einer Effektivverzinsung von 5,21 %. (Die konkrete Höhe des Anfangskapitals spielt keine Rolle, da sie sich wegkürzt.)

d) $Z_{18} = 5000 \cdot \frac{4{,}00}{100} \cdot \frac{18}{360} = 10{,}00$

L 5.8 Wir stellen die Barwerte beider Angebote gegenüber:

$$B_A = 100.000 + \frac{150.000}{1,06^3} + \frac{120.000}{1,06^5} = 315.613,84,$$
$$B_B = 70000 + \frac{170.000}{1,06^4} + \frac{150.000}{1,06^7} = 304.414,51.$$

Das Angebot A ist also das bessere (obwohl die Gesamtzahlungen bei B um 20000 € höher liegen), was an den späteren Zahlungsterminen liegt.

L 5.9 Aus der Endwertformel der Zinseszinsrechnung $K_n = K_0 \cdot q^n$ ergibt sich bei Auflösung nach der Zeit n die Beziehung $n = \frac{\ln(K_n/K_0)}{\ln q}$. Mit den Werten $K_n = 28.000$, $K_0 = 20.000$, $q = 1,05$ berechnet man daraus $n = 6,896$. Von diesem Wert betrachten wir den ganzen Anteil $[n] = 6$ und finden den Endwert nach 6 Jahren: $K_6 = 20.000 \cdot 1,05^6 = 26801,92$.

Nunmehr wird die Endwertformel der einfachen Zinsrechnung benutzt, um die anteilige Zeit im 7. Jahr exakt zu ermitteln (die $t \approx 0,896$ Jahre beträgt, wie wir schon wissen):

$$K_t = K_0 \cdot \left(1 + \frac{p}{100} \cdot t\right) \Longrightarrow t = \frac{100}{p}\left(\frac{K_t}{K_0} - 1\right).$$

Mit $K_t = 28.000$, $K_0 = 26.801,92$ und $i = 0,05$ ergibt sich $t = 0,894$, was (bei 360 Zinstagen eines Jahres) 321 Tagen, also 10 Monaten und 21 Tagen entspricht.

L 5.10

a) $K_{10} = 15.000 \cdot 1,03^5 \cdot 1,035^3 \cdot 1,0375^2 = 20.752,70$

b) Der durchschnittliche jährliche Zinssatz (d. h. der Effektivzinssatz) beträgt

$$i = \sqrt[10]{1,03^5 \cdot 1,035^3 \cdot 1,0375^2} - 1 = 3,30\,\%,$$

was höher ist als die Inflationsrate. Somit ist das Geld nach zehn Jahren geringfügig mehr wert.

L 5.11

a) Aus $K_n = K_0(1+i)^n$ folgt die Beziehung $i = \sqrt[n]{\frac{K_n}{K_0}} - 1$, speziell $i = \sqrt[5]{\frac{2838}{2000}} - 1 = 0,0725 = 7,25\,\%$.

b) Aus derselben Gleichung ergibt sich $n = \frac{\ln \frac{K_n}{K_0}}{\ln(1+i)}$, speziell $n = \frac{\ln 1,4}{\ln 1,05} = 6,90$, also knapp 7 Jahre.

c) Der zusätzliche Betrag laute R. Dann muss gelten $(10.000 \cdot 1,05^2 + R) \cdot 1,05 = 14.000$, woraus man $R = 2308,33$ [€] berechnet.

L 5.12 Die Endwertformel $K_{3\frac{7}{12}} = K_0 \cdot (1+i)^3 \cdot \left(1 + i \cdot \frac{7}{12}\right)$ liefert für die gegebenen Größen den Barwert $K_0 = \frac{100.000}{1,0525^3 \cdot \left(1 + 0,0525 \cdot \frac{7}{12}\right)} = 83.221,02$ [€].

L 5.13 Aus dem Ansatz $K_1^{(m)} = K_0(1+j)^m \overset{!}{=} K_0(1+i) = K_1$, der aus dem Vergleich der Endwerte bei einmaliger jährlicher und bei m-maliger unterjähriger Verzinsung resultiert, erhält man $j = \sqrt[m]{1+i} - 1$ als äquivalente unterjährige Zinsrate.

Vierteljährliche Gutschrift ($m = 4$): $j = \sqrt[4]{1{,}04} - 1 = 0{,}00985$.

Monatliche Gutschrift ($m = 12$): $j = \sqrt[12]{1{,}04} - 1 = 0{,}00327$.

Bei vierteljährlicher Verzinsung müsste mit $0{,}985\,\%$, bei monatlicher Verzinsung mit $0{,}327\,\%$ verzinst werden, um auf denselben Endwert wie bei $4\,\%$ jährlicher Verzinsung zu kommen.

L 5.14 Ausgehend von der Endwertformel der unterjährigen Verzinsung bzw. der Formel der kontinuierlichen (stetigen) Verzinsung

$$K_n^{(m)} = K_0 \cdot \left(1 + \frac{i}{m}\right)^{m \cdot n} \text{ bzw. } K_n^{(\infty)} = K_0 \cdot e^{i \cdot n}$$

ergibt sich:

a) $K_2^{(1)} = 1000 \cdot 1{,}10^2 = 1210$;

b) $K_2^{(2)} = 1000 \cdot 1{,}05^4 = 1215{,}51$; $K_2^{(12)} = 1000 \cdot 1{,}00833^{24} = 1220{,}39$;

c) $K_2^{(\infty)} = 1000 \cdot e^{0{,}2} = 1221{,}40$.

L 5.15 Wenn der Kalkulationszinssatz erhöht wird, verringert sich der Barwert, da jeder Summand stärker abgezinst (d. h. durch eine größere Zahl dividiert) wird.

L 5.16

(1) Nehmen wir an, Hendrik besitzt genau $2000\,€$. Zahlt er bar, hat er die gesamte Summe ausgegeben. Zahlt er in Raten, werden ihm für ein halbes Jahr $80\,€$ an Zinsen gutgeschrieben, und es verbleibt ihm ein Restkapital von $950\,€$. Dies bringt ihm im zweiten Halbjahr nochmals Zinsen von $Z = 950 \cdot \frac{8}{100} \cdot \frac{1}{2} = 38\,€$. Insgesamt sind dies also $118\,€$ an Zinsen, die er zu seinem Restkapital von $950\,€$ dazu erhält, was $1068\,€$ ergibt. Zu zahlen hat er jedoch nach einem Jahr $1100\,€$. Also: Barzahlung ist besser.

(2) Um zu ermitteln, welchem Effektivzinssatz das Angebot der Ratenzahlung entspricht (zu welchem Zinssatz Hendrik also sein Geld anlegen müsste, damit beide Zahlungsweisen gleich gut sind), wenden wir das Äquivalenzprinzip in Form des Barwertvergleiches an:

$$B = 2000 = \frac{1050}{1 + \frac{i}{2}} + \frac{1100}{1 + i}.$$

Nach kurzen Umformungen führt diese Beziehung auf die quadratische Gleichung $i^2 + 1{,}41i - 0{,}15 = 0$, die eine (ausscheidende) negative Lösung sowie die positive Lösung $i = 0{,}0994$ besitzt, was einer Rendite von $9{,}94\,\%$ entspricht. Da Hendrik sein Geld „nur" zu $8\,\%$ angelegt hat, ist Barzahlung günstiger für ihn.

L 5.17 Hier ist nach dem Barwert einer vorschüssigen Rente gefragt:

$$B_{30}^{\text{vor}} = 24.000 \cdot \frac{1{,}075^{30} - 1}{1{,}075^{29} \cdot 0{,}075} = 304.707{,}97 \,.$$

L 5.18 Unter den genannten Bedingungen beläuft sich (entsprechend der Endwertformel der vorschüssigen Rente zuzüglich Bonus) der Endwert auf

$$E = Bq^3 + Bq^2 + Bq + 0{,}03 \cdot 3B = Bq \cdot \frac{q^3 - 1}{q - 1} + 0{,}09B$$

$$= B \cdot (3{,}183.627 + 0{,}09) = 3{,}273.627 \cdot B \,.$$

Zusatz. Gesucht ist nach einem einheitlichen Zinssatz i_{eff} (Effektivzinssatz, Rendite), der bei gleichen Zahlungen und Zahlungszeitpunkten auf denselben Endwert führt, den man bei 3 %iger Verzinsung und einem Bonus von 3 % am Laufzeitende erhält. Unter Berücksichtigung des oben erzielten Resultates und unter Verwendung der Bezeichnung $q_{\text{eff}} = 1 + i_{\text{eff}}$ führt dies auf den Ansatz

$$B \cdot q_{\text{eff}} \cdot \frac{q_{\text{eff}}^3 - 1}{q_{\text{eff}} - 1} = 3{,}273627 \cdot B \,,$$

woraus nach Multiplikation mit dem Nenner $q_{\text{eff}} - 1$ und kurzer Umformung die Polynomgleichung 4. Grades $q_{\text{eff}}^4 - 4{,}273627\, q_{\text{eff}} + 3{,}273627 = 0$ entsteht. Die Lösung $\hat{q}_{\text{eff}} = 1$ scheidet aus (denn diese würde einer Verzinsung mit 0 %, also keiner Verzinsung entsprechen; außerdem ist diese Lösung nur „künstlich" entstanden, indem mit dem Nenner $q_{\text{eff}} - 1$ multipliziert wurde). Mittels eines numerischen Näherungsverfahrens (z. B. Newton-Verfahren) ermittelt man die interessierende Lösung $q_{\text{eff}} = 1{,}0443$, d. h. $i_{\text{eff}} = 4{,}43\,\%$.

Bemerkungen:

1. Die Größe q muss auf mindestens vier Nachkommastellen genau berechnet werden, da Renditen üblicherweise auf zwei Nachkommastellen genau angegeben werden.
2. Die untersuchte Polynomgleichung besitzt entsprechend dem Satz von Descartes tatsächlich genau die beiden beschriebenen Nullstellen, denn es liegen zwei Vorzeichenwechsel vor, sodass zwei oder null Nullstellen auftreten. Da aber $q = 1$ gewissermaßen automatisch als Nullstelle entstand, muss es genau eine weitere – nämlich die zur gesuchten Rendite gehörige – Nullstelle geben.

L 5.19

a) Mit $r = 165$, $i = 5\,\%$ und $q = 1{,}05$ ergibt sich der Endwert

$$R = 12r + r \cdot i \left(\frac{12}{12} + \frac{11}{12} + \ldots + \frac{1}{12} \right) = r\, (12 + 6{,}5i) = 2033{,}63 \,,$$

d. h., Paul hat nach einem Jahr 2033,63 € auf seinem Konto.

b) Man kann den Endwert des ersten Jahres R als Jahresersatzrate auffassen (was bedeutet, dass es gleichgültig ist, ob man die zwölf monatlichen Einzahlungen oder die eine, am Jahresende einzuzahlende, Summe R betrachtet) und die Formeln der **nachschüssigen** Rentenrechnung anwenden:

$$E = R \cdot (q^3 + q^2 + q + 1) = R \cdot \frac{q^4 - 1}{q - 1} = 8765{,}19.$$

Nach vier Jahren kann Paul also über 8765,19 € verfügen.

Bemerkung: Obwohl die Monatsraten **vorschüssig** gezahlt werden, steht die Jahresersatzrate erst am Jahres**ende** zur Verfügung.

L 5.20

a) Die Endwerte der einzelnen Einzahlungen (am Ende des 7. Jahres) betragen $R \cdot q^7$, $R \cdot q^6$, ..., $R \cdot q$, wobei $q = 1 + i$ gilt.

Unter Verwendung der angegeben Summenformel für die geometrische Reihe kann man hieraus eine Formel für den Gesamtendwert nach sieben Jahren ableiten (Endwertformel der vorschüssigen Rentenrechnung):

$$E = Rq^7 + Rq^6 + \ldots + Rq = Rq(1 + q + \ldots + q^6) = Rq \cdot \frac{q^7 - 1}{q - 1}.$$

b) Mit $R = 500$ und $i = 6\,\%$, d. h. $q = 1{,}06$, ergibt sich $E = 4448{,}73$ [€].

Zusatz. Dynamisierung der Raten um den Faktor d bedeutet, dass im 1. Jahr der Betrag R, im 2. Jahr Rd, dann Rd^2 usw. eingezahlt werden, im letzten (d. h. n-ten) Jahr schließlich Rd^{n-1}. Damit beträgt der Endwert nach n Jahren

$$E_n = Rq^n + Rdq^{n-1} + Rd^2q^{n-2} + \ldots + Rd^{n-1}q = Rq \cdot \frac{d^n - q^n}{d - q}.$$

Diese Formel ist nur für $d \neq q$ definiert; im Falle $d = q$ erhält man $E_n = nRq^n$.

L 5.21

a) Es kann nur so viel ausgezahlt werden, wie an Zinsen in einem Jahr anfällt, damit das Stiftungskapital konstant bleibt, sodass gilt $x \cdot 0{,}06 = 500$, woraus man $x = \frac{500}{0{,}06} = 8333{,}33$ [€] berechnet. Herr Dr.L. stiftete also mehr als 8300 €.

b) Erfolgt die Auszahlung jeweils zu Periodenbeginn, muss der Stiftungsbetrag höher sein, denn sonst würde ein im Vergleich zu a) geringerer Betrag verzinst, der natürlich auch zu einem geringeren Endwert nach einem Jahr führen würde. Somit muss gelten:

$$(x - 500) \cdot 1{,}06 = x \implies 0{,}06x = 530 \implies x = 8833{,}33.$$

Herr Dr.L. müsste also noch einmal 500 € drauflegen. (Man kann hier auch sofort die Barwertformeln der ewigen Rente, nachschüssig im Fall a), vorschüssig im Fall b), anwenden.)

c) Aus $B_\infty^{\text{vor}} = \frac{Rq}{q-1}$ folgt $R = B_\infty^{\text{vor}} \cdot \frac{q-1}{q} = 20.000 \cdot \frac{0{,}06}{1{,}06} = 1132{,}08$ [€].

L 5.22

a) Die Endwertformel der nachschüssigen Rentenrechnung führt für $n = 17$ bzw. $n = 32$, $i = 5\,\%$ und $R = 3600$ auf die Werte

$$E_{17} = R \cdot \frac{q^n - 1}{q-1} = 3600 \cdot \frac{1{,}05^{17} - 1}{0{,}05} = 93025{,}30;$$

$$E_{32} = 3600 \cdot \frac{1{,}05^{32} - 1}{0{,}05} = 271075{,}75.$$

Verglichen mit der auszuzahlenden Summe erleidet die Versicherungsgesellschaft einen Verlust von ca. 57.000 € bzw. erzielt einen Gewinn von 121.000 €. (Bemerkung: In der Praxis ist in der Regel die Laufzeit begrenzt; ferner werden der Versicherte bzw. seine Erben an den erwirtschafteten Überschüssen der Versicherung beteiligt.)

b) Aus dem Ansatz $3600 \cdot \frac{1{,}05^n - 1}{0{,}05} = 150.000$ erhält man nach Umformung die Gleichung $1{,}05^n = 3{,}08333$ bzw. nach Logarithmieren die Lösung $n = 23{,}079$, sodass der Beamte im Alter von etwa 63 Jahren sterben müsste, damit weder Gewinn noch Verlust entsteht.

L 5.23 Der Barwert einer über zehn Jahre nachschüssig zahlbaren Rente in Höhe von 15.000 [€] muss als Endwert in der Sparphase bei regelmäßigen Zahlungen der (gesuchten) Höhe r im Laufe von $n = 25$ Jahren erzielt werden:

$$B_{10} = 15000 \cdot \frac{q^{10} - 1}{q^{10}(q-1)} \stackrel{!}{=} E_{25} = R \cdot \frac{q^{25} - 1}{q-1}.$$

Auflösen nach R ergibt $R = 15.000 \cdot \frac{q^{10} - 1}{q^{10}(q^{25} - 1)}$, woraus sich für $q = 1{,}04$ die jährlich zu entrichtende Prämie mit $R = 2921{,}37$ [€] ermitteln lässt.

L 5.24 Legt man den Nullpunkt des Zeitstrahls auf den Zeitpunkt des 12. Geburtstages des Bruders, so lautet der Barwert der ersten sechs Raten (bei $q = 1{,}04$): $B_1 = 3000 \cdot \frac{q^6 - 1}{q^6(q-1)} = 15726{,}41$. Nun wird der Barwert der nächsten neun Zahlungen berechnet, bezogen auf den Zeitpunkt $t = 6$ (was dem 18. Geburtstag entspricht): $\overline{B}_2 = 5000 \cdot \frac{q^9 - 1}{q^9(q-1)} = 37.176{,}67$. Um diese Rechengröße dem Zeitpunkt $t = 0$ zuzuordnen, muss sie um sechs Jahre abgezinst werden: $B_2 = \frac{1}{q^6} \cdot \overline{B}_2 = 29.381{,}26$. Die Summe der Werte B_1 und B_2 ergibt dann gerade den einmalig einzuzahlenden Betrag, der folglich 45.107,67 € lautet.

L 5.25 Wegen $B = 5000 + 340(12 + 5{,}5 \cdot 0{,}07)\frac{1{,}07^3 - 1}{1{,}07^3 \cdot 0{,}07} + \frac{6000}{1{,}07^3} = 20.948{,}52$ [€] ist das Leasingangebot etwas günstiger als der Kauf.

L 5.26

a) $B_n^{\text{vor}} = R \cdot \frac{q^n - 1}{q^{n-1}(q-1)} = 1000 \cdot \frac{1{,}08^{20} - 1}{1{,}08^{19} \cdot 0{,}08} = 10.603{,}60$ [€]

b) $B_\infty^{\text{vor}} = R \cdot \frac{q}{q-1} = 13.500$ [€]

L 5.27

a) $E_n = R \cdot (q^{n-1} + q^{n-2} + \ldots + 1) = R \cdot \frac{q^n - 1}{q - 1}$

b) $E_{10} = 44.000 \cdot \frac{1,071^{10} - 1}{0,071} = 610.802$

c) $K_n = K_0 \cdot q^n \implies K_{10} = 300.000 \cdot 1,071^{10} = 595.684$

Zusatz. Wegen $E_{10} > K_{10}$ gilt $i_{\text{eff}} > \bar{i} = 7{,}10\,\%$.

L 5.28

1. Möglichkeit (Berechnung der Annuität): Die Annuität bei der Annuitätentilgung berechnet sich aus der Formel $A = S_0 \cdot \frac{q^n(q-1)}{q^n - 1}$. Mit den Werten $S_0 = 80.000$, $q = 1,06$ und $n = 8$ ermittelt man hieraus den Betrag $A = 12.882{,}88$ [€], der für eine vollständige Tilgung erforderlich ist. Nein, er kann das Darlehen nicht innerhalb von acht Jahren tilgen.

2. Möglichkeit (Berechnung der Zeit bis zur vollständigen Tilgung):

$$n = \frac{\ln A - \ln(A - S_0 i)}{\ln q} = \frac{\ln 12.000 - \ln 7200}{\ln 1,06} = 8{,}77 \text{ Jahre.}$$

Nein, es dauert länger als acht Jahre.

3. Möglichkeit (Berechnung der Restschuld): $S_8 = S_0 q^8 - A \cdot \frac{q^8 - 1}{q - 1} = 80.000 \cdot 1,06^8 - 12.000 \cdot \frac{1,06^8 - 1}{0,06} = 8738{,}23\,€$. Nein, nach acht Jahren ist die Restschuld noch größer als null.

4. Möglichkeit (Berechnung des Barwertes = Darlehenshöhe bei gegebener Zeit, Zinssatz und Annuität): $S_0 = 74.517{,}50\,€$.

5. Möglichkeit: Aufstellen eines Tilgungsplanes

L 5.29

a) Mit $S_0 = 600.000$, $n = 6$, $i = 5\,\%$ berechnet man aus $A = S_0 \cdot \frac{q^n(q-1)}{q^n - 1}$ eine Annuität von $A = 118.210{,}48$ [€].

b) $T_k = T_1 \cdot q^{k-1} = \left(A - S_0 \cdot \frac{p}{100}\right) q^{k-1} \implies T_4 = 102.114{,}66$ [€];

c) $S_k = S_0 q^k - A \frac{q^k - 1}{q - 1} \implies S_4 = 219.801{,}81$ [€];

d) $Z_k = A - T_1 q^{k-1} \implies Z_5 = 10.990{,}09$;

e)

Jahr	Restschuld zu Periodenbeginn	Annuität	Zinsen	Tilgung	Restschuld zu Periodenende
k	S_{k-1}	A_k	Z_k	T_k	S_k
1	600.000,00	118.210,39	30.000,00	88.210,48	511.789,52
2	511.789,52	118.210,39	25.589,48	92.621,00	419.168,52
3	419.168,52	118.210,39	20.958,43	97.252,05	321.916,47
4	321.916,47	118.210,39	16.095,82	102114,66	219.801,81
5	219.801,81	118.210,39	10.990,09	107.220,39	112.581,42
6	112.581,42	118.210,39	5629,07	112.581,41	0,01
Summe		709.262,34	109.262,89	599.999,99	

Die am Ende auftretende geringfügige Differenz ist auf Rundungsfehler zurückzuführen.

L 5.30

a) Jahresrate: $A = S_0 \cdot \frac{q^n(q-1)}{q^n-1} = 40.000 \cdot \frac{1,075^4 \cdot 0,075}{1,075^4-1} = 11942,70$ [€];

Monatsrate: Aus $A = a \cdot (12 + 5,5 \cdot 0,075)$ folgt $a = \frac{11942,70}{12,4125} = 962,15$ [€].

b)

k	S_{k-1}	Z_k	A_k	T_k	S_k
1	40.000,00	3000,00	11.942,70	8942,70	31.057,30
2	31.057,30	2329,30	11.942,70	9613,40	21.443,90
3	21.443,90	1608,29	11.942,70	10.334,41	11.109,49
4	11.109,49	833,21	11.942,70	11.109,49	0

L 5.31

a) $A = S_0 \frac{q^n(q-1)}{q^n-1} = 100.000 \cdot \frac{1,067^{25} \cdot 0,067}{1,067^{25}-1} = 8350,44$ [€];

b) Aus $A = S_0 \frac{q^n(q-1)}{q^n-1}$ ergibt sich $n = \frac{1}{\log q} \cdot \log \frac{A}{A-S_0(q-1)}$, sodass für die konkreten Werte $n \approx 17,1$ gilt.

L 5.32 Es gilt die Restschuldformel $S_k = S_0 q^k - A\frac{q^k-1}{q-1}$, die für $S_0 = 50.000$, $q = 1,06$, $k = 3$ und $A = 0,07 \cdot 50.000 = 3500$ den Wert $S_3 = 48.408,20$ [€] ergibt. (Die Restschuld nach drei Jahren ist also höher als die anfangs ausgezahlte Summe von 47.000 €.)

Zusatz. Um den anfänglichen Effektivzinssatz i_{eff} (bzw. $q_{\text{eff}} = 1 + i_{\text{eff}}$) zu berechnen, setzen wir den oben berechneten Restschuldbetrag, der sich auf das Bruttodarlehen und den Nominalzinssatz bezieht, mit dem Restschuldbetrag gleich, der sich für das Nettodarlehen und den Effektivzinssatz nach dem betrachteten Anfangszeitraum von drei Jahren (bei gleicher Annuität) ergibt:

$$S_0^B \cdot q^k - A\frac{q^k-1}{q-1} = S_0^N \cdot q_{\text{eff}} - A\frac{q_{\text{eff}}^k-1}{q_{\text{eff}}-1}.$$

Zur Berechnung von q_{eff} ist dann eine Polynomgleichung höheren Grades zu lösen, die für die konkreten Werte $q_{\text{eff}} = 1{,}0837$ bzw. $i_{\text{eff}} = 8{,}37\,\%$ liefert.

L 5.33 Gemäß den Formeln der Rentenrechnung beträgt der Endwert der Ansparphase

$$E = 200(12 + 6{,}5 \cdot 0{,}06) \cdot \frac{1{,}06^{10} - 1}{0{,}06}.$$

Der Barwert der Auszahlphase ist gleich

$$B = r(12 + 6{,}5 \cdot 0{,}06) \cdot \frac{1{,}06^{12} - 1}{1{,}06^{12} \cdot 0{,}06}.$$

Gleichsetzen beider Ausdrücke und Umformung der erhaltenen Beziehung führt auf eine Monatsrate von $r = 314{,}43\,€$.

L 5.34 Geg.: $q = 1{,}07$, $S_0\,[= 200.000]$, $A = 0{,}08 \cdot S_0$

Aus dem Ansatz $S_k = S_0 q^k - A \cdot \frac{q^k - 1}{q - 1} \overset{!}{=} \frac{1}{2} S_0$ ergibt sich nach Umformung und Logarithmierung $k = \frac{\ln 4{,}5}{\ln 1{,}07} = 22{,}23$ [Jahre].

L 5.35 Näherungsweise Berechnung mittels Newtonverfahren, Sekantenverfahren, linearer Interpolation o. ä. liefert den Effektivzinssatz $i_{\text{eff}} = 4{,}40\,\%$. Dabei kann die gegebene Gleichung direkt oder nach Umformung in eine Polynomgleichung höheren (hier: siebenten) Grades als Ausgangspunkt dienen.

L 5.36 Endwert nach 5 Jahren: $E_5 = 55(12 + 6{,}5 \cdot 0{,}055)\frac{1{,}055^5 - 1}{0{,}055} = 3793{,}26$;

Endwert nach $5\frac{1}{2}$ Jahren: $E_{5\frac{1}{2}} = 3793{,}26 \cdot \left(1 + \frac{1}{2} \cdot 0{,}055\right) = 3897{,}57$;

Bonus: $B = 55 \cdot 60 \cdot 0{,}055 = 181{,}50$; Gesamtsumme: $G = 4079{,}07$

Nach fünfeinhalb Jahren kann Frau Sparsam über 4079,07 € verfügen.

Zusatz. Gesucht ist (bei Zahlungen in gleicher Höhe und zu den gleichen Zeitpunkten wie oben) nach einem einheitlichen Zinssatz i (bzw. zugehörigem Aufzinsungsfaktor q), der denselben Endwert liefert wie oben berechnet. Dies führt auf den Ansatz

$$4079{,}07 = 55 \cdot \left[12 + 6{,}5(q - 1)\right] \cdot \frac{q^5 - 1}{q - 1} \cdot \left(1 + \frac{1}{2}(q - 1)\right).$$

Mit Hilfe eines numerischen Näherungsverfahrens ermittelt man hieraus die Lösung $q = 1{,}0701$ bzw. einen Effektivzinssatz von $i = 7{,}01\,\%$.

L 5.37
a) Wir berechnen den Barwert aller Zahlungen bei 7,25 % Verzinsung. Zunächst beträgt die Jahresersatzrate der monatlichen Zahlungen

$$R = 230 \cdot (12 + 5{,}5 \cdot 0{,}0725) = 2851{,}71,$$

zahlbar am Jahresende. Mit ihrer Hilfe berechnen wir den Barwert für drei nachschüssig zahlbare Jahresraten (hierbei gilt $q = 1 + i = 1{,}0725$):

$$B_3^{\text{nach}} = R \cdot \frac{q^3 - 1}{q^3(q-1)} = 7449{,}75.$$

Zusammen mit der Anfangsrate von 2500 € ergibt das 9949,75 €, was etwas geringer als die Sofortzahlung von 10.000 € ist. Ludwig sollte sich für die Finanzierung entscheiden.

b) Der Vergleich des Barwerts der Sofortzahlung, der mit derselben übereinstimmt, sowie der Summe der Barwerte aller bei der Finanzierung anfallenden Raten führt auf die Beziehung

$$10.000 = 2500 + 230 \cdot (12 + 5{,}5(q - 1)) \cdot \frac{q^3 - 1}{q^3(q-1)}$$

mit der unbekannten Größe $q = 1 + i_{\text{eff}}$. Mittels eines beliebigen numerischen Verfahrens (vorzugsweise des Sekantenverfahrens oder – nach Multiplikation mit dem Nenner – der Newton-Methode, wobei als Anfangswert z. B. $q = 1{,}0725$ gewählt werden kann) ergibt sich $q = 1{,}0676$ bzw. $i_{\text{eff}} = 6{,}76\,\%$. (Natürlich kann man die Lösung auch mithilfe eines programmierbaren Taschenrechners oder mit dem Excel-Solver erhalten. In der Klausur sind solche Hilfsmittel aber nicht verfügbar oder nicht zugelassen.)

L 5.38 Die Stückzinsen betragen $S = 5000 \cdot 0{,}0875 \cdot \frac{1}{12} = 36{,}46$ [€]. Der Barwertvergleich aller Zahlungen liefert

$$5036{,}46 = \frac{1}{1 + \frac{11}{12} \cdot i_{\text{eff}}} \cdot \left(\frac{5437{,}50}{1 + i_{\text{eff}}} + 437{,}50 \right).$$

Dabei werden die zum Kaufzeitpunkt (bei $t = \frac{1}{12}$, betrachtet als neuer Ursprung der Zeitachse) fälligen Zahlungen des Nennwertes und der Stückzinsen den Barwerten der Zinsen bzw. des zurückgezahlten Nennwertes gegenübergestellt. Letztere erhält man durch Abzinsen um elf Monate (einfache Verzinsung) bzw. um ein Jahr und elf Monate (gemischte Verzinsung).

Aus der obigen Beziehung erhält man nach kurzer Umformung die quadratische Gleichung $i^2 + 1{,}9961456p - 0{,}18162974 = 0$, die die einzige positive Lösung $i_{\text{eff}} = 0{,}0871825$ besitzt. Die Rendite beträgt somit 8,72 %.

L 5.39 $i_m = \frac{4{,}5}{12 \cdot 100}$, $i_{\text{eff}} = (1 + i_m)^{12} - 1 = 1{,}00375^{12} - 1 = 0{,}0459 = 4{,}59\,\%$
Die jährliche Rendite der Termingeldanlage beträgt 4,59 %.

L 5.40 Gegeben: K_0 – (unbekanntes) Kapital; $i = 0{,}06$
Gesamtendwert: $K_{\text{ges}} = K_0 \cdot (1 + i)^8 +$ Bonus $= K_0 \cdot 1{,}06^8 + 0{,}2K_0 = 1{,}7938 \cdot K_0$
Er verfügt über das 1,79-Fache des eingesetzten Kapitals. Aus dem Ansatz $K_0 (1 + i_{\text{eff}})^8 = 1{,}7938 K_0$ erhält man einen Effektivzinssatz von $i_{\text{eff}} = 7{,}58\,\%$.

L 5.41

1. Möglichkeit: $P = 0,51P + \frac{0,51P}{1+\frac{1}{2}i} \Rightarrow 0,49P\left(1+\frac{i}{2}\right) = 0,51P \Rightarrow 0,245i = 0,02 \Rightarrow i = 0,0816 = 8,16\,\%$. Sofortzahlung ist besser.

2. Möglichkeit: Die nicht sofort bezahlte Differenz von $0,49P$ ergibt in einem halben Jahr $0,0196P$ an Zinsen, sodass insgesamt die Summe von $0,5096P$ entsteht, während in einem halben Jahr $0,51P$ zu zahlen sind. Sofortzahlung ist demnach (etwas) besser.

3. Möglichkeit: Abzinsen der zweiten Rate mit 8 % plus Sofortzahlung der ersten Rate ergibt einen Barwert von $1,00038P$, der geringfügig über P liegt.

L 5.42

a) Aus $K = -60 + \frac{5}{q} + \frac{31}{q^2} + \frac{39}{q^3}$ mit $q = 1 + i$ ergibt sich für $i = 8\,\%$ (d. h. $q = 1,08$) der Wert $K = 2,17$, während man für $i = 11\,\%$ (d. h. $q = 1,11$) den Wert $K = -1,82$ erhält. Bei einem Zinssatz von 8 % ist die Investition demnach vorteilhaft, bei 11 % sollte sie lieber unterlassen werden.

b) Die Umstellung der in a) aufgestellten Kapitalwertbeziehung führt für $K = 0$ auf die zu lösende Polynomgleichung 3. Grades

$$60q^3 - 5q^2 - 31q - 39 = 0.$$

Unter Berücksichtigung der in a) erzielten Ergebnisse muss der interne Zinsfuß zwischen 8 und 11 % liegen. (Gemäß der Descartes'schen Vorzeichenregel gibt es genau eine positive Lösung.) Mittels eines beliebigen numerischen Verfahrens (z. B. Newtonverfahren) ermittelt man $\bar{i} = 9,59\,\%$.

L 5.43

b) Gesamtsumme der Ausgaben: 1.600.000
Gesamtsumme der Einnahmen: 1.800.000
Da die Einnahmen die Ausgaben übersteigen, ist die Investition bei einem kleinen Zinssatz (insbesondere bei $i = 0\,\%$) vorteilhaft.

c) $K = -1.000.000 - \frac{600.000}{1,06} + 200.000 \cdot \frac{1,06^9 - 1}{1,06^{10} \cdot 0,06} = -282.700$.
Nein, die Investition sollte (bei $i = 6\,\%$) lieber unterlassen werden.

d) Fasst man die erwarteten Einnahmen mittels der Barwertformel der Rentenrechnung zusammen, so ergibt sich der folgende Ansatz:

$$-1.000.000 - \frac{600.000}{q} + 200.000 \cdot \frac{q^9 - 1}{q^{10} \cdot (q-1)} = 0.$$

Diese Bestimmungsgleichung für q ist numerisch zu lösen. Aus der (einzigen) Lösung q_{int} ergibt sich $i_{\text{int}} = q_{\text{int}} - 1$.

13.6 Lösungen zu Kapitel 6

L 6.1 Multipliziert man eine Ungleichung mit einer positiven Zahl, bleibt das Relations-zeichen erhalten, multipliziert man mit einer negativen Zahl, dreht sich das Ungleichungs-zeichen um.

Ferner erhält man gerade die Kehrwerte der Zahlen a und b, wenn man die ursprüngli-che Ungleichung $a < b$ mit dem Faktor $\frac{1}{ab}$ multipliziert. Es kommt also darauf an, welches Vorzeichen das Produkt ab besitzt.

Endgültige Antwort: Haben a und b gleiches Vorzeichen (woraus $ab > 0$ folgt), so gilt $\frac{1}{a} > \frac{1}{b}$, haben sie unterschiedliches Vorzeichen, dreht sich die Ungleichung um. Witwe Bolte hatte also recht.

L 6.2

a) Zur Ermittlung aller Lösungen der Ungleichung $|x - 1| \leq \frac{1}{2}x + 2$ hat man für $z = x - 1$ die beiden Fälle $z \geq 0$ und $z < 0$ zu unterscheiden (im ersteren gilt $|z| = z$, im letzteren $|z| = -z$).

Fall 1: $z \geq 0 \iff x \geq 1 \implies |x - 1| = x - 1$: Hieraus folgen die Beziehungen

$$x - 1 \leq \frac{1}{2}x + 2 \implies \frac{1}{2}x \leq 3 \implies x \leq 6,$$

woraus sich die Teillösungsmenge $L_1 = [1, 6]$ ergibt.

Fall 2: $z < 0 \iff x < 1 \implies |x - 1| = -(x - 1)$: Aus der ursprünglichen Ungleichung erhält man in diesem Fall

$$-(x - 1) \leq \frac{1}{2}x + 2 \implies -1 \leq \frac{3}{2}x \implies x \geq -\frac{2}{3}$$

und somit die Teillösungsmenge $L_2 = \left[-\frac{2}{3}, 1\right)$.

Ergebnis: $L_{ges} = L_1 \cup L_2 = \left[-\frac{2}{3}, 6\right] = \left\{x \in \mathbb{R} \mid -\frac{2}{3} \leq x \leq 6\right\}$.

b) Die grafische Darstellung der zu beiden Seiten der Ungleichung gehörenden Funk-tionen ergibt das nebenstehende Bild. Aus der Abbildung erkennt man gut die Lö-sungsmenge der Ungleichung: alle Werte (bzw. Punkte) x, die im Bereich zwischen den beiden Schnittpunkten von f_1 und f_2 liegen, sind Lösungen, da dort $f_1(x) \leq f_2(x)$ gilt.

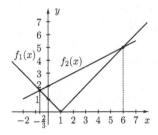

L 6.3

a) **Fall 1:** Ist $x > -2$, so ist der Nenner positiv, und nach Multiplikation der Ungleichung mit $x + 2$ ergibt sich

$$-x^2 + 1 \le 3x + 6 - x^2 - 2x = x + 6 - x^2,$$

d. h. $x \ge -5$. Zusammen mit der Annahme erhält man hieraus als erste Teillösungsmenge $L_1 = (-2, \infty)$ (denn für $x > -2$ gilt auch $x \ge -5$).

Fall 2: Für $x < -2$ ist der Nenner negativ, sodass die Multiplikation mit dem Nenner die Ungleichung

$$-x^2 + 1 \ge x + 6 - x^2,$$

also $-5 \ge x$ liefert, woraus man als 2. Teillösungsmenge (mit analoger Begründung wie im 1. Fall) $L_2 = (-\infty, -5]$ erhält.

Die Gesamtlösungsmenge ist die Vereinigung von L_1 und L_2.

b) Beachtet man, dass der Nenner positiv oder negativ sein kann (null ist ausgeschlossen) und dass der zwischen den Betragszeichen stehende Ausdruck größer oder gleich bzw. kleiner null sein kann, so sind zweckmäßigerweise drei Fälle zu unterscheiden: (1) $x < -2$, (2) $-2 \le x < 0$, (3) $x > 0$. (Der prinzipiell mögliche 4. Fall mit $x + 2 < 0$ und $x > 0$ ergibt eine leere Lösungsmenge.)

Fall 1: Hier gilt $|x + 2| = -x - 2$, der Nenner ist negativ. Demnach ergibt sich nach Multiplikation mit dem Nenner $-x - 2 < 12x$, d. h. $x > -\frac{2}{13}$. Teillösungsmenge: $L_1 = \emptyset$.

Fall 2: Es gilt $|x + 2| = x + 2$, der Nenner ist negativ. Nach Multiplikation mit $3x$ folgt $x + 2 < 12x$ bzw. $x > \frac{2}{11}$. Teillösungsmenge: $L_2 = \emptyset$.

Fall 3: Es gilt $|x + 2| = x + 2$, der Nenner ist positiv. Bei der Multiplikation mit dem hier positiven Nenner bleibt das Relationszeichen erhalten: $x + 2 > 12x$, d. h. $x < \frac{2}{11}$. Teillösungsmenge: $L_3 = (0, \frac{2}{11})$.

Gesamtlösungsmenge: $L = L_1 \cup L_2 \cup L_3 = \left(0, \frac{2}{11}\right)$.

c) Es sind die folgenden drei Fälle zu unterscheiden: (1) $x < -1$, (2) $-1 \le x < 0$, (3) $x > 0$.

Fall 1: $|x + 1| = -x - 1$, Nenner negativ $\Longrightarrow -x - 1 > 5x$, d. h. $x < -\frac{1}{6}$;
Teillösungsmenge $L_1 = \{x | x < -1\}$;

Fall 2: $|x + 1| = x + 1$, Nenner negativ $\Longrightarrow x + 1 > 5x$, d. h. $x < \frac{1}{4}$;
Teillösungsmenge $L_2 = \{x | -1 \le x < 0\}$;

Fall 3: $|x + 1| = x + 1$, Nenner positiv $\Longrightarrow x + 1 < 5x$, d. h. $x > \frac{1}{4}$;
Teillösungsmenge $L_3 = \{x | x > \frac{1}{4}\}$.

Damit lautet die Gesamtlösungsmenge:

$$L = L_1 \cup L_2 \cup L_3 = \left\{ x \Big| x < 0 \vee x > \frac{1}{4} \right\} = \mathbb{R} \setminus \left[0, \frac{1}{4}\right].$$

Bemerkung: Fehler bei Aufgaben dieser Art resultieren häufig daraus, dass die einzelnen Fälle nicht korrekt unterschieden werden.

L 6.4 Aus $|x - a| \le 0{,}03x$ folgt $-0{,}03x \le x - a \le 0{,}03x$ bzw. (nach Umstellung) $0{,}97087a = \frac{1}{1{,}03}a \le x \le \frac{1}{0{,}97}a = 1{,}03093a$. Die Abweichung kann höchstens 3,093 % des wahren Wertes betragen.

L 6.5 Wegen $x^2 \ge 0$ ist der Nenner stets positiv (für $x = 0$ ist der Quotient nicht definiert). Nach Multiplikation mit dem Nenner folgt $x + 4 > 5x^2$, d. h. $5x^2 - x - 4 < 0$. Untersucht man zunächst die Gleichung $5x^2 - x - 4 = 0$, so erhält man die beiden Lösungen $x_1 = 1$ und $x_2 = -\frac{4}{5}$. Da der Graph von $f(x) = 5x^2 - x - 4$ nach oben gekrümmt ist, gilt $f(x) < 0$ für $x \in (-\frac{4}{5}, 1)$. Die Lösungsmenge lautet somit $L = (-\frac{4}{5}, 1) \setminus \{0\}$.

L 6.6
M – Menge der Kunden, die (mindestens) Mandarineneis mögen
K – Menge der Kunden, die (mindestens) Kiwieis mögen
S – Menge der Kunden, die (mindestens) Stracciatella mögen

Bezeichnet $|A|$ die Anzahl der Elemente in der Menge A, so gilt:

$$|M \cup K| = 200, |K \setminus M| = 70 \implies |M| = 130$$
$$|M \cup S| = 180, |S \setminus M| = 60 \implies |M| = 120$$

Die beiden Ergebnisse widersprechen einander. (Die Aussage $S \cap K = \varnothing$ ist überflüssig.)

L 6.7 Es gelten die Beziehungen $A \cup B = [0, 4], A \cap B = (1, 2) \cup \{3\}$,
$A \setminus B = [0, 1] \cup (3, 4], B \setminus A = [2, 3)$.

L 6.8
a)

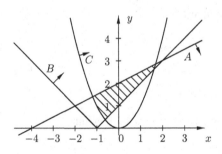

b) $(1, 1)$

L 6.9 Die Menge A entspricht dem Einheitskreis (Kreis um den Ursprung mit Radius Eins) inklusive Rand, während die Menge B alle Punkte links oberhalb der Winkelhalbierenden $y = x$ umfasst (einschließlich dieser Geraden selbst). Die Menge C repräsentiert alle Punkt links der y-Achse, die y-Achse eingeschlossen. Damit enthält $A \cap B$ alle Punkte des Einheitskreises „nordwestlich" der Winkelkelhalbierenden, während $B \cup C$ aus all denjenigen Punkten besteht, die links der y-Achse oder „nordwestlich" der Winkelhalbierenden liegen oder – anders gesagt – aus allen Punkten der x, y-Ebene mit Ausnahme derjenigen, die rechts der y-Achse und unterhalb der Winkelhalbierenden gelegen sind.

L 6.10

a) $\displaystyle \lim_{n \to \infty} a_n = \lim_{n \to \infty} \frac{n^4 \left(2 - \frac{3}{n} + \frac{4}{n^2} - \frac{5}{n^4}\right)}{n^3 \left(1 - \frac{2}{n} + \frac{3}{n^2}\right)} = \infty$ (Divergenz)

b) $\displaystyle \lim_{n \to \infty} b_n = \lim_{n \to \infty} (-1)^n \frac{1 + \frac{(-1)^{3n}}{3^n}}{1 + \frac{1}{3^n}}$ existiert nicht (alternierende Folge)

c) $\displaystyle \lim_{n \to \infty} c_n = \lim_{n \to \infty} \frac{1 + \left(\frac{2}{3}\right)^n + \left(\frac{1}{3}\right)^n}{1} = 1$

L 6.11 $\displaystyle B_\infty^{\text{vor}} = \lim_{n \to \infty} B_n^{\text{vor}} = \lim_{n \to \infty} R \cdot \frac{q - \frac{1}{q^{n-1}}}{q - 1} = \frac{Rq}{q - 1}$

L 6.12 Das Gehalt G_n entwickelt sich gemäß einer geometrischen Zahlenfolge. Mit der Bezeichnung $q = 1 + \frac{s}{100}$ gilt $G_n = G_0 \cdot q^n$. Im 15. Jahr gilt demnach $G_{15} = G_0 q^{15}$. Damit erhält man die Summe

$$S = G_{15} + G_{16} + \ldots + G_{15+m} = \sum_{i=0}^{m} G_{15+i}$$

$$= G_0 \cdot q^{15} \left(1 + q + \ldots + q^m\right) = G_0 \cdot q^{15} \cdot \frac{q^{m+1} - 1}{q - 1}.$$

L 6.13

a) $w_n = \frac{c(1+s)^n s}{b + c(1+s)^n}$

b) Streng monotones Wachstum bedeutet $w_n < w_{n+1} \; \forall n$. Diese Ungleichung ist äquivalent zu den folgenden Beziehungen:

$$\frac{c(1+s)^n s}{b + c(1+s)^n} < \frac{c(1+s)^{n+1} s}{b + c(1+s)^{n+1}}$$
$$b + c(1+s)^{n+1} < b(1+s) + c(1+s)^{n+1}$$
$$b < b(1+s).$$

Letztere Ungleichung ist aber wegen $s > 0$ erfüllt.

L 6.14

a) Offensichtlich ist $a_0 = 2 \in [0,2]$. Es sei nun $a_n \in [0,2]$. Dann gilt $\frac{a_n}{2} \in [0,1]$ und $\frac{a_n}{2} + \frac{1}{3} \in \left[\frac{1}{3}, \frac{4}{3}\right] \subset [0,2]$. Damit gilt tatsächlich $a_{n+1} \in [0,2]$.

b) Für den zu bestimmenden Grenzwert g gilt: $\displaystyle \lim_{n \to \infty} a_n = \lim_{n \to \infty} a_{n+1} = g$. Daraus und

aus der Bildungsvorschrift der Zahlenfolge resultiert die Gleichung $g = \frac{g}{2} + \frac{1}{3}$, die die (eindeutige) Lösung $g = \frac{2}{3}$ besitzt.

c) Sollen alle Glieder der Zahlenfolge gleich sein, muss $a_{n+1} = a_n \; \forall n$ sein. Das führt auf dieselbe Beziehung wie in Teil b), sodass $a_0 = \frac{2}{3}$ gelten muss.

Zusatz. Ist $a_0 < \frac{2}{3}$, so kann man (analog zu Teil a) zeigen, dass $a_n < \frac{2}{3} \forall n$. Hieraus resultiert unmittelbar die Ungleichungskette $a_n < a_{n+1} = \frac{a_n}{2} + \frac{1}{3} < \frac{2}{3}$, die das monotone Wachstum von $\{a_n\}$ bestätigt. Analog lässt sich nachweisen, dass $\{a_n\}$ für $a_0 > \frac{2}{3}$ monoton fallend ist.

L 6.15

a) Um einen gemeinsamen Punkt beider Geraden zu bestimmen, hat man geeignete Parameterwerte t und s zu finden, die dem System

$$2 + t = 3 + 2s$$
$$1 - t = 5 - 3s$$

genügen. Einzige Lösung dieses Gleichungssystems ist $t = 11$, $s = 5$, wozu der Punkt $x = (13, -10)^\top$ gehört.

b) Das Gleichsetzen beider Beziehungen führt auf das lineare Gleichungssystem $1 + u = 4 - v, 2 = 5 + v, 3 + u = 0$, das widersprüchlich ist, also keine Lösung besitzt. Nein, die Geraden haben keinen gemeinsamen Punkt.

L 6.16 Der Durchstoßpunkt muss sowohl auf der Geraden als auch in der Ebene liegen, sodass für einen zu findenden Parameterwert t die Ebenengleichung erfüllt sein muss: $2(3 + t) + 3(5 + 2t) - (7 - t) = 5$. Einzige Lösung ist $t = -1$, der Punkt lautet $x_D = (2, 3, 8)^\top$.

L 6.17 Die kürzeste Entfernung zur Ebene ergibt sich, wenn man das Lot von P auf die Ebene fällt. Dieses ist parallel zum Stellungsvektor, der aus den Koeffizienten der Ebenengleichung gebildet wird und $(2, -1, 3)^\top$ lautet. Damit ist der Durchstoßpunkt der Geraden $x = (3, 4, 5)^\top + t(2, -1, 3)^\top$ durch die Ebene zu finden, d. h., es muss gelten $2(3 + 2t) - (4 - t) + 3(5 + 3t) = 7$ (vgl. die vorhergehende Aufgabe). Einzige Lösung ist $t = -\frac{5}{7}$, der Durchstoßpunkt lautet $x_D = \left(\frac{11}{7}, \frac{33}{7}, \frac{20}{7}\right)^\top$, und der Abstand beträgt

$$d^* = \sqrt{\left(3 - \frac{11}{7}\right)^2 + \left(4 - \frac{33}{7}\right)^2 + \left(5 - \frac{20}{7}\right)^2} \approx 2{,}67.$$

Andere Überlegung: Der Abstand d (einfacher: das Quadrat des Abstandes) von P zu einem Punkt $P_1(x, y, z)$ der Ebene muss minimal werden:

$$d^2 = (3 - x)^2 + (4 - y)^2 + (5 - z)^2 \longrightarrow \min.$$

Da P_1 in der Ebene liegt, muss gelten $2x - y + 3z = 7$. Wir erhielten eine Extremwertaufgabe mit drei Variablen und einer Nebenbedingung, die (natürlich!) dieselbe Lösung wie oben liefert (vgl. Abschn. 3.3).

L 6.18 Der auf g gelegene Punkt $(0, 1, -2)^\top$ erfüllt beide Ebenengleichungen, liegt also auf der Schnittgeraden. Der ebenfalls auf der Geraden g gelegene Punkt $(1, 1, 0)^\top$, den man für den Parameterwert $t = 1$ erhält, erfüllt die Ebenengleichungen jedoch nicht. Nein, g ist nicht Schnittgerade von E_1 und E_2.

Andere Überlegung: Der Richtungsvektor $(1, 0, 2)^\top$ der Geraden g ist **nicht** Lösung des zu E_1 und E_2 gehörigen homogenen lineare Gleichungssystems (was er aber im Fall der Schnittgeraden sein müsste).

13.7 Lösungen zu Kapitel 7

L 7.1

Taschengeld (in Euro)	keines	1–5	6–10	11–15	16–20	21–25	> 25
Taschengeld-Gruppe	0	1	2	3	4	5	6
Anzahl	21	53	67	34	17	7	1
relative Häufigkeit	0,105	0,265	0,335	0,170	0,085	0,035	0,005
kumulierte Häufigkeiten	0,105	0,370	0,705	0,0875	0,960	0,995	1,000

a)

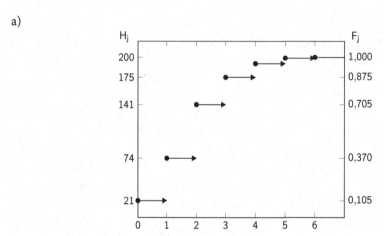

b) Median: $\tilde{x}_{0,5} = 2$. Der Median markiert die Mitte des Datensatzes, d. h., mindestens 50 % der befragten Grundschüler sind in der zweiten oder einer niedrigeren Gruppe, ihr monatliches Taschengeld beträgt also höchstens 10 €. Mindestens 50 % der Grundschüler liegen in der zweiten oder einer höheren Gruppe, ihr Taschengeld beträgt somit mindestens 6 €.

Das untere Quartil entspricht dem 25 %-Quantil, wobei gilt: $\tilde{x}_{0,25} = 1$ (Gruppe mit 1–5 €). Damit erhalten mindestens ein Viertel aller Schüler höchstens 5 € Taschengeld im Monat. Das obere Quartil entspricht dem 75 %-Quantil $\tilde{x}_{0,75} = 3$ (Gruppe mit 10–15 €), d. h., mindestens 75 % der Grundschüler bekommen ein monatliches Taschengeld von höchstens 15 €.

c) Das vorliegende Merkmal ist nur ordinal, aber nicht metrisch skaliert, da nur Informationen über die Gruppe vorliegen. Es ist zwar bekannt, dass ein Schüler der Gruppe 2 mehr Taschengeld als ein Schüler der Gruppe 1 besitzt, aber es ist nicht bekannt, wie groß der Unterschied ist. Daher können Abstände nicht sinnvoll interpretiert werden und die Berechnung des arithmetischen Mittels für die angegebenen Taschengeld-Gruppen ergibt wenig Sinn.

d) Der einfache Boxplot zeigt das Minimum, die Quartile und das Maximum an:

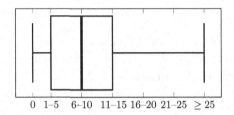

Bemerkung: Falls das Minimum oder das Maximum zu weit vom unteren bzw. oberen Quartil entfernt liegen, wäre die Grafik sehr ungünstig skaliert. Daher werden in diesem Fall das Minimum bzw. das Maximum häufig durch die unteren bzw. oberen Whiskers (Antennen) ersetzt, die im Allgemeinen bis zum 2,5 %- bzw. 97,5 %-Quantil reichen.

e) Der Interquartilsabstand IQ $= \tilde{x}_{0,75} - \tilde{x}_{0,25} = 2$ ist ein sinnvolles Maß für die Streuung.

L 7.2 Die Grafik der empirischen Verteilungsfunktion zeigt $\tilde{x}_{0,5} = 3$. Im Übrigen kann man aus der Grafik sogar die sortierte Stichprobe (1, 2, 2, 3, 3, 5, 7, 7) und daraus ebenfalls den Median ablesen.

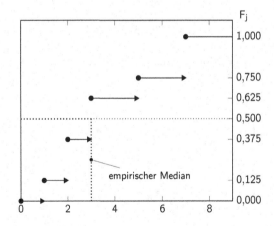

L 7.3

a) Im August wurde mindestens einmal ein Wert von über 150 ppb gemessen.

b) Die Streuung der Werte ist für die einzelnen Monate sehr verschieden. Während im Mai und Juni bis auf jeweils einen Ausreißer alle gemessenen Werte immer unterhalb von 50 ppb lagen, streuten die Ozonwerte im Juli und August deutlich mehr. In beiden Monaten lagen ca. 75 % aller gemessenen Werte oberhalb fast aller Messwerte der Monate Mai und Juni. Im September stabilisierten sich die Werte wieder auf dem Niveau vom Mai und Juni, allerdings gab es dort vier größere Messwerte.

L 7.4

a) Da beide Merkmale metrisch skaliert sind, kann der empirische Korrelationskoeffizient nach Pearson zur Beurteilung des linearen Zusammenhangs herangezogen werden. Für die Rechnungen werden die arithmetischen Mittelwerte $\overline{x} = 10,5$, $\overline{y} = 10,6$ und die empirischen Varianzen $s_x^2 = \frac{130,5}{9} = 14,5$ sowie $s_Y^2 = \frac{230,4}{9} = 25,6$ benötigt, um die empirische Kovarianz

$$s_{XY} = \frac{1}{n-1} \sum_{i=1}^{n} (x_i - \tilde{x})(y_i - \bar{y}) = \frac{1}{n-1} \left(\sum_{i=1}^{n} x_i y_i - n \cdot \overline{x} \cdot \overline{y} \right)$$

$$= \frac{1}{9} \cdot (1236 - 10 \cdot 10,5 \cdot 10,6) = \frac{123}{9} = 13,66667$$

und abschließend den empirischen Korrelationskoeffizienten zu berechnen:

$$r = \frac{s_{XY}}{s_X \cdot s_Y} = \frac{13,66667}{\sqrt{14,5 \cdot 25,6}} = 0,70935.$$

b) Für die Koeffizienten der Regressionsgeraden $f(x) = a + bx$ erhalten wir folgende Schätzwerte:

$$\hat{a} = \overline{y} - \frac{s_{XY}}{s_X^2} \cdot \overline{x} = 0,70345; \qquad \hat{b} = \frac{s_{XY}}{s_X^2} = 0,94253.$$

c) Streudiagramm mit Regressionsgerade:

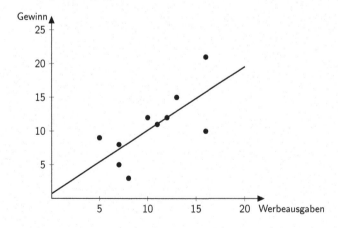

d) Für das Bestimmtheitsmaß R^2 der linearen Regression gilt $R^2 = r^2 = 0{,}50318$, d. h., etwa die Hälfte der Gesamtschwankung der Gewinne lässt sich auf die Werbeausgaben zurückführen. Alternativ berechnet sich das Bestimmtheitsmaß mittels der Formel

$$R^2 = \frac{\sum\limits_{i=1}^{n}(f(x_i) - \bar{y})^2}{\sum\limits_{i=1}^{n}(y_i - \bar{y})^2} = 1 - \frac{\sum\limits_{i=1}^{n}(y_i - f(x_i))^2}{\sum\limits_{i=1}^{n}(y_i - \bar{y})^2} .$$

L 7.5

a) Berechnung der Lorenzkurve für den Umsatz 2010 (es gilt $n = 5$):

1. Stichprobe ordnen: $x_{(1)} = 14$, $x_{(2)} = 20$, $x_{(3)} = 34$, $x_{(4)} = 62$, $x_{(5)} = 70$

2. Berechne $u_i = \frac{i}{n}$: $u_0 = 0$; $u_1 = 0{,}2$; $u_2 = 0{,}4$; $u_3 = 0{,}6$; $u_4 = 0{,}8$; $u_5 = 1$

3. Berechne v_i: $v_0 = 0$, sonst $v_i = \frac{p_i}{p_n}$ mit $p_i = \sum\limits_{j=1}^{i} x_{(j)}$. Konkret: $v_1 = \frac{14}{200} = 0{,}07$;

   $v_2 = \frac{34}{200} = 0{,}17$; $v_3 = \frac{68}{200} = 0{,}34$; $v_4 = \frac{130}{200} = 0{,}65$; $v_5 = \frac{200}{200} = 1$

4. Paare $(u_i; v_i)$ bilden und in das Koordinatensystem eintragen: $(u_1; v_1) = (0{,}2; 0{,}07)$, $(u_2; v_2) = (0{,}4; 0{,}17)$; $(u_3; v_3) = (0{,}6; 0{,}34)$, $(u_4; v_4) = (0{,}8; 0{,}65)$, $(u_5; v_5) = (1; 1)$

5. Für den Umsatz des Jahres 2013 ergeben sich folgende Werte: $v_1 = 0{,}02$; $v_2 = 0{,}07$; $v_3 = 0{,}19$; $v_4 = 0{,}45$; $v_5 = 1$

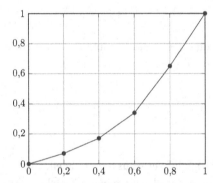 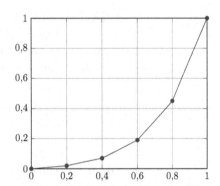

Der Vergleich der Lorenzkurven zeigt deutlich, dass im Jahre 2013 eine höhere Konzentration des Umsatzes vorliegt. Während im Jahre 2010 die vier Verkaufsstände mit den geringsten Umsätzen (was 80 % aller Verkaufsstände entspricht) noch 65 % des Gesamtumsatzes beisteuerten, sank dieser Anteil im Jahr 2013 auf lediglich 45 %.

b) Der (unnormierte) Gini-Koeffizient berechnet sich nach der Formel

$$G = 2F = 1 - \frac{1}{n}\sum\limits_{i=1}^{n}(v_{i-1} + v_i) = \frac{2}{n} \cdot \frac{\sum\limits_{i=1}^{n} i x_i}{\sum\limits_{i=1}^{n} x_i} - \frac{n+1}{n},$$

sodass wir $G_{2010} = 0{,}308$ sowie $G_{2013} = 0{,}508$ erhalten. Die Normierung $G^\star = \frac{n}{n-1} \cdot G$ liefert schließlich $G_{2010}^\star = 0{,}385$ sowie $G_{2013}^\star = 0{,}635$.

L 7.6

a) Die Randverteilungen der (eindimensionalen) Wahrscheinlichkeitsfunktionen von X und Y ergeben sich als Zeilen- bzw. Spaltensummen:

		Y			
		1	2	3	
X	-1	0	$\frac{3-\alpha}{6}$	$\frac{\alpha}{6}$	0,5
	1	$\frac{\alpha}{6}$	$\frac{3-\alpha}{6}$	0	0,5
		$\frac{\alpha}{6}$	$\frac{3-\alpha}{3}$	$\frac{\alpha}{6}$	1

b) Aus den Randverteilungen erhalten wir

$$\mathbb{E}X = (-1) \cdot P(X = -1) + 1 \cdot P(X = 1) = (-1) \cdot \tfrac{1}{2} + 1 \cdot \tfrac{1}{2} = 0,$$
$$\mathbb{E}Y = 1 \cdot P(Y = 1) + 2 \cdot P(Y = 2) + 3 \cdot P(Y = 3) = 1 \cdot \tfrac{\alpha}{6} + 2 \cdot \tfrac{3-\alpha}{3} + 3 \cdot \tfrac{\alpha}{6} = 2,$$
$$\mathrm{Var}(X) = \mathbb{E}X^2 - (\mathbb{E}X)^2 = (-1)^2 \cdot \tfrac{1}{2} + 1^2 \cdot \tfrac{1}{2} - 0^2 = 1,$$
$$\mathrm{Var}(Y) = \mathbb{E}Y^2 - (\mathbb{E}Y)^2 = 1^2 \cdot \tfrac{\alpha}{6} + 2^2 \cdot \tfrac{3-\alpha}{3} + 3^2 \cdot \tfrac{\alpha}{6} - 2^2 = \tfrac{\alpha}{3}.$$

Zur Berechnung der Kovarianz wird die Beziehung

$$\mathrm{cov}(X, Y) = \mathbb{E}(X - \mathbb{E}X)(Y - \mathbb{E}Y) = \mathbb{E}(XY) - \mathbb{E}X \cdot \mathbb{E}Y$$

ausgenutzt. Ferner wird zur Ermittlung von $\mathbb{E}(XY)$ das Produkt $X \cdot Y$ berechnet (wie üblich wird X durch die Zeilen und Y durch die Spalten beschrieben):

	1	2	3
-1	-1	-2	-3
1	1	2	3

Nun werden für die neue Zufallsgröße $X \cdot Y$ alle Werte aus dieser Tabelle mit den entsprechenden Wahrscheinlichkeiten aus der weiter oben stehenden Tabelle gewichtet:

$$\mathbb{E}(X \cdot Y) = (-1) \cdot 0 + (-2) \cdot \frac{3-\alpha}{6} + (-3) \cdot \frac{\alpha}{6} + 1 \cdot \frac{\alpha}{6} + 2 \cdot \frac{3-\alpha}{6} + 3 \cdot 0 = -\frac{1}{3}\alpha.$$

Damit ergibt sich für die Kovarianz $\mathrm{cov}(X, Y) = -\tfrac{1}{3}\alpha - 0 \cdot 2 = -\tfrac{1}{3}\alpha$.

c) Für α aus dem Intervall $(0, 3)$ ist die Kovarianz stets kleiner als null. Somit sind X und Y stochastisch abhängig, denn stochastisch unabhängige Zufallsgrößen sind stets unkorreliert.

d) $\mathrm{Var}(Z) = \mathrm{Var}(X) + 2 \cdot \mathrm{cov}(X, Y) + \mathrm{Var}(Y) = 1 - 2 \cdot \tfrac{\alpha}{3} + \tfrac{\alpha}{3} = 1 - \tfrac{\alpha}{3}$.

13.8 Lösungen zu Kapitel 8

L 8.1

a) Die Ereignisse A, B, C und D lassen sich mithilfe der Ereignisse F_i wie folgt darstellen:

$$A = F_1 \cap F_2 \cap F_3, B = \overline{F}_1 \cap F_2 \cap \overline{F}_3;$$
$$C = (F_1 \cap F_2 \cap F_3) \cup (\overline{F}_1 \cap F_2 \cap F_3) \cup (F_1 \cap \overline{F}_2 \cap F_3) \cup (F_1 \cap F_2 \cap \overline{F}_3) = D.$$

b) Der Ereignisraum besteht aus acht Elementarereignissen, die z. B. mithilfe von Dualzahlen wie folgt dargestellt werden können:

$$\Omega = \{\omega_1, \ldots, \omega_8\} = \{000, 001, 010, 011, 100, 101, 110, 111\}.$$

Hierbei bedeutet z. B. $\omega_2 = 001$: Student 1 und 2 gehen zu Fuß, Student 3 kommt mit dem Fahrrad. Abzählen der in den betrachteten Ereignissen enthaltenen Elementarereignisse ergibt: $|C| = 4$, $|\overline{D}| = 4$, $|\overline{A}| = 7$, $|\Omega| = 8$.

c) Unvereinbare Ereignisse können nicht gemeinsam eintreten. Die Ereignisse A und B, B und C sowie B und D sind unvereinbar.

d) Es gilt $B \cap C = \emptyset$, sodass sich der Ereignisraum Ω in drei disjunkte Teilmengen (Ereignisse) B, C und $\overline{B \cup C}$ zerlegen lässt. Für diesen Fall besteht die kleinste, die Ereignisse B und C umfassende Ereignisalgebra aus $2^3 = 8$ Ereignissen: $\mathcal{A} = \{\emptyset, A, B, \overline{A}, \overline{B}, \overline{A} \cap \overline{B}, A \cup B, \Omega\}$.

e) Die klassische Methode zur Bestimmung einer Wahrscheinlichkeit ist anwendbar, falls alle drei Studenten unabhängig voneinander sich jeweils mit der Wahrscheinlichkeit 0,5 (z. B. mittels Münzwurf) für das Fahrrad entscheiden. Dann sind alle Elementarereignisse gleichwahrscheinlich, und es gilt $P(\{\omega_1\}) = \ldots = P(\{\omega_8\}) = \frac{1}{8}$.

f) Die Ereignisse A und B sind unvereinbar. Nach dem Additionsaxiom gilt $P(A \cup B) = P(A) + P(B) = 0,224$. Weiterhin gilt gemäß der Komplementregel $P(\overline{C}) = 1 - P(C) = 0,344$. Zur Berechnung von $P(C \cap \overline{A})$ wird zunächst $P(\overline{C \cap \overline{A}})$ betrachtet. Nach der Regel von de Morgan gilt $\overline{C \cap \overline{A}} = \overline{C} \cup A$. Wegen $A \subseteq C$ (d. h. A impliziert C) ist $A \cap \overline{C} = \emptyset$ und damit

$$P(\overline{C} \cup A) = P(\overline{C}) + P(A) \text{ und } P(C \cap \overline{A}) = 1 - P(\overline{C} \cup A) = 0,464.$$

g) Infolge der Unabhängigkeit von F_1, F_2 und F_3 gilt

$$P(A) = P(F_1 \cap F_2 \cap F_3) = P(F_1)P(F_2)P(F_3) = 0,6 \cdot 0,4 \cdot 0,8 = 0,192;$$
$$P(B) = P(\overline{F}_1 \cap F_2 \cap \overline{F}_3) = P(\overline{F}_1)P(F_2)P(\overline{F}_3) = 0,4 \cdot 0,4 \cdot 0,2 = 0,032.$$

Unter Nutzung der Bezeichnungen $C_1 = F_1 \cap F_2 \cap F_3$, $C_2 = \overline{F}_1 \cap F_2 \cap F_3$, $C_3 = F_1 \cap \overline{F}_2 \cap F_3$ und $C_4 = F_1 \cap F_2 \cap \overline{F}_3$ gilt $C = C_1 \cup C_2 \cup C_3 \cup C_4$, wobei die Ereignisse C_i, $i = 1, \ldots, 4$, paarweise unvereinbar sind. Nach dem Additionsaxiom und aufgrund der Unabhängigkeit von F_1, F_2 und F_3 ergibt das

$$P(C) = P(C_1) + P(C_2) + P(C_3) + P(C_4) = \ldots = 0{,}656\,.$$

Wegen $D = \overline{C}$ erhält man schließlich $P(D) = P(\overline{C}) = 1 - P(C) = 0{,}344$.

L 8.2 Wir vereinbaren folgende Ereignisse: B_i – ein Student löst zuerst die Aufgaben des i-ten Komplexes, $i = 1, 2$, A – ein Student besteht die Prüfung nicht. Damit sind nachstehende Wahrscheinlichkeiten gegeben: $P(B_1) = 0{,}6$, $P(B_2) = 0{,}4$, $P(A|B_1) = 0{,}13$ und $P(A|B_2) = 0{,}08$, wobei die Menge $\{B_1, B_2\}$ ein vollständiges Ereignissystem bildet.

a) Nach dem Satz von der totalen Wahrscheinlichkeit gilt

$$P(A) = P(A|B_1) \cdot P(B_1) + P(A|B_2) \cdot P(B_2) = 0{,}11\,.$$

Folglich müssen 11 % der Studenten die Prüfung wiederholen.

b) Der Satz von Bayes liefert für die umgekehrte bedingte Wahrscheinlichkeit:

$$P(B_1|\overline{A}) = \frac{P(\overline{A}|B_1) \cdot P(B_1)}{P(\overline{A})}\,.$$

Mit $P(\overline{A}|B_1) = 0{,}87$ und $P(\overline{A}) = 1 - P(A) = 0{,}89$ ergibt das $P(B_1|\overline{A}) = 0{,}587$.

L 8.3

a) Es werden folgende Ereignisse vereinbart: A – das Teil ist fehlerhaft, B – das Teil wird als fehlerhaft eingestuft. Nach dem Satz von Bayes gilt

$$P(A|\overline{B}) = \frac{P(\overline{B}|A) \cdot P(A)}{P(\overline{B})} = \frac{P(\overline{B}|A) \cdot P(A)}{P(\overline{B}|A) \cdot P(A) + P(\overline{B}|\overline{A}) \cdot P(\overline{A})}\,.$$

Aus den Vorgaben $P(A) = 0{,}1$, $P(\overline{A}) = 0{,}9$, $P(\overline{B}|A) = 0{,}1$ und $P(\overline{B}|\overline{A}) = 0{,}95$ erhält man $P(\overline{B}) = 0{,}865$ und $P(A|\overline{B}) = 0{,}0116$, sodass der Anteil der fehlerhaften Teile unter den bei der Kontrolle als einwandfrei ausgewiesenen Teilen 1,16 % beträgt.

b) Die Wahrscheinlichkeit dafür, dass bei der Kontrolle ein Teil als einwandfrei eingestuft wird, beträgt $P(\overline{B})$. Nach dem Satz von der totalen Wahrscheinlichkeit gilt (vgl. a))

$$P(\overline{B}) = P(\overline{B}|A) \cdot P(A) + P(\overline{B}|\overline{A}) \cdot P(\overline{A}) = 0{,}865\,.$$

c) Zusätzlich vereinbaren wir folgende Ereignisse: A^* – ein Teil, das die Kontrollstelle passiert hat, ist fehlerhaft; C – ein Teil wird an der Kontrollstelle geprüft. Dann ist $P(C) = \frac{1}{3}$ und nach dem Satz von der totalen Wahrscheinlichkeit gilt

$$P(A^*) = P(A^*|C)P(C) + P(A^*|\overline{C})P(\overline{C})\,.$$

Unter Beachtung von $P(A^*|C) = P(A|\overline{B})$ und $P(A^*|\overline{C}) = P(A)$ ergibt das

$$P(A^*|C) = P(A|\overline{B}) \cdot P(C) + P(A) \cdot P(\overline{C}) = 0{,}0705 \, ,$$

sodass mit einem Ausschussanteil von ca. 7 % zu rechnen ist.

L 8.4 Wir definieren folgende Ereignisse:

A_i – der i-te Temperatursensor fällt aus, $i = 1, 2$,
B_j – der j-te Drucksensor fällt aus, $j = 1, 2, 3$,
C – der Prozess muss vor Ablauf der vorgesehenen Zeit gestoppt werden.

Mit diesen Bezeichnungen erhält man $C = (A_1 \cap A_2) \cup (B_1 \cap B_2 \cap B_3)$. Infolge der Unabhängigkeit von A_1, A_2, B_1, B_2 und B_3 gilt $P(A_1 \cap A_2) = P(A_1)P(A_2) = 0{,}01$ sowie $P(B_1 \cap B_2 \cap B_3) = P(B_1)P(B_2)P(B_3) = 0{,}008$. Die Anwendung des Additionssatzes und nochmalige Beachtung der Unabhängigkeit ergibt für die gesuchte Wahrscheinlichkeit

$$P(C) = P(A_1 \cap A_2) + P(B_1 \cap B_2 \cap B_3) - P(A_1 \cap A_2)P(B_1 \cap B_2 \cap B_3) = 0{,}0179 \, .$$

b) Es werden zusätzlich folgende Ereignisse vereinbart:
   D – alle Sensoren sind nach Ablauf der Reaktion noch funktionsfähig (kein Sensor fällt aus),
   E – es fallen Sensoren aus, der Prozess muss aber nicht gestoppt werden.

Es gilt $P(D) = P(\overline{A}_1 \cap \overline{A}_2 \cap \overline{B}_1 \cap \overline{B}_2 \cap \overline{B}_3) = P(\overline{A}_1) \cdot \ldots \cdot P(\overline{B}_3) = 0{,}4147$. Ferner gilt $\overline{E} = C \cup D$. Da C und D unvereinbar sind, liefert der Additionssatz $P(E) = 1 - P(\overline{E}) = 1 - (P(D) + P(C)) = 1 - (0{,}4147 + 0{,}0179) = 0{,}5674$.

Andere Lösungsmöglichkeit: Es gilt $E = \overline{C} \setminus D$ und $D \subseteq \overline{C}$. Daraus folgt $P(E) = P(\overline{C} \setminus D) = P(\overline{C}) - P(D) = 1 - P(C) - P(D) = 0{,}5674$.

L 8.5
a) Es werden folgende Ereignisse vereinbart:
   A_i – i-ter Flug verfügbar, $i = 1, 2$,
   B_i – j-tes Hotel verfügbar, $j = 1, 2, 3$,
   C – Pauschalreise verfügbar.

Dann gilt $C = (A_1 \cup A_2) \cap (B_1 \cup B_2 \cup B_3)$. Infolge der angenommenen Unabhängigkeit ist $P(C) = P(A_1 \cup A_2) \cdot P(B_1 \cup B_2 \cup B_3)$. Außerdem gilt nach der Komplementregel, der de Morgan'schen Regel und wegen der Unabhängigkeit der Ereignisse

$$\begin{aligned} P(A_1 \cup A_2) &= 1 - P(\overline{A_1 \cup A_2}) = 1 - P(\overline{A}_1 \cap \overline{A}_2) \\ &= 1 - P(\overline{A}_1) \cdot P(\overline{A}_2) = 1 - 0{,}5 \cdot 0{,}5 = 0{,}75. \end{aligned}$$

Analog ergibt sich

$$P(B_1 \cup B_2 \cup B_3) = 1 - P(\overline{B}_1)P(\overline{B}_2)P(\overline{B}_3) = 1 - 0.8 \cdot 0.6 \cdot 0.3 = 0.856$$

und damit $P(C) = 0.75 \cdot 0.856 = 0.642$.

b) Es bezeichne D das Ereignis, dass eine beliebige Zusammenstellung der Reise möglich ist. Dann gilt $D = A_1 \cap A_2 \cap B_1 \cap B_2 \cap B_3$. Unter Beachtung der Unabhängigkeit erhält man

$$P(D) = P(A_1 \cap A_2 \cap B_1 \cap B_2 \cap B_3) = P(A_1) \ldots P(B_3) = 0.5^2 \cdot 0.2 \cdot 0.4 \cdot 0.7 = 0.014.$$

L 8.6 Für die Bewertung des Stichprobenergebnisses kann dessen Wahrscheinlichkeit herangezogen werden. Es sei X die Anzahl der fehlerhaften Teile in der Stichprobe. Diese Zufallsgröße ist – eine genügend große Ausgangsmenge an Erzeugnissen unterstellt – binomialverteilt mit den Parametern p und $n = 5$. Nach Angaben des Herstellers gilt $p \leq 0.05$. Wir gehen vom ungünstigsten Fall $p = 0.05$ aus und berechnen die Wahrscheinlichkeit dafür, dass ein derart schlechtes oder vielleicht sogar noch schlechteres Stichprobenergebnis beobachtet wird. Es gilt

$$P(X \geq 2) = 1 - P(X \leq 1) = 1 - P(X = 0) - P(X = 1)$$

$$= 1 - \binom{5}{0} 0.05^0 (1 - 0.05)^5 - \binom{5}{0} 0.05^1 (1 - 0.05)^4 = 0.0226.$$

Diese Wahrscheinlichkeit ist „klein". Damit wäre selbst bei einem angenommenen Ausschussanteil von 5 % ein „seltenes" Ereignis beobachtet worden. Da seltene Ereignisse selten eintreten, ist in diesem Fall wohl eher davon auszugehen, dass die Angaben des Herstellers nicht korrekt sind. Einen entsprechenden Warenposten würde man evtl. zurückweisen. Das Risiko für eine Fehlentscheidung beträgt in diesem Fall maximal 2,3 %.

L 8.7 Es sei X die Anzahl der über den gesamten Zeitraum von drei Monaten verfügbaren Rechner. Unter den Gegebenheiten der Aufgabe ist die Zufallsgröße X binomialverteilt mit den Parametern $p = 0.99$ und $n = 20$.

a) $P(X = 20) = \binom{20}{20} 0.99^{20} (1 - 0.99)^0 = 0.8179$

b) Gesucht ist eine minimale Anzahl n derart, dass gilt

$$P(X \geq 20) = \sum_{k=20}^{n} 0.99^k (1 - 0.99)^{n-k} \geq 0.95.$$

Die Größe n ist durch systematisches Probieren zu finden. Aus a) folgt, dass $n = 20$ nicht ausreichend ist. Für $n = 21$ erhält man

$$P(X \geq 20) = \binom{21}{20} 0.99^{20} (1 - 0.99)^1 + \binom{21}{21} .99^{21} (1 - 0.99)^0 = 0.9815,$$

d. h., bereits bei $n = 21$ Rechnern sind mit ca. 98 %iger Wahrscheinlichkeit im betrachteten Zeitraum wenigstens 20 Rechner verfügbar.

L 8.8 Es bezeichne X_t die Anzahl der Reifenpannen an einem Rad bei einer Fahrt über t km. Ferner wird angenommen, dass ein Poisson-Prozess vorliegt. Dann gilt

$$P(X_t = k) = \frac{(\lambda t)^k}{k!} e^{-\lambda t}, k = 0, 1, \ldots \quad \text{und} \quad \mathbb{E} X_t = \lambda t,$$

wobei der Parameter λ, $\lambda > 0$, die Intensität des Prozesses bezeichnet. Gegeben ist die mittlere Anzahl der Reifenpannen an einem Rad bei einer zurückgelegten Strecke von 80.000 km. Daraus ergibt sich $\mathbb{E} X_{80.000} = \lambda \cdot 80.000 = 1$ bzw. $\lambda = \frac{1}{80.000}$.

a) $P(X_{80.000} = 0) = \left(\frac{\frac{1}{80.000} \cdot 80.000}{0!} \right) e^{-\frac{1}{80.000} \cdot 80.000} = e^{-1} = 0,3679.$

b) Es seien $Y_t^{(4)} = \sum_{i=1}^{4} X_t^{(i)}$ die Gesamtzahl der Reifenpannen am Pkw bei einer Fahrt über

t km und $X_t^{(i)}$ die Anzahl der Pannen am i-ten Rad. Unter der Annahme, dass die Reifenpannen an den einzelnen Rädern unabhängig voneinander auftreten, ist $Y_t^{(4)}$ nach dem Summensatz für poissonverteilte Zufallsgrößen ebenfalls poissonverteilt mit dem Parameter $4\lambda t$. Die gesuchte Wahrscheinlichkeit lautet dann

$$P(Y_{40.000}^{(4)} = 0) = \left(\frac{\frac{4}{80.000} \cdot 40.000}{0!} \right)^0 \cdot e^{-\frac{4}{80.000} \cdot 40.000} = e^{-2} = 0,1353.$$

L 8.9 Es sei X die Lebensdauer des Bauelements. Unter der Annahme, dass X exponentialverteilt ist, gilt

$$P(X \geq 10) = 1 - P(X < 10) = 1 - F(10) = 1 - (1 - e^{-10\lambda}) = e^{-10\lambda} = 0,9.$$

Nach Logarithmieren bestimmt sich daraus der Parameter λ der Exponentialverteilung zu $\lambda = -\frac{1}{10} \ln 0,9 = 0,010536$.

a) Erwartungswert: $\mathbb{E} X = \frac{1}{\lambda} = 94,91$; Median: $x_{0,5} = -\frac{\ln 0,5}{\lambda} = 65,79$.
b) Es gilt $P(X \geq 5) = 1 - P(X < 5) = 1 - F(5) = e^{-5\lambda} = 0,9487$, d. h., im Durchschnitt funktionieren nur knapp 95 % der Bauelemente mindestens fünf Jahre.

L 8.10 Es seien X_0 die Lebensdauer des Transformators und X_i die Lebensdauer der i-ten Halogenlampe, $i = 1, 2$. Nach Voraussetzung sind diese Lebensdauern exponentialverteilt, und es gilt $\mathbb{E} X_0 = \frac{1}{\lambda_0} = 7,5$ sowie $\mathbb{E} X_i = \frac{1}{\lambda_i} = 3,5$, $i = 1, 2$. Das ergibt für die Parameter der angenommenen Exponentialverteilungen $\lambda_0 = \frac{1}{7,5} = 0,13333$ und $\lambda_1 = \lambda_2 = \frac{1}{3,5} = 0,28571$. Bezeichnet man mit Y den Zeitpunkt der ersten Störung im Gesamtsystem, so gilt $Y = \min\{X_0, X_1, X_2\}$. Wegen der Unabhängigkeit von X_0, X_1 und X_2 ist die Zufallsgröße Y wiederum exponentialverteilt mit dem Parameter $\lambda = \lambda_0 + \lambda_1 + \lambda_2 = 0,7048.$

a) $P(Y \le 2) = F_Y(2) = 1 - e^{-\lambda \cdot 2} = 0{,}7557$.

b) Erwartungswert $\mathbb{E}Y = \frac{1}{\lambda} = 1{,}4188$; Median: $y_{0,5} = -\frac{\ln 0{,}5}{\lambda} = 0{,}9834$.

L 8.11 Es sei X_t die Anzahl der Unterbrechungen innerhalb von t Stunden. Unter der Annahme, dass ein Poisson-Prozess vorliegt, gilt

$$P(X_t = k) = \frac{(\lambda t)^k}{k!} e^{-\lambda t}, k = 0, 1, \dots \quad \text{sowie} \quad \mathbb{E}X_t = \lambda t.$$

Im Mittel ist innerhalb von drei Stunden mit zwei Unterbrechungen zu rechnen, sodass $\mathbb{E}X_3 = \lambda \cdot 3 = 2$ gilt. Das ergibt für die Intensität λ des Prozesses den Wert $\lambda = \frac{2}{3}$.

a) Beim Poisson-Prozess ist der Abstand T zwischen zwei Ereignissen exponentialverteilt mit dem Parameter λ. Es gilt $\mathbb{E}T = \frac{1}{\lambda} = 1{,}5$, sodass im Durchschnitt alle 1,5 Stunden eine Unterbrechung erfolgt.

b) Das Herunterladen ist erfolgreich, falls innerhalb von zwei Stunden keine Unterbrechung erfolgt. Die Wahrscheinlichkeit dafür beträgt

$$P(X_2 = 0) = \frac{(\lambda \cdot 2)^0}{0!} e^{-\lambda \cdot 2} = e^{-\frac{4}{3}} = 0{,}2636.$$

Anstelle der Wahrscheinlichkeit $P(X_2 = 0)$ hätte man auch die Wahrscheinlichkeit $P(T \ge 2) = 1 - P(T < 2) = 1 - (1 - e^{-\lambda \cdot 2})$ betrachten können.

c) Es sei $X_{0,5}$ die Anzahl der Unterbrechungen in den verbleibenden 0,5 Stunden. Wegen der bei einem Poisson-Prozess vorliegenden Nachwirkungsfreiheit ist $X_{0,5}$ abermals poissonverteilt. Aufgrund der Beziehung

$$P(X_{0,5} \ge 1) = 1 - P(X_{0,5} = 0) = 1 - \frac{(\lambda \cdot 0{,}5)^0}{0!} e^{-\lambda \cdot 0{,}5} = 0{,}2835$$

beträgt das Risiko dafür, dass der Download-Vorgang doch noch schief geht, immerhin noch ca. 28 %. (Statt der Wahrscheinlichkeit $P(X_{0,5} \ge 1)$ hätte man auch die Wahrscheinlichkeit $P(T \le 0{,}5) = 1 - e^{-\lambda \cdot 0{,}5}$ berechnen können.)

d) Im Teil a) wurde die Wahrscheinlichkeit $p = P(X_2 = 0) = 0{,}2636$ dafür berechnet, dass das Herunterladen mit einem Versuch gelingt. Es sei N die Anzahl der erfolgreichen Ausgänge bei $n = 3$ Versuchen. Diese Anzahl ist binomialverteilt mit den Parametern $p = 0{,}2636$ und $n = 3$. Die Wahrscheinlichkeit dafür, dass drei Versuche ausreichen, beträgt

$$P(N \ge 1) = 1 - P(N = 0) = 1 - \binom{3}{0} p^0 (1-p)^{3-0} = 1 - (1-p)^3 = 0{,}6007.$$

e) Ist N die Nummer des Versuchs, bei dem das Herunterladen erstmalig erfolgreich ist, so gilt

$$P(N = k) = (1-p)^{k-1} p, k = 1, 2, \dots,$$

wobei $p = P(X_2 = 0) = 0{,}2636$ die unter b) berechnete Wahrscheinlichkeit für einen erfolgreichen Versuch ist. Die gesuchte Wahrscheinlichkeit beträgt damit

$$P(N \leq 3) = p + (1 - p)p + (1 - p)^2 p = 0{,}6007$$

und stimmt mit der unter d) berechneten Wahrscheinlichkeit überein.

L 8.12

a) Es bezeichne X das als normalverteilt angenommene Papiergewicht, sodass $X \sim N(120, 5^2)$ gilt. Gesucht ist die Wahrscheinlichkeit

$$P(X \leq 125) = \Phi\left(\frac{125 - 120}{5}\right) = \Phi(1{,}0) = 0{,}8413,$$

was bedeutet, dass lediglich mit ca. 84 %iger Wahrscheinlichkeit keine Störungen beim Drucken zu erwarten sind.

b) Gesucht ist ein maximaler Wert a für das mittlere Papiergewicht mit der Eigenschaft

$$P(X > 125) = 1 - \Phi\left(\frac{125 - a}{5}\right) = 0{,}01 \quad \text{bzw.} \quad \Phi\left(\frac{125 - a}{5}\right) = 0{,}99.$$

Unter Verwendung des 0,99-Quantils der standardisierten Normalverteilung $z_{0,99} = 2{,}3263$ ist der Mittelwert a so zu bestimmen, dass $\frac{125-a}{5} = z_{0,99}$ bzw. $a = 125 - 2{,}3263 \cdot 5$ gilt. Das ergibt für das maximale mittlere Papiergewicht einen Wert von ca. 113 g/m^2.

L 8.13 Es sei X die tatsächliche Abfüllmenge, die als normalverteilt vorausgesetzt wird. Es gelte $X \sim N(a, \sigma^2)$. Da bei der Abfüllung kein systematischer Fehler auftritt, stimmen Einstellwert und Mittelwert der Abfüllmenge überein. Noch nicht bekannt ist die Varianz der Abfüllmenge σ^2. Nach Vorgabe gilt

$$P(X < 1{,}0) = \Phi\left(\frac{1{,}0 - 1{,}01}{\sigma}\right) = 0{,}2.$$

Das 0,2-Quantil der standardisierten Normalverteilung beträgt $z_{0,2} = -0{,}8416$, weshalb sich aus $\frac{1{,}0-1{,}01}{\sigma} = z_{0,2}$ für die Standardabweichung der Abfüllmenge der Wert $\sigma = 0{,}0119$ ergibt. Gesucht ist nun ein minimaler Wert für die Einstellmenge bzw. den Mittelwert a der Abfüllmenge X derart, dass

$$P(X < 1{,}0) = \Phi\left(\frac{1{,}0 - a}{0{,}0119}\right) = 0{,}05$$

gilt. Mit $z_{0,05} = -1{,}6449$, dem 0,05-Quantil der standardisierten Normalverteilung, ergibt sich aus der Beziehung $\frac{1{,}0-a}{0{,}0119} = -1{,}6449$ der Wert $a = 1{,}0195$, sodass der Automat auf eine Füllmenge von ca. 1,02 l einzustellen wäre.

L 8.14 Es seien X_i die als normalverteilt angenommenen Kosten der i-ten Handwerkerleistung, $i = 1, 2, 3$, d. h. $X_i \sim N(a_i, \sigma_i^2)$. Zu bestimmen sind die Mittelwerte a_i und die Varianzen σ_i^2. Für die Mittelwerte werden hilfsweise die Intervallmittelwerte genommen: $a_1 = 10$, $a_2 = 9$, $a_3 = 12$. Um σ_1 zu bestimmen, nutzen wir die laut Annahme geltende Beziehung

$$P(9 \leq X_1 \leq 11) = \Phi\left(\frac{11 - 10}{\sigma_1}\right) - \Phi\left(\frac{9 - 10}{\sigma_1}\right) = 2 \cdot \Phi\left(\frac{1}{\sigma_1}\right) - 1 = 0,95 \,,$$

was auf $\Phi\left(\frac{1}{\sigma_1}\right) = 0,975$ führt. Unter Verwendung der Größe $z_{0,975} = 1,9599$, dem 0,975-Quantil der standardisierten Normalverteilung gilt $\sigma_1 = \frac{1}{z_{0,975}} = 0,5102$ [Tsd. Euro]. Analog gilt $\sigma_2 = \sigma_3 = 0,5102$. Die Gesamtkosten ergeben sich zu $Y = X_1 + X_2 + X_3$. Da keine Preisabsprachen vorliegen, können X_1, X_2 und X_3 als unabhängig angesehen werden. Nach dem Summensatz für normalverteilte Zufallsgrößen ist dann Y wieder normalverteilt: $Y \sim N(a_1 + a_2 + a_3, \sigma_1^2 + \sigma_2^2 + \sigma_3^2) = N(30, 3\sigma_1^2)$. Das ergibt für die gesuchte Wahrscheinlichkeit

$$P(Y \leq 31) = \Phi\left(\frac{31 - 30}{\sqrt{3}\sigma_1}\right) = 0,8711 \,.$$

Die Chancen, dass die Gesamtkosten den vorgegebenen Wert von 31 Tsd. Euro nicht überschreiten, betragen damit ca. 87 %.

b) Es bezeichne q den auszuhandelnden Rabattsatz ($0 \leq q \leq 1$). Dieser ist so zu bestimmen, dass die Beziehung

$$P((1 - q)Y \leq 30) = \Phi\left(\frac{\frac{30}{1-q} - 30}{\sqrt{3}\,\sigma_1}\right) = 0,9$$

erfüllt ist. Das 0,9-Quantil der standardisierten Normalverteilung lautet $z_{0,9} = 1,2816$. Damit berechnet sich q aus der Gleichung

$$\frac{\frac{30}{1-q} - 30}{\sqrt{3}\sigma_1} = z_{0,9} \quad \text{bzw.} \quad q = 1 - \frac{30}{z_{0,9}\sqrt{3}\sigma_1 + 30} \,.$$

Das ergibt $q = 0,0364$, sodass ein Rabattsatz von 3,64 % anzustreben wäre.

L 8.15 Es werden folgende Zufallsgrößen eingeführt:

X_t – Anzahl der Kreditausfälle in t Monaten; $X_t \sim \text{Poi}(\lambda_t)$ mit $\lambda_t = \mu t$

Y – Zeit zwischen zwei aufeinanderfolgenden Kreditausfällen; $Y \sim \text{Exp}(\mu)$.

Wegen $\mathbb{E}X_2 = 5 = \lambda_2 = \mu \cdot 2$ lautet die Intensität des Poisson-Prozesses $\mu = 2,5$.

a) $\{X_t, t \geq 0\}$ ist ein Poisson-Prozess, falls Stationarität (Anzahl der Kreditausfälle innerhalb eines gewissen Zeitintervalls ist nur von der Länge und nicht von der Lage des Intervalls abhängig), Unabhängigkeit (Kreditausfälle in verschiedenen überschneidungsfreien Zeitintervallen beeinflussen sich nicht gegenseitig) und Ordinarität (Kreditausfälle treten einzeln und sprunghaft auf) vorliegen. Dann ist die Zeitdauer zwischen zwei aufeinanderfolgenden Kreditausfällen exponentialverteilt.

b) $P(X_1 = 0) = \exp(-\mu \cdot 1) = 0{,}082$.

L 8.16 Es sei $S_{100} = \sum\limits_{i=1}^{100} X_i$ die Anzahl der nach einem halben Jahr aus den 100 Autos auszusondernden Wagen. Hierbei bezeichne X_i eine 0-1-verteilte Zufallsgröße, die anzeigt, ob der i-te Wagen auszusondern ist oder nicht, $i = 1, \ldots, 100$. Es wird unabhängige Nutzung der Wagen unterstellt, sodass die Variablen X_i als unabhängig angesehen werden können.

a) Gesucht ist die Wahrscheinlichkeit $P(S_{100} \geq 50) = P\left(\sum\limits_{i=1}^{100} X_i \geq 50\right)$, wobei $P(X_i = 1) = p = 0{,}4$ gilt. Nach dem zentralen Grenzverteilungssatz von Moivre-Laplace ist die Summe S_{100} näherungsweise normalverteilt. (Die Faustregel für die Anwendung dieses Satzes ist wegen $np(1-p) = 100 \cdot 0{,}4 \cdot (1 - 0{,}4) = 24 \geq 4$ erfüllt, d. h., die Näherung ist ausreichend genau.) Somit gilt

$$P(S_{100} \geq 50) \approx 1 - \Phi\left(\frac{50 - 0{,}5 - 100 \cdot 0{,}4}{\sqrt{100 \cdot 0{,}4 \cdot 0{,}6}}\right) = 0{,}0262\,.$$

Die gesuchte Wahrscheinlichkeit beträgt somit ca. 2,6 %. Hinweis: Der im Argument von Φ eingeführte Wert 0,5 verbessert bei ganzzahligen Zufallsgrößen die Approximationsgenauigkeit.

b) Es bezeichne k^* die Anzahl der Wagen, für die Geld zur Neuanschaffung zu bilanzieren ist. Gesucht ist ein minimaler Wert für k^* mit der Eigenschaft $P(S_{100} \leq k^*) \geq 0{,}95$. Wird für so viele Wagen Geld für eine Ersatzinvestition eingeplant, so wird dieses im Mittel in 95 % der Fälle ausreichen. Nach dem zentralen Grenzverteilungssatz kann k^* näherungsweise aus der Beziehung

$$P(S_{100} \leq k^*) \approx \Phi\left(\frac{k^* + 0{,}5 - 100p}{\sqrt{100p(1-p)}}\right) = 0{,}95$$

bestimmt werden. Da das 0,95-Quantil der standardisierten Normalverteilung $z_{0{,}95}$ den Wert 1,6449 hat, lässt sich die Anzahl k^* aus der Beziehung

$$\frac{k^* + 0{,}5 - 100 \cdot 0{,}4}{\sqrt{100 \cdot 0{,}4 \cdot 0{,}6}} = 1{,}6449$$

zu $k^* = 47{,}56$ ermitteln. Da die Lösung ganzzahlig sein muss, ist Geld für 48 Mietwagen bereitzustellen.

L 8.17 Es werden folgende Zufallsgrößen definiert:

$$S_{110} = \sum_{i=1}^{110} X_i - \text{Anzahl einwandfreier Kugeln in einer 110er-Packung,}$$

$$X_i = \begin{cases} 1, & \text{falls die Weihnachtsbaumkugel einwandfrei ist,} \\ 0, & \text{falls die Weihnachtsbaumkugel fehlerhaft ist.} \end{cases}$$

Laut Vorgabe gilt $p = P(X_i = 1) = 0{,}9$, $i = 1, \ldots, 100$.

a) Die Anwendung des zentralen Grenzverteilungssatzes in der Form von Moivre-Laplace liefert

$$P(S_{110} \geq 100) \approx 1 - \Phi\left(\frac{100 - 0{,}5 - 110 \cdot 0{,}9}{\sqrt{110 \cdot 0{,}9 \cdot 0{,}1}}\right) = 0{,}4369$$

(wegen $np(1-p) = 110 \cdot 0{,}9(1-0{,}9) = 9{,}9 \geq 4$ ist die Faustregel erfüllt, d. h., die Näherung ist „ausreichend" genau). Die gesuchte Wahrscheinlichkeit beträgt damit lediglich ca. 44 %.

b) Gesucht ist eine minimale Packungsgröße n^* mit der Eigenschaft, dass $P(S_{n^*} \geq 100) \geq 0{,}95$ gilt. Mit Hilfe des zentralen Grenzverteilungssatzes kann die Anzahl n^* näherungsweise aus der Beziehung

$$P(S_{n^*} \geq 100) \approx 1 - \Phi\left(\frac{100 - 0{,}5 - n^* \cdot 0{,}9}{\sqrt{n^* \cdot 0{,}9 \cdot 0{,}1}}\right) = 0{,}95$$

bzw. aus

$$\frac{100 - 0{,}5 - n^* \cdot 0{,}9}{\sqrt{n^* \cdot 0{,}9 \cdot 0{,}1}} = z_{0{,}05} = -1{,}6449$$

bestimmt werden. Letztere Beziehung ist eine quadratische Gleichung in der Unbekannten $\sqrt{n^*}$. Die einzige positive Lösung dieser Gleichung (die negative Lösung scheidet aus) lautet $\sqrt{n^*} = 10{,}7923$, woraus $n^* = 116{,}47$ folgt. Da die Lösung ganzzahlig sein muss, sollte eine Packung mindestens 117 Erzeugnisse enthalten.

c) Analog zu b) ergibt sich jetzt $n^* = 1128{,}98$. Das Ergebnis zeigt, dass bei gleicher angestrebter Sicherheit größere Packungen für den Hersteller „günstiger" sind. Das ist eine Folge des Gesetzes der großen Zahlen.

L 8.18 Es werden folgende Zufallsgrößen definiert:

$$S_{100} = \sum_{i=1}^{100} X_i - \text{Anzahl fehlerhafter Teile in Stichprobe vom Umfang 100,}$$

$$X_i = \begin{cases} 1, & \text{falls das } i\text{-te Stück fehlerhaft ist,} \\ 0, & \text{falls das } i\text{-te Stück einwandfrei ist.} \end{cases}$$

a) Es gilt $P(X_i = 1) = p = 0{,}05$. Gesucht ist die Wahrscheinlichkeit $P(S_{100} \le 7)$. Nach dem zentralen Grenzverteilungssatz in der Form von Moivre-Laplace ist S_{100} näherungsweise $N(100 \cdot 0{,}05; 100 \cdot 0{,}05 \cdot (1 - 0{,}05))$-verteilt. Wegen der Ungleichung $np(1 - p) = 100 \cdot 0{,}05 \cdot 0{,}95 = 4{,}75 > 4$ ist die Faustregel für die Anwendbarkeit des Grenzverteilungssatzes erfüllt, sodass letzterer eine „ausreichend" genaue Näherung liefert. Damit gilt

$$P(S_{100} \le 7) \approx \Phi\left(\frac{7 + 0{,}5 - 100 \cdot 0{,}05}{\sqrt{100 \cdot 0{,}05 \cdot 0{,}95}}\right) = \Phi(1{,}1471) = 0{,}8743 \,.$$

b) Gesucht ist eine Annahmezahl c mit der Eigenschaft

$$P(S_{100} \le c) \approx \Phi\left(\frac{c + 0{,}5 - 100 \cdot 0{,}05}{\sqrt{100 \cdot 0{,}05 \cdot 0{,}95}}\right) \ge 0{,}95 \,.$$

Das 0,95-Quantil der standardisierten Normalverteilung beträgt 1,6449. Deshalb lässt sich c aus der Gleichung

$$\frac{c + 0{,}5 - 100 \cdot 0{,}05}{\sqrt{100 \cdot 0{,}05 \cdot 0{,}95}} = 1{,}6449$$

bestimmen, woraus man $c = 100 \cdot 0{,}05 - 0{,}5 + 1{,}6449\sqrt{100 \cdot 0{,}05 \cdot 0{,}95} = 8{,}08$ erhält. Da die Annahmezahl ganzzahlig sein muss, ergibt das $c = 9$.

c) Jetzt gilt $p = 0{,}1$. Gesucht ist die Wahrscheinlichkeit

$$P(S_{100} \le 9) \approx \Phi\left(\frac{9 + 0{,}5 - 100 \cdot 0{,}1}{\sqrt{100 \cdot 0{,}1 \cdot 0{,}9}}\right) = \Phi(-0{,}1667) = 0{,}4338 \,.$$

Die Gegenseite dürfte wohl kaum mit der vorgeschlagenen Annahmezahl $c = 9$ einverstanden sein.

L 8.19 Es seien $S_{200} = \sum_{i=1}^{200} X_i$ die entstehenden Gesamtkosten bei 200 Versicherungsnehmern, wobei X_i, $i = 1, \ldots, 200$, die durch den i-ten Versicherungsnehmer entstehenden Kosten bezeichnen. Für diese Zufallsgrößen gilt laut Aufgabenstellung $\mathbb{E}X_i = 7000$ und $\mathrm{Var}(X_i) = 3200$.

a) Gesucht ist ein minimaler Wert b für den Jahresbeitrag derart, dass die Beziehung $P(S_{200} \le 200 \cdot b) = 0{,}95$ gilt. Die genaue Verteilung der Zufallsgrößen X_i ist nicht bekannt, sodass auch die Verteilung der Gesamtkosten S_{200} nicht direkt bestimmt werden kann. Allerdings hilft der zentrale Grenzverteilungssatz weiter. Wird Unabhängigkeit der Kosten X_i unterstellt, so ist die Zufallsgröße S_{200} näherungsweise $N(200 \cdot 7000, 200 \cdot 3200^2)$-verteilt. Der Beitrag b kann daher so bestimmt werden, dass

$$P(S_{200} \le 200b) \approx \Phi\left(\frac{200b - 200 \cdot 7000}{\sqrt{200 \cdot 3200}}\right) = 0{,}95$$

gilt. Da das 0,95-Quantil der standardisierten Normalverteilung den Wert 1,6449 hat, bestimmt sich b aus der Gleichung $\frac{200b-200\cdot7000}{\sqrt{200\cdot3200}} = 1,6449$, sodass der zu kalkulierende Wert für den Jahresbeitrag bei $b = 7372\,€$ liegt.

b) Es gelte jetzt $\mathbb{E}X_i = a$ und $\mathrm{Var}(X_i) = \sigma^2$, $i = 1, \ldots, n$, und es sei γ die angestrebte Sicherheitswahrscheinlichkeit. Gesucht ist eine minimale Anzahl n an Versicherungs-nehmern mit der Eigenschaft

$$P(S_n \le nb) \approx \Phi\left(\frac{nb - na}{\sqrt{n\sigma^2}}\right) = \gamma.$$

Bezeichnet z_γ das γ-Quantil der standardisierten Normalverteilung, so ist die Anzahl n so zu bestimmen, dass gilt

$$\frac{nb - na}{\sqrt{n\sigma^2}} = \sqrt{n} \cdot \frac{(b - a)}{\sigma} = z_\gamma \quad \text{bzw.} \quad n = \frac{z_\gamma^2 \sigma^2}{(b - a)^2}.$$

Für $a = 7000$ und $\sigma^2 = 3200$ erhält man diese Aussage: Um vergleichbare Sicherheit zu erreichen, sind mindestens 444 Versicherungsnehmer zu versichern.

13.9   Lösungen zu Kapitel 9

Die folgenden, für die Lösung der Aufgaben wichtigen Größen sind für verschiedene Werte von q und m tabelliert:

z_q	– q-Quantil der standardisierten Normalverteilung
$t_{m;q}$	– q-Quantil der t-Verteilung mit m Freiheitsgraden
$\chi^2_{m;q}$	– q-Quantil der χ^2-Verteilung mit m Freiheitsgraden

L 9.1 Gegeben ist eine Stichprobe vom Umfang n zu einer 0-1-verteilten Grundgesamtheit X mit $P(X = 1) = p$, $0 \le p \le 1$. Es wurde $(k = 7)$-mal das Ereignis $\{X = 1\}$ beobachtet. Die Konfidenzgrenzen p_1^* und p_2^* für ein asymptotisches Konfidenzintervall zum Konfidenz-niveau $1 - \alpha$ ergeben sich zu

$$p_{1,2}^* = \frac{1}{n + z_{1-\frac{\alpha}{2}}^2}\left(k + \frac{z_{1-\frac{\alpha}{2}}^2}{2} \mp z_{1-\frac{\alpha}{2}} \cdot \sqrt{\frac{k(n - k)}{n} + \frac{z_{1-\frac{\alpha}{2}}^2}{4}}\right).$$

(Zur Bezeichnung $z_{1-\frac{\alpha}{2}}$ siehe oben.) Für $\alpha = 0,05$ gilt $z_{1-\frac{\alpha}{2}} = 1,96$. Als konkretes asympto-tisches Konfidenzintervall ergibt sich damit das Intervall $[p_1^*, p_2^*] = [0,0343; 0,1375]$.

L 9.2 Die asymptotischen Konfidenzgrenzen p_1^* und p_2^* berechnen sich wie in L 9.1. Für $\alpha = 0{,}05$ ergeben sich die Intervalle $[0{,}4194; 0{,}4810]$, $[0{,}4392; 0{,}5010]$ und $[0{,}0364; 0{,}0631]$.

L 9.3 X sei eine $N(a, \sigma^2)$-verteilte Grundgesamtheit und $\boldsymbol{X}_n = (X_1, \ldots, X_n)$ eine Stichprobe vom Umfang n. Wie üblich werden der Stichprobenmittelwert und die Stichprobenvarianz mit $\overline{X} = \frac{1}{n} \sum_{i=1}^n X_i$ bzw. $S^2 = \frac{1}{n-1} \sum_{i=1}^n (X_i - \overline{X})^2$ bezeichnet. Zweiseitige Konfidenzintervalle für a und σ^2 zum Konfidenzniveau $1 - \alpha$ ergeben sich dann wie folgt:

a) Mittelwert: $[a_1^*; a_2^*] = \left[\overline{X} - \frac{t_{n-1,1-\frac{\alpha}{2}} \cdot S}{\sqrt{n}}; \overline{X} + \frac{t_{n-1,1-\frac{\alpha}{2}} \cdot S}{\sqrt{n}} \right]$.

b) Varianz: $[\sigma_1^{2*}, \sigma_2^{2*}] = \left[(n-1) \frac{S^2}{\chi_{n-1,1-\frac{\alpha}{2}}^2}; (n-1) \frac{S^2}{\chi_{n-1,\frac{\alpha}{2}}^2} \right]$.

(Zu den Bezeichnungen $t_{n-1;1-\frac{\alpha}{2}}$, $\chi_{n-1;1-\frac{\alpha}{2}}^2$ bzw. $\chi_{n-1;\frac{\alpha}{2}}^2$ siehe Tabelle in Abschn. 13.9.) Für die Werte $\alpha = 0{,}05$ und $n = 30$ gilt $t_{29;0,975} = 2{,}045$, $\chi_{29;0,975}^2 = 45{,}72$ sowie $\chi_{29;0,025}^2 = 16{,}05$. Einsetzen der konkreten Stichprobenergebnisse liefert die folgenden Konfidenzgrenzen:

	a_1^*	a_2^*	σ_1^{2*}	σ_2^{2*}
Studentinnen	$166{,}1$	$170{,}7$	$4{,}96^2$	$8{,}37^2$
Studenten	$179{,}1$	$184{,}5$	$5{,}69^2$	$9{,}61^2$

L 9.4 Es bezeichne X die Druckfestigkeit. Nach Annahme gilt $X \sim N(a, \sigma^2)$. Konkreter Stichprobenmittelwert: $\overline{x} = 34{,}55$; konkrete Stichprobenvarianz: $s^2 = 14{,}0539$.

a) Einseitiges Konfidenzintervall für den Mittelwert a: Entsprechend der vorliegenden Aufgabenstellung wird ein einseitiges, nach unten begrenztes Konfidenzintervall zum Konfidenzniveau $1 - \alpha$ betrachtet. Untere Konfidenzgrenze:

$$a_u^* = \overline{X} - \frac{t_{n-1;1-\alpha} \cdot S}{\sqrt{n}}.$$

(Zur Bezeichnung $t_{n-1;1-\alpha}$ siehe Tabelle in Abschn. 13.9.) Für $n = 10$ und $\alpha = 0{,}05$ gilt $t_{9;0,95} = 1{,}833$, woraus das Konfidenzintervall $[a_u^*, \infty) = [32{,}38; \infty)$ resultiert.

b) Einseitiges Konfidenzintervall für die Varianz der Festigkeit: Hier ist ein einseitiges, nach oben begrenztes Konfidenzintervall angezeigt. Die entsprechende obere Konfidenzgrenze ergibt sich zu

$$\sigma_o^{2*} = (n-1) \frac{S^2}{\chi_{n-1,\alpha}^2}.$$

(Zur Bezeichnung $\chi_{n-1;\alpha}^2$ siehe Tabelle in Abschn. 13.9.) Für $n = 10$ und $\alpha = 0{,}05$ gilt $\chi_{9;0,05}^2 = 3{,}325$. Hieraus erhält man das Konfidenzintervall $[0, \sigma_o^{2*}] = [0; 38{,}04]$.

L 9.5 Hier wird ein Test zum Prüfen des Mittelwertes einer normalverteilten Grundgesamtheit bei bekannter Varianz angewendet, denn die Standardabweichung der Abfüllmenge ist nach Herstellerangabe bekannt. Es bezeichne X die tatsächliche Abfüllmenge, es gelte $X \sim N(a, \sigma^2)$, σ^2 ist bekannt.

Hypothese: Der Automat füllt im Mittel richtig ab, die beobachtete Abweichung vom Einstellwert ist zufallsbedingt, d. h. $H_0 : a = a_0 = 1$.

Testgröße: $Z = \sqrt{n} \cdot \frac{\overline{X} - a_0}{\sigma}$

Kritischer Bereich: Zu weit unterhalb der geforderten Abfüllmenge liegende Werte von $\overline{X}$ sprechen gegen H_0, Abweichungen nach oben sind „weniger" relevant, sodass eine einseitige Fragestellung zutreffend ist.

Mit dem 0,1-Quantil $z_{0,1} = -1{,}2816$ der standardisierten Normalverteilung ergibt sich der kritische Bereich

$$K^* = (-\infty; z_{0,1}] = (-\infty; -1{,}2816].$$

Testwert: Einsetzen des Stichprobenergebnisses in die Testgröße liefert den Testwert $z = \sqrt{20} \cdot \frac{0,995-1}{0,02} = -1.1180$. Wegen $z > z_{0,1}$ liegt der Testwert nicht im kritischen Bereich. Der Test ist nicht signifikant. Die beobachtete Abweichung ist als zufallsbedingt anzusehen.

L 9.6 Es wird ein t-Test zum Prüfen des Mittelwertes einer normalverteilten Grundgesamtheit durchgeführt. Dazu bezeichne X die Werbesendedauer. Nach Annahme gilt $X \sim N(a, \sigma^2)$, wobei die Varianz σ^2 unbekannt ist.

Hypothese: Die mittlere Dauer der Werbesendungen überschreitet nicht die vorgegebene 5-Minuten-Grenze, die in der Stichprobe beobachtete Tendenz ist zufallsbedingt. Deshalb wird die Hypothese $H_0 : a = a_0 = 300$ aufgestellt.

Testgröße: Der Stichprobenmittelwert $\overline{X}$ wird mit dem hypothetischen Mittelwert a_0 verglichen. Das führt auf die Testgröße

$$T = \sqrt{n} \cdot \frac{\overline{X} - a_0}{S} \quad \text{mit} \quad \overline{X} = \frac{1}{n} \sum_{i=1}^{n} X_i \quad \text{und} \quad S^2 = \frac{1}{n-1} \sum_{i=1}^{n} (X_i - \overline{X})^2.$$

Diese ist t-verteilt mit $n - 1$ Freiheitsgraden.

Kritischer Bereich: Hier spricht eine Überschreitung der mittleren zulässigen Sendedauer nach oben gegen die Hypothese H_0, sodass zu große Werte von T gegen H_0 sprechen (einseitige Fragestellung). Bezeichnet man wie üblich mit $t_{9;0,9} = 1{,}833$ das 0,9-Quantil der t-Verteilung mit 9 Freiheitsgraden, so ergibt sich der kritische Bereich $K^* = [t_{9;0,9}; \infty) = [1{,}833; \infty)$.

Testwert: Für die vorliegende Stichprobe gilt $\overline{x} = 307{,}1$ und $s^* = 12{,}67$. Das ergibt $t = \sqrt{10} \cdot \frac{307,1-300}{12,67} = 1{,}772$.

Entscheidungsregel: Es gilt $t < t_{9;0,9}$, d. h. $t \notin K^*$. Der Test ist nicht signifikant. Die beobachtete Tendenz ist im Sinne dieses Tests als zufällig zu bewerten.

L 9.7 Mit X_1 und X_2 sollen das Gewicht eines Probanden vor bzw. nach der Diät bezeichnet werden. Da diese Werte jeweils am gleichen Probanden erhoben wurden, liegt eine soge-nannte verbundene Stichprobe vor. Zur Untersuchung der Wirksamkeit der Diät werden deshalb die Gewichtsunterschiede $Y_i = X_{1i} - X_{2i}$, $i = 1, \ldots, 10$, betrachtet. Diese werden als $N(a, \sigma^2)$-verteilt angenommen.

Hypothese: Die Diät ist wirkungslos, die beobachtete Gewichtsreduzierung wird als zu-fallsbedingt angesehen, d. h., die Hypothese lautet $H_0 : a = 0$.

Testgröße: Wie beim t-Test ergibt sich als Testgröße

$$ T = \sqrt{n} \cdot \frac{\overline{Y}}{S_Y} \quad \text{mit} \quad \overline{Y} = \frac{1}{n} \cdot \sum_{i=1}^{n} Y_i \quad \text{und} \quad S_Y^2 = \frac{1}{n-1} \cdot \sum_{i=1}^{n} (Y_i - \overline{Y})^2, $$

wobei T eine t-Verteilung mit $n-1$ Freiheitsgraden besitzt.

Kritischer Bereich: Genügend große Werte von $\overline{Y}$ und damit entsprechend große Werte von T sprechen gegen die angenommene Zufälligkeit des Stichprobenergebnisses, sodass eine einseitige Fragestellung angezeigt ist und $K^* = [t_{n-1;1-\alpha}; \infty)$ gilt. (Zur Bezeichnung $t_{m;q}$ siehe Tabelle in Abschn. 13.9.)

Entscheidungsregel: Aus der Stichprobe errechnen sich Mittelwert und Standardabwei-chung von Y zu $\overline{y} = 2{,}92$ und $s_Y = 3{,}11$. Der Testwert beträgt $t = \sqrt{10} \cdot \frac{2{,}92}{3{,}11} = 2{,}969$. Für $n = 10$ und $\alpha = 0{,}05$ ergibt sich als kritischer Wert bei der einseitigen Fragestellung $t_{9;0,95} = 1{,}833 < 2{,}969 = t$, sodass der Test signifikant ausgeht. Folglich ist die Hypothese, die beobachtete Wirkung beruhe auf Zufälligkeit, bei einer zugelassenen Irrtumswahr-scheinlichkeit von 5 % abzulehnen.

L 9.8 Es kann ein t-Test zum Vergleich der Mittelwerte zweier normalverteilter Grund-gesamtheiten angewendet werden (sogenannter doppelter t-Test). Dazu sollen X_1 und X_2 die jeweils erfassten Körpergrößen bezeichnen. Nach Annahme gilt $X_1 \sim N(a_1, \sigma_1^2)$ und $X_2 \sim N(a_2, \sigma_2^2)$. Weiter wird unterstellt, dass X_1 und X_2 unabhängig sind und $\sigma_1^2 = \sigma_2^2$ gilt.

Hypothese: Der anhand der Stichproben festgestellte mittlere Größenunterschied ist zu-fallsbedingt. Die Hypothese lautet damit $H_0 : a_1 = a_2$.

Testgröße: Der Vergleich beider Stichprobenmittelwerte führt auf die Testgröße

$$ T = \sqrt{\frac{n_1 \cdot n_2}{n_1 + n_2}} \cdot \frac{\overline{X}_1 - \overline{X}_2}{\sqrt{\frac{(n_1-1)S_1^2 + (n_2-1)S_2^2}{n_1 + n_2 - 2}}} $$

mit $\overline{X}_i = \frac{1}{n_i} \sum_{j=1}^{n_i} X_{ij}$ und $S_i^2 = \frac{1}{n_i-1} \sum_{j=1}^{n_i} (X_{ij} - \overline{X}_i)^2$, $i = 1, 2$. Diese ist t-verteilt mit $n_1 + n_2 - 2$ Freiheitsgraden.

Kritischer Bereich: Da zunächst nicht zu erwarten ist, dass zwischen den Generationen signifikante Größenunterschiede bestehen, wird eine zweiseitige Fragestellung betrachtet. In diesem Sinne sprechen betragsmäßig große Werte von T gegen H_0. Deshalb lautet der kritische Bereich: $K^* = (-\infty; -t_{n_1+n_2-2;1-\frac{\alpha}{2}}] \cup [t_{n_1+n_2-2;1-\frac{\alpha}{2}}; \infty)$. (Zur Bezeichnung $t_{m;q}$ siehe Tabelle in Abschn. 13.9.)

Entscheidungsregel: Einsetzen der Stichprobenergebnisse in die Testgröße ergibt den Testwert $t = 2{,}56$. Andererseits erhält man für $\alpha = 0{,}05$ den Wert $t_{60;0{,}975} = 2{,}00$.

Da der Testwert größer als der Wert des Quantils ist und somit im kritischen Bereich liegt, ist der Test signifikant. Folglich ist die Hypothese, der beobachtete mittlere Größenunterschied sei zufallsbedingt, bei einer zugelassenen Irrtumswahrscheinlichkeit von 5 % abzulehnen.

L 9.9 Es bezeichne X die Abfüllmenge. Nach Annahme gilt $X \sim N(a, \sigma^2)$, der Mittelwert a ist unbekannt. Es wird ein χ^2-Test zum Prüfen der Varianz einer normalverteilten Zufallsgröße angewendet.

Hypothese: Die Varianz der Abfüllmenge entspricht den Herstellerangaben und die beobachtete mittlere Abweichung nach oben ist zufallsbedingt, d. h. $H_0 : \sigma^2 = \sigma_0^2 = 10^2$ [ml^2].

Testgröße: Die Stichprobenvarianz S^2 wird mit der hypothetischen Varianz σ_0^2 verglichen, was auf die Testgröße

$$\chi^2 = (n-1) \cdot \frac{S^2}{\sigma_0^2} \quad \text{mit} \quad S^2 = \frac{1}{n-1} \cdot \sum_{i=1}^{n}(X_i - \overline{X})^2$$

führt. Diese ist χ^2-verteilt mit $n - 1$ Freiheitsgraden.

Kritischer Bereich: Gemäß Hypothese wird angenommen, dass die Abfüllgenauigkeit den Herstellerangaben entspricht. Damit sprechen hinreichend große Werte von S^2 gegen H_0 (einseitige Fragestellung). Folglich gilt $K^* = [\chi^2_{n-1;1-\alpha}; \infty) = [\chi^2_{19;0{,}95}; \infty) = [30{,}14; \infty)$. (Zur Bezeichnung $\chi^2_{m;q}$ s. Tabelle in Abschn. 13.9.)

Entscheidungsregel: Es gilt $s^2 = 0{,}013^2$ und damit $\chi^2 = 19 \cdot \frac{0{,}013^2}{0{,}010^2} = 32{,}11$. Somit gilt $\chi^2 > \chi^2_{n-1;1-\alpha}$ und der Test ist signifikant. Die Hypothese, dass die beobachteten Abweichungen als zufallsbedingt anzusehen sind, ist bei einer zugelassenen Irrtumswahrscheinlichkeit von 5 % zurückzuweisen.

L 9.10 Es bezeichne X den Istwert bei der Messung. Nach Annahme gilt $X \sim N(a, \sigma^2)$, der Mittelwert a ist unbekannt. Es ist zu prüfen, ob durch das Ergebnis der Eichmessungen der Verdacht des Lehrlings als unbegründet anzusehen ist oder nicht.

Hypothese: Die Varianz des Messgerätes ist nicht klein genug, das an sich „schöne" Ergebnis der Eichmessungen ist zufallsbedingt. Diese Situation liegt vor, falls $\sigma^2 \geq \sigma_0^2 = 20^2 [\mu m^2]$ gilt. Deshalb wird die Hypothese $H_0 : \sigma^2 = \sigma_0^2 = 20^2$ aufgestellt.

Testgröße: Der Vergleich der beobachteten Varianz S^2 mit der hypothetischen Varianz σ_0^2 führt auf die Testgröße

$$\chi^2 = (n-1) \cdot \frac{S^2}{\sigma_0^2} \quad \text{mit } S^2 = \frac{1}{n-1} \cdot \sum_{i=1}^{n}(X_i - \overline{X})^2,$$

die χ^2-verteilt mit $n - 1$ Freiheitsgraden ist.

Kritischer Bereich: Es wird vermutet, das Messgerät sei nicht mehr brauchbar. Diese Annahme kann nur bei einer genügend kleinen Stichprobenvarianz zurückgewiesen werden, sodass nur hinreichend kleine Werte von χ^2 gegen H_0 sprechen (einseitige Fragestellung). Folglich gilt $K^* = [0; \chi^2_{19;0,05}] = [0; 10,12]$. (Zur Bezeichnung $\chi^2_{m;q}$ siehe Tabelle in Abschn. 13.9.)

Entscheidungsregel: Gemäß Stichprobe gilt $s^2 = 17^2$. Das ergibt den Testwert $t = (20 - 1) \cdot \frac{17^2}{20^2} = 13,73$, der nicht im kritischen Bereich liegt. Damit ist der Test nicht signifikant. Im Sinne dieses Tests ist der Verdacht des Lehrlings durch das Ergebnis der Eichmessungen nicht ausgeräumt.

L 9.11 Es wird angenommen, dass die Stichprobe aus einer 0-1-verteilten Grundgesamtheit stammt. Dann können den Erzeugnissen 0-1-verteilte Zufallsgrößen zugeordnet werden, wobei $X_i = 1$ bzw. $X_i = 0$ gilt, falls das i-te Erzeugnis fehlerhaft bzw. einwandfrei ist. Außerdem gelte $P(X_i = 1) = p$ für $i = 1, \ldots, 100$.

Hypothese: Der hohe Ausschussanteil in der Stichprobe ist zufallsbedingt und der Ausschussanteil beträgt (höchstens) 5 %, d. h. $H_0 : p = p_0 = 0,05$.

Testgröße: Der beobachtete Ausschussanteil $P^* = \frac{K}{n}$ (K – Anzahl fehlerhafter Teile in der Stichprobe) wird mit dem hypothetischen Ausschussanteil p_0 verglichen. Das führt auf die Testgröße

$$Z = \sqrt{n} \cdot \frac{P^* - p_0}{\sqrt{p_0(1 - p_0)}},$$

die für $n \longrightarrow \infty$ näherungsweise $N(0, 1)$-verteilt ist (Faustregel: $np_0(1 - p_0) \geq 4$).

Kritischer Bereich: Genügend große Werte von Z sprechen gegen H_0 (einseitige Fragestellung), d. h. $K^* = [1,6449; \infty)$. (Zur Bezeichnung z_q siehe Tabelle in Abschn. 13.9.)

Entscheidungsregel: Als Testwert ergibt sich $z = \sqrt{100} \cdot \frac{\frac{10}{100} - 0,05}{\sqrt{0,05 \cdot 0,95}} = 2,2942$. Dieser liegt im kritischen Bereich, weshalb die Hypothese H_0 abgelehnt wird.

Signifikanzschwelle: Unter der Signifikanzschwelle α^* versteht man diejenige Wahrscheinlichkeit, bei der das Stichprobenergebnis signifikant wird. Sie beträgt $\alpha^* = P(Z \geq 2,2942) \approx 1 - \Phi(2,2942) = 0,0109$, sodass sich der Test als „hochsignifikant" herausstellt.

L 9.12

a) Es wird ein Test zum Prüfen einer Wahrscheinlichkeit betrachtet. Dazu wird angenommen, dass die Stichprobe aus einer 0-1-verteilten Grundgesamtheit stammt.

Hypothese: Der Student beherrscht 80 % des Stoffes, das dazu vorliegende Stichprobenergebnis („nur" 70 % der Fragen werden richtig beantwortet), ist zufallsbedingt. Daher wird die Hypothese $H_0 : p = p_0 = 0,8$ aufgestellt.

Testgröße: Der Anteil der richtig beantworteten Fragen $P^* = \frac{K}{n}$ wird mit der hypothetischen Wahrscheinlichkeit p_0 verglichen. Dazu wird die Testgröße

$$Z = \sqrt{n} \cdot \frac{P^* - p_0}{\sqrt{p_0(1 - p_0)}}$$

benutzt, die (für $n \longrightarrow \infty$) näherungsweise $N(0,1)$-verteilt ist (Faustregel: $np_0(1-p_0) \geq 4$).

Kritischer Bereich: Abweichungen nach unten (der Student weiß zu wenig) als auch nach oben (der Student weiß zu viel) sprechen gegen H_0, sodass eine zweiseitige Fragestellung sinnvoll ist. Damit gilt $K^* = (-\infty; -z_{1-\frac{\alpha}{2}}] \cup [z_{1-\frac{\alpha}{2}}; \infty) = [-\infty; -1{,}9599] \cup [1{,}9599; \infty)$. (Zur Bezeichnung z_q siehe Tabelle in Abschn. 13.9.)

Entscheidungsregel: Der Testwert beträgt $z = \sqrt{40} \cdot \frac{\frac{28}{40}-0{,}8}{\sqrt{0{,}8\cdot0{,}2}} = -1{,}5811$ und liegt nicht im kritischen Bereich. Der Test ist folglich nicht signifikant, d. h., die in der Stichprobe beobachteten Abweichungen sind im Sinne des Tests als zufallsbedingt anzusehen. Die Signifikanzschwelle α^* ergibt sich aus der Beziehung $\frac{\alpha}{2} = \Phi(z) = \Phi(-1{,}5811)$ und lautet $\alpha^* = 0{,}1138$. Damit wäre das erhaltene Stichprobenergebnis ab einer Irrtumswahrscheinlichkeit von ca. 11 % signifikant.

b) Gesucht sind Zahlen k_1^* und k_2^* derart, dass

$$\sqrt{40} \cdot \frac{\frac{k_1^*}{40} - 0{,}8}{\sqrt{0{,}8 \cdot 0{,}2}} = -z_{1-\frac{\alpha}{2}} \quad \text{bzw.} \quad \sqrt{40} \cdot \frac{\frac{k_2^*}{40} - 0{,}8}{\sqrt{0{,}8 \cdot 0{,}2}} = z_{1-\frac{\alpha}{2}}$$

gilt. Dies ergibt $k_1^* = 27{,}04$ und $k_2^* = 36{,}96$. Die gesuchten Größen müssen ganzzahlig sein, sodass der Test signifikant ausgegangen wäre, wenn höchstens 27 oder mehr als 36 Fragen richtig beantwortet worden wären.

c) Es wurden 70 % der Fragen richtig beantwortet. Gesucht ist der kleinste Stichprobenumfang n, für den

$$\sqrt{n} \cdot \frac{0{,}7 - 0{,}8}{\sqrt{0{,}8 \cdot 0{,}2}} \leq z_{1-\frac{\alpha}{2}}$$

gilt, sodass sich Signifikanz bei 70 % richtig beantworteten Fragen ab einem Stichprobenumfang von $n = 62$ einstellen würde.

L 9.13 Es wird ein Merkmal in den Ausprägungen Rotweinkäufer und Weißweinkäufer unter den beiden Versuchsbedingungen Ostereinkauf und Weihnachtseinkauf beobachtet. Es seien p_1 und p_2 die entsprechenden Wahrscheinlichkeiten für einen Rotweinkauf. Ferner wird Unabhängigkeit der Stichproben unterstellt.

Hypothese: Die laut Stichprobe vorliegende Tendenz ist zufallsbedingt, woraus die Hypothese $H_0 : p_1 = p_2$ resultiert.

Testgröße: Es bezeichne K_1 und K_2 die Anzahl der Rotweinkäufer in der Oster- bzw. Weihnachtsstichprobe. Die Stichprobenumfänge seien n_1 und n_2. Falls die Hypothese H_0 zutrifft, sollte $\frac{K_1}{n_1} \approx \frac{K_2}{n_2}$ gelten. Das führt auf die Testgröße

$$Z = \sqrt{\frac{n_1 n_2}{n_1 + n_2}} \cdot \frac{\frac{K_1}{n_1} - \frac{K_2}{n_2}}{\sqrt{P^*(1 - P^*)}} \quad \text{mit} \quad P^* = \frac{K_1 + K_2}{n_1 + n_2}.$$

Diese ist für hinreichend große Werte n_1 und n_2 näherungsweise $N(0,1)$-verteilt.

Kritischer Bereich: Abzuklären ist, ob sich der Bedarf an Rot- bzw. Weißwein zu Ostern signifikant vom entsprechenden Bedarf zu Weihnachten unterscheidet. Damit kommt eine zweiseitige Fragestellung in Betracht. Betragsmäßig große Werte von Z sprechen dann gegen H_0. Damit gilt $K^* = (-\infty; -z_{1-\frac{\alpha}{2}}] \cup [z_{1-\frac{\alpha}{2}}; \infty) = [-\infty; -1{,}9599] \cup [1{,}9599; \infty)$. (Zur Bezeichnung z_q siehe Tabelle in Abschn. 13.9.)

Entscheidungsregel: Als Testwert ergibt sich $z = -2{,}4405$. Dieser liegt im kritischen Bereich. Damit ist der Test signifikant und liefert unter Beachtung der vorgegebenen Irtumswahrscheinlichkeit von 5 % einen signifikanten Hinweis auf unterschiedliches Nachfrageverhalten nach Rot- bzw. Weißwein zu Ostern und um die Weihnachtszeit.

Statt des hier betrachteten Tests hätte auch ein χ^2-Homogenitätstest angewandt werden können. Bei zweiseitiger Fragestellung gelangt der χ^2-Test zu den gleichen Entscheidungen wie der eben beschriebene Test.

L 9.14 Es ist zu prüfen, ob die bei der Sonntagsfrage beobachtete Stimmenverteilung noch mit der laut Wahlergebnis vorliegenden Verteilung verträglich ist. Das ist eine typische Aufgabenstellung zum χ^2-Anpassungstest.

Hypothese: Die in der Stichprobe beobachtete Abweichung der Stimmenverteilung vom Wahlergebnis ist zufallsbedingt.

Testgröße: Die empirischen Häufigkeiten N_i werden mit den bei einer Stichprobe vom Umfang $n = 1000$ laut Wahlergebnis zu erwartenden theoretischen Häufigkeiten $n_i^* = np_i$, $i = 1, \ldots, 5$, verglichen. Das führt nach dem χ^2-Prinzip auf die Testgröße

$$\chi^2 = \sum_{i=1}^{5} \frac{(N_i - np_i)^2}{np_i}.$$

Diese ist für $n \longrightarrow \infty$ näherungsweise χ^2-verteilt mit $5 - 1 = 4$ Freiheitsgraden.

Kritischer Bereich: Große Werte von χ^2 sprechen gegen die Gleichheit der Verteilungen. Somit gilt $K^* = [\chi^2_{4;0,99}; \infty) = [13{,}28; \infty)$. (Zur Bezeichnung $\chi^2_{m;q}$ siehe Tabelle in Abschn. 13.9.)

Entscheidungsregel: Der Testwert berechnet sich zu

$$\chi^2 = \frac{(440 - 1000 \cdot 0{,}385)^2}{1000 \cdot 0{,}385} + \cdots + \frac{(70 - 1000 \cdot 0{,}07)^2}{1000 \cdot 0{,}07} = 23{,}18.$$

Dieser liegt selbst bei der vorgegebenen geringen Irrtumswahrscheinlichkeit von 1 % weit im kritischen Bereich, sodass ein deutlich signifikanter Hinweis auf ein geändertes Stimmungsbild der Wähler vorliegt.

L 9.15 Mit einem χ^2-Homogenitätstest kann die Hypothese geprüft werden, dass die beobachteten Qualitätsunterschiede zufallsbedingt sind. Dazu sind zunächst entsprechende Merkmalsklassen zu vereinbaren. Es wird ein Merkmal (Erzeugnisqualität) in zweifacher

Ausprägung (Erzeugnis fehlerhaft bzw. einwandfrei) unter drei Versuchsbedingungen (unterschiedliche Hersteller) beobachtet. Damit liegen $3 \cdot 2 = 6$ Merkmalsklassen vor. Die entsprechenden Stichprobenergebnisse werden zu einer Kontingenztafel zusammengefasst. Diese Tafel enthält für jede Merkmalsklasse die empirischen Häufigkeiten n_{ij} und in Klammern die theoretischen Häufigkeiten n_{ij}^*, $i = 1, 2, 3$; $j = 1, 2$. Ferner sind die jeweiligen Zeilen- und Spaltensummen angegeben:

Erzeugnis	fehlerhaft	einwandfrei	
Hersteller 1	11 (6, 97)	79 (83, 03)	90
Hersteller 2	5 (9, 29)	115 (110, 71)	120
Hersteller 3	8 (7, 74)	92 (92, 26)	100
	24	286	310

Die theoretischen Häufigkeiten berechnen sich gemäß der Vorschrift

$$n_{ij}^* = \frac{\text{Zeilensumme} \cdot \text{Spaltensumme}}{\text{Gesamtsumme}}.$$

Zum Beispiel gilt $n_{11}^* = \frac{90 \cdot 24}{310} = 6{,}97$.

Testgröße: Die empirischen und theoretischen Klassenhäufigkeiten N_{ij} und N_{ij}^* werden nach dem χ^2-Prinzip verglichen:

$$\chi^2 = \sum_{i=1}^{r} \sum_{j=1}^{s} \frac{(N_{ij} - N_{ij}^*)^2}{N_{ij}^*}. \tag{13.1}$$

Diese Testgröße ist näherungsweise χ^2-verteilt mit $(r-1)(s-1)$ Freiheitsgraden (r – Anzahl der Versuchsbedingungen, s – Vielfachheit der Merkmalsausprägung).

Kritischer Bereich: Große Werte von χ^2 sprechen gegen die aufgestellte Hypothese, d. h. $K^* = [\chi_{m;1-\alpha}^*; \infty)$. (Zur Bezeichnung $\chi_{m;q}^*$ siehe Tabelle in Abschn. 13.9.)

Entscheidungsregel: Einsetzen der Stichprobenergebnisse in die Testgröße ergibt als Testwert $\chi^2 = 4{,}682$. Mit $r = 3$ und $s = 2$ ergibt sich $m = 2$ und für $\alpha = 0{,}05$ als kritischer Wert $\chi_{2;0,95}^2 = 5{,}99$. Der Testwert liegt nicht im kritischen Bereich. Damit ist der Test nicht signifikant, sodass die in der Stichprobe vorliegende Tendenz als zufällig zu bewerten ist. Die vom Warentester getroffene Einschätzung erscheint deshalb etwas voreilig und sollte eventuell durch Vergrößerung des Stichprobenumfangs präzisiert werden.

Hinweis: Damit sich bei der Testgröße eine χ^2-Verteilung einstellt, müssen die theoretischen Klassenhäufigkeiten n_{ij}^* genügend groß sein. Faustregel: $n_{ij}^* \geq 4$ für $i = 1, \dots, r$ und $j = 1, \dots, s$. Dies ist hier erfüllt.

L 9.16 Es liegt eine Stichprobe zu einem zweidimensionalen Merkmal vor. Die erste Komponente beschreibt die Altersgruppe, die zweite die Sortimentszufriedenheit in jeweils dreifacher Unterteilung bzw. Ausprägung. Um zu prüfen, ob ein Zusammenhang zwischen den Merkmalen besteht, kann ein χ^2-Unabhängigkeitstest durchgeführt werden. Mit diesem Test kann die Hypothese geprüft werden, dass die betrachteten Merkmale (stochastisch) unabhängig sind (sogenannte Unabhängigkeitshypothese). In diesem Sinne wird angenommen, dass zwischen Alter und Sortimentszufriedenheit kein Zusammenhang besteht und die sich in der Stichprobe andeutende Abhängigkeit bzw. Tendenz zufallsbedingt ist. Die Stichprobenergebnisse werden in einer Kontingenztafel zusammengefasst (zur Erläuterung s. L 9.15):

	sehr zufrieden	zufrieden	weniger zufrieden	
≤ 30	$15(23,33)$	$25(24,50)$	$30(22,17)$	70
31 bis 50	$40(43,33)$	$50(45,50)$	$40(41,17)$	130
≥ 51	$45(33,33)$	$30(35,00)$	$25(31,67)$	100
	100	105	95	300

Testgröße: Die empirischen und theoretischen Klassenhäufigkeiten werden nach dem χ^2-Prinzip verglichen, wobei abermals die Testgröße (13.1) benutzt wird. Diese ist wie beim χ^2-Homogenitätstest näherungsweise χ^2-verteilt mit $m = (r-1)(s-1)$ Freiheitsgraden (r – Zeilenanzahl, s – Spaltenanzahl der Kontingenztafel).

Kritischer Bereich: Große Werte von χ^2 sprechen gegen die Unabhängigkeitshypothese, d. h. $K^* = [\chi_{m;1-\alpha}; \infty)$.

Entscheidungsregel: Der Testwert beträgt nach (13.1) $\chi^2 = 12{,}69$. Mit $r = 3$, $s = 3$ und $\alpha = 0{,}05$ ergibt sich als kritischer Wert $\chi^2_{m;1-\alpha} = \chi^2_{4;0,95} = 9{,}49$. Der Testwert liegt im kritischen Bereich, sodass der Test signifikant ist. Die Hypothese, dass zwischen Alter und Sortimentszufriedenheit kein Zusammenhang besteht, ist bei einer Irrtumswahrscheinlichkeit von 5 % zurückzuweisen.

Hinweis: Damit sich bei der Testgröße eine χ^2-Verteilung einstellt, müssen die theoretischen Klassenhäufigkeiten genügend groß sein (vgl. Faustregel in L 9.15, die hier erfüllt ist).

L 9.17

a) $\hat{b}_{MM} = 2\overline{x} = 14{,}4$ und $\hat{b}_{ML} = x_{(20)} = 11$.

b) Mona: $\text{Bias}(\hat{b}_{MM}) = \mathbb{E}\hat{b}_{MM} - b = b - b = 0$. Folglich ist $\hat{b}_{MM}$ eine erwartungstreue Schätzfunktion.

Lisa: $\text{Bias}(\hat{b}_{ML}) = \mathbb{E}\hat{b}_{ML} - b = \frac{n}{n+1} \cdot b - b = \frac{-1}{n+1} \cdot b$. Damit ist $\hat{b}_{ML}$ nicht erwartungstreu, sondern schätzt im Mittel zu klein.

c) $\begin{aligned} \text{MSE}(\hat{\theta}) &= \mathbb{E}\left(\theta - \hat{\theta}\right)^2 = \mathbb{E}\left(\left[\theta - \mathbb{E}\hat{\theta}\right] - \left[\hat{\theta} - \mathbb{E}\hat{\theta}\right]\right)^2 \\ &= \mathbb{E}\left[\theta - \mathbb{E}\hat{\theta}\right]^2 - 2\mathbb{E}\left(\left[\theta - \mathbb{E}\hat{\theta}\right] \cdot \left[\hat{\theta} - \mathbb{E}\hat{\theta}\right]\right) + \mathbb{E}\left[\hat{\theta} - \mathbb{E}\hat{\theta}\right]^2 \\ &= \text{Bias}(\hat{\theta})^2 - 2\left[\theta - \mathbb{E}\hat{\theta}\right]\left[\mathbb{E}\hat{\theta} - \mathbb{E}\hat{\theta}\right] + \text{Var}(\hat{\theta}) = \text{Bias}(\hat{\theta})^2 + \text{Var}(\hat{\theta}). \end{aligned}$

Damit ergibt sich für $n = 20$ und $\hat{b}_{MM} = 14{,}4$ sowie $\hat{b}_{ML} = 11$:

$$\text{MSE}(\hat{b}_{MM}) = 0{,}01667 \cdot b^2 \approx 3{,}4567,$$
$$\text{MSE}(\hat{b}_{ML}) = \frac{1}{(n+1)^2} \cdot b^2 + \frac{n}{(n+2)(n+1)^2} \cdot b^2 = 0{,}00043 \cdot b^2 \approx 0{,}5203.$$

d) Die Eigenschaften beider Schätzfunktionen sollen miteinander verglichen werden. Einerseits schätzt Monas Schätzer den unbekannten Parameter b im Mittel richtig und Lisas Schätzer im Mittel zu klein. Dafür weist aber Monas Schätzer eine größere Varianz auf ($\mathrm{Var}\,\hat{b}_{MM} = 0{,}01667b^2 > 0{,}002b^2 = \mathrm{Var}\,\hat{b}_{ML}$), womit ihr erhaltener Schätzwert tatsächlich stark von dem unbekannten Parameter abweichen kann. Der Mean-Square-Error bildet eine gute Balance zwischen den Eigenschaften der Erwartungstreue und der Varianz des Schätzers. Wird dieser betrachtet, so ist Lisas Schätzer als besser einzuschätzen:

$$\mathrm{MSE}(\hat{b}_{MM}) = 0{,}01667 \cdot b^2 > 0{,}0043 \cdot b^2 = \mathrm{MSE}(\hat{b}_{ML}).$$

e) Varianz von Monas Momenten-Schätzer:

$$\mathrm{Var}(\hat{b}_{MM}) = \mathrm{Var}\left(2\overline{X}\right) = \mathrm{Var}\left(\tfrac{2}{n} \cdot \sum_{i=1}^{n} X_i\right)$$
$$= \tfrac{4}{n^2} \cdot n \cdot \mathrm{Var}(X) = \tfrac{4}{n} \cdot \tfrac{1}{12} \cdot b^2 = \tfrac{1}{3n} \cdot b^2.$$

L 9.18 Es bezeichne X_t die Anzahl der Schäden in t Tagen. Dann ist X_t ein Poisson-Prozess, d. h. $X_t \sim \mathrm{Poi}(\lambda_t)$ mit $\mathbb{E}X_t = \lambda_t = \mu \cdot t$. Die Intensität μ wird aus dem Ansatz $\mathbb{E}X_{365} = \lambda_{365} = \mu \cdot 365 \overset{!}{=} 438$ berechnet und lautet $\mu = \tfrac{438}{365} = 1{,}2$.

a) Die gesuchte Wahrscheinlichkeit ergibt sich aus

$$P(X_6 \le 1) = P(X_6 = 0) + P(X_6 = 1)$$
$$= e^{-\lambda_6} \cdot \left(\tfrac{\lambda_6^0}{0!} + \tfrac{\lambda_6^1}{1!}\right) = e^{-1{,}2 \cdot 6} \cdot \left(1 + \tfrac{1{,}2 \cdot 6}{1}\right) = 0{,}006122.$$

b) Die Dauer zwischen zwei Schäden (gemessen in Tagen) werde mit Y bezeichnet. Sie ist exponentialverteilt: $Y \sim \mathrm{Exp}(1{,}2)$. Folglich gilt

$$P\left(Y \ge \frac{1}{24}\right) = e^{-1{,}2 \cdot \frac{1}{24}} = 0{,}95123.$$

c) Aus der Tabelle folgt $\overline{y} = 0{,}46083$ (gemessen in Tagen). Die Momentenmethode liefert

i	1	2	3	4	5
Dauer (in Std.)	11,5	16,5	3,7	5,9	17,7
Dauer (in Tagen)	$\frac{11{,}5}{24}$	$\frac{16{,}5}{24}$	$\frac{3{,}7}{24}$	$\frac{5{,}9}{24}$	$\frac{17{,}7}{24}$

den Schätzwert $\hat{\mu} = 2{,}17$, denn aus der Forderung $\mathbb{E}Y = \tfrac{1}{\mu} \overset{!}{=} \overline{y}$ folgt $\hat{\mu} = \tfrac{1}{\overline{y}} = \tfrac{1}{0{,}46088} = 2{,}17$. Damit gilt für die zufällige Dauer $\widetilde{Y} \sim \mathrm{Exp}(2{,}17)$:

$$P\left(\widetilde{Y} \ge \frac{1}{24}\right) = e^{-2{,}17 \cdot \frac{1}{24}} = 0{,}91355 < 0{,}95123 = P\left(Y \ge \frac{1}{24}\right).$$

Schadensrückstellungen: Die erwartete Anzahl an Schäden pro Jahr ist poissonverteilt: $\widetilde{X}_{365} \sim \mathrm{Poi}(2{,}17 \cdot 365)$. Wegen $\mathbb{E}\widetilde{X}_{365} = 2{,}17 \cdot 365 = 792{,}05$ ist sie nun deutlich höher.

d) Ohne weitere Rechnungen (die sehr komplex sind) kann man darüber keine einfache Aussage treffen. Für $Y_j \sim \text{Exp}(\mu)$ (i.i.d.) gilt zwar $\mathbb{E}\overline{Y} = \mathbb{E}\left(\frac{1}{n}\sum_{j=1}^{n} Y_j\right) = \frac{1}{n}\sum_{j=1}^{n}\frac{1}{\mu} = \frac{1}{\mu}$, d.h., das arithmetische Mittel ist erwartungstreu, aber hier brauchen wir den Erwartungswert $\mathbb{E}\left(\frac{1}{\overline{Y}}\right)$. Mit der Jensen'schen Ungleichung können wir zwar noch schlussfolgern, dass $\mathbb{E}\left(\frac{1}{\overline{Y}}\right) \geq \frac{1}{\mathbb{E}\overline{Y}} = \mu$ gilt, was aber leider nicht weiterhilft.[1]

e) Die Maximum-Likelihood-Methode bringt die gleiche Schätzfunktion wie die Momentenmethode hervor. Die logarithmierte Maximum-Likelihood-Funktion

$$\log L(\mu) = \log\left(\prod_{i=1}^{n} f(y_i, \mu)\right) = \log\left(\prod_{i=1}^{n}\left(\mu\exp\left(-\mu y_i\right)\right)\right)$$

$$= \log\left(\mu^n \cdot \exp\left(-\mu\sum_{i=1}^{n} y_i\right)\right) = n\log(\mu) - \mu\sum_{i=1}^{n} y_i$$

muss bezüglich des zu schätzenden Parameters μ maximiert werden. Die dafür notwendige Bedingung lautet:

$$\frac{\partial \log L}{\partial \mu} = \frac{n}{\mu} - \sum_{i=1}^{n} y_i \overset{!}{=} 0.$$

Somit folgt $\hat{\mu} = \frac{n}{\sum_{i=1}^{n} y_i} = \frac{1}{\overline{y}}$.

13.10 Lösungen zu Kapitel 10

Algebra

1 Eine quadratische Matrix ist regulär, wenn ihre Spalten linear unabhängig sind (sie den vollen Rang hat, ihre Determinante ungleich null ist). Eine quadratische Matrix ist singulär, wenn ihre Spalten linear abhängig sind (sie nicht den vollen Rang hat, ihre Determinante gleich null ist).

2 Die zur quadratischen Matrix A inverse Matrix ist diejenige quadratische Matrix A^{-1}, die die Eigenschaft $A \cdot A^{-1} = E$ besitzt. Die Berechnung von A^{-1} kann mittels einer Formel oder des Gauß'schen Algorithmus erfolgen. Nein, nicht jede Matrix ist invertierbar: singuläre oder nicht-quadratische Matrizen besitzen keine Inverse.

3 Ja, wenn beide Vektoren senkrecht aufeinander stehen.

---

[1] Tatsächlich gilt (nach einer komplizierten Rechnung) $\mathbb{E}\left(\frac{1}{\overline{Y}}\right) = \mathbb{E}\left(n\Big/\sum_{j=1}^{n} Y_j\right) = \frac{n}{n-1}\cdot\mu$, d.h., der Schätzer ist nicht erwartungstreu; allerdings ist er asymptotisch erwartungstreu. Ferner gilt Bias $(\hat{\mu}) = \frac{1}{n-1}\cdot\mu$, d.h., im Mittel sind die Werte des Schätzers zu groß.

4   Ja, weil die Determinante einer Diagonalmatrix gleich dem Produkt der Diagonalele-
    mente und damit im vorliegenden Fall von null verschieden ist.

5   Nein. Es sei A die betrachtete Matrix und A^{-1} ihre Inverse. Da $(A^{-1})^{-1} = A$ gilt und
    die Inverse einer Diagonalmatrix wieder eine Diagonalmatrix ist, muss auch A eine
    Diagonalmatrix sein.

6   Nein, nur wenn sie vom selben Typ sind.

7   Alle rechten Seiten eines homogenen LGS sind null, während ein inhomogenes LGS
    dort mindestens eine von null verschiedene Zahl hat.

8   Da der Vektor $(0, \ldots, 0)^{\top}$ stets Lösung eines homogenen LGS ist (triviale Lösung),
    kann es nicht unlösbar sein. Falls die Koeffizientenmatrix regulär ist, ist dies auch die
    einzige Lösung.

9   Eine spezielle Lösung eines LGS ist ein konkreter Vektor, der die Eigenschaft besitzt,
    dass sein Einsetzen in die linken Seiten des LGS in jeder Zeile zu einer wahren Aussage
    führt. Sofern das LGS unendlich viele Lösungen besitzt, stellt jeder konkrete Lösungs-
    vektor eine spezielle Lösung dar.

10 Nein, da das LGS lösbar ist und mindestens einen Freiheitsgrad besitzt, gibt es unend-
    lich viele Lösungen des Systems.

11 Nein, das ist nicht möglich. Ist ein homogenes LGS eindeutig lösbar, so ist die einzige
    Lösung $x = 0$.

12 Der Rang einer Matrix ist definiert als maximale Anzahl linear unabhängiger Spalten-
    oder Zeilenvektoren der Matrix.

13 a) Ja, z. B. $(1, 0, 5)^{\top}$ oder $(0, 1, 3)^{\top}$.
    b) Nein, im n-dimensionalen Raum sind $n + 1$ Vektoren stets linear abhängig.
    d) Ja, z. B. $(1, 0, 0, 0)^{\top}$, $(0, 1, 0, 0)^{\top}$, $(0, 0, 1, 0)^{\top}$.

14 Der Wert einer Determinante ist gleich null, wenn die Zeilen der zugehörigen Ma-
    trix linear abhängig sind. Speziell ist dies der Fall, wenn eine Zeile das Vielfache einer
    anderen ist oder wenn die Matrix eine Nullzeile enthält. (Die Aussagen gelten analog
    auch für die Spalten einer Matrix.)

Analysis

1   Eine Funktion f ist rechtsseitig stetig in x_0, wenn $\lim\limits_{x \downarrow x_0} f(x) = f(x_0)$ gilt.

    Beispiel: $f(x) = \begin{cases} 1, & x < 2 \\ 3, & x \geq 2 \end{cases}$

2   $\mathrm{d}f = \frac{\partial f}{\partial i}(i_0, n_0) \cdot \Delta i + \frac{\partial f}{\partial n}(i_0, n_0) \cdot \Delta n$
    Das vollständige Differential stellt eine Näherung für die Änderung des Funktionswer-
    tes (bei Änderung von i_0 um Δi und von n_0 um Δn) dar.

3   Die Taylorapproximation einer Funktion in einem gegebenen Punkt x_0 ist ein Poly-
    nom, das in diesem Punkt den gleichen Funktionswert, die gleiche 1. Ableitung, die

gleiche 2. Ableitung etc. besitzt: $f(x) = \sum\limits_{k=0}^{\infty} \frac{f^{(k)}(x_0)}{k!}(x - x_0)^k = f(x_0) + f'(x_0)(x - x_0) + \frac{1}{2}f''(x_0)(x - x_0)^2 + \ldots$

Bei einer quadratischen Approximation erfolgt die Summierung bis $k = 2$.

4   Für $f(x_1, x_2)$ ist $\varepsilon_{f,x_2}(\bar{x}_1, \bar{x}_2) = \frac{\partial f}{\partial x_2}(\bar{x}_1, \bar{x}_2) \cdot \frac{\bar{x}_2}{f(\bar{x}_1, \bar{x}_2)}$. Die partielle Elastizität gibt die (näherungsweise) prozentuale Änderung des Funktionswertes an, wenn sich $\bar{x}_2$ um 1 % ändert.

5   Eine Funktion ist eine Abbildung, die eindeutig ist. Eine konvexe Funktion hat die Eigenschaft, nach oben gekrümmt zu sein. Jede Sekante liegt oberhalb, jede Tangente an den Graph der Funktion unterhalb des Graphen der Funktion. Jede lokale Minimumstelle ist auch eine globale Minimumstelle.

6   Die Niveaulinien von Funktionen mehrerer Veränderlicher sind Mengen von Punkten mit gleichem Funktionswert. Für Funktionen zweier Veränderlicher lassen sie sich in der x_1, x_2-Ebene als Kurven darstellen. Die Niveaulinien linearer Funktionen sind Geraden.

7   Ist eine Funktion homogen vom Grade eins, so führt eine proportionale Veränderung der Variablen zu derselben proportionalen Veränderung des Funktionswertes.

8   Ein zur i-ten Nebenbedingung gehörender Lagrange-Multiplikator λ_i in einer Extremwertaufgabe mit Nebenbedingungen gibt an, wie sich der optimale Zielfunktionswert in etwa ändert, wenn sich die rechte Seite b_i der i-ten Nebenbedingung um $\Delta b_i = 1$ ändert.

9   Ein uneigentliches Integral ist ein Integral, in dem eine oder beide Integralgrenzen $+\infty$ bzw. $-\infty$ sind oder wo der Integrand eine unbeschränkte Funktion darstellt.

10 Unbestimmte Integration: Gesucht ist eine Stammfunktion F mit der Eigenschaft $F'(x) = f(x)$ für alle x.

Bestimmte Integration: Gesucht ist der Flächeninhalt (Zahl) zwischen x-Achse und Graph einer Funktion f in gewissen Grenzen.

Zusammenhang zwischen beiden: Hauptsatz der Differential- und Integralrechnung (Flächenberechnung mittels Stammfunktion, sofern eine solche bekannt ist).

11 Für eine über dem gesamten Definitionsbereich $D(f)$ bzw. über einem Intervall I monoton wachsende Funktion folgt für beliebige $x_1, x_2 \in D(f)$ (bzw. $x_1, x_2 \in I$) mit $x_1 < x_2$ stets $f(x_1) \leq f(x_2)$, während bei einer monoton fallenden Funktion $f(x_1) \geq f(x_2)$ gilt.

12 Ein Wendepunkt ist die Stelle, an der konvexes Kurvenverhalten (nach oben gekrümmte Kurve) in konkaves Kurvenverhalten (nach unten gekrümmte Kurve) übergeht oder umgekehrt. Ist die zugrunde liegende Funktion f genügend oft differenzierbar, so muss in einem Wendepunkt $f''(x) = 0$ gelten (notwendige Bedingung). Ist darüber hinaus $f'''(x) \neq 0$ (hinreichende Bedingung), so liegt wirklich ein Wendepunkt vor.

13 Ja, z. B. $f(x) = \arctan x$ oder $g(x) = (2 + e^{3x})^{-1}$.

14 Die Ableitung einer mittelbaren Funktion ergibt sich aus dem Produkt der Ableitungen der äußeren und der inneren Funktion.

15 Eine hebbare Unstetigkeit einer Funktion f in einem Punkt $\bar{x}$ liegt vor, wenn $\lim\limits_{x \longrightarrow \bar{x}} f(x)$ existiert und endlich ist, die Funktion f aber im Punkt $\bar{x}$ nicht definiert ist. Beispiele: $f(x) = \frac{x-1}{x+1}$ für $\bar{x} = -1$, $g(x) = \frac{\sin x}{x}$ für $\bar{x} = 0$.

16 Ja, ein Punkt $\bar{x}$ mit $f'(\bar{x}) \neq 0$ kann lokale Minimumstelle von f sein, wenn er Randpunkt von $D(f)$ ist. Für innere Punkte muß allerdings $f'(\bar{x}) = 0$ gelten.

17 Nein, es liegt keine Funktion vor, denn im Punkt $x = 0$ ist f nicht eindeutig definiert.

18 Partielle Integration ist eine Integrationsmethode, bei der das Integral über das Produkt zweier Funktionen berechnet wird, indem ein Faktor differenziert, der andere integriert wird: $\int u(x) \cdot v'(x)\mathrm{d}x = u(x) \cdot v(x) - \int u'(x) \cdot v(x)\mathrm{d}x$. Sie stellt die Umkehrung der Produktregel der Differentiation dar.

19 Der Hauptsatz der Differential- und Integralrechnung besagt: Ist eine Stammfunktion F des Integranden f bekannt, so gilt $\int\limits_a^b f(x)\mathrm{d}x = F(b) - F(a)$.

20 Die Funktion F ist Stammfunktion von f, wenn $F'(x) = f(x) \forall x \in D(f)$.

21 Ist $F(x, y)$ stetig auf $\mathbb{R}^2$, existieren ihre partiellen Ableitungen nach x und y und sind stetig und gilt ferner $F(x_0, y_0) = 0$ sowie $F_y(x_0, y_0) \neq 0$, so gibt es in einer Umgebung des Punktes (x_0, y_0) eine (implizit definierte) Funktion f mit der Eigenschaft $y = f(x)$ für alle der Bedingung $F(x, y) = 0$ genügenden Paare (x, y). Die Funktion f ist differenzierbar (und folglich stetig) und ihre Ableitung im Punkt x_0 lässt sich wie folgt berechnen: $f'(x_0) = -\frac{F_x(x_0, y_0)}{F_y(x_0, y_0)}$.

Lineare Optimierung

1 Eine lineare Optimierungsaufgabe besteht aus (linearer) Zielfunktion, (linearen) Nebenbedingungen und Nichtnegativitätsbedingungen.

2 Entweder ist die zu einer Nebenbedingung gehörige Dualvariable gleich null oder die entsprechende Nebenbedingung als Gleichung erfüllt (oder beides). Die Komplementaritätsbedingungen bilden ein System von Gleichungen der Form

$$y_i^* \cdot (Ax^* - b)_i = 0 \forall i; \qquad x_j^* \cdot (A^{\mathsf{T}}y^* - c)_j = 0 \forall j.$$

Dieses stellt zusammen mit den primalen und dualen Nebenbedingungen ein hinreichendes und notwendiges Kriterium für die Lösungen x^* bzw. y^* der primalen bzw. dualen LOA dar.

3 Schwacher Dualitätssatz: Sind die Vektoren x und y primal bzw. dual zulässig, so gilt $z(x) \leq w(y)$, d. h., der primale Zielfunktionswert ist stets kleiner oder gleich dem dualen.

Starker Dualitätssatz: Sind die Vektoren x^* und y^* primal bzw. dual zulässig und gilt $z(x^*) = w(y^*)$, so ist x^* Optimallösung der primalen Aufgabe und y^* Optimallösung der dualen Aufgabe.

4 Befinden sich in der optimalen Lösung der 1. Phase noch künstliche Variable mit posi-
tivem Wert in der Basis (und gilt folglich $z^* < 0$), so besitzt die ursprüngliche Optimierungsaufgabe keine zulässige Lösung.

5 Sind alle Optimalitätsindikatoren $\Delta_j = \sum_{i=1}^{m} c_{B,i} \cdot \tilde{a}_{ij} - c_j$ nichtnegativ, so ist die vorliegende Basislösung optimal. Sind alle Koeffizienten in der zur aufzunehmenden variablen
gehörigen Spalte (Pivotspalte) der Simplextabelle nichtpositiv, so ist die Optimierungsaufgabe unlösbar, da ihr Zielfunktionswert unbeschränkt wachsen kann.

6 Die optimale Lösung ist im Allgemeinen nicht eindeutig.

7 Der Zielfunktionswert der LOA kann unbeschränkt anwachsen.

8 Nein, eine lineare Optimierungsaufgabe besitzt stets nur eine Zielfunktion. Liegen mehrere Zielfunktionen vor, so handelt es sich um ein Problem der Mehrziel- oder Vektor-
optimierung.

9 Die Niveaulinien einer linearen Zielfunktion sind Geraden.

Finanzmathematik

1 Der Barwert einer zukünftigen Zahlung ist der heutige Wert, d. h. der Zeitwert zum
Zeitpunkt $t = 0$, mithin derjenige Wert, der bei gegebener Verzinsung auf denjenigen
Zeitwert führt, der gleich der gegebenen Zahlung ist.

2 Die Rendite ist die tatsächliche Verzinsung einer Geldanlage (in aller Regel bezogen auf
ein Jahr), die sich unter Berücksichtigung anfallender Gebühren, zeitlicher Verschie-
bungen, nichtkorrekter Zinszahlungen oder Anrechnung von Zahlungen, Agios und
Disagios etc. ergibt.

3 Ratentilgung, Annuitätentilgung, Zinsschuldtilgung

4 Eine ewige Rente ist eine Zeitrente mit unendlich vielen Perioden bzw. Zahlungen. Der
Endwert einer ewigen Rente wäre unendlich groß.

5 Unter der Verrentung eines Geldbetrages versteht man die Aufteilung desselben auf n
gleichmäßig erfolgende Zahlungen unter Berücksichtigung der zwischenzeitlich anfallenden Zinsen.

6 Weil der Zeitpunkt der Zahlungen unberücksichtigt bleibt.

7 Bei der Kapitalwertmethode ist ein Kalkulationszinssatz vorgegeben, mit dessen Hilfe
der Barwert (= Kapitalwert) aller Zahlungen einer Investition bestimmt wird, während
bei der Methode des internen Zinsfußes derjenige Zinssatz gesucht ist (evtl. gibt es mehrere), bei dem der Kapitalwert null wird. Bei beiden Methoden geht es um die Bewertung
von Investitionen, die sich über mehrere Perioden erstrecken.

8 Bei der linearen Abschreibung ist die Abschreibung (Wertminderung) in jedem Jahr
gleich, während bei der geometrisch-degressiven Abschreibung in jedem Jahr ein konstanter Prozentsatz vom jeweiligen Buchwert des Vorjahres abgeschrieben wird.

Deskriptive Statistik

1   Ein Merkmal ist *nominal skaliert*, wenn seine Ausprägungen Namen oder Kategorien sind (Wohnort, Farbe, Geschlecht, …); es kann nur auf Gleichheit oder Ungleichheit geprüft werden. Ein *ordinal skaliertes* Merkmal liegt vor, wenn die Ausprägungen der Größe nach geordnet werden können (Schadstoffklassen, Kleidergrößen, …); Abstände sind nicht interpretierbar. Bei einem *metrisch skalierten* Merkmal sind sowohl die Rangordnung als auch die Abstände messbar und interpretierbar (Marktanteile, Körpergröße, …).

2   Ein Histogramm ist die grafische Darstellung der Häufigkeitsverteilung metrisch skalierter Merkmale. Meist werden diese in Klassen eingeteilt. Die Flächeninhalte der Rechtecke über den Klassen entsprechen dann den (relativen oder absoluten) Klassenhäufigkeiten.

3   Der Boxplot (auch Box-Whisker-Plot genannt) ist ein Diagramm, das zur grafischen Darstellung der Verteilung von ordinal oder metrisch skalierten Daten mithilfe von Streuungs- und Lagemaßen (Median, unteres und oberes Quartil, Extremwerte, …) verwendet wird. Ein Boxplot vermittelt einen raschen Eindruck darüber, in welchem Bereich die Daten liegen und wie sie sich verteilen..

4   Ja, das stimmt. Dagegen liegt eine symmetrische Häufigkeitsverteilung vor, wenn Modus, Median und arithmetisches Mittel ungefähr übereinstimmen.

5   Der Stichprobenmedian weist eine geringere Empfindlichkeit gegenüber extremen Werten (Ausreißern) auf als das arithmetische Mittel.

6   Die Summe ist immer gleich eins.

7   Ein Gini-Koeffizient von null steht für den Fall, dass die Stichprobenwerte gleichmäßig verteilt sind, sodass die Lorenzkurve identisch mit der Diagonale ist. Für große Werte des Gini-Koeffizienten (nahe eins) liegt eine starke Konzentration vor.

8   Die Randverteilungen (Randhäufigkeiten) der (eindimensionalen) Wahrscheinlichkeitsfunktionen von X und Y ergeben sich als Zeilen- bzw. Spaltensummen der (absoluten bzw. relativen) Häufigkeiten.

9   Ein Korrelationskoeffizient nahe eins weist auf einen sehr starken (linearen) Zusammenhang zweier Merkmale hin.

10 Aus der (stochastischen) Unabhängigkeit folgt die Unkorreliertheit, die umgekehrte Implikation gilt jedoch nicht (das heißt, aus der Unkorreliertheit zweier Merkmale lässt sich nicht deren Unabhängigkeit folgern). Allerdings ergibt sich aus der Umkehrung obiger Aussage: Sind zwei Merkmale korreliert, so sind sie (stochastisch) abhängig.

Wahrscheinlichkeitsrechnung

1   Die Elementarereignisse bilden in ihrer Gesamtheit den Ereignisraum und sind dessen Elemente. Analog sind zufällige Ereignisse die Elemente der Ereignisalgebra; sie
bestehen ihrerseits aus Elementarereignissen.

2   Endlicher Ereignisraum, alle Elementarereignisse sind gleichwahrscheinlich. Die
Wahrscheinlichkeit für ein zufälliges Ereignis A berechnet sich in diesem Fall nach
der Vorschrift: Anzahl der für A günstigen Versuchsausgänge geteilt durch die Anzahl
der möglichen Versuchsausgänge.

3   Die bedingte Wahrscheinlichkeit von A bezüglich B ist für $P(B) > 0$ durch $P(A|B) =$
$\frac{P(A \cap B)}{P(B)}$ definiert. Mit ihrer Hilfe können Informationen über bereits eingetretene Ereignisse bei der Berechnung von Wahrscheinlichkeiten berücksichtigt werden.

4   Mit Hilfe des Satzes von der totalen Wahrscheinlichkeit kann die Berechnung einer
Wahrscheinlichkeit $P(A)$ auf bedingte Wahrscheinlichkeiten $P(A|B_i)$ und unbeding-
te Wahrscheinlichkeiten $P(B_i)$ zu einem gegebenen vollständigen Ereignissystem
$\{B_1, \ldots, B_n\}$ zurückgeführt werden. Es gilt $P(A) = \sum_{i=1}^{n} P(A|B_i)P(B_i)$.

5   Mit dem Satz von Bayes kann von einer bedingten Wahrscheinlichkeit $P(A|B)$ auf die
„umgekehrte" bedingte Wahrscheinlichkeit $P(B|A)$ geschlossen werden. Für $P(A) > 0$
gilt $P(B|A) = \frac{P(A|B)P(B)}{P(A)}$.

6   Man unterscheidet zwischen diskreten und stetigen Zufallsgrößen, wobei in einzelnen
Fällen auch „Mischformen" auftreten können.

7   Die 0-1-Verteilung ist eine spezielle Binomialverteilung mit den Parametern $p \in [0,1]$
und $n = 1$. Außerdem gilt folgender Summensatz: Sind $X_1, \ldots, X_n$ unabhängige 0-1-
verteilte Zufallsgrößen, dann ist die Zufallsgröße $S_n = \sum_{i=1}^{n} X_i$ binomialverteilt mit den
Parametern p und n.

8   Der Erwartungswert $\mathbb{E}X$ einer Zufallsgröße X beschreibt den „Schwerpunkt" einer
Wahrscheinlichkeitsverteilung. Mit ihm lässt sich vorhersagen, was bei einer Zufallsgröße im Durchschnitt beobachtet wird. Die Varianz $\mathrm{Var}X$ ist eine Kenngröße zur
Beschreibung der Streuung einer Zufallsgröße, wobei die mittlere quadratische Abweichung einer Zufallsgröße von ihrem Erwartungswert erfasst wird. Die Standardabweichung ist die Wurzel aus der Varianz und dient ebenfalls zur Beschreibung der
Streuung einer Zufallsgröße.

9   Ist X_t ein Poisson-Prozess mit der Intensität λ, so gilt für die mittlere Anzahl der Ereignisse in einem Zeitintervall der Länge t die Beziehung $\mathbb{E}X_t = \lambda t$. Daraus folgt $\lambda = \frac{\mathbb{E}X_t}{t}$.

10   Die Normalverteilung besitzt die beiden Parameter a und σ^2. Dabei gilt $\mathbb{E}X = a$
und $\mathrm{Var}X = \sigma^2$. Die standardisierte Normalverteilung ($a = 0$, $\sigma^2 = 1$) spielt bei der
Berechnung von Wahrscheinlichkeiten für normalverteilte Zufallsgrößen eine Rolle.
Ist X eine $N(a, \sigma^2)$-verteilte Zufallsgröße, so besitzt die Zufallsgröße $Z = \frac{X-a}{\sigma}$ ei-

ne $N(0,1)$-Verteilung mit der Verteilungsfunktion $\Phi(z) = \int\limits_{-\infty}^{z} \frac{1}{\sqrt{2\pi}} e^{-\frac{z^2}{2}} dz$, und es gilt

$P(x_1 \leq X \leq x_2) = \Phi\left(\frac{x_2-a}{\sigma}\right) - \Phi\left(\frac{x_1-a}{\sigma}\right)$.

11 Sind $X_1, X_2, \ldots$ unabhängige Zufallsgrößen mit $\mathbb{E}X_i = a$, $\mathrm{Var}X_i = \sigma^2 < \infty$, so gilt

nach dem Gesetz der großen Zahlen $\lim\limits_{n \to \infty} P\left(\left|\frac{1}{n} \sum\limits_{i=1}^{n} X_i - a\right| \geq \varepsilon\right) = 0$ für $\varepsilon > 0$, d. h.,

das arithmetische Mittel $\overline{X} = \frac{1}{n} \sum\limits_{i=1}^{n} X_i$ strebt für $n \longrightarrow \infty$ (stochastisch) gegen den Erwartungswert a der Zufallsgrößen $X_1, X_2, \ldots$ Damit lässt sich vorhersagen, was bei Beobachtung der Zufallsgrößen $X_1, \ldots, X_n$ im Mittel beobachtet wird, sofern n genügend groß ist.

12 Es seien $X_1, X_2, \ldots$ unabhängige, identisch verteilte Zufallsgrößen, für die $\mathbb{E}X_i = a$, $\mathrm{Var}X_i = \sigma^2$, $i = 1, 2, \ldots$, sowie $0 < \sigma^2 < \infty$ gilt. Dazu wird die Folge der standardisierten Partialsummen

$$Z_n = \frac{\sum\limits_{i=1}^{n} X_i - \mathbb{E} \sum\limits_{i=1}^{n} X_i}{\sqrt{\mathrm{Var} \sum\limits_{i=1}^{n} X_i}} = \frac{\sum\limits_{i=1}^{n} X_i - na}{\sqrt{n\sigma^2}}, n = 1, 2, \ldots$$

betrachtet. Dann gilt für die Verteilungsfunktion $F_{Z_n}(z)$ von Z_n

$$\lim_{n \longrightarrow \infty} F_{Z_n}(z) = \Phi(z) = \int_{-\infty}^{z} \frac{1}{\sqrt{2\pi}} e^{-\frac{z^2}{2}} dz, -\infty < z < \infty.$$

Dies besagt, dass die entstehende Grenzverteilungsfunktion unabhängig von der konkreten Verteilung der Zufallsgrößen $X_1, X_2, \ldots$ ist. Der zentrale Grenzverteilungssatz unterstreicht so die Bedeutung der Normalverteilung. Insbesondere lassen sich damit Wahrscheinlichkeiten für Summen unabhängiger Zufallsgrößen bei großem n näherungsweise leicht wie folgt berechnen:

$$P\left(s_1 \leq \sum_{i=1}^{n} X_i \leq s_2\right) \approx \Phi\left(\frac{s_2 - na}{\sqrt{n}\sigma}\right) - \Phi\left(\frac{s_1 - na}{\sqrt{n}\sigma}\right).$$

Induktive Statistik

1 Als Schätzfunktion für eine Wahrscheinlichkeit $P(A)$ eines zufälligen Ereignisses A benutzt man die relative Häufigkeit $H_n(A) = \frac{K_n(A)}{n}$. Hierbei ist $K_n(A)$ die absolute Häufigkeit des Ereignisses A in n Versuchen.

2 Es sei X eine Grundgesamtheit mit $\mathbb{E}X = a$ und $\mathrm{Var}X = \sigma^2$. Als Schätzfunktion für den Mittelwert a nimmt man den Stichprobenmittelwert $\overline{X} = \frac{1}{n} \sum\limits_{i=1}^{n} X_i$. Zur Schätzung

der Varianz bei bekanntem Mittelwert verwendet man $S_0^2 = \frac{1}{n} \sum\limits_{i=1}^{n} (X_i - a)^2$, bei unbekanntem Mittelwert dagegen aus Gründen der Erwartungstreue $S^2 = \frac{1}{n-1} \sum\limits_{i=1}^{n} (X_i - \overline{X})^2$.

3 Es sei X_t ein Poisson-Prozess mit der Intensität λ. Dieser werde eine Zeit t lang beobachtet, wobei k Ereignisse registriert werden. Dann ergibt sich als Schätzwert für die Intensität λ der Wert $\lambda_t^* = \frac{k}{t}$. Überraschend ist hierbei, dass die Einzelzeiten $t_1, ..., t_k$, zu denen jeweils ein Ereignis eingetreten ist, für die Schätzung von λ nicht benötigt werden.

4 Ein Konfidenzintervall für den Parameter einer Wahrscheinlichkeitsverteilung ist ein Zufallsintervall, das mit vorgegebener Wahrscheinlichkeit, dem Konfidenzniveau $1-\alpha$, den unbekannten Parameter überdeckt. Sicher kann man nicht sein. Die Interpretation des Konfidenzintervalls erfolgt statistisch. Im Mittel wird man in $(1 - \alpha) \cdot 100\,\%$ aller Fälle mit dem konkreten Konfidenzintervall den unbekannten Parameter tatsächlich auch erfassen.

5 Es ist zu prüfen, ob ein konkretes Stichprobenergebnis mit einer Hypothese über die Verteilung einer Grundgesamtheit verträglich ist.

6 Die beiden Grundgesamtheiten müssen stochastisch unabhängig sein und die gleiche Varianz besitzen. Bestehen Zweifel an der Gleichheit der Varianzen, so ist diese Annahme zunächst mit dem F-Test zu prüfen. Gegebenenfalls ist auf den Welch-Test auszuweichen.

7 Beim Vergleich zweier Mittelwerte zu normalverteilten Grundgesamtheiten besteht zwischen den Testgrößen T zum t-Test und F zur Varianzanalyse die Beziehung $T^2 = F$. Bei zweiseitiger Fragestellung sind deshalb beide Verfahren äquivalent und gelangen zu den gleichen Entscheidungen. Bei einseitiger Fragestellung kommt dagegen nur der doppelte t-Test in Betracht.

8 Vor Aussagen dieser Art sollte man sich hüten. Der Test besagt nur: Es ist nichts gegen die aufgestellte Hypothese einzuwenden.

9 Die Signifikanzschwelle ist diejenige Wahrscheinlichkeit α^*, bei der ein erzieltes konkretes Stichprobenergebnis im Sinne der jeweils vorliegenden ein- oder zweiseitigen Fragestellung gerade signifikant wird. Gilt $\alpha^* \leq \alpha$ für ein gegebenes α, so ist der Test signifikant, anderenfalls nicht.

10 Im Zusammenhang mit einem Signifikanztest spricht man von einem Fehler erster Art, wenn durch den Test die Hypothese H_0 abgelehnt wird, obwohl sie richtig ist. Die Wahrscheinlichkeit für einen Fehler erster Art wird durch das Signifikanzniveau (Irrtumswahrscheinlichkeit) α festgelegt.

11 Beim χ^2-Homogenitätstest wird eine Grundgesamtheit unter r, $r \geq 2$, verschiedenen, voneinander unabhängigen Versuchsbedingungen beobachtet. Es ist zu untersuchen, ob die unterschiedlichen Versuchsbedingungen Einfluss auf die Verteilung der Grundgesamtheit besitzen. Als Hypothese wird angenommen, dass keine Verteilungsunterschiede vorliegen (Homogenitätshypothese). Beim χ^2-Unabhängigkeitstest wird im Sinne des χ^2-Prinzips auf stochastische Unabhängigkeit zweier Grundgesamtheiten

X und Y geprüft. Als Hypothese wird angenommen, daß X und Y stochastisch unabhängig sind (Unabhängigkeitshypothese). Überraschend ist, dass die Berechnung des Testwertes und die Bestimmung des kritischen Bereichs bei beiden Tests vollkommen gleich verlaufen.

12 Es seien X eine Grundgesamtheit mit der Verteilungsfunktion $F(x)$ und $X_n = (X_1, \ldots X_n)$ eine Stichprobe vom Umfang n. Der Hauptsatz der Statistik trifft eine Aussage über das Verhalten der empirischen Verteilungsfunktion $F_n(x)$ für $n \longrightarrow \infty$ im Vergleich zur tatsächlichen Verteilungsfunktion $F(x)$. Es gilt

$$\mathrm{P}\left(\lim_{n \longrightarrow \infty} \sup_{-\infty < x < \infty} |F_n(x) - F(x)| \geq \varepsilon\right) = 0, \varepsilon > 0,$$

sodass mit wachsendem Stichprobenumfang n die Stichprobe zunehmend genaue Information über die Verteilungsfunktion $F(x)$ der Grundgesamtheit liefert.

Sonstiges

1 Ist Ω eine Grundmenge und $A \subset \Omega$, so gehören zur Komplementärmenge von A bezüglich der Menge Ω alle Elemente aus Ω, die nicht zu A gehören (Differenz der Mengen Ω und A): $\mathbf{C}_\Omega A = \{x \in \Omega : x \notin A\} = \Omega \setminus A$.

2 Zwei Geraden in der Ebene in der Ebene können sich schneiden, parallel verlaufen oder zusammenfallen. Im Raum können sie zusätzlich windschief sein.

3 Ja, z. B. ist $\{a_n\}$ mit $a_n = 100 - \frac{1}{n}$ ist nach oben durch 100 beschränkt.

4 $\overline{(M \cup N)} = \overline{M} \cap \overline{N}, \overline{(M \cap N)} = \overline{M} \cup \overline{N}$

5 Die Differenzmenge der Mengen M_1 und M_2 besteht aus all jenen Elementen, die zu M_1, aber nicht zu M_2 gehören: $M_1 \setminus M_2 = \{x | x \in M_1 \wedge x \notin M_2\}$.
Der Durchschnitt zweier Mengen ist die Menge aller Elemente, die gleichzeitig beiden Mengen angehören: $M_1 \cap M_2 = \{x | x \in M_1 \wedge x \in M_2\}$.

6 Eine komplexe Zahl hat die Darstellung $z = a + b \cdot \mathrm{i}$, wobei $a \in \mathbb{R}$, $b \in \mathbb{R}$ reelle Zahlen sind und $\mathrm{i} = \sqrt{-1}$ die sogenannte imaginäre Einheit ist. Für die Summe der beiden komplexen Zahlen $z_1 = a_1 + b_1 \cdot \mathrm{i}$, $z_2 = a_2 + b_2 \cdot \mathrm{i}$ gilt $z_1 + z_2 = (a_1 + a_2) + (b_1 + b_2) \cdot \mathrm{i}$.

7 Der Unterschied zwischen einer arithmetischen und einer geometrischen Zahlenfolge besteht darin, dass bei der ersteren die Differenz, bei der zweiten der Quotient aufeinanderfolgender Glieder konstant ist: $a_{n+1} - a_n = d = \mathrm{const}$ (arithmetische Zahlenfolge), $\frac{a_{n+1}}{a_n} = q = \mathrm{const}$ (geometrische Zahlenfolge).

8 Ja, die Zahlenfolge 2, -1, $\frac{1}{2}$, $-\frac{1}{4}$, $\frac{1}{8}$, $\ldots$ stellt eine geometrische Folge mit $a_1 = 2$ und $q = -\frac{1}{2}$ dar; das allgemeine Glied lautet somit $a_n = 2 \cdot \left(-\frac{1}{2}\right)^{n-1}$.

9 Nein, der Grenzwert der Zahlenfolge $\{a_n\}$ mit $a_n = \frac{3n + 3 \cdot (-1)^n}{3n}$ ist nicht 3, sondern es gilt $\lim\limits_{n \longrightarrow \infty} a_n = \lim\limits_{n \longrightarrow \infty} \left(1 + \frac{(-1)^n}{n}\right) = 1$.

10 Die Zahlenfolge $1, -3, 9, -27, 81, \ldots$ ist unbestimmt divergent, da sie alternierend ist (d. h. ständig ihr Vorzeichen wechselt) und ihre Glieder dem Betrag nach gegen ∞ streben.

11 Eine Zahlenfolge $\{a_n\}$ mit der Eigenschaft $a_n \geq a_{n+1} \forall n$ wird monoton fallend (oder monoton nichtwachsend) genannt.

12 Eine alternierende Zahlenfolge besitzt in manchen Fällen einen Grenzwert, in anderen nicht.

Beispiel 1: $a_n = (-1)^n \cdot \frac{1}{n} \implies \lim\limits_{n \longrightarrow \infty} a_n = 0$ (eine alternierende Zahlenfolge, die konvergiert, muss den Grenzwert null besitzen);

Beispiel 2: $a_n = (-1)^{n-1} \cdot 3^{n-1}$

13 In der Parameterform müssen die Richtungsvektoren und in der parameterfreien Form die linken Seiten linear abhängig sein.

Sachverzeichnis

B. Luderer, *Klausurtraining Mathematik und Statistik für Wirtschaftswissenschaftler*,
Studienbücher Wirtschaftsmathematik, DOI 10.1007/978-3-658-05546-2,
© Springer Fachmedien Wiesbaden 2014